大学生公共基础课系列教材

Office 2019 高级应用教程

张银南　龚　婷　主编

電子工業出版社
Publishing House of Electronics Industry
北京 • BEIJING

内 容 简 介

本书精心设计项目案例，结合课程思政元素，拓展学生思维。通过精选案例引导读者深入学习，系统地介绍了 Office 2019 的相关知识和应用方法。

根据“注重实践、突出应用”的指导思想编写，全书主要内容包括 Word 高级应用、Excel 高级应用、PowerPoint 高级应用和 Office 综合应用案例。各章都安排了具体案例和任务，对部分主要知识点、案例进行了视频讲解，通过详细的案例操作步骤帮助读者掌握相关知识和培养相关技能，真正达到学以致用。

本书可作为应用型本科院校和职业院校计算机公共课教材，也可作为各类培训机构的培训教材和自学者参考书。

图书在版编目（CIP）数据

Office 2019 高级应用教程 / 张银南，龚婷主编. —北京：电子工业出版社，2023.6
ISBN 978-7-121-44958-1

Ⅰ. ①O… Ⅱ. ①张… ②龚… Ⅲ. ①办公自动化—应用软件—高等学校—教材 Ⅳ. ①TP317.1

中国国家版本馆 CIP 数据核字（2023）第 015995 号

责任编辑：孙 伟
印 刷：保定市中画美凯印刷有限公司
装 订：保定市中画美凯印刷有限公司
出版发行：电子工业出版社
北京市海淀区万寿路 173 信箱 邮编 100036
开 本：787×1092 1/16 印张：20 字数：512 千字
版 次：2023 年 6 月第 1 版
印 次：2023 年 6 月第 1 次印刷
定 价：59.00 元

凡所购买电子工业出版社图书有缺损问题，请向购买书店调换。若书店售缺，请与本社发行部联系，联系及邮购电话：（010）88254888，88258888。

质量投诉请发邮件至 zlts@phei.com.cn，盗版侵权举报请发邮件至 dbqq@phei.com.cn。

本书咨询联系方式：（010）88254609，hzh@phei.com.cn。

前　言

随着计算机技术日新月异的发展，计算机办公软件的应用已经融入到我们日常工作、学习和生活中。目前应用型高校大多都开设了与办公软件应用相关的课程，其中“Office 高级应用”已成为许多高校计算机公共课的热门课程之一。本书结合当前相关专业计算机基础教学“面向应用，加强基础，普及技术，注重融合，突出实践、因材施教”的教育理念，采用案例和项目式教学的形式编写，从而实现以任务驱动教学内容、以案例贯穿教学过程的教学方法，与办公业务、经济管理相结合，其目的是让学生在实践操作中掌握 Office 应用技术，旨在提高学生的动手实践能力，真正达到“学”以致“用”。

本书以 Office 2019 软件作为案例的运行环境，所有的教学案例均做了认真调试，能够正确使用，也可在 Office 2010 等环境下运行。

全书每个章节讲解相关的知识和技能，以实例为主线进行任务实施和总结。本书对主要知识点进行了视频讲解，帮助读者掌握相关知识和培养相关技能。在 Office 综合应用中，以 Excel 在财务工作中的具体应用为主线，通过典型应用案例进行讲解。部分内容以补充知识方式进行拓展。

本书具有如下特色：

● 通俗易懂，实践操作性强。本书既有理论知识的讲解，又有成熟的实践案例，知识点介绍简洁明了，实践操作讲解详尽，对主要知识点、案例进行了视频讲解，既适合教师课堂讲授，也适合学生自学。

● 联系实际，实用性强。本书所涉及的案例和操作题均来源于实际工作与生活，熟练掌握这些案例与操作题，可以应用其中的解题思路和方法来提高实际办公效率和高质量地应用相应办公软件。

● 内容丰富，结构清晰。本书可作为高等院校、高职院校办公自动化课程的教材或参考书，也可作为各类社会人员学习办公软件的自学读本。

● 结合课程思政元素，拓展学生思维。引导学生树立正确的人生观和价值观，培养学生严谨、认真、负责、务实、诚信的工作态度和遵守职业道德、客观公正的行事作风，以及遵纪守法、开拓创新的职业素养。

全书分 4 篇，共 14 章。第 1 篇为 Word 高级应用，内容包括：第 1 章 Word 2019 基本操作、第 2 章编辑文档格式、第 3 章 Word 图形和表格处理、第 4 章 Word 2019 文档排版、第 5 章 Word 长文档编辑排版和第 6 章制作批量处理文档；第 2 篇为 Excel 高级应用，内容包括：第 7 章 Excel 2019 基本操作、第 8 章编辑表格数据、第 9 章 Excel 数据计算与管理和第 10 章 Excel 图表分析；第 3 篇为 Power Point 高级应用，内容包括：第 11 章 Power Point 2019 基本操作、第 12 章形式多样的幻灯片和第 13 章演示文稿的动态效果与放映输出。第 4 篇为 Office 综合应用，内容包括：第 14 章 Office 在财务中的应用，本章结合财经、管理类相关专业，为适应学生的知识学习和科技活动需求，着重于实际应用层面，把 Office 2019 知识点与财务会计相结合，注重商业维度，解决具体的实际问题。力求使学生在掌握 Office 基础知识的同时，培养其在经济管理中处理数据、分析数据的能力，增强大学生的实践能力，真正达到“学”以致“用”的目的。

本书提供电子教案，并给出了书中所有案例对应的相关素材文档，这些资源均可以从出版社网站下载，网址为：www.hxedu.com.cn。

本书由浙江科技学院张银南、龚婷任主编，张银南负责全书的规划、统稿及各章的修改。

龚婷、马杨珲、琚洁慧、朱梅、庄儿、楼宋江、甄丽平、郑萍等参与了本书的编写，并得到了相关领导、老师和朋友的支持，在此表示深深的感谢。

本书出版得到浙江科技学院校级课程思政教学研究项目《面向创新型人才培养的《计算机应用》课程改革与实践研究》（项目编号：2021-j3）、浙江科技学院校级课程思政示范基层教学组织“计算机基础教学部”的支持。

在本书的编写过程中，参考了一些相关著作和文献，在此向这些作者深表感谢。

由于时间仓促，加上编者水平所限，书中难免存在疏漏之处，我们真诚希望得到广大读者的批评指正。

编者

2022 年 5 月

目　　录

第 1 篇　Word 高级应用

第 2 篇　Excel 高级应用

第 3 篇　PowerPoint 高级应用

第 4 篇　综合应用案例

第 1 篇　Word 高级应用

Word 2019 是微软公司推出的 Office 办公软件的核心组件之一，它是一个功能强大的文字处理软件。

本篇主要讲解 Word 2019 的高级应用，包括编辑和美化文本、样式和模板的应用、长文档处理的相关技术、SmartArt 图形功能的应用、表格的相关应用、使用公式和图表及文档的审阅和保护等。

第 1 章　Word 2019 基本操作

第 2 章　编辑文档格式

第 3 章　Word 图形和表格处理

第 4 章　Word 2019 文档排版

第 5 章　Word 长文档编辑排版

第 6 章　制作批量处理文档

第 1 章　Word 2019 基本操作

本章要点

Word 2019 提供了全面的文本和图形编辑工具，同时采用了以结果为导向的全新用户界面，可帮助用户创建、共享更具专业水准的文档。全新的工具可以节约大量格式化文档所花费的时间。通过本章的学习应掌握以下内容：

➢ 熟练掌握 Word 2019 文档的新建、保存、打开与关闭等基本操作。

➢ 熟练掌握 Word 2019 文档的选择、复制、改写、查找和替换等操作。

➢ 熟练掌握 Word 2019 文档模板的创建与使用，以及对文档进行批注、加密和权限设置等操作。

案例展示

“西冷文学社招新通知”文档如图 1-1 所示，“求职简历”文档如图 1-2 所示。

西冷文学社

14 年招新通知

一、　**招新背景**

西冷文学社是由广大文学爱好者自愿参加的学生团体，隶属于院团委，是学院成立之后第一批学生社团。

为了保证文学社有新鲜的血液的注入，有足够高素质的后备力量，能更有效地开展文学社工作，实现干部的新老交替，培养和壮大文学社干部队伍，本社将在 9 月 18、19 进行招新。

二、　**招新对象**

14 级新生 15 名。

三、　**招新要求**

1、对文学有浓厚的兴趣。

2、承认西冷文学社章程，自觉遵守文学社各项规章制度。

3、工作积极主动，耐心细心，责任心强，肯吃苦耐劳。

5、有一定的自我管理意识，有组织能力，学习成绩良好。

6、具有团队合作精神，能够积极主动向组织靠拢，思想品德好。

四、　招新时间及地点

时间：9 月 18 日—9 月 19 日。

地点：東煌美食广场。

西冷文学社

2014 年 9 月 1 日

图 1-1　“西冷文学社招新通知”文档

刘

文文

地址：　杭州市西湖区留和路

浙江科技学院

电话：　13588110066

电子邮件：　liuwen@163.com

性别：　男

年龄：　24

籍贯：　浙江省杭州市

- 目标职位：软件开发、智能产品设计、互联网开发及应用。

技能

- 语言能力：大学英语四级（CET-4）
- 计算机：浙江省计算机等级考试二级（办公软件高级应用）
- 综合技能：
  - ➢ 精通 C、C#、Python 等多种编程语言；
  - ➢ 熟悉软件开发；
  - ➢ 有较强的信息收集、整合、编辑能力

工作经验

- 2020.7-2021.2　　浙江博文软件技术有限公司　　程序员
  - ➢ 参与公司业务系统（网上招聘系统）网页版的初步界面设计、制作，初步功能设计、制作。并从中学习 HTML-CSS-JavaScript 相关知识，以及 Servlet 框架的使用。
  - ➢ 参与测试、调试公司业务系统微信小程序版，录入信息、需求分析等工作。

教育背景

- 2016.08-2020.6 浙江科技学院 智能软件专业（本科）获得学士学位

活动

- 通过课程内学习的各方面知识，参加院级机器人比赛，并获得小组一等奖。
- 选修数学建模课程，并参加美国数学建模比赛，并获得小组三等奖。
- 在嵌入式系统课程中，在 Linux 系统下完成机器学习、图像识别等功能，并完成答辩。
- 学习 C#语言，并用 C#语言和 .NET Framework 完成毕业设计软件《家教信息管理系统的设计与实现》。

图 1-2　“求职简历”文档

基本知识讲解

1.1 Word 2019 的窗口组成

如图 1-3 所示，Word 2019 的工作界面由快速访问工具栏、标题栏、选项卡、窗口控制按钮、编辑区、功能区、状态栏和滚动条共 8 部分组成。

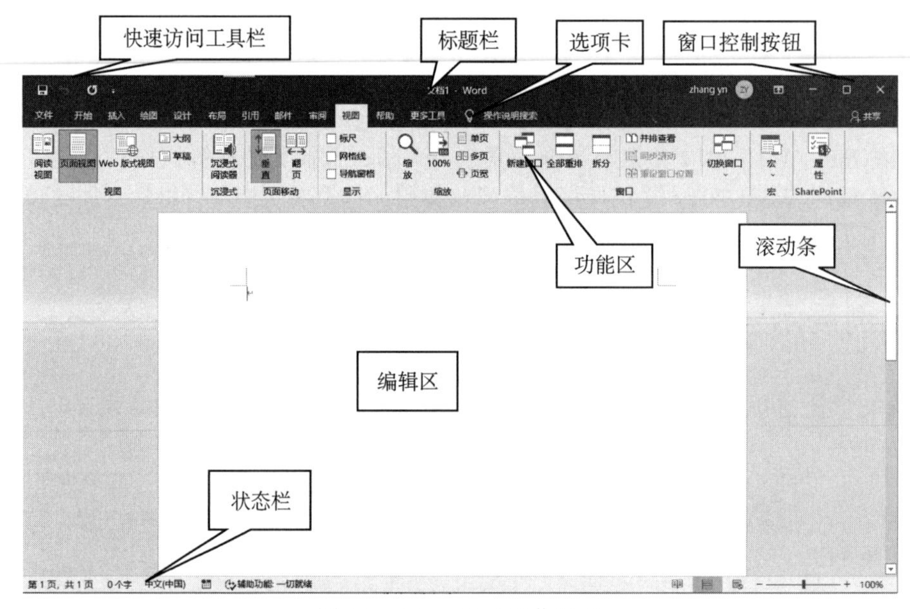

图 1-3 Word 2019 工作界面

1. 快速访问工具栏

快速访问工具栏用来放置一些命令按钮，让用户在使用时能够快速启动经常要使用的命令。默认情况下，工具栏上只有“保存”按钮和“撤销”按钮等少量的命令按钮，如果在编辑文档时有经常需要使用的按钮，用户可以根据需要自行在快速访问工具栏中添加命令按钮，具体操作步骤如下：

步骤 1：选择“文件”→“选项”菜单项，打开“Word 选项”对话框，单击左边的“快速访问工具栏”选项卡，如图 1-4 所示。

步骤 2：在对话框中左边的列表框中列出的是可供添加的各个命令，右边的列表框中列出的是目前已经添加的命令按钮。单击左边需要添加的命令按钮，如“查找”，再单击“添加”按钮，该命令按钮出现在右边列表框中，单击“确定”按钮，添加完成。

2. 标题栏

用于显示当前编辑文档的名称。

3. 选项卡

选项卡位于标题栏的下方，用于将一类功能组织在一起，包含“文件”“开始”“插入”

“绘图”“设计”“布局”“引用”“邮件”“审阅”“视图”等选项卡。

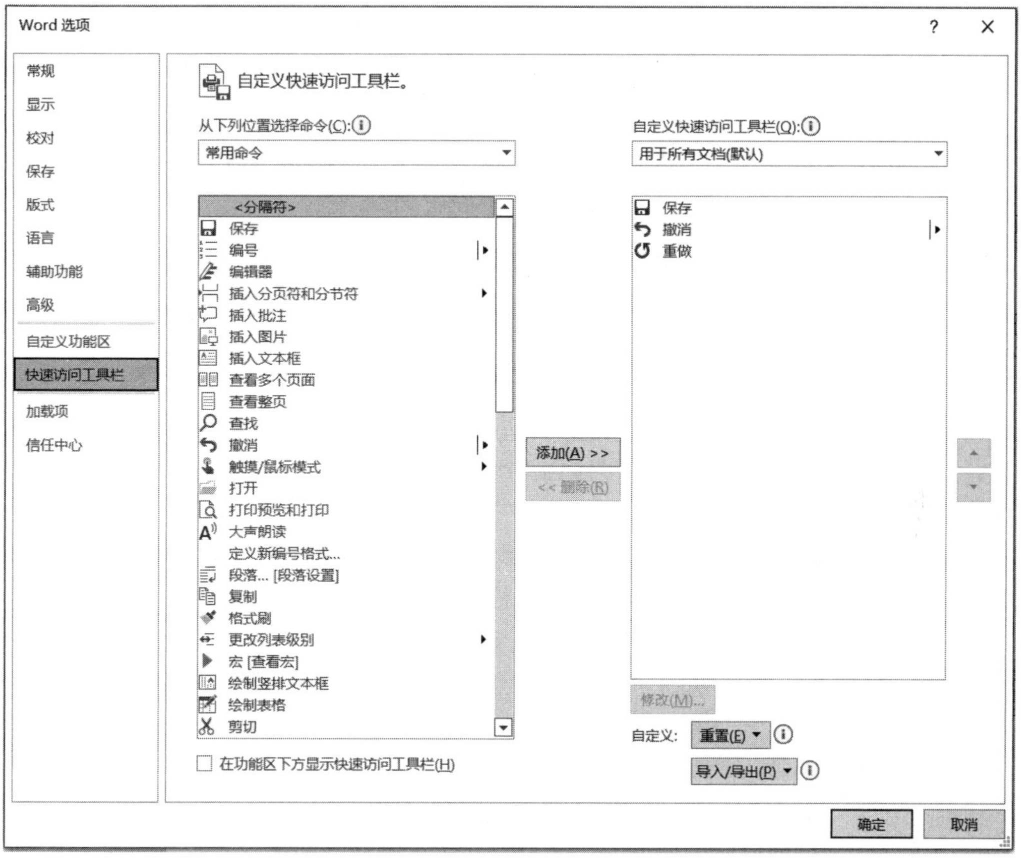

图 1-4　“Word 选项”对话框

4. 窗口控制按钮

用于调整编辑窗口的最大化、最小化和还原、关闭窗口。

5. 编辑区

位于工作界面中央的白色区域，是输入文字、编辑文档的主要工作区域，可以进行文档的输入、复制和移动等操作。

6. 功能区

功能区位于选项卡的下方，以组的形式将命令按钮集中呈现，方便用户使用。单击某个选项卡，可将它展开。每一个选项卡有若干个组，有些组的右下角有一个“对话框启动器”按钮，也称为“功能扩展”按钮，单击该按钮后可以启动相应的对话框进行更多设置。

7. 状态栏

显示当前编辑文档的工作状态，提供有关选中命令或操作进程的相关信息，如页面总数、当前编辑的页面位置、文档字数等。

8. 滚动条

用于调整编辑区中显示的内容。

1.2 视图模式

在 Word 中提供了多种视图模式供用户选择，这些视图模式包括“页面视图”“阅读版式视图”“Web 版式视图”“大纲视图”“草稿视图”5 种视图模式。用户可以在“视图”功能区中选择需要的文档视图模式，也可以在 Word 文档窗口的右下方单击视图按钮选择视图。

1. 页面视图

“页面视图”模式可以显示 Word 文档的打印结果外观，主要包括页眉、页脚、图形对象、分栏设置、页面边距等元素，是最接近打印效果的页面视图，也是用户使用频率最高的视图。

2. 阅读版式视图

阅读版式视图以图书的分栏样式显示 Word 文档，“文件”按钮、功能区等窗口元素被隐藏起来。在阅读版式视图中，用户还可以单击“工具”按钮选择各种阅读工具。

3. Web 版式视图

Web 版式视图以网页的形式显示 Word 文档，适用于发送电子邮件和创建网页，可以将文档保存为 HTML 格式，方便联机阅读。

4. 大纲视图

大纲视图主要用于设置 Word 文档的设置和显示标题的层级结构，并可以方便地折叠和展开各种层级的文档。大纲视图广泛应用于 Word 长文档的快速浏览和设置。

5. 草稿视图

草稿视图取消了页面边距、分栏、页眉页脚和图片等元素，仅显示标题和正文，是最节省计算机系统硬件资源的视图模式。不过现在计算机系统的硬件配置都比较高，基本上不存在由于硬件配置偏低而使 Word 运行遇到障碍的问题。

案例和任务

案例 1 新建“西冷文学社招新通知”文档

大学新生入学后，大学各社团开展招新活动，这里以新建一个“西冷文学社招新通知”文档为例，帮助大家掌握创建 Word 文档及保存 Word 文档的方法。

本案例完成的效果如图 1-1 所示，下面讲解具体的操作步骤。

1. 新建空白文档

在启动 Word 2019 后，会自动新建一篇名为“文档 1”的空白文档，当需要另外创建新的文档时，可以新建空白文档或新建基于模板的文档。下面新建一个空白文档，具体操作步骤如下。

步骤 1：选择“文件”→“新建”菜单项，如图 1-5 所示，打开“新建文档”任务窗格，单击“空白文档”按钮。

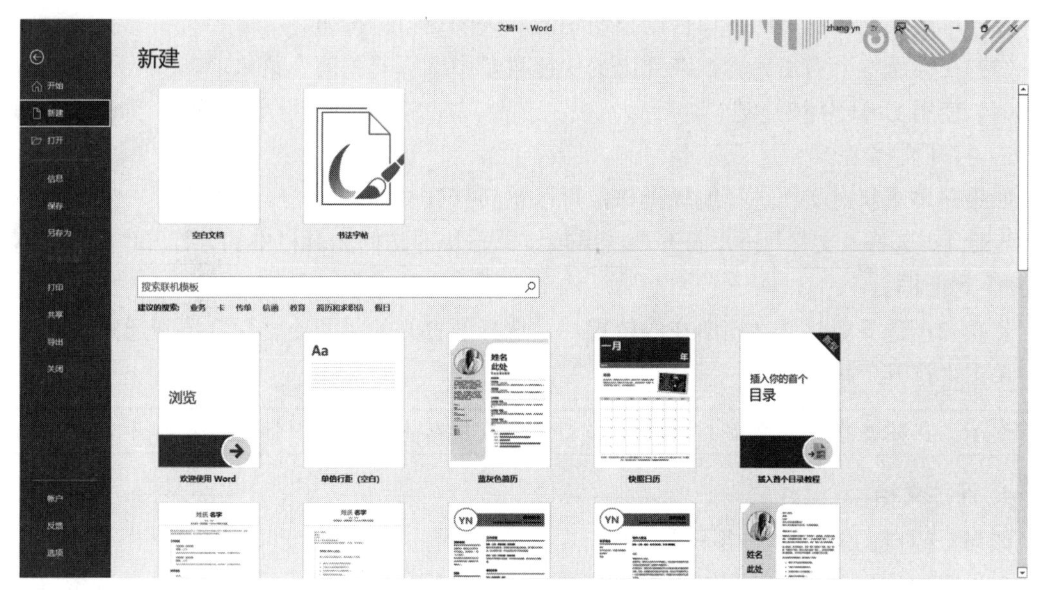

图 1-5　“新建文档”任务窗格

步骤 2：单击右下角空白文档下的“创建”按钮，即可新建一个空白文档。

步骤 3：在空白文档中输入如图 1-1 所示的“西冷文学社招新通知”所列的文档内容。

2. 保存文档

在新建文档后，要及时保存，以免各种意外事件导致文档内容丢失，保存的具体步骤如下。

步骤 1：选择“文件”→“保存”菜单项或单击快速访问工具栏中的“保存”按钮，也可以使用 Ctrl+S 键，打开“另存为”对话框。

步骤 2：选择保存的路径，在“文件名”文本框中输入要保存的文件名（西冷文学社招新通知），在“保存类型”下拉列表框中选择保存的类型，单击“保存”按钮。

步骤 3：返回文档编辑界面，在其顶部的标题栏中将自动显示新设置的文件名称。

提示 1： 对于已经保存过的文档，单击“保存”按钮，则只是把新的更新内容保存到原来的文件中，不会弹出“另存为”对话框。

提示 2：“保存类型”中 Word 2019 默认扩展名为.docx，也可设为 Word 97-2003，默认扩展名为.doc。如果保存时使用了 docx 类型进行保存，则用低于 Word 2007 的旧版本是无法打开此类文件的。

提示 3： 可以使用 Word 的自动保存功能，在突然断电或死机的情况下最大限度地减少损失，选择“文件”→“选项”菜单项，打开“Word 选项”对话框，单击左边的“保存”选项卡，勾选“保存自动恢复信息时间间隔”复选框，在右边的微调框中可以调整自动保存的时间间隔。

---

3. 关闭与打开文档

1）关闭文档

完成文档的编辑后，可关闭文档。关闭文档的方法有很多种，常用的有以下几种。

（1）选择“文件”→“关闭”菜单项。

（2）单击标题栏右边的窗口控制按钮中的“关闭窗口”按钮。

（3）在标题栏上右击鼠标，在弹出的快捷菜单中选择“关闭”菜单项。

（4）使用 Ctrl+F4 快捷键。

2）打开文档

如果需要重新对文档进行编辑操作，可以重新打开文档。

步骤 1：选择“文件”→“打开”菜单项或单击快速访问工具栏中的“打开”按钮，打开“打开”对话框。

步骤 2：选择要打开文档所在的位置，并选择要打开的“西冷文学社招新通知.docx”文件，单击“打开”按钮。

提示：在磁盘中找到需要打开的文档文件，直接双击该文档图标也可以打开文档。

---

4. 保护文档

如果希望自己创建的文档不被其他人查阅和进行任意修改，可以通过将文档设置为只读文档、设置加密文档和启动强制保护等方法对文档进行保护，以后只有输入正确的密码和拥有相关的权限才能打开和编辑该文档。

1）设置只读文档

只读文档是指文档处在“只读”状态，无法被修改。具体的操作步骤如下。

步骤 1：打开前面编辑的“西冷文学社招新通知”文档，选择“文件”→“信息”菜单项，单击“保护文档”按钮，如图 1-6 所示，弹出下拉列表，如图 1-7 所示。

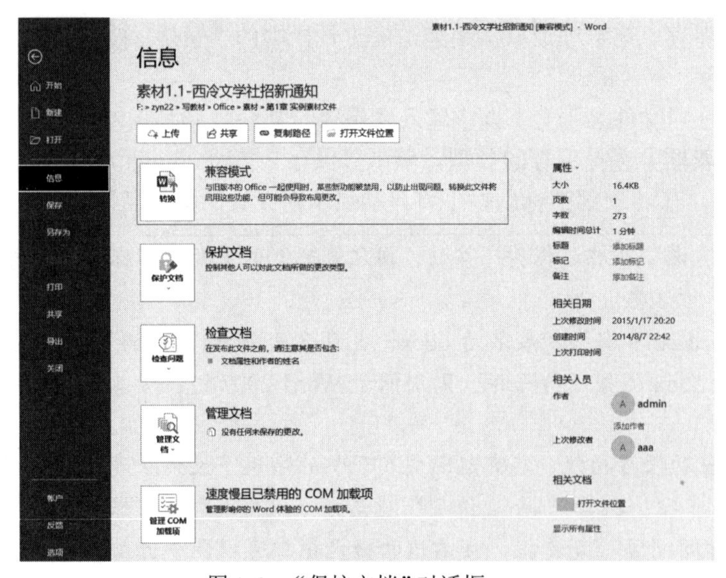

图 1-6　“保护文档”对话框

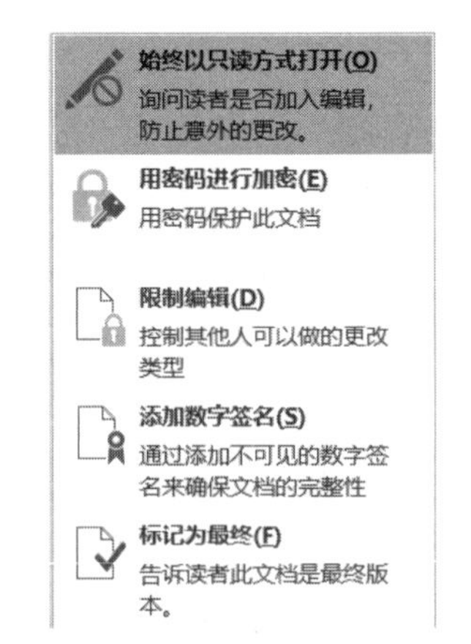

图 1-7　“保护文档”下拉列表

步骤 2：在弹出的下拉列表中选择“标记为最终”选项。弹出对话框，提示用户“此文档将标记为最终，然后保存”，单击“确定”按钮，如图 1-8 所示。

步骤 3：单击“确定”按钮后，弹出对话框，提示“此文档已标记为最终，表示编辑已完成，这是文档的最终版本”，单击“确定”按钮即可，如图 1-9 所示。

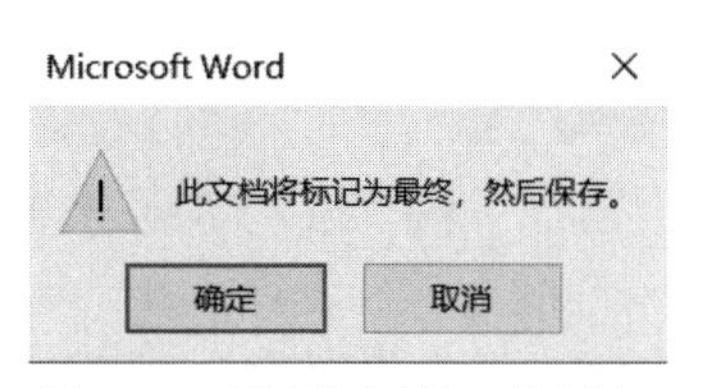

图 1-8　“保护文档”对话框 2

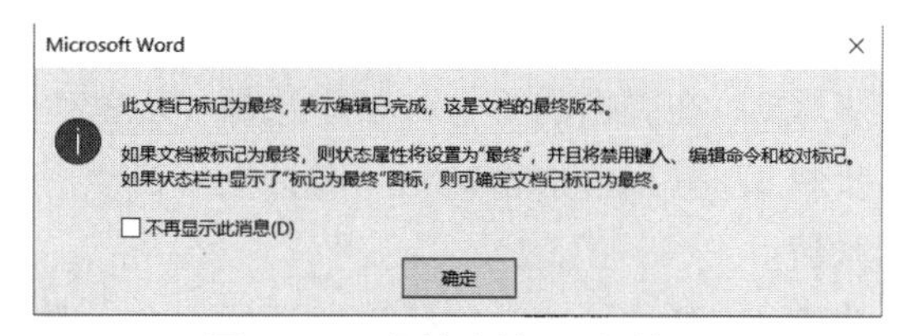

图 1-9　“保护文档”对话框 3

步骤 4：再次启动文档，弹出提示对话框，并提示“作者已将此文档标记为最终版本以防编辑”，此时文档的标题栏中显示“只读”，在此状态下文档不可被编辑，只能阅读。如果仍要编辑该文档，单击选项卡下方的黄色信息栏中的“仍然编辑”按钮即可。

2）使用常规选项设置“只读”文档

也可以使用常规选项设置文档的“只读”属性，具体操作步骤如下。

步骤 1：选择“文件”→“另存为”菜单项，选择保存的路径，弹出“另存为”对话框。

步骤 2：单击“另存为”对话框中最下方的“工具”下拉列表，在弹出的下拉列表中选择“常规选项”选项，如图 1-10 所示。

步骤 3：此时弹出“常规选项”对话框，选中“建议以只读方式打开文档”复选框，如图 1-11 所示。

图 1-10　“另存为”对话框

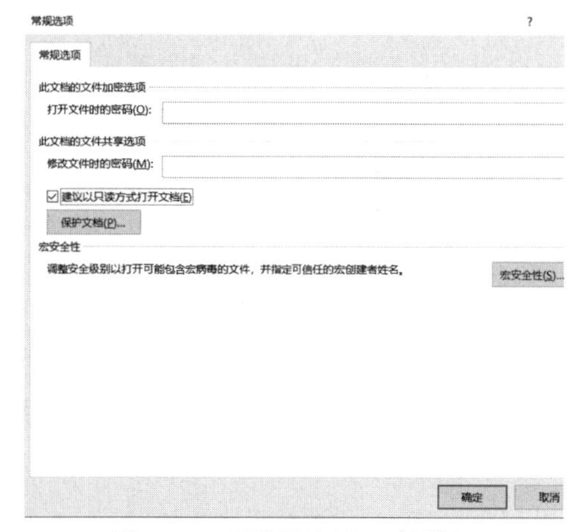

图 1-11　“常规选项”对话框

步骤 4：单击“确定”按钮后，返回“另存为”对话框，然后单击“保存”按钮即可。

步骤 5：启动该 Word 文档，此时该文档处于“只读”状态，文档不可被修改。

提示： 设置为“只读”状态后的文档，标题栏中的文档名称显示为“西冷文学社招新通知（只读）”。若单击“仍然编辑”按钮，启动 Word 后文档仍然可以进行编辑和修改。

3）设置加密文档

设置加密文档包括为文档设置打开密码和修改密码。要为刚才创建的文档设置密码“123456”，具体操作步骤如下。

步骤 1：打开新建好的“西冷文学社招新通知”文档（未设置“只读”状态），选择“文件”→“信息”菜单项，单击“保护文档”按钮。

步骤 2：在弹出的下拉列表中选择“用密码进行加密”选项。

步骤 3：弹出“加密文档“对话框，在“密码”文本框中输入“123456”，然后单击“确定”按钮。

步骤 4：弹出“确认密码”对话框，在“重新输入密码”文本框中再次输入“123456”，最后单击“确定”按钮，如图 1-12 所示。

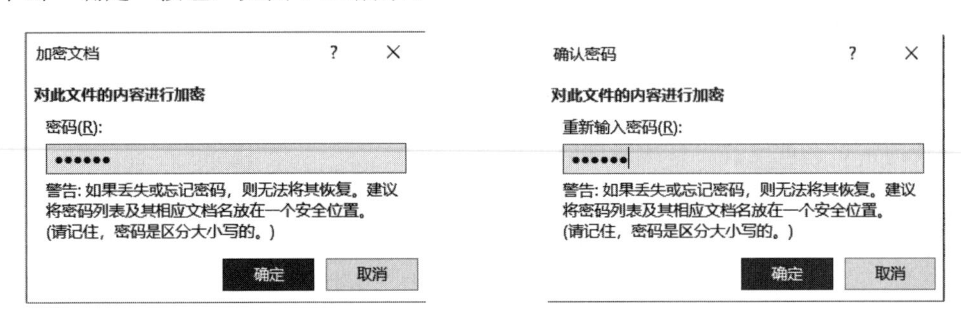

（a）“加密文档”对话框　　（b）“确认密码”对话框

图 1-12　密码保护

步骤 5：关闭文档后，再次启动该文档，会弹出“密码”对话框，需要在“请输入打开文件所需的密码”文本框中输入刚才设置的正确密码“123456”，才能打开文档。如果密码错误，会弹出对话框，提示“密码不正确，Word 无法打开文档”。

提示： 如果需要对设置的密码进行修改，仍然选择“文件”→“信息”菜单项，单击“保护文档”按钮，在弹出的下拉列表中选择“用密码进行加密”选项，此时会弹出“加密文档”对话框，可以对原先设置的密码进行修改。

4）启动强制保护

还可以通过设置文档的编辑权限、启动文档的强制保护功能等方法保护文档的内容不被修改。对前面编辑的文档启动强制保护，请读者自行练习。

提示：

1. 大学生多参加各类社团活动，可以丰富知识，活跃气氛，提高修养。

如：清华大学非常重视学生的艺术、体育、科技等社团活动，清华大学学生艺术团，影响很大。清华大学上海校友会艺术团走红天下，“为国献青春 歌声仍少年”。

2. 遵守国家法律法规，遵守职业道德，严格遵守公司的规则制度，利用技术手段保护文档安全。

案例 2　根据模板创建“求职简历”文档

利用 Word 2019 提供的多种类型的模板样式来创建文档，可以大大简化我们的工作，快速地创建需要的文档。本节根据简历模板创建一个“求职简历”文档，然后对文档进行完善，完成后，要求掌握文档编辑的基本操作，包括输入文本、选择文本、查找和替换文本等操作。“求职简历”最终效果如图 1-2 所示。

1. 根据模板创建文档

在安装 Office 2019 时，已经自动安装了部分模板，使用现有的模板创建文档一般都能拥有漂亮的界面和统一的风格。使用模板创建新文档后，只需删除文档中的提示内容，输入自己的内容，再根据需要调整部分内容即可，具体操作步骤如下。

模板讲解视频

步骤 1：选择“文件”→“新建”菜单项，在中间的模板列表中会列出已有的样本模板，单击要应用的模板，这里我们搜索“简历和求职信”模板，选择“平衡型简历”模板，如图 1-13 所示。

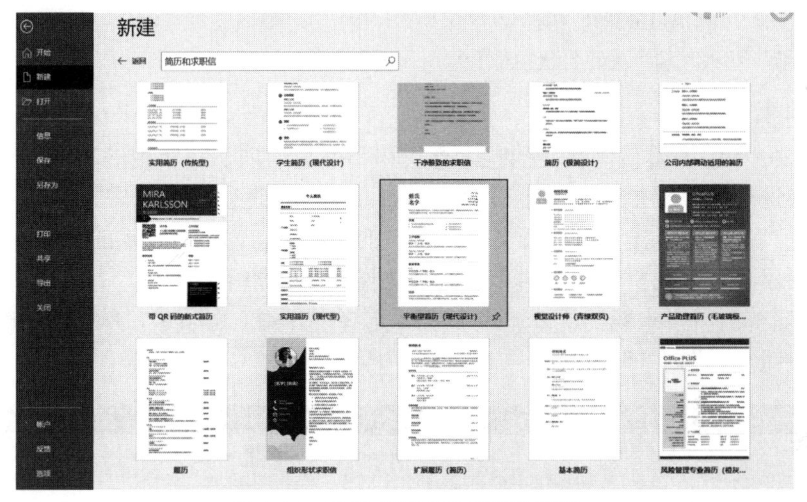

图 1-13　选择“平衡型简历”模板

步骤 2：选择“平衡型简历”模板后，单击右下角的“创建”按钮，就根据“平衡型简历”模板创建了一个新文档，该文档的基本内容和格式都已经编辑，如图 1-14 所示。

步骤 3：保存文档，文件名为“求职简历.docx”。

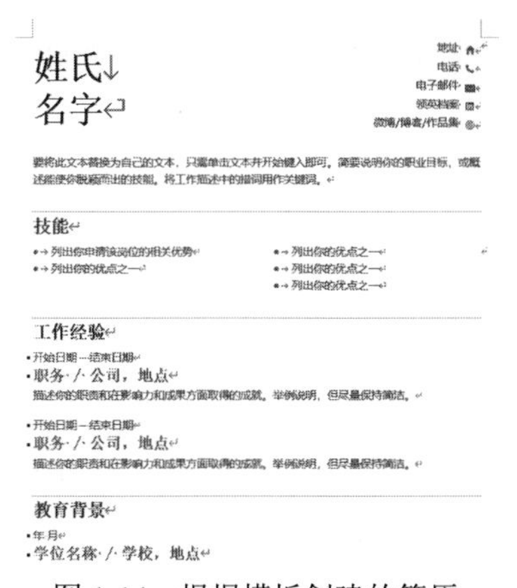

姓氏
名字

地址
电话
电子邮件
领英档案
微博/博客/作品集

要将此文本替换为自己的文本，只需单击文本并开始键入即可。简要说明你的职业目标，或概述能使你脱颖而出的技能。将工作描述中的措词用作关键词。

技能

- 列出你申请该岗位的相关优势
- 列出你的优点之一
- 列出你的优点之一
- 列出你的优点之一
- 列出你的优点之一

工作经验

- 开始日期 – 结束日期
- 职务 / 公司，地点

描述你的职责和在影响力和成果方面取得的成就。举例说明，但尽量保持简洁。

- 开始日期 – 结束日期
- 职务 / 公司，地点

描述你的职责和在影响力和成果方面取得的成就。举例说明，但尽量保持简洁。

教育背景

- 年月
- 学位名称 / 学校，地点

图 1-14　根据模板创建的简历

2. 输入文本

在文档编辑区中不停闪动的光标“|”便为光标插入点，就是输入文本的位置。输入文字，如姓名、电话号码、电子邮箱和工作经历等内容，将简历的内容补充完整（可自行补充）。

提示： 正文到达右边缘时，不用按回车键，Word 会自动开始一个新行，称为折行。如果不开始新段落，就不用按 Enter 键。

在求职简历中，如果觉得字体、大小、颜色不满意，可以对其进行相应的设置，具体的操作在后面的章节中会有详细的介绍。

3. 删除文本

当文本出现错误或有多余的文字时，可以使用删除功能。按键盘上的 BackSpace 键可以删除插入点左侧的文字，按 Delete 键可以删除插入点右侧的文字。

补充知识： 用户可以根据需要在 Word 2019 文档窗口中切换“插入”和“改写”两种状态，可以按键盘上的 Insert 键切换“插入”和“改写”状态。

4. 查找和替换文本

在 Word 2019 中编辑和修改文档时，查找和替换是一项非常实用的功能。使用该功能可以帮助我们快速地在文档中查找和定位目标位置，并能快速修改文档中指定的内容。除了可以查找与定位，还可以查找和替换长文档中特定的字符串、词组、特定的格式和特殊字符等。

例如，仅仅只是查找“浙江”两个字，具体操作步骤如下。

步骤 1：首先打开“求职简历.docx”文档。选择“开始”选项卡，单击“编辑”功能区中的“查找”按钮，如图 1-15 所示。

图 1-15　单击“查找”按钮

步骤 2：单击“查找”按钮后，在窗口的左侧显示“导航”窗格，在文本框中输入要查找的内容“浙江”，按 Enter 键，右侧的文档窗口中查找到符合查找条件的内容将呈黄色突出显示，如图 1-16 所示。

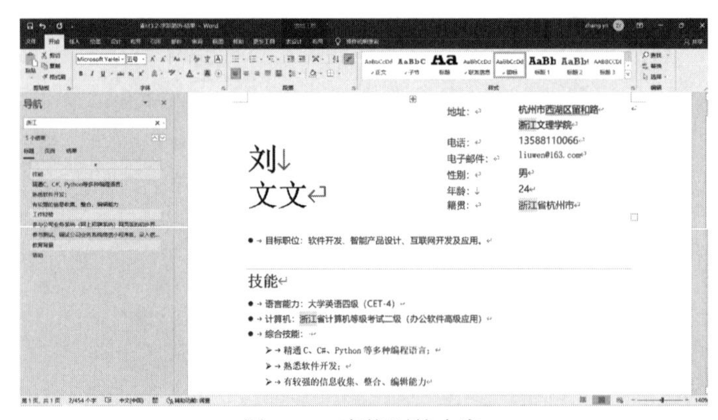

图 1-16　查找到的内容

以上是查找内容的步骤，如果还想要替换之前找到的内容，操作方法类似，因为在替换内容之前需要先查找到指定的内容，然后再设置要替换的内容，最后进行替换。

本实例中，我们需要将前面小节中输入的简历内容中的“浙江”两字全部替换成“深圳”。具体操作步骤如下。

步骤 1：首先打开“求职简历.docx”文档。选择“开始”选项卡，单击“编辑”功能区中的“替换”按钮。

步骤 2：弹出“查找和替换”对话框，选中“替换”选项卡。在“查找内容”文本框中输入要查找的文本“浙江”，在“替换为”文本框中输入要替换的文本“深圳”，单击“全部替换”按钮，如图 1-17 所示。

步骤 3：Word 将自动扫描整篇文档，并弹出一个对话框，如图 1-18 所示，提示 Word 已经完成对文档的替换修改并显示替换结果信息，单击“确定”按钮，即可完成对文档的替换操作。

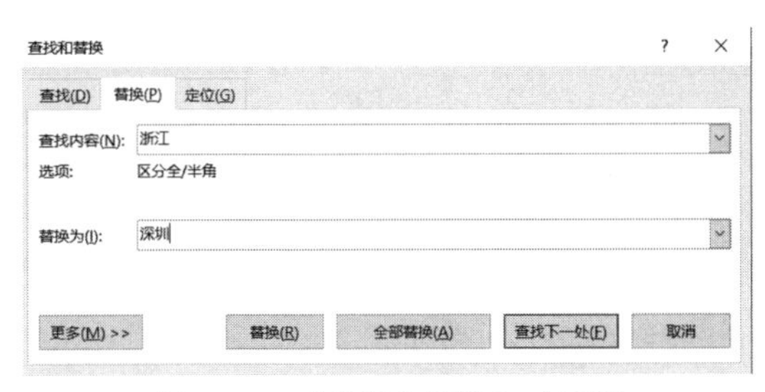

图 1-17　“查找和替换”对话框

图 1-18　替换完成对话框

5. 撤销与恢复操作

在进行文档的编辑或其他处理时，Word 会将我们的操作记录下来，当操作错误时，可以通过“撤销”功能将错误的操作取消，如果撤销操作是错误的，则可以利用“恢复”功能恢复到“撤销之前的内容”。

在刚才的简历编辑中，如果发现操作（如替换）存在错误时，可以使用撤销操作，撤销时分为以下 2 种。

（1）撤销当前错误操作。单击快速访问工具栏中的“撤销”按钮，可以撤销上一步的操作。

（2）撤销多步操作。单击“撤销”按钮右侧的下三角按钮，在弹出的下拉列表中选择需要撤销到的某一步操作，如图 1-19 所示。

在执行“撤销”操作后发现原来对文档的编辑是正确的，则可以单击快速访问工具栏中的“恢复”按钮，可恢复被撤销的上一步操作，继续单击该按钮，可恢复被撤销的多步操作。

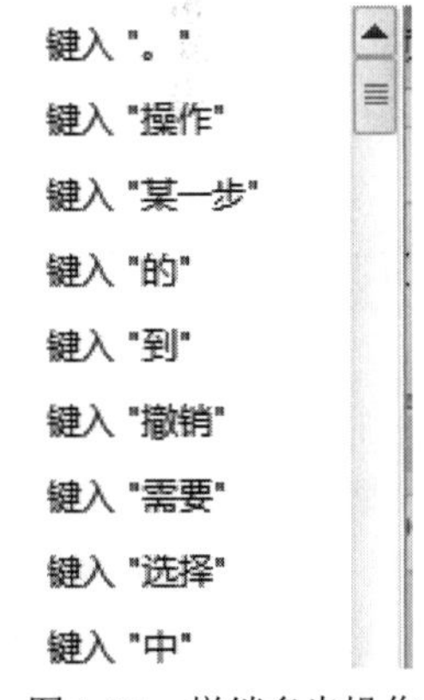

图 1-19　撤销多步操作

提示 1： 恢复操作与撤销操作是相辅相成的，只有执行了撤销操作，才能激活“恢复”按钮。在没有进行任何撤销操作的情况下，“恢复”按钮显示为“重复”按钮。

提示 2： 出现“重复”按钮时，对其单击可以重复上一步的操作。例如，刚才输入了“Word 2019”单词后，单击“重复”按钮可重复输入该词。

提示 3： 树立正确的技能观，努力提高自己的职业技能，学以致用，报效祖国，为社会和人民造福。

任务　制作“档案管理制度”文档

1. 学习任务

档案管理是企业日常管理中的一项重要工作。使用 Word 2019 制作“档案管理制度”文档，可以加强公司档案管理工作，有效地保护及利用档案。

本案例的目标是创建一个“档案管理制度”文档，主要运用到 Word 文档的创建、输入、保存和加密等知识。最终效果如图 1-20 所示。

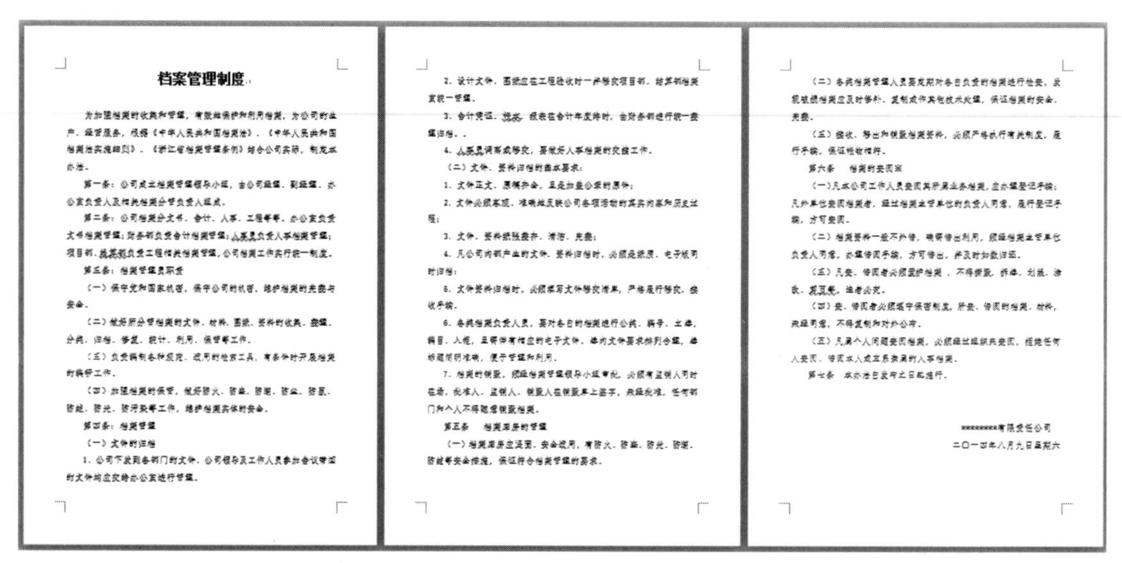

档案管理制度

为加强档案的收集和管理，有效地保护和利用档案，为公司的生产、经营服务，根据《中华人民共和国档案法》、《中华人民共和国档案法实施细则》、《浙江省档案管理条例》结合公司实际，制定本办法。

第一条：公司成立档案管理领导小组，由公司经理、副经理、办公室负责人及相关档案分管负责人组成。

第二条：公司档案分文书、会计、人事、工程等等。办公室负责文书档案管理；财务部负责会计档案管理；人事员负责人事档案管理；项目部、技术部负责工程相关档案管理，公司档案工作实行统一制度。

第三条：档案管理员职责

（一）保守党和国家机密，保守公司的机密，维护档案的完整与安全。

（二）做好所分管档案的文件、材料、图纸、资料的收集、整理、分类、归档、修复、统计、利用、保管等工作。

（三）负责编制各种规定、适用的检索工具，有条件时开展档案的编研工作。

（四）加强档案的保管，做好防火、防盗、防潮、防尘、防虫、防蛀、防光、防污染等工作，维护档案实体的安全。

第四条：档案管理

（一）文件的归档

1、公司下发到各部门的文件，公司领导及工作人员参加会议带回的文件均应交给办公室进行管理。

2、设计文件、图纸应在工程验收时一并移交项目部、技术部档案室统一管理。

3、会计凭证、账本、报表在会计年度终时，由财务部进行统一整理归档。。

4、人事员调离或移交，要做好人事档案的交接工作。

（二）文件、资料归档的基本要求：

1、文件正文、原稿齐全，且是加盖公章的原件；

2、文件必须客观、准确地反映公司各项活动的真实内容和历史过程；

3、文件、资料纸张整齐、清洁、完整；

4、凡公司内部产生的文件、资料归档时，必须是纸质、电子版同时归档；

5、文件资料归档时，必须填写文件移交清单，严格履行移交、接收手续。

6、各类档案负责人员，要对各自的档案进行分类、编号、立卷，编目、入柜，且需带有相应的电子文件，卷内文件要求排列合理，卷标题简明准确，便于管理和利用。

7、档案的销毁，须经档案管理领导小组审批，必须有监销人同时在场，批准人、监销人、销毁人在销毁单上签字，未经批准，任何部门和个人不得随意销毁档案。

第五条　档案库房的管理

（一）档案库房应坚固、安全适用，有防火、防盗、防光、防潮、防蛀等安全措施，保证符合档案管理的要求。

（二）各类档案管理人员要定期对各自负责的档案进行检查，发现破损档案应及时修补、复制或作其他技术处理，保证档案的安全、完整。

（三）接收、移出和销毁档案资料，必须严格执行有关制度，履行手续，保证帐物相符。

第六条　档案的查阅※

（一）凡本公司工作人员查阅其所属业务档案，应办理登记手续；凡外单位查阅档案者，经过档案主管单位的负责人同意，履行登记手续，方可查阅。

（二）档案资料一般不外借，确需借出利用，须经档案主管单位负责人同意，办理借阅手续，方可借出，并及时如数归还。

（三）凡查、借阅者必须爱护档案，不得拆散、折叠、划损、涂改、抽页等，违者必究。

（四）查、借阅者必须遵守保密制度，所查、借阅的档案、材料，未经同意，不得复制和对外公布。

（五）凡属个人问题查阅档案，必须经过组织共查阅，拒绝任何人查阅、借阅本人或直系亲属的人事档案。

第七条　本办法自发布之日起施行。

××××××××有限责任公司

二〇一四年八月九日星期六

图 1-20　“档案管理制度”最终效果

2. 知识点（目标）

（1）员工人事档案记录反映每位员工个人经历和德才表现，主要在人事、组织、劳资等部门培养、选拔和使用人员的工作活动中形成。

（2）从人力资源开发和管理的角度来看，员工档案可以为单位提供大量丰富、动态、真实有效的原始资料和数据。另外，档案还有一些延伸功能，如以档案为依托可以评定职称、办理社会保险和退休手续、提供公证材料，以及报考的相关材料等。

3. 操作思路及实施步骤

本任务主要包括新建与保存文档、输入文档内容，还包括输入特殊字符和日期时间，对文档设置加密，具体操作步骤如下。

步骤 1：启动 Word，新建空白文档，将其命名为“档案管理制度.docx”，保存文档。

步骤 2：输入文档内容。在输入档案管理文档的第六条处，要求输入特殊符号“※”进行强调，单击“插入”选项卡，在下方功能区中单击“符号”组中的“符号”按钮下方的小三角。

步骤 3：在弹出的下拉列表中单击“其他符号……”，选择需要的特殊符号“※”插入。

步骤 4：文档的最后要输入日期和时间，可以手动输入，也可以使用 Word 自带的插入日期和时间功能，将光标定位在文档的末尾，单击“插入”选项卡，在“文本”组中单击“日期和时间”按钮，选择需要的日期格式，插入日期和时间，输入完成后记得及时保存文档。

步骤 5：选择“文件”→“信息”菜单项，单击“保护文档”按钮。在弹出的下拉列表中选择“用密码进行加密”选项，弹出“加密文档”对话框，在“密码”文本框中输入“123456”，然后单击“确定”按钮。

步骤 6：弹出“确认密码”对话框，在“重新输入密码”文本框中再次输入“123456”，最后单击“确定”按钮。

4. 任务总结

通过本任务的练习，从以下几个方面了解了制作 Word 文档涉及的知识内容：

（1）新建与保存文档。新建文档的方式有多种，个人只需选择合适的方式创建即可。在保存文档过程中，需要注意保存与另存为的区别，也可以使用 Ctrl+S 快捷键。另外，在编辑文档时，为防止文档内容的丢失，记得及时保存文档。

（2）文档的输入。本文档的录入主要有 4 种内容：中文、数字、日期和时间、特殊字符。本任务只要求输入简单的文字、日期时间和特殊字符。比较复杂的如图片、表格的输入操作在后面的章节中做进一步的介绍。

（3）保护文档。

（4）文档中对字体和段落的格式暂不做具体的操作要求，如标题的格式、段落的间距等知识点将在后面的章节中做进一步的介绍。

本章小结

本章主要介绍 Word 2019 的基本操作，包括新建、保存、打开与关闭文档，要求掌握文档的保护设置方法，包括只读模式和密码的设置、修改，以及掌握使用模板来创建新文档，输入和删除文档内容，查找和替换文本等知识。对于本章基本操作，应熟练掌握，为创建文档打下基础。

疑难解析（问与答）

问：当文本被选中时鼠标指针的旁边会浮现出一个工具栏，它的作用是什么？

答：Word 2019 特别设计了一个“浮动工具栏”的功能，它会在文本被选定时立即浮现出来供用户使用，这些格式命令的使用频率一般都特别高，在执行任何操作时都可以访问。“浮动工具栏”以半透明的形式出现，如果鼠标指针指向浮动工具栏，它的颜色会加深，单击其中的某个格式选项，即可以执行相应的操作。

问：在编辑文档时，如何快速地选取想要的文本？

答：选定文本的方法有很多种，其中有 2 种方法比较快捷实用。

选定一句话：按住 Ctrl 键不放，同时使用鼠标单击需要选中的句子中的任意位置，即可选中该句。

选中部分文本：在需要选取的文本开始处单击鼠标，按住 Shift 键不放，同时在需要选中的文本的末尾处单击鼠标，即可选中需要的任意长度的文本。

操作题

1. 启动 Word 2019，创建“圣诞亲子迎新晚会招募通知”文档。制作时将用到新建和保存文档、重命名、输入和编辑文字等知识。最终效果如图 1-21 所示。

一(4)班 圣诞亲子迎新晚会

家长志愿者招募通知

我班 2014 圣诞迎新亲子晚会方案初定，现面向班级家长征集志愿者如下：

1.**圣诞老人（1-2 人）**：要求身材高大、魁梧，自备圣诞服装。

2.**摄影摄像组（3+1 人）**：负责整场晚会节目的照片和 DV 拍摄。

3.**场地布置组（4-5 人）**：负责晚会现场的布置，如气球、彩带、荧光棒、横幅等。

4.**采购组（2 人）**：负责晚会当天的水果、水以及小礼品的采购。

5.**亲子游戏设计组（2-3 人）**：负责晚会亲子游戏的节目设计和道具的准备。

6.**后勤组（人数不限）**：负责整场晚会舞台装卸、后勤保障等。

7. **新闻稿（2-3 人）**：负责晚会后的校园新闻稿。

希望大家积极参与，为孩子们的晚会出一份力。

图 1-21 “圣诞亲子迎新晚会招募通知”文档

2. 启动 Word 2019，录入与编辑一份“华正设计院员工培训计划”通知。要求在文档的最后插入当前编辑的日期和时间；使用“查找和替换”功能将文中的“xx 公司”改为“华正设计院”；将文档设置为“只读”模式；最后保存文档。最终效果如图 1-22 所示。

3. 启动 Word2019，使用“范式设计（空白）”模板录入与编辑一份“市场调研报告”文档。最终效果如图 1-23 所示。

华正设计院员工培训计划

---2014 年重点工作

（一）员工培训计划实施管理层领导岗位轮训。通过对管理层领导的轮训，一是提高他们的政治和职业道德素养，以及领导力、决策力的培养；二是掌握和运用现代管理知识和手段，增强企业管理的组织力、凝聚力和执行力；三是了解和掌握现代企业制度及法人治理结构的运作实施。

（二）继续强化项目经理（建造师）培训。今年 xx 公司将下大力气组织对在职和后备项目经理进行轮训，培训面力争达到 50%以上，重点是提高他们的政治素养、管理能力、人际沟通能力和业务能力。同时要求 xx 公司各单位要选拔具有符合建造师报考条件，且有专业发展能力的员工，组织强化培训，参加社会建造师考试，年净增人数力争达到 xxx 人以上。

（三）重点做好客运专线施工技术和管理及操作技能人员的前期培训。客运专线铁路建设对我们是一项新的技术，是今年 xx 公司员工继续教育的重要内容，各单位要围绕客运专线铁路施工技术及管理，选择优秀的专业技术、管理人才委外学习培训，通过学习，吸收和掌握客运专线铁路施工技术标准和工艺，成为施工技术、管理的骨干和普及推广的师资；xx 公司人力资源部牵头会同工程管理中心及成员各单位，积极组织客运专线铁路施工所需的各类管理、技术、操作人员内部的普及推广培训工作；确保施工所需的员工数量和能力满足要求。

（四）加快高技能人才的培养和职业技能鉴定步伐。今年，xx 公司将选择部分主业工种进行轮训，并在兰州技校适时组织符合技师、高级技师条件的员工进行强化培训、考核，力争新增技师、高级技师达 xxx 人以上。使其结构和总量趋于合理，逐步满足企业发展的要求。职业技能鉴定要使 35 岁以下的技术工人在职业技能培训的基础上完成初次鉴定取证工作。

（五）做好新员工岗前培训。对新接收的复退军人在兰州技校进行一年的岗前技能培训，通过培训考核，取得相应工种“职业资格证书”后，方可上岗；新招录的大中专毕业生，由各单位组织培训，重点进行职业道德素养和基本技能，企业概况、文化、经营理念，安全与事故预防，员工规范与行为守则等内容的培训。同时要注重个人价值取向的引导，实现个人与企业价值观的统一。培训率达 100%。起点范文整理！

（六）加强复合型、高层次人才培训。各单位要积极创造条件，鼓励员工自学和参加各类组织培训，实现个人发展与企业培训需求相统一。使管理人员的专业能力向不同管理职业方向拓展和提高；专业技术人员的专业能力向相关专业和管理领域拓展和提高；使施工作业人员掌握 2 种以上的技能，成为一专多能的复合型人才和高层次人才。

（七）继续“三位一体”标准的宣贯培训。xx 公司在建项目经理部及分公司要利用各种机会，采取不同形式对员工进行质量、环境、职业健康安全标准的宣贯普及培训，并按照贯标要求做好培训记录。

培训名单如下：刘文、周建明、陈刚、陆子和

华正设计院

二〇一四年十二月二十九日星期一

图 1-22 “华正设计院员工培训计划”通知

市场调研报告

职业培训机构人力资源部

1. 职业期望

（1）职业期望来自劳动者个体方面的行为；

（2）职业期望不是空想、幻想，而是劳动者的一种主动追求，是劳动者将自身的兴趣、价值观、能力等与社会需要、社会就业机会不断协调，力求实现的个人目标；

（3）职业期望不同于职业声望。职业声望是职业地位的反映，是社会的人们对某种职业的权力、工资、晋升机会、发展前景、工作条件等社会地位资源情况，，亦即社会地位高低的主观评价。其含义完全有别于职业期望，二者不可混淆。同时，二者也有联系，劳动者个体所追求和希望从事的职业，当然多时社会声望高的职业。

（4）职业期望直接反映着每个人的职业价值观。

2. 职业特性

（1）每种职业有各自特性。

不同人对职业特性可能有不同的评价和取向，这就是所谓的职业价值观。萨柏曾经将职业价值观或职业取向概括为 15 种类型：

助人；美学；创造；智力刺激；独立；成就感；声望；管理；经济报酬；安全；环境优美；与上级的关系；社交；多样化；生活方式。

（2）日本 NHK 广播舆论调查所在职业调查中选择和设计了 7 个价值取向：

- 能推动社会发展的职业；
- 助人、为社会服务的职业；
- 得到人们的高度评价的职业；
- 受人尊敬的职业；
- 能赚钱的职业；
- 虽平凡，但有固定收入的职业；
- 若不为人所用，就自谋职业。

总之，人们的职业期望常常由几种价值取向所左右，但居主导地位的职业价值取向对职业期望起决定作用。

图 1-23 “市场调研报告”文档

第 2 章　编辑文档格式

本章要点

- ➢ 熟练掌握文档中字符格式、段落格式的设置。
- ➢ 熟练掌握文档中项目符号、编号的创建及编辑。
- ➢ 熟练掌握文档中边框、底纹的设置。
- ➢ 熟练掌握文档中的分栏操作。

案例展示

“招聘启事”文档如图 2-1 所示，“使用说明书”文档如图 2-2 所示，“合作协议书”文档如图 2-3 所示。

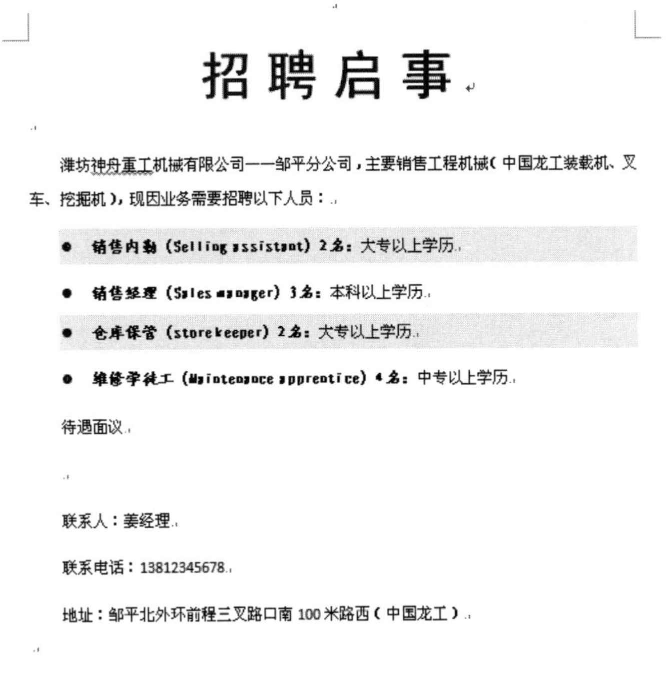

招 聘 启 事

潍坊神舟重工机械有限公司——邹平分公司，主要销售工程机械（中国龙工装载机、叉车、挖掘机），现因业务需要招聘以下人员：

- 销售内勤（Selling assistant）2名：大专以上学历。
- 销售经理（Sales manager）3名：本科以上学历。
- 仓库保管（storekeeper）2名：大专以上学历。
- 维修学徒工（Maintenance apprentice）4名：中专以上学历。

待遇面议。

联系人：姜经理。

联系电话：13812345678。

地址：邹平北外环前程三叉路口南 100 米路西（中国龙工）。

图 2-1　“招聘启事”文档

不间断电源 UPS-500——使用说明书

简介

UPS-500 型电源属于高效率、体积小、外形美观、性能先进可靠的 500VA 不停电 220V 交流电电源系统，是专门为微电脑系统和精密电子仪器用户而设计的优质电子产品。当交流电异常或发生突然停电时，或瞬间周波电压过高、过低、突波、噪声等，立即以 10MS 高速度转入逆变供电，确保微电脑或精密电子仪器的正常运行。

UPS 充电方式

不间断电源输入电源线的插头与市电接通并按下电源总开关，使不间断电源工作于市电状态，UPS 即可自动对电池充电。

工作原理

市电正常无故障时，由本机输出一与输入同频同相的 220V 交流电，当发生停电或电压过低过高时，则在 10MS 内由电池供电，经逆变器发出 220V 交流电继续供负载使用，供电持续时间为 5 分钟左右。如在电池供电期间使用，市电恢复，本机内逆变器立即停止发电，自动转回市电供电。同时，充电器对电池充电，直到充满额定值为止。

保修规定

不间断电源的保修期为一年（电池保修期为一年），购买之日算起。如需更换不间断电源，本公司一般用同种产品予以更换。如不间断电源发生故障，请与经销商联系保修事宜，如用户擅自拆箱检修，将不能享受免费保修服务。

（注意：以下内容在实际操作过程中需要按照实验步骤重新输入）

装箱清单

序号　　项目名称　数量

1　UPS-500　1 台

2　使用说明书　1 台

3　产品合格证　1 份

图 2-2　“使用说明书”文档

合作协议书

甲方：天天纺织股份有限公司

法人代表：

公司账号：

乙方：绿州国际服装有限公司

法人代表：

公司账号：

……甲、乙双方本着精诚合作、平等互利的原则，经友好协商，就“美丽达人”服装达成如下协议，双方共同遵守：

一、甲方负责布料的质量、颜色、图案；

二、乙方负责半成品的加工，和款式的设计；

三、双方都进行市场营销工作（具体工作另定协议）

四、此协议一式两份，由甲、乙方各执一份，此协议盖章后，各方必须承担协议中各自的义务。

甲方：天天纺织股份有限公司（盖章）

签字：

日期：

乙方：绿州国际服装有限公司（盖章）

签字：

日期：

图 2-3　“合作协议书”文档

基本知识讲解

2.1　设置字符格式

字符格式的设置主要有以下三种方法。

➢ 通过功能区进行设置：在菜单“开始”→“字体”选项组中设置。

➢ 使用对话框进行设置：选中文本后，单击“开始”→“字体”功能区右下角的“对话框启动器”按钮，进行设置。

➢ 通过浮动工具栏进行设置：选中文本后，在选中文本的右上方，立即会有浮动工具栏以半透明方式显示出来。用户将光标移动到半透明工具栏上时，工具栏以不透明方式显示。

2.2　段落对齐方式

用户可以根据需要为段落设置对齐方式，包括左对齐、居中对齐、右对齐、两端对齐和分散对齐。

➢ 左对齐：使选定的段落在页面中靠左侧对齐排列。

➢ 居中对齐：使选定的段落在页面中居中对齐排列。

➢ 右对齐：使选定的段落在页面中靠右侧对齐排列。

➢ 两端对齐：使选定的段落的每行在页面中首尾对齐，各行之间的字体大小不同时，将自动调整字符间距，以便使段落的两端自动对齐。

➢ 分散对齐：使选定的段落在页面中分散对齐排列。

2.3　段落缩进

段落缩进是指段落相对左右页边距向页内缩进一段距离。设置段落缩进可以将一个段落与其他段落分开，使条理更加清晰，层次更加分明。段落缩进包括以下几种类型。

➢ 首行缩进：控制段落的第一行第一个字的起始位置。

➢ 悬挂缩进：控制段落中的第一行以外的其他行的起始位置。

➢ 左缩进：控制段落中所有行与左边界的相对位置。

➢ 右缩进：控制段落中所有行与右边界的相对位置。

2.4 附加段落控制

➢ 孤行控制：防止段落的一行被单独分在一页中。

➢ 与下段同页：强制一个段落与下一个段落同时出现，主要用于将标题与标题后第一段的至少前几行保持在一页内。

➢ 段中不分页：防止一个段落被分割到两页中。

➢ 段前分页：强制在段落前自动分页，常用于强制每一章在新的一页开始。

➢ 取消断字：设置 Word 不在指定段落内断字，常用于再现引语，保持引语的完整性，使引语中的单词和位置都与原来相同。

案例和任务

案例1 编辑“招聘启事”文档

“招聘启事”文档是单位人事部门经常要编辑的文档之一。完成本案例后，要求掌握 Word 基本的字符格式设置及段落格式设置。

本案例完成的效果图如图 2-1 所示，下面讲解编辑“招聘启事”文档步骤。

1. 设置字符格式

文本格式编排决定字符在屏幕上和打印时的出现形式。Word 提供了强大的设置字体格式的功能，包括设置基本的字体、字号、字形、字体颜色、字间距、字符的边框和底纹，以及设置需要突出显示的文字。在文章中适当地为文字设置格式，变换字体、字号及颜色等字符格式设置，可以使文章显得结构分明，重点突出。

对文字格式的设置，可以通过“开始”→“字体”功能区中的命令按钮来实现，下面介绍具体步骤。

步骤 1：启动 Word 2019 程序，在空白文档中输入如图 2-4 所示的内容。

招聘启事

潍坊神舟重工机械有限公司——邹平分公司，主要销售工程机械（中国龙工装载机、叉车、挖掘机），现因业务需要招聘以下人员：

销售内勤（Selling assistant）2 名：大专以上学历

销售经理（Sales manager）3 名：本科以上学历

仓库保管（store keeper）2 名：大专以上学历

维修学徒工（Maintenance apprentice）4 名：中专以上学历

待遇面议

联系人：姜经理

联系电话：13812345678

地址：邹平北外环前程三叉路口南 100 米路西（中国龙工）

图 2-4 招聘启事内容

步骤 2：选中标题“招聘启事”，在“开始”→“字体”功能区中，设置格式为“黑体”“初号”“加粗”，如图 2-5 所示（也可在选中文本后单击鼠标右键，在弹出的快捷菜单中选择“字体”，再分别设置字体、字号和颜色等）。

步骤 3：选中标题，单击“开始”→“字体”功能区右下角的“对话框启动器”按钮，弹出“字体”对话框，如图 2-6 所示。从“字体颜色”下拉列表中选择“红色，个性色 2，深色 50%”。

步骤 4：单击“高级”选项卡，在“间距”列表中选择“加宽”选项，设置“磅值”为“4 磅”，单击“确定”按钮，如图 2-7 所示。

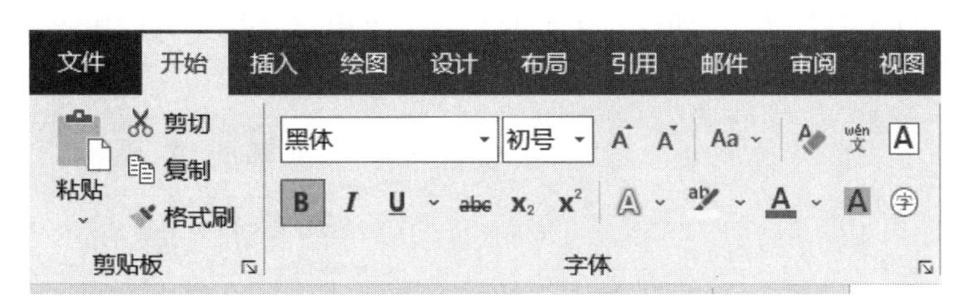

图 2-5　“字体”工具组

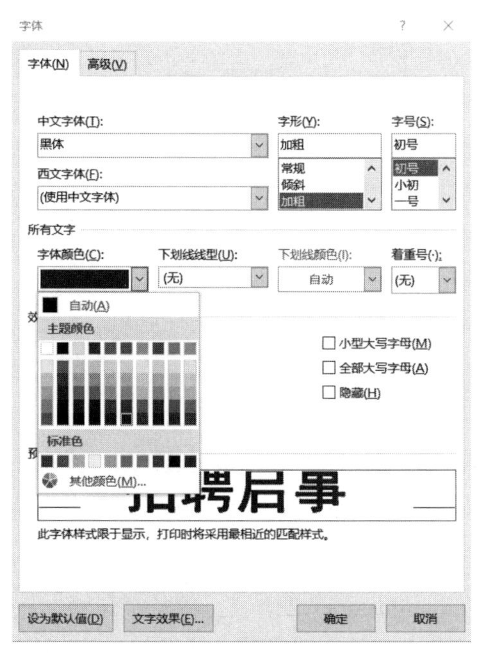

图 2-6　“字体”对话框

图 2-7　“高级”选项卡

提示： 在选定文字时，只要将鼠标指针移动到选定区域上，就会自动显示“浮动工具栏”，方便用户进行常用的文字设置。

---

2. 设置段落格式

在 Word 中输入文字时，每按一次回车键，就表示一个自然段的结束、另一个自然段的开始。为了便于区分每个独立的段落，在段落的结束处都会显示一个段落标记符号↵。段落标记符号不仅用来标记一个段落的结束，它还保留着有关该段落的所有格式，如段落样式、对齐方式、缩进大小、行距和段落距等。

在进行段落设置之前，我们首先要理解 Word 中的“段落”就是一串文字、图形或符号，最后加上一个 Enter 键的组合。

步骤 1：将光标停留在标题段的任何位置，在“开始”→“段落”功能区中单击“居中”按钮，使标题居中对齐，如图 2-8 所示。

步骤 2：选中正文，选择保存的路径，在“开始”→“段落”功能区中单击右下角的“对话框启动器”按钮，弹出“段落”对话框。

步骤 3：在“特殊”框中选择“首行”，设置“缩进值”为“2 字符”；“间距”为段前“0.5 行”，“行距”为“1.5 倍行距”，如图 2-9 所示。单击“确定”按钮完成段落设置。

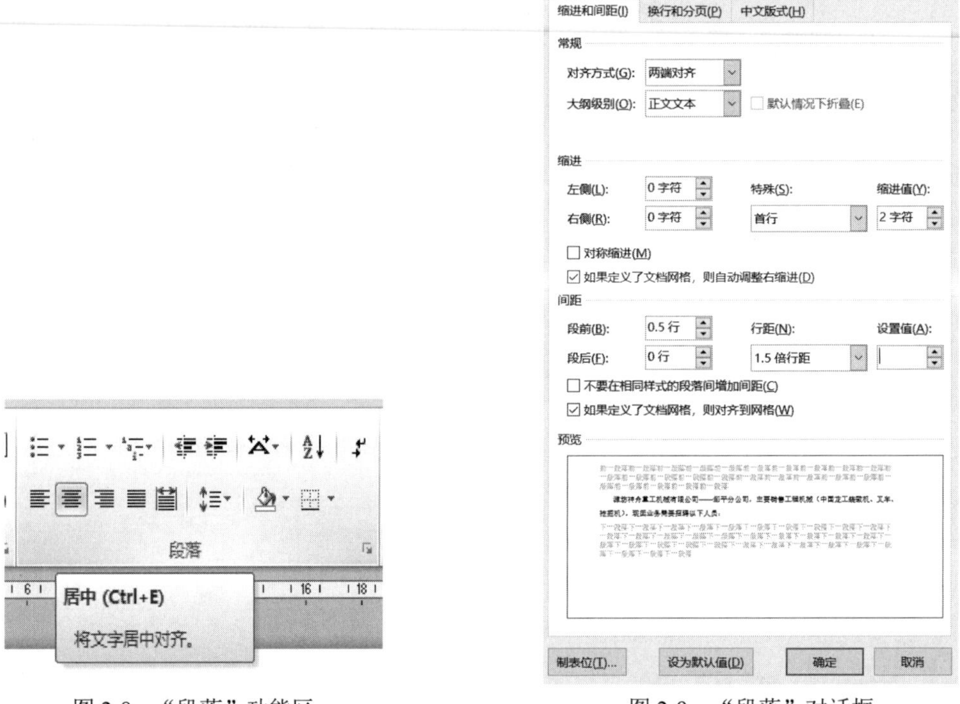

图 2-8 “段落”功能区

图 2-9 “段落”对话框

3. 利用格式刷复制格式

步骤 1：选中正文第 2 段中的“销售内勤（Sellingassistant）2 名：”，单击“开始”→“字体”功能区右下角的“对话框启动器”按钮，弹出“字体”对话框。设置“中文字体”为“楷体”，“西文字体”为“(使用中文字体)”，“字形”为加粗，单击“确定”按钮。

步骤 2：选中刚才设置好格式的文本部分（也可使光标停留在文本中间的任何位置），单击“开始”→“剪贴板”功能区中的“格式刷”按钮。

步骤 3：此时，鼠标指针旁边出现一个小刷子，拖动鼠标选中第 3 段中的“销售经理（Salesmanager）3 名：”，即可复制字体格式。以同样的方式，设置第四段和第五段相应文本的格式。

提示 1： 单击“格式刷”按钮，只能完成一次格式刷操作。如果想每次只要复制一次格式然后不断地继续使用格式刷，我们可以双击“格式刷”按钮，这样鼠标指针左边就会永远地

出现一个小刷子，就可以不断地使用格式刷了。若要取消可以再次单击“格式刷”按钮，或者按键盘上的 Esc 键来关闭。

提示 2： 若想清除字体格式，只需在“开始”→“字体”功能区中单击“擦除”按钮，即可清除所选格式。

4. 设置项目符号和编号

给文档中的段落添加项目符号或编号，可以增强文档的可读性，使文档内容具有“要点明确、层次清楚”的效果。

步骤 1：添加编号。选择正文中的第 2 至 5 段，单击“开始”→“段落”功能区中“编号”右侧的下三角按钮，在弹出的列表中选择需要的样式，如“1)”，如图 2-10 所示。

步骤 2：修改项目符号。选择正文中的第 2 至 5 段（也可将光标停留在第 2 至 5 段的任意位置），单击“开始”→“段落”功能区中“项目符号”按钮右侧的向下箭头，从下拉列表中选择要修改成的项目符号，如“●”，如图 2-11 所示。

图 2-10　“项目编号”列表

图 2-11　“项目符号”列表

提示 1： 要删除已添加的项目符号或编号，可以选定要删除项目符号或编号的段落，然后双击“项目符号”按钮或“编号”按钮即可。

提示 2： Word 2019 预设了一些多级别列表，可以通过单击“开始”→“段落”功能区中的“多级列表”按钮设置，本书第 5 章将会做详细介绍。

提示 3： 多关注社会的需求，了解公司的招聘条件，建立自己的专业规划，更加明晰专业人才的培养目标，更加明确专业领域内工作岗位和工作内容的社会价值，自觉树立远大职业理想，将职业生涯、职业发展脉络与国家发展的历史进程融合起来。

案例 2　制作“使用说明书”文档

“使用说明书”是产品生产厂家为客户提供的重要资料。完成本案例后，要求掌握 Word 文档中文字及段落的边框底纹设置，分栏设置。

本案例完成的效果图如图 2-2 所示，下面讲解编辑“使用说明书”文档步骤。

1. 设置边框和底纹

为了突出文档中的文本内容，可以为文档添加边框和底纹。下面分别介绍为文字和段落添加边框和底纹的操作。

1）为文字添加边框

步骤 1：打开素材，选定文档标题中的“UPS-500”，单击“开始”→“段落”功能区中的“边框”按钮，在弹出的下拉列表中选择“边框和底纹”命令，打开如图 2-12 所示的“边框和底纹”对话框。

步骤 2：在“样式”列表框中选择边框样式为“双细线”，在“颜色”下拉列表中选择边框的颜色为“红色，个性色 2，深色 50%”，并在“应用于”下拉列表中选择“文字”。

步骤 3：单击“确定”按钮，即可为选定的文字添加边框。

2）为段落应用边框

要单纯在段落外添加边框，利用上述方法就可以做到。如果仅想在某一边或几边添加边框线，那么就需要将边框套用到“段落”上才做得到。

步骤 1：将插入点置于正文的第 2 段中，单击“边框”按钮，打开“边框和底纹”对话框。

步骤 2：在“应用于”下拉列表中选择“段落”，在“样式”列表框中选择边框样式为“单实线”，在“颜色”下拉列表框中选择边框的颜色为“深蓝，文字 2，淡色 40%”，在“宽度”下拉列表中选择边框线的宽度为“1.5 磅”，如图 2-13 所示。

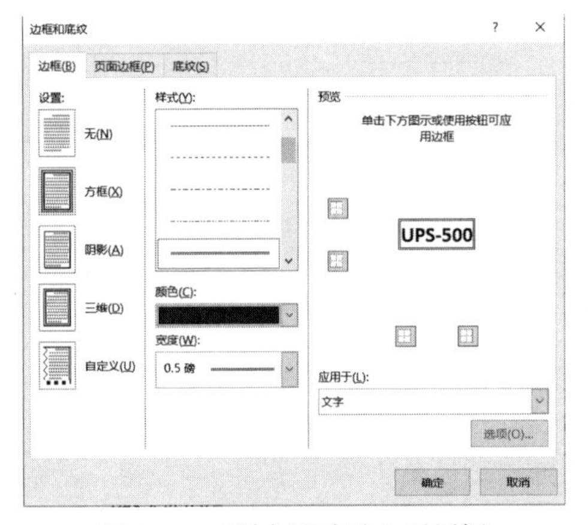

图 2-12 “边框和底纹”对话框

图 2-13 设置要添加的段落边框

步骤 3：在“预览”中显示添加边框的效果，单击选择上边框。

步骤 4：单击“确定”按钮，即可为段落的上边添加边框线。使用格式刷将第 4、6、8 段加上同样的边框。

3）为文字、段落添加底纹

为文字或段落添加适当的底纹，可以按照下述步骤进行操作。

步骤 1：选定标题行中的“UPS-500”，单击“开始”→“段落”功能区中“底纹”按钮右侧的向下箭头，在弹出的下拉列表中选择底纹颜色为“深蓝，文字 2，淡色 80%”。

步骤 2：还可以以纯色为背景添加不同的花纹，让底色有更多的变化。选定正文第一段文字“简介”，单击“边框”按钮，打开“边框和底纹”对话框，切换到“底纹”选项卡，如图 2-14 所示。

步骤 3：设置底纹“填充”为“深蓝，文字 2，淡色 80%”；设置“图案”→“样式”为“12.5%”，设置“图案”→“颜色”为“白色，背景 1”；在“应用于”下拉列表中选择将花纹应用于选定“文字”。单击“确定”按钮，即可添加底纹。

4）为页面设置应用艺术型边框

如果要让文档风格变得更活泼丰富，还可以为整个文档应用花纹边框线，具体操作步骤如下。

步骤 1：单击“开始”→“段落”功能区中“边框”按钮右侧的向下箭头，选择“边框和底纹”命令，打开“边框和底纹”对话框，切换到“页面边框”选项卡，如图 2-15 所示。

图 2-14　“底纹”选项卡

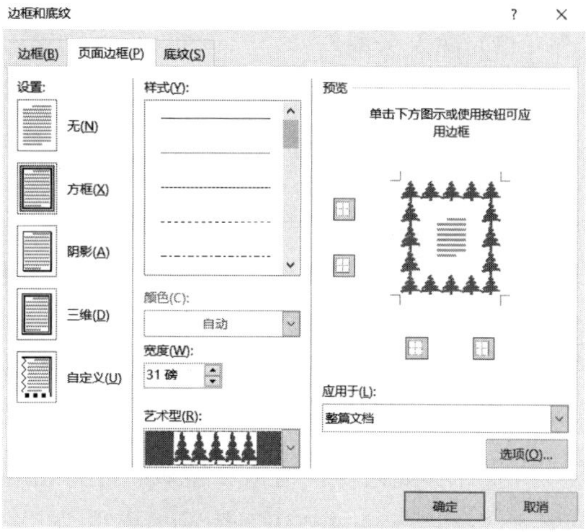

图 2-15　“页面边框”选项卡

步骤 2：在“应用于”下拉列表中选择“整篇文档”，在“艺术型”下拉列表中选择一种花纹边框，单击“确定”按钮，即可为页面添加边框。

提示： 如果要删除已添加的页面边框，可以再次打开“边框和底纹”对话框中的“页面边框”选项卡，在“设置”组中选择“无”选项即可。

---

2. 设置分栏

分栏经常用于报纸、杂志和词典排版，它有助于版面的美观、便于阅读，同时对回行较多的版面起到节约纸张的作用。

值得注意的是，仅在页面视图或打印预览视图下，才能真正看到多栏并排显示的效果。在普通视图中我们见到的仍然是一栏，只不过显示的是分栏的栏宽。

1）创建分栏

步骤 1：先选定正文的第 1 至 4 段，单击“布局”→“设置”功能区中的“栏”按钮，从弹出的下拉菜单中选择分栏效果为“两栏”。

步骤 2：选择“栏”下拉菜单中的“更多栏”命令，打开如图 2-16 所示的“栏”对话框。

步骤 3：选中“分隔线”复选框，在栏间设置分隔线。

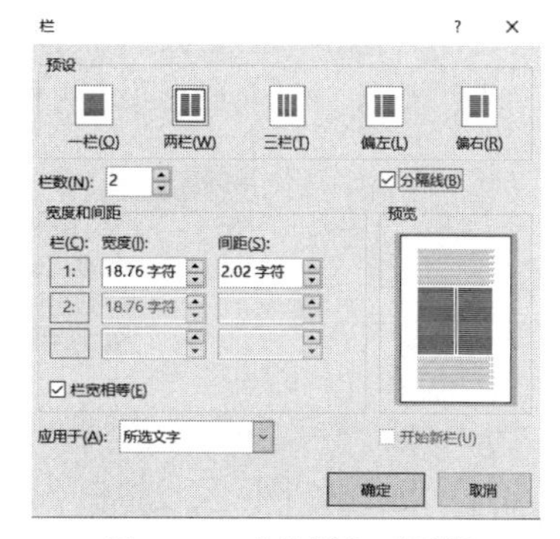

图 2-16　“分栏”对话框

在“应用于”下拉列表框中选择分栏格式应用的范围为“所选文字”。

步骤 4：单击“确定”按钮。

2）修改分栏

用户可以修改已存在的分栏，例如，改变分栏的数目、改变分栏的宽度和改变分栏之间的间距等，具体操作步骤如下。

步骤 1：将插入点定位在刚才设置好分栏段落的任何位置。

步骤 2：选择“栏”下拉菜单中的“更多栏”命令，出现“栏”对话框。

步骤 3：设置“间距”为“6 字符”。

步骤 4：单击“确定”按钮。

3）插入分隔符

完成分栏后，Word 会从第一栏开始依次向后排列文档内容，如果希望某段处于一栏的开始处，可以采用在文档中插入分栏符的方法，使当前插入点以后的文字移至下一栏，具体操作如下。

步骤 1：选中正文的第 5 至 8 段，通过“栏”对话框，将其分为“两栏”。设置“分隔线”，并将栏“间距”设置为“6 字符”（这时，我们会发现分栏的效果并不理想）。

步骤 2：将插入点定位在第 6 段“保修规定”的前面，单击“布局”→“页面设置”功能区中的“分隔符”按钮，从下拉菜单中选择“分栏符”命令。此时，插入点前后两段文字被分别放置在两个分栏中。

提示：如果要取消分栏排版，可将插入点定位在需要取消分栏设置所在段落的任何位置，单击“分栏”按钮，从下拉菜单中选择“一栏”命令。

3. 使用制表位对齐文本

所谓制表位，是指按 Tab 键时插入点所停留的位置。用户可以在文档中设置制表位，按 Tab 键后，插入点移到制表位位置处并停下来。Word 提供了几种不同的制表位，使用户很容易将文体按列的方式对齐。在 Word 2019 中可以通过以下两种方法设置制表位。

- 通过直接在文档窗口的标尺上单击指定点来设置制表位，使用该方法设置比较方便，但是很难保证精确度。

提示：如果功能区下方没有显示标尺，可在“视图”→“显示”功能区中勾选“标尺”。

- 通过“开始”→“段落”功能区中的“制表位”对话框来设置制表位，可以精确设置制表位的位置，这种方法比较常用。

接下来，我们分别通过两种方法在正文的最后添加如图 2-17 所示“装箱清单”效果。

装箱清单

序号	项目名称	数量
1	UPS-5	1 台
2	使用说明书	1 台
3	产品合格证	1 份

图 2-17 “装箱清单”效果

1）利用水平标尺设置制表位快速对齐文本

步骤 1：参照“1.设置边框和底纹”完成“装箱清单”段落的底纹边框设置。

步骤 2：将光标定位到下一行，单击垂直滚动条上方的“标尺”按钮，在文档窗口中显示标尺。

步骤 3：在水平标尺的最左端有一个“制表符对齐方式”按钮。每次单击该按钮时，按钮上将显示相应的对齐方式，对齐方式将按左对齐、居中、右对齐、小数点和竖线的顺序循环改变。在本例中我们选择左对齐。

步骤 4：出现左对齐制表符之后，在水平标尺上要设置制表位的地方单击，标尺上立即出现相应类型的制表符（重复步骤 3 和步骤 4 的操作，可以设置多个不同对齐方式的制表符）。

步骤 5：按下 Tab 键，将插入点移到正文该制表位处，这时输入的文本在此对齐。如图 2-17 所示为利用制表位对齐文本的效果。

提示 1： 如果要改变制表位的位置，只需将插入点定位在设置制表位的段落中或者选定多个段落，然后将鼠标指针指向水平标尺上要移动的制表符，按住鼠标左键在水平标尺上向左或向右拖动。

提示 2： 如果要删除制表位，只需将插入点定位在制表位的段落中或者选定多个段落，然后将鼠标指针指向到水平标尺上要删除的制表符，按住鼠标左键向下拖出水平标尺即可。

2）利用“制表位”对话框设置制表位对齐文本

我们也可以利用“制表位”对话框实现上述操作，完成文本的快速对齐，具体操作步骤如下。

步骤 1：选中所有要对齐的文本，单击“开始”→“段落”功能区右下角的“段落”按钮，弹出“段落”对话框。

步骤 2：单击对话框中的“制表位”按钮，出现如图 2-18 所示的“制表位”对话框。

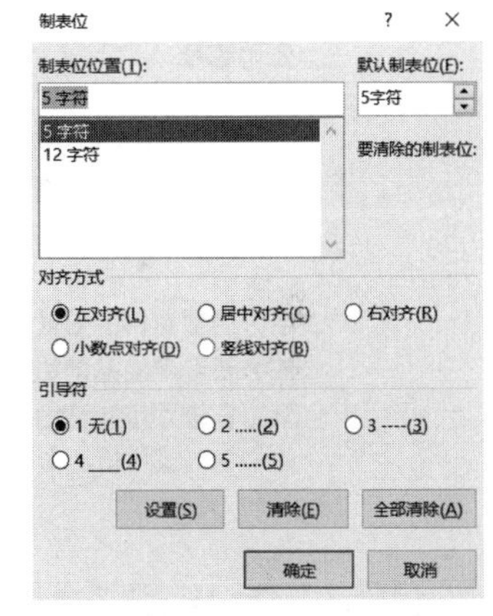

图 2-18　“制表位”对话框

步骤 3：在“制表位位置”框中输入第一个制表位为“5 字符”，在“对齐方式”选项组中选择“左对齐”，“前导符”选项组中选择“1 无（1）”；第二个制表位位置为“12 字符”，对齐方式为“左对齐”，“前导符”选项组中选择“1 无（1）”。

步骤 4：单击“设置”按钮，然后单击“确定”按钮。

步骤 5：按下 Tab 键，将插入点移到相应的制表位处，这时输入的文本在此对齐。

提示： 制表位前导符是在使用制表位定位时，正文左侧空白处显示的字符。

任务　编辑“合作协议书”文档

1. 学习任务

合作协议书是在商业活动中经常会用到的文档。完成本任务后，要求掌握字符、段落格式设置，分栏设置，文字、段落边框底纹的设置等知识点。本例完成的效果图如图 2-3 所示。

2. 知识点（目标）

（1）字符格式。

（2）段落格式。

（3）项目符号及编号。

（4）边框底纹。

（5）分栏。

（6）制表位。

3. 操作思路及实施步骤

步骤 1：启动 Word 2019，然后选择“布局”→“页面设置”→“页边距”→“常规”，设置常规文档。

步骤 2：输入文档的标题和内容，如图 2-19 所示。

合作协议书

甲方：天天纺织股份有限公司
法人代表：
公司账号：

乙方：绿州国际服装有限公司
法人代表：
公司账号：

……甲、乙双方本着精诚合作、平等互利的原则，经友好协商，就“美丽达人”服装达成如下协议，双方共同遵守：

甲方负责布料的质量、颜色、图案；
乙方负责半成品的加工，和款式的设计；
双方都进行市场营销工作（具体工作另定协议）
此协议一式两份，由甲、乙方各执一份，此协议盖章后，各方必须承担协议中各自的义务。

图 2-19　“合作协议书”内容

步骤 3：选中标题“合作协议书”，设置“开始”→“字体”功能区中的“字体”为“方正姚体”，“字号”为“小二”。单击“加粗”按钮；在“段落”功能区中单击“居中对齐”按钮。然后单击段落工具组中的按钮，在弹出的“段落”对话框中，将“缩进和间距”选项卡的“间距”选项组中的“段前”和“段后”均设置为 3 行，设置“行距”为“最小值”，“设置值”为 16 磅，单击“确定”按钮。

步骤 4：选中标题“合作协议书”，单击“开始”→“段落”功能区中的“边框和底纹”按钮右侧的向下箭头，选择“边框和底纹”命令，打开“边框和底纹”对话框。设置标题段的段落底纹为“蓝色，强调文字颜色 1，淡色 60%”，应用于“段落”，设置标题段的边框为“1.5 磅黑色下画线”，应用于“段落”。

步骤 5：选中协议内容的开始部分（从“甲方：……”至“……公司账号”6 行内容），单击“布局”→“页面设置”功能区中的“栏”按钮，在弹出的下拉菜单中选择“更多分栏”命令，弹出“分栏”对话框，将“栏数”设置为 2，“栏间距”设置为“8 字符”。

步骤 6：选中协议的具体条款，单击“开始”→“段落”功能区的按钮，弹出“段落”对话框。在“缩进”选项组中将“左侧”和“右侧”分别设置为 4 字符和 0 字符，将“特殊格式”设置为“悬挂缩进”，“磅值”设置为 1 厘米。单击“开始”→“段落”功能区中“编号”按钮右侧的向下箭头，在弹出的列表中选择合适的编号样式，如“一、……”。

步骤 7：将光标定位在条款后空 5 行处，在标尺上刻度约 22 的位置，设置一个左对齐的制表符，然后按 Tab 键完成如图 2-20 所示的内容输入。至此，合作协议书制作完成。

甲方：天天纺织股份有限公司（盖章）	乙方：绿州国际服装有限公司（盖章）
签字：	签字：
日期：	日期：

图 2-20　“落款”内容

4. 任务总结

通过本任务的练习，读者主要从以下几方面掌握 Word 中文档编辑的操作：

（1）字符、段落格式的设置及编辑。

（2）项目符号、编号的设置及编辑。

（3）字符和段落的边框底纹设置。

（4）分栏操作。

（5）使用制表位对齐文本的设置。

提示：

1. 项目开发、设计、测试、管理涉及到团队，团队协作很重要。学生在平时的学习生活中、参加课外科技活动、大学生科技竞赛等活动时，就要养成团队合作的习惯，团结协作，合作共赢，协作互助，共同提高。

2. 培养学生的团队协作精神和沟通交流能力。团队开发时，如果每个成员都遵循规范，可以大幅度提高开发效率，降低开发成本。

本章小结

本章主要介绍 Word 中与文档编辑相关的基本操作，主要讲解了字符格式、段落格式的设置与编辑；应用与移除项目符号和编号；使用底纹和边框突出显示段落；使用制表位对齐文本；以及使用格式刷复制文本格式。通过本章的学习，读者应熟练掌握上述基本操作。

疑难解析（问与答）

问：可以同时设置多个段落的格式吗？

答：段落格式是以“段”为单位的，因此，要设置某一个段落的格式时，可以直接将光标定位在该段落中，执行相关命令即可。要同时设置多个段落的格式时，就需要先选中这些段落，再进行格式设置。

问：如何设置带圈字符？

答：在设置文档格式时，除了可以设置一般的字符格式和段落格式，还可设置一些特殊的文档格式，带圈字就是其中的一种。先选定需要设置的文本，单击“开始”→“字体”功能区中的“带圈字符”按钮，在弹出的对话框中选择所需的“圈号”样式，单击“确定”按钮，即完成设置。

问：Word 中如何不显示回车、换行等符号？

答：单击“开始”→“段落”功能区中的“显示/隐藏编辑标记”按钮即可。

操作题

1. 制作如图 2-21 所示“公司管理制度”文档。

制作过程应包括：字符及段落的格式设置、边框底纹的设置、特殊字符的设置、项目符号的设置，最终达到理想效果。

公司管理制度

一、遵纪守法，忠于职守，爱岗敬业。
二、维护公司声誉，保护公司利益。
三、服从领导，关心下属，团结互助。
四、爱护公物，勤俭节约，杜绝浪费。
五、不断学习，提高水平，精通业务。
六、积极进取，勇于开拓，求实创新。

图 2-21　公司管理制度

2. 制作如图 2-22 所示“蛙泳”文档。

制作过程应包括：字符及段落的格式设置、边框底纹的设置、分栏的应用及使制表位对齐文本，最终达到理想效果。

蛙泳

蛙泳是一种模仿青蛙游泳动作的游泳姿势，也是最古老的一种泳姿，早在 2000-4000 年前，在中国、罗马、埃及就有类似这种姿势的游泳。 18 世纪中期，在欧洲，蛙泳被称为“青蛙泳”。 由于蛙泳的速度比较慢，在 20 世纪初期的自由泳比赛中（不规定姿势的自由游泳），蛙泳不如其他姿势快，使得蛙泳技术受到排挤。在当时的游泳比赛中，一度没有人愿意采用蛙泳技术参加比赛，随后国际泳联规定了泳姿，蛙泳技术才得以发展。 蛙泳的技术环节分为：蛙泳身体姿势、蛙泳腿部技术、蛙泳手臂技术、蛙泳配合技术。

蛙泳世界纪录一览表

项目	世界纪录	创造纪录日期	创造纪录地点
男子 50 米	27.18	2002 年 8 月 2 日	柏林
男子 100 米	59.30	2004 年 7 月 8 日	加利福尼亚
男子 200 米	2:09.04	2004 年 7 月 8 日	加利福尼亚
女子 50 米	30.57	2002 年 7 月 30 日	曼彻斯特
女子 100 米	1:06.37	2003 年 7 月 21 日	巴塞罗那
女子 200 米	2:22.99	2001 年 4 月 13 日	杭州

图 2-22　“游泳”文档

3. 制作如图 2-23 所示文档。

大熊猫的生活方式

大熊猫为什么选择食竹这种生活方式，至今令人费解。从生态学角度看，大熊猫特化的食性表示生态位狭窄，通过压缩生态位（食物的宽度）来避免竞争。大熊猫正是依靠最广泛分布于北温带，营养低劣却贮量丰富而稳定的食物存活至今，使人们觉得它们是进化历程中的一个久经考验的胜利者。

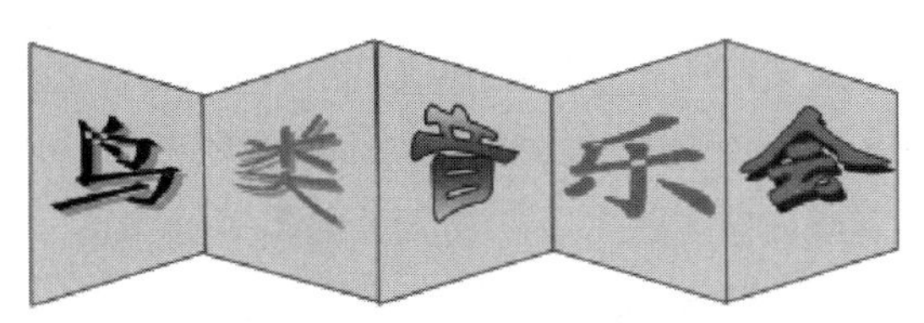

鸟类的鸣叫可以分为鸣唱，鸣叫和鸣效3种类型。鸣唱又叫作鸣啭、啭鸣或歌声，通常是在性激素控制下产生的响亮而富于变化的多音节连续旋律，有些种类的鸣唱非常婉转悠扬。繁殖期由雄鸟发出的婉转多变的叫声即是典型的鸣唱。鸣唱是占区鸟类用于划分和保卫领域，宣告此地已被占据，警告同种雄鸟不得进入，吸引雌鸟前来配对的重要方式。鸟类鸣唱所发出的"歌声"比叫声复杂多变，大多发生在春夏繁殖期间，通常由雄鸟发出。鸣叫则不受性激素控制，两性都能产生，通常是短促单调的声音，鸣叫发出的声音有很多含义，用于个体间的联络和通报危险等信息活动，大致可分为呼唤、警戒、惊叫、恫吓4大类型。有时要区分叫声与歌声并不容易。但一般说来，叫声通常不受季节变化的影响，雌、雄鸟均能发出，是鸟类个体之间用于通信联络的重要方式。鸣效是指鸟类模仿其他鸟类的叫声或声音。效鸣的生物学意义至今还不甚明了。

图 2-23　“大熊猫及鸟类”文档

第 3 章　Word 图形和表格处理

本章要点

- ➢ 熟练掌握文档中文本框的创建、格式的编辑、文本框间的链接等操作。
- ➢ 熟练掌握文档中图片的插入、编辑等操作。
- ➢ 熟练掌握文档中艺术字的插入、编辑等操作。
- ➢ 熟练掌握通过 SmartArt 创建组织结构图的操作。
- ➢ 熟练掌握文档中表格的快速创建、调整表结构、设置表格格式，理解表格布局和设计。

案例展示

“产品介绍”文档如图 3-1 所示，“面试流程指南”文档如图 3-2 所示，“电子小报”文档如图 3-3 所示。

产品介绍

Epson WF-5623 高端彩色商用墨仓式一体机

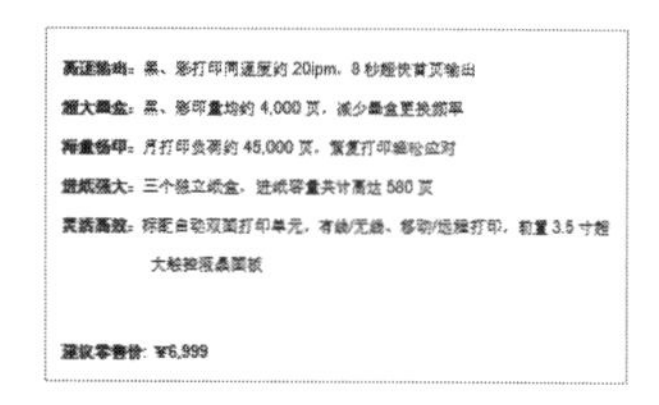

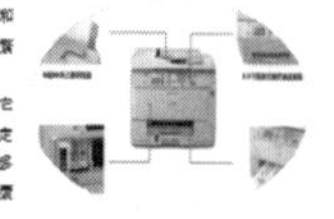

图 3-1　“产品介绍”文档

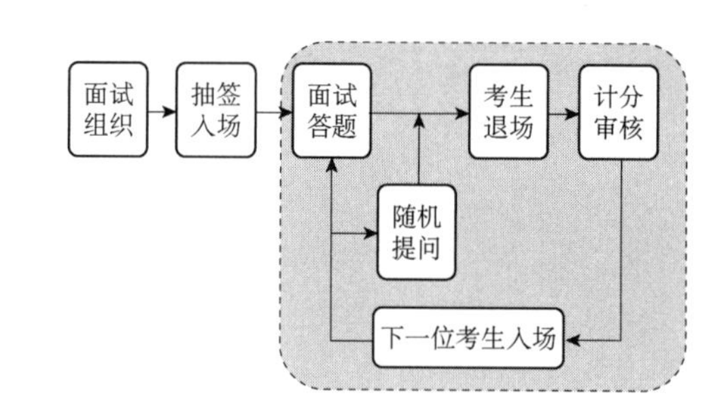

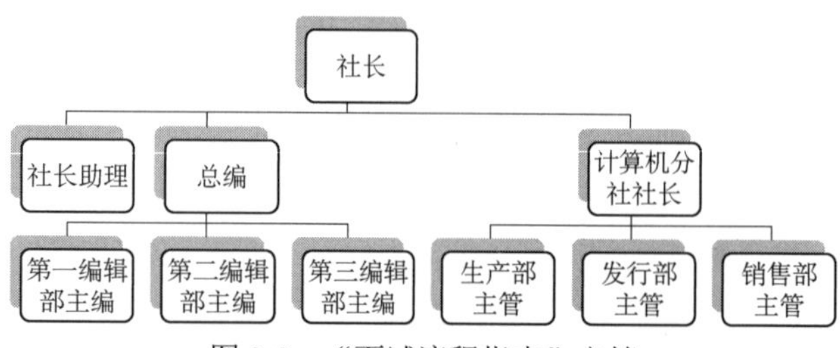

图 3-2　“面试流程指南”文档

挫折教育不可少

让座

班级	金	银	铜	合计
计算机	8	6	5	19
中[illegible]计算机	5	5	7	17
电子	3	6	6	15
通信	2	3	5	10
合计	18	20	23	61

图 3-3　“电子小报”文档

基本知识讲解

3.1　选定图形对象

在对某个图形对象进行编辑之前，首先要选定该图形对象。选定图形对象有以下几种方法：

➢ 如果要选定一个图形，则用鼠标单击该图形。此时，图形周围出现句柄。

➢ 如果要选定多个图形，则按住 Ctrl 键，然后用鼠标分别单击要选定的图形。

➢ 如果要选定的多个图形比较集中，可以将鼠标左键移动到要选定图形对象的左上角，按住鼠标左键向右下角拖曳。拖动时会出现一个虚线方框，当把所有要选定的图形对象全部框住时，释放鼠标左键。

3.2　环绕样式

环绕决定了图形之间、图形与文字之间、表格与文字之间的交互方式。环绕有两种基本形式：嵌入和浮动。浮动意味着可将图片拖动到文档的任何位置，而不像嵌入到文档的文字层中的图片那样受到一些限制。环绕样式主要分为以下几种。

➢ 嵌入型：插入到文字层。可以拖动图形，但只能从一个段落标记移动到另一个段落标记中。

➢ 四周环绕：文本中放置图形的位置会出现一个方形的“洞”。文字会环绕在图形周围，使文字和图形之间产生间隙。可将图形拖到文档的任意位置。

➢ 紧密型环绕：实际上在文本中放置图形的地方创建了一个形状与图形轮廓相同的“洞”，使文字环绕在图形周围。可以通过环绕顶点改变文字环绕的“洞”的形状。可将图形拖到文档中的任何位置。

➢ 衬于文字下方：嵌入在文档底部或下方的绘制层。可将图形拖动到文档的任何位置。

➢ 浮于文字上方：嵌入在文档上方的绘制层。可将图形拖动到文档的任何位置，文字位于图形下方。

➢ 穿越型环绕：文字围绕着图形的环绕顶点。文字应该填充图形的空白区域，但没有证据表明可以实现这种功能。从实际应用来看，这种环绕样式产生的效果和表现出的行为与“紧密型环绕”相同。

➢ 上下型环绕：此样式实际上创建了一个与页边距等宽的矩形。文字位于图形的上方或下方，但不会在图形旁边。可将图形拖动到文档的任何位置。

3.3 SmartArt 图形类型

Word 2019 中提供的 SmartArt 图形类型包括“列表”“流程”“循环”“层次结构”“关系”“矩阵”“棱锥图”“图片”等，每种类型的图形有各自的作用。

➢ 列表：用于显示非有序信息块或者分组的多个信息块或列表的内容，该类型包括 36 种布局样式。

➢ 流程：用于显示组成一个总工作的几个流程的路径或一个步骤中的几个阶段，该类型包括 44 种布局样式。

➢ 循环：用于以循环流程表示阶段、任务或事件的过程，也可以用于显示循环路径与中心点的关系，该类型包括 16 种布局样式。

➢ 层次结构：用于显示组织中各层次的关系或上下层关系。该类型包括 13 种布局样式。

➢ 关系：用于比较或显示若干个观点之间的关系，有对立关系、延伸关系或促进关系等。该类型包括 37 种布局样式。

➢ 矩阵：用于显示部分与整体的关系，该类型包括 4 种布局样式。

➢ 棱锥图：用于显示比例关系、互连关系或层次关系，按照从高到低或从低到高的顺序进行排列，该类型包括 4 种布局样式。

➢ 图片：包括一些可以插入图片的 SmartArt 图形，该类型包括 31 种布局样式。

3.4 设置表格尺寸

设置表格的列宽和行高有以下几种方法。

➢ 通过拖动鼠标：将光标指向要调整列的列边框和行的行边框，当光标形状变为上下或左右的双向箭头时，按住鼠标左键拖动即可调整列宽和行高。

➢ 通过指定列宽和行高值：选择要调整列宽的列或行高的行，然后切换到功能区中的“布局”选项卡，在“单元格大小”选项组中设置“宽度”和“高度”的值，按 Enter 键即可调整列宽或行高。

➢ 通过 Word 自动调整功能：切换到功能区中的“布局”选项卡，在“单元格大小”选项组中单击“自动调整”按钮，从弹出的菜单中选择所需的命令即可。

案例和任务

案例 1　制作“产品介绍”文档

“产品介绍”能够最快、最直接地为用户展现一件产品的主要性能特点。我们可以使用 Word 设计并制作图文并茂、内容丰富的文档。本案例完成的效果图如图 3-1 所示，下面讲解创建表格操作步骤。

1. 插入和编辑文本框

文本框是一种特殊的文本对象，既可以当作图形对象处理，也可以当作文本对象处理。在文档中使用文本框，是为了使被框住的文字像图形对象一样具有独立排版的功能。

Word 提供的文本框可以使选定的文本或图形移到页面的任意位置，进一步增强了图文混排的功能。使用文本框还可以对文档的局部内容进行竖排、添加底纹等特殊形式的排版。

Word 提供了内置的文本框架样式模板，使用这些模板可以快速创建出带有样式的文本框，然后只需在文本框中输入所需的文字即可。

1）插入文本

启动 Word，新建一个空白文档，具体操作步骤介绍如下。

步骤 1：单击“设计”→“页面背景”功能区中的“页面颜色”按钮，在弹出的“主题颜色”栏中选择“蓝色，个性色 1，淡色 60%”作为页面颜色。参照本案例提供的素材，在空白文档的最上方输入产品介绍的标题，并设置相应的格式。

步骤 2：单击“插入”→“文本”功能区中的“文本框”按钮的向下箭头，弹出如图 3-4 所示的“内置”菜单，从中选择一种文本框样式，可以快速绘制带格式的文本框，本例中我们选择“简单文本框”。

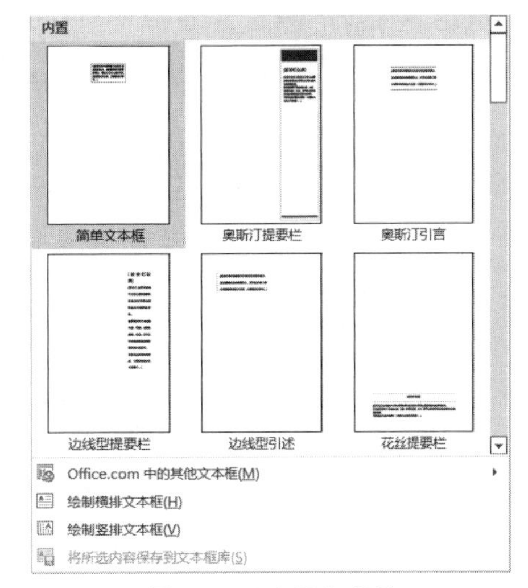

图 3-4　“内置”菜单

步骤 3：单击文本框的边框即可将其选定，此时文本框的四周出现 8 个句柄，按住鼠标左键拖动句柄，可以调整文本框到合适的大小。将鼠标指针指向文本框的边框，鼠标指针变成四向箭头时，按住鼠标左键拖动，即可调整文本框到合适的位置（参照效果图 3-1）。

步骤 4：此时，插入点在文本框中闪烁着，接下来我们将素材中蓝色字体部分的内容输入到文本框中（也可复制粘贴）。

提示： 如果要手工绘制文本框，则从“文本框”下拉菜单中选择“绘制横排文本框”命令，按住鼠标拖动，即可绘制一个文本框；也可选择“绘制竖排文本框”，设置一个文字竖向排列的文本框。

2）设置文本框的边框

步骤 1：单击文本框的边框将其选定，这时会发现菜单栏的最后出现“绘图工具”→“形状格式”菜单项。

步骤 2：单击“形状格式”→“形状样式”功能区中的“形状轮廓”按钮，从弹出的菜单中选择“粗细”命令，选择所需的线条粗细为 1 磅。

步骤 3：单击“形状格式”→“形状样式”功能区中的“形状轮廓”按钮，在弹出的菜单中选择“虚线”命令，从其子菜单中选择“其他线条”命令，弹出“设置形状格式”对话框。在“短画线类型”下拉列表中选择一种线型，如图 3-5 所示。

步骤 4：单击“形状格式”→“形状样式”功能区中的“形状填充”按钮，选择 “无填充色”，将文本框设置为透明。

步骤 5：单击“关闭”按钮。

3）设置文本框的内部边距与对齐方式

用户可以设置文本框的内部边距与对齐方式，具体操作步骤如下。

步骤 1：右击文本框，在弹出的快捷菜单中选择“设置形状格式”命令，打开“设置形状格式”对话框。

步骤 2：切换到“文本选项”，单击“布局属性”按钮，设置“左边距”“右边距”“上边距”“下边距”4 个文本框中的数值为 0.3 厘米，调整文本框内文字与文本框四周边框之间的距离，如图 3-6 所示。

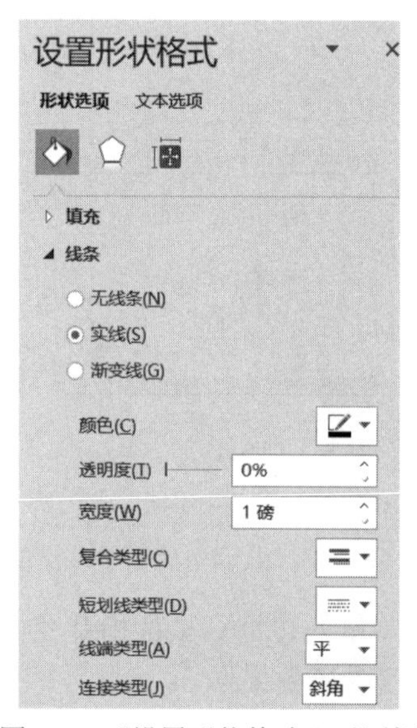

图 3-5 “设置形状格式”对话框

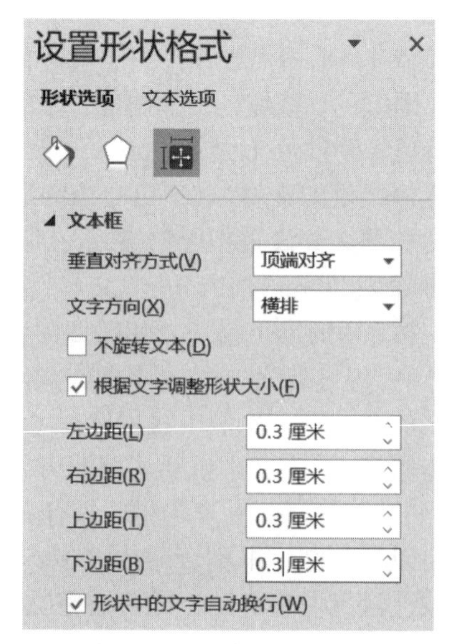

图 3-6 “文本框”选项卡

步骤 3：单击“关闭”按钮。

4）文本框的链接

在应用文本框的过程中，经常会遇到输入到文本框中的内容超出了文本框大小的情况，这时需通过文本框的链接方式将超出的文字转移到另一个文本框中。其具体的操作步骤如下。

步骤 1：在文档中新建两个简单文本框，选定文本框，选择“格式”→“大小”功能区，将两个文本框的“长”“宽”都设置为 6.5 厘米，并放置到合适的位置（参照素材最终效果）。

步骤 2：将素材中绿色文字部分复制粘贴到第一个文本框中，我们会发现内容超出了文本框，如图 3-7 所示。选中有超出文字的文本框，并单击“格式”→“文本”功能区中的“创建链接”按钮 创建链接，此时光标显示为“茶杯”状。

步骤 3：将光标放在空白文本框中，单击鼠标左键即可创建文本链接。此时超出的文字将显示在空白文本框内，如图 3-8 所示。以同样的方法还可链接第 3 个、第 4 个文本框。

步骤 4：选中两个文本框，单击鼠标右键，在弹出的快捷菜单中选择“设置形状格式”命令，在对话框的“文本选项”中，设置“填充”为“无填充”，“线条颜色”为“无线条”，结果如图 3-9 所示。

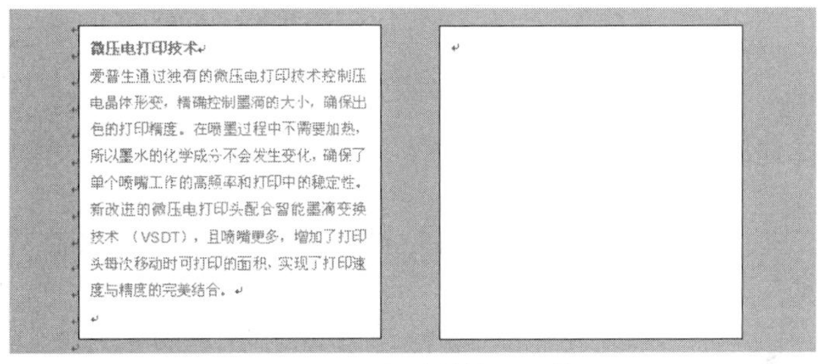

图 3-7　“创建链接”之前

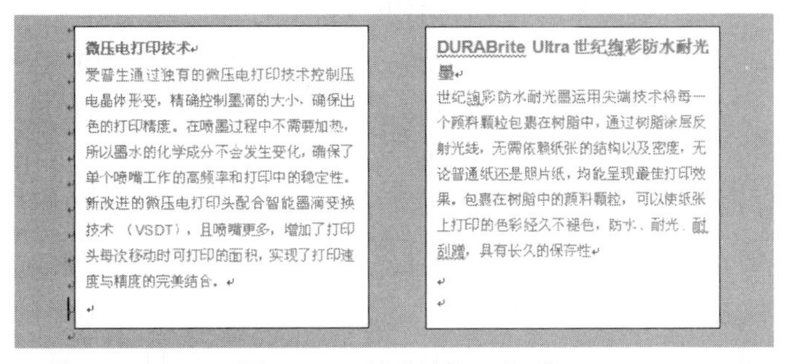

图 3-8　“创建链接”之后

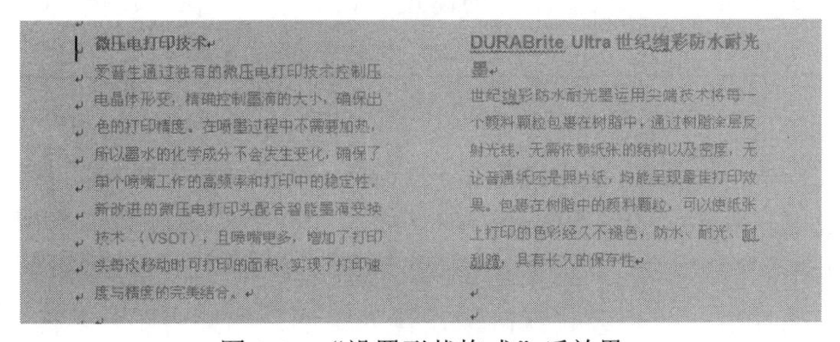

图 3-9　“设置形状格式”后效果

提示： 只有没有内容的文本框才可以被设置为链接目标，如果要取消文本框间的链接，需选定有超出文字的文本框，单击“格式”→“文本”功能区中的“断开链接”按钮 断开链接，即可取消文本框之间的链接。

2. 插入和编辑图片

Word 不仅是一个编辑文本的工具，同时也是一个可以插入图片和绘制图形的工具。

在 Word 2019 中，用户可以在文档中插入图片，以提高文档的美观性。插入的图片可以来源于两种，一种是来自外部存储的图片文件，另一种是来自联机图片。

1）在文件中插入图片

在文档中插入已经保存在磁盘中的图片也很简单，可以按照下述步骤进行操作。

步骤 1：将素材中的黑色文字部分复制粘贴到“产品介绍”文档的最后，然后将插入点置于该文字区域的任意位置，单击“插入”→“插图”功能区中的“图片”按钮下拉列表“此设备”选项，打开如图 3-10 所示的“插入图片”对话框。

步骤 2：从素材文件夹中选择要插入的图片“图片 1”，然后单击“插入”按钮，即可将图片插入到文档中。

提示 1： 用户可以使用拖曳法插图，只要将文件夹中的图片拖曳到文档中需要插入图片的位置，释放鼠标左键即可。

提示 2： 用户还可以在图片文件夹中选择要插入的图片，将其复制后，切换到 Word 文档中要插入图片的位置，将图片粘贴到文档中。

2）调整图片的大小和角度

在文档中插入图片后，用户可以通过 Word 提供的缩放功能来控制其大小，还可以旋转图片，具体操作如下。

步骤 1：单击刚才插入的图片，使其周围出现 8 个句柄。

步骤 2：如果要横向或纵向缩放图片，则将鼠标指针指向图片四边的任意一个句柄上；如果要沿对角线方向缩放图片，则将鼠标指针指向图片四角的任何一个句柄上。

步骤 3：按住鼠标左键，沿缩放方向拖动鼠标至合适的大小。

步骤 4：用鼠标拖动图片上方的“绿色旋转”按钮，可以任意旋转图片。

提示： 如果要精确设置图片或图形的大小和角度，可以单击文档中的图片，然后在“格式”→“大小”功能区的“高度”和“宽度”文本框中设置图片的高度和宽度。还可以单击“大小”功能区右下角的“对话框启动器”按钮，打开如图 3-11 所示的“布局”对话框，在“高度”和“宽度”选项组中可以设置图片的高度、宽度，以及在“旋转”选项组中输入旋转角度，在“缩放”选项组的“高度”和“宽度”文本框中按百分比来设置图片大小。

3）裁剪图片

有时候需要对插入 Word 文档中的图片进行重新裁剪，在文档中只保留图片中需要的部分。比较以前的版本，Word 2019 的图片裁剪功能更加强大，不仅能够实现常规的图像裁剪，还可将图像裁剪为不同的形状。

在文档中插入图片后，图片会被默认地设置为矩形，如果将图片更改为其他形状，可以让图片与文档配合得更为美观，具体操作步骤如下。

步骤 1：单击选择要裁剪的图片，单击“格式”→“大小”功能区中的“裁剪”按钮的向下箭头，在弹出的下拉列表中选择“裁剪为形状”选项，弹出如图 3-12 所示子列表，单击“基本形状”区内的“椭圆”图标。

图 3-10　“插入图片”对话框

图 3-11　“布局”对话框—“大小”选项卡

步骤 2：此时，图像就被裁剪为指定的形状，如图 3-13 所示。

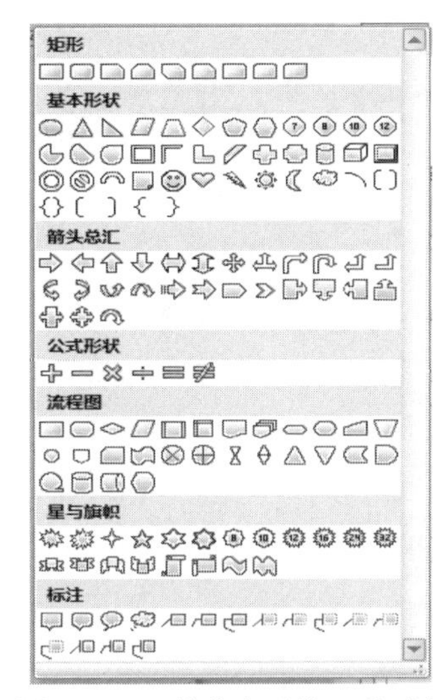

图 3-12　“剪裁为形状”子列表

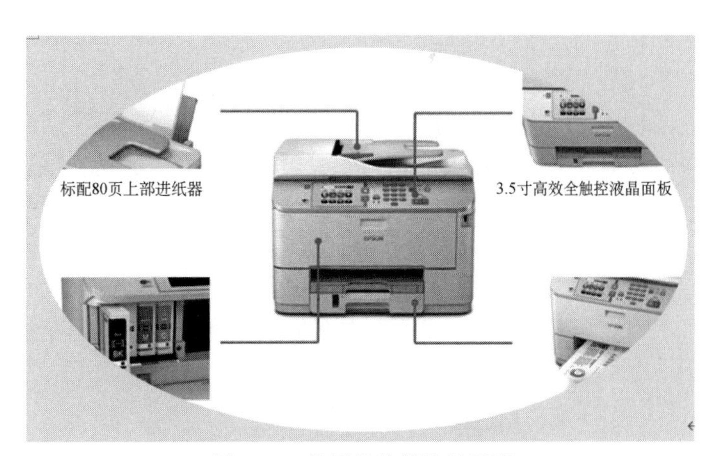

图 3-13　将图片裁剪为椭圆形

4）设置图片的文字环绕效果

用户通常需要设置好文档中图片与文字的位置关系，即环绕方式，具体操作步骤如下。

步骤 1：选定图片，单击“格式”→“排列”功能区中的“位置”按钮。

步骤 2：在弹出的下拉列表中选择环绕方式为“中间居中，四周型文字环绕”。

步骤 3：将鼠标指针移到图片上方，根据用户自己的需要，将其拖到文档的合适位置。

提示 1： 在文档中，图片和文字的相对位置有两种情况，一种是嵌入型的排版方式，此时图片和正文不能混排，也就是说正文只能显示在图片的上方和下方（可以使用“开始”→“段

落”功能区中的“左对齐”“居中”“右对齐”等命令来改变图片的位置)。另一种是非嵌入式方式，也就是“环绕文字”方式。在这种情况下，图片和文字可以混排，文字可以环绕在图片周围或在图片的上方或下方。此时，拖动图片可以将图片放置到文档中的任意位置。

提示 2：在“格式”→“调整”功能区中，用户还可以对图片的亮度、对比度、着色等进设置。

3. 插入和编辑艺术字

艺术字是文档中具有特殊效果的文字。在文档中适当插入一些艺术字不仅可以美化文档，还能突出文档所要表达的内容。

1）插入艺术字

Word 2019 提供了简单易用的艺术字设置工具，只需简单的操作，即可轻松地在文档中插入艺术字，具体操作步骤如下。

步骤 1：将光标定位于文档标题的上一行，单击“插入”→“文本”功能区中的“艺术字”按钮，即可弹出“艺术字样式”下拉菜单，如图 3-14 所示。

步骤 2：选择所需的艺术字样式，即可弹出艺术字文本框，如图 3-15 所示。在其中输入“产品介绍”。

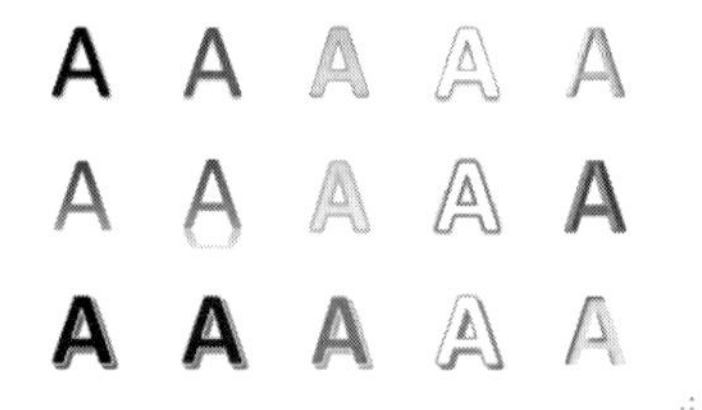

图 3-14　“艺术字样式”下拉菜单

图 3-15　艺术字效果

2）设置文本填充效果

用户可以为插入的艺术字设置填充效果，如填充颜色或填充渐变等，具体操作步骤如下。

步骤 1：选定艺术字，单击“形状格式”→“艺术字样式”功能区中的“文本填充”按钮，弹出如图 3-16 所示列表。

步骤 2：在列表中选择颜色样式为“渐变”，弹出如图 3-17 所示下一级列表。

步骤 3：在下一级列表中选择渐变样式为“深色变体”中的“从中心”样式。

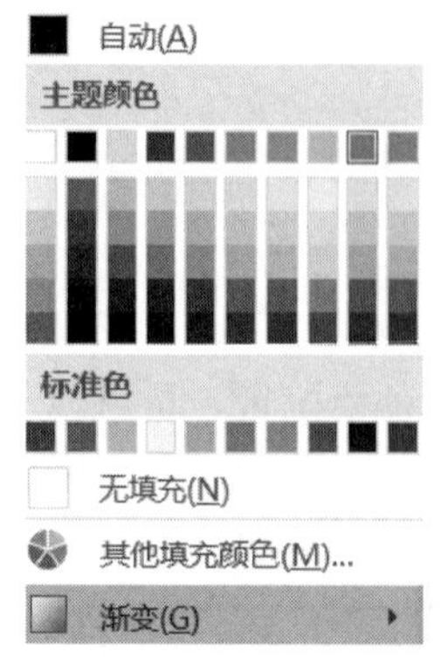

图 3-16　“文本填充”列表

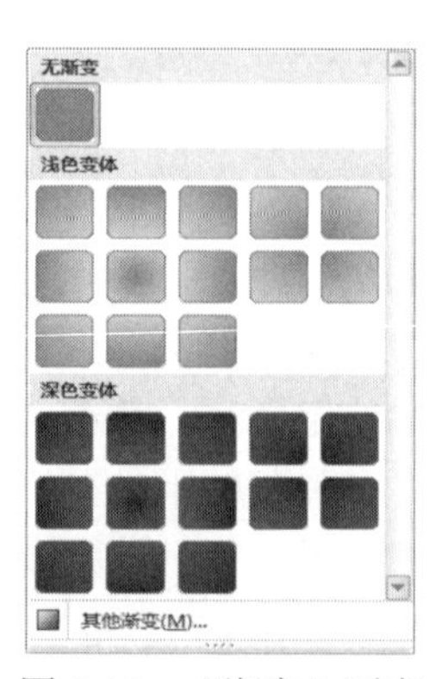

图 3-17　“渐变”列表

3）设置文本效果

用户在创建艺术字时，如果对默认的艺术字形状不满意，还可以通过更改文本效果来更改艺术字的形状，具体操作步骤如下。

步骤 1：选定艺术字，单击“形状格式”→“艺术字样式”功能区中的“文本效果”按钮，弹出如图 3-18 所示列表。

步骤 2：在列表中单击“转换”样式，弹出如图 3-19 所示下一级列表。

步骤 3：在下一级列表中单击“腰鼓”样式，完成艺术字效果设置，如图 3-20 所示。

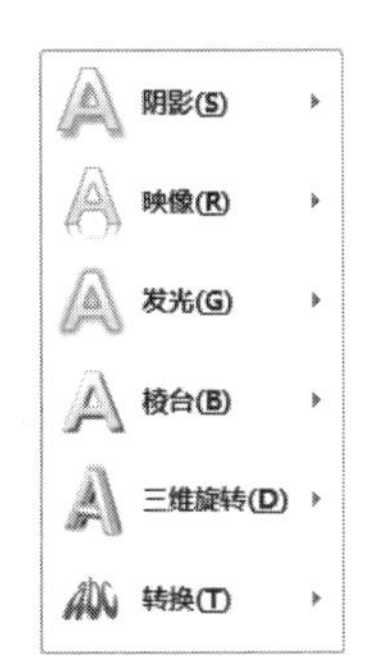

图 3-18　“文本效果”列表

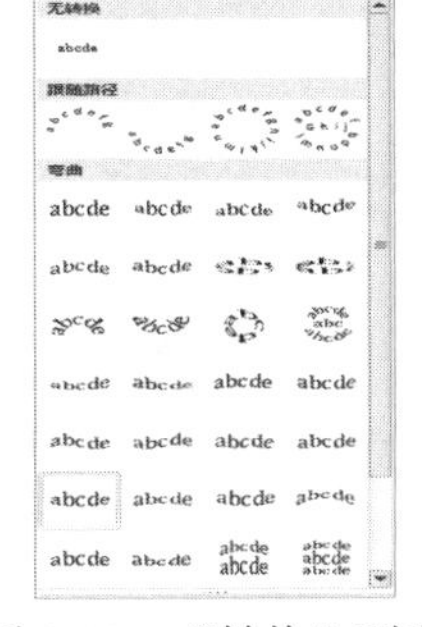

图 3-19　“转换”列表

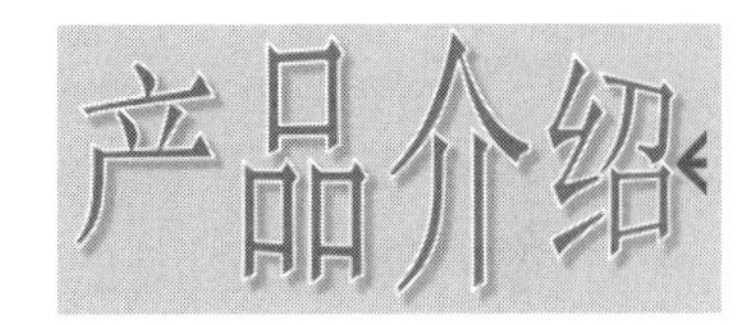

图 3-20　艺术字最终效果

补充知识：在 Word 2019 中，新增了 3D 模型功能，用户可以在文档中插入 3D 模型，并可将 3D 对象旋转，以便在文档中阐述观点或显示对象的具体特性，还可以显示 3D 对象显示视图。

单击“插入”→“插图”功能区中的“3D 模型”按钮，可插入 3D 模型。

在“3D 模型”的功能区中，可对 3D 对象进行操作显示。

提示：

产品设计，要考虑社会、经济、健康、安全、法律、文化及环境等因素，具有创新性，为人们提供可靠、实用的产品。

案例 2　制作“面试流程指南”文档

“面试流程指南”是各单位人事部门在招聘过程中经常要用到的文档之一。在 Word 2019 中，可以插入现成的形状，如矩形、圆形、线条、箭头、流程图符号和标注等，还可以对图形进行编辑并设置图形效果。最终效果如图 3-2 所示。

1. 绘制自选图形

在文档中绘制图形时，为了避免随着文档中其他文本的增删导致插入的图形位置发生错乱现象，最好在画布中进行，具体操作步骤如下。

步骤 1：单击“插入”→“插图”功能区中的“形状”按钮，弹出如图 3-21 所示下拉列表，在其下拉菜单中选择“新建画布”命令。

步骤 2：接下来开始绘制图形，单击“插入”→“插图”功能区中的“形状”按钮，在其下拉菜单中选择“圆角矩形”。

步骤 3：在画布中需要绘制的开始位置按住鼠标左键，拖曳鼠标到结束位置，即可绘制出圆角矩形。使用同样的方法，可以在画布中绘制基本的图形和连线，如图 3-22 所示。

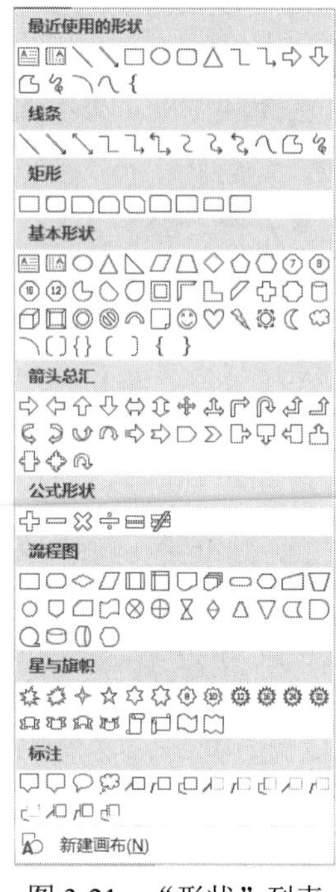

图 3-21 “形状”列表

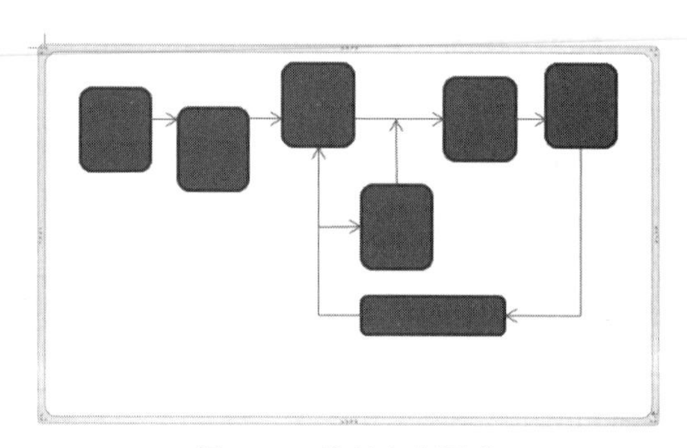

图 3-22 绘制多个图形

提示： 如果要绘制正方形，只需单击“矩形”按钮后，按住 Shift 键并拖动即可；如果要绘制圆形，只需单击“椭圆”按钮，按住 Shift 键并拖动即可。

---

2. 编辑图形对象

1）对齐图形对象

如果使用鼠标移动图形对象，很难使多个图形对象排列得很整齐。Word 提供了快速对齐图形对象的工具。具体操作步骤如下：选定要对齐的图形，单击“格式”→“排列”功能区中的“对齐”按钮，从“对齐或分布”菜单中选择“网格设置”，通过设置“垂直”“水平”间隔线，作为图形位置依据对图形进行对齐排列，如图 3-23 所示。逐个移动图形，进行对齐。

提示 1： 若图形不是设置在画布中的，则对齐更方便。按 Ctrl 键的同时单击鼠标左键，可以同时选定要对齐的多个图形对象。单击“形状格式”→“排列”功能区中的“对齐”按钮，从“对齐或分布”菜单中选择所需的对齐方式。

提示 2： 按住 Ctrl 键，同时按键盘上的上、下、左、右箭头，可以对图形位置进行微调。

2）在自选图形中添加文字

用户可以在封闭的图形中添加文字，具体操作步骤如下。

步骤 1：右击要添加文字的图形，在弹出的快捷菜单中选择“添加文字”命令，此时插入点出现在图形的内部。

步骤 2：输入所需的文字，并对文字进行排版，设置其格式为小五号、白色、宋体，结果如图 3-24 所示。

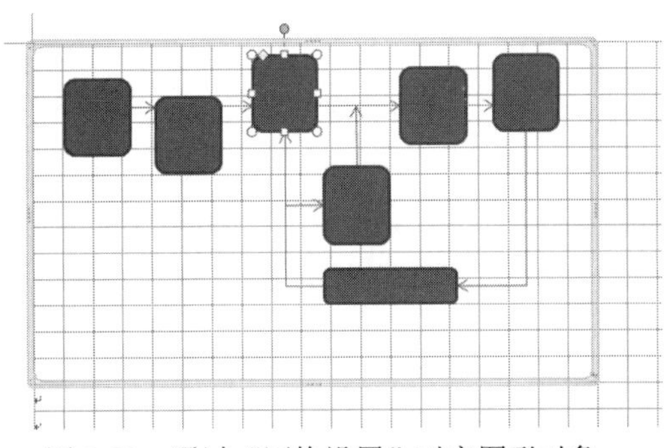

图 3-23　通过“网格设置”对齐图形对象

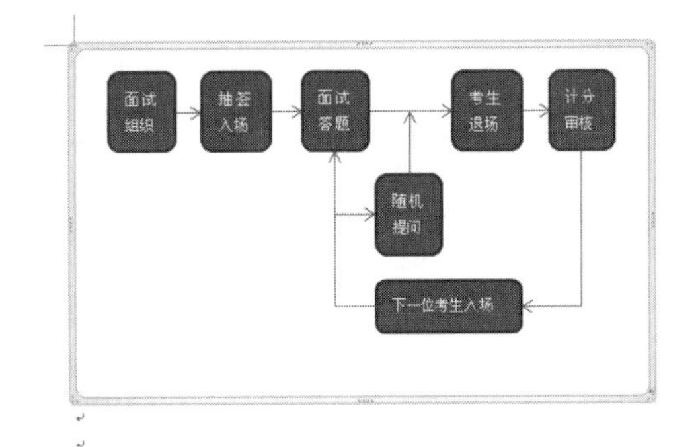

图 3-24　在自选图形中添加文字

3）叠放图形对象

在同一区域绘制多个图形时，后来绘制的图形将覆盖前面的图形。有需要时，可以改变图形对象的叠放次序，具体操作步骤如下。

步骤 1：单击“插入”→“插图”功能区中的“形状”按钮，在其下拉菜单中选择“圆角矩形”，在画布中新画一个图形，如图 3-25 所示。我们会发现，新的图形覆盖了它下层的图形。

步骤 2：选定该图形，单击“形状格式”→“排列”功能区中的“下移一层”按钮右侧的向下箭头，从“下移一层”下拉菜单中选择“置于底层”命令，效果如图 3-26 所示。

提示：若某图形被隐藏在其他图形下面，可以按 Tab 键或 Shift+Tab 组合键来选定该图形对象。

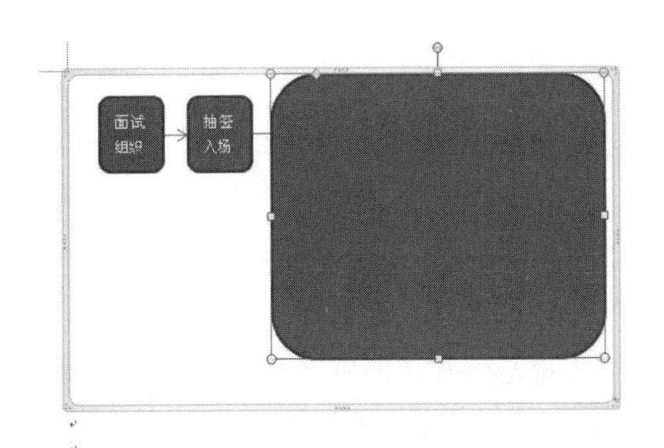

图 3-25　新画的图形

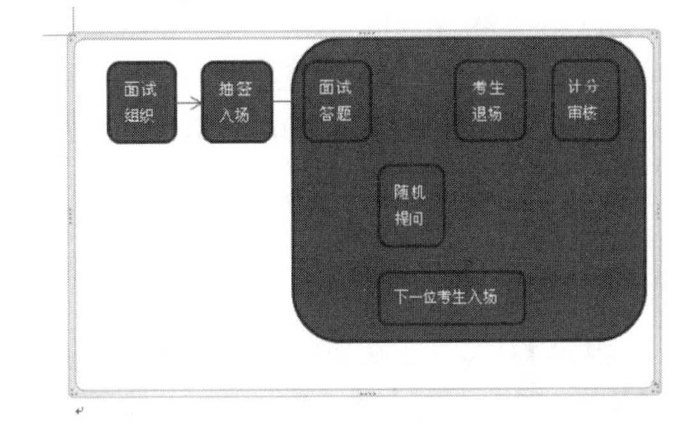

图 3-26　“置于底层”后的效果

3. 美化图形对象

在文档中绘制图形对象后，可以加上一些特殊的效果。

1）设置线条颜色及线型

在 Word 2019 中，设置线型的具体操作步骤如下。

步骤 1：选定画布中最大的那个圆角矩形，单击“形状格式”→“形状样式”功能区中的“形状轮廓”按钮，在弹出的“形状轮廓”菜单中选择线条颜色为“深蓝，文字 2”。

步骤 2：在“形状轮廓”菜单中选择“虚线”，在弹出的如图 3-27 所示的级联中选择 “圆点”类型。

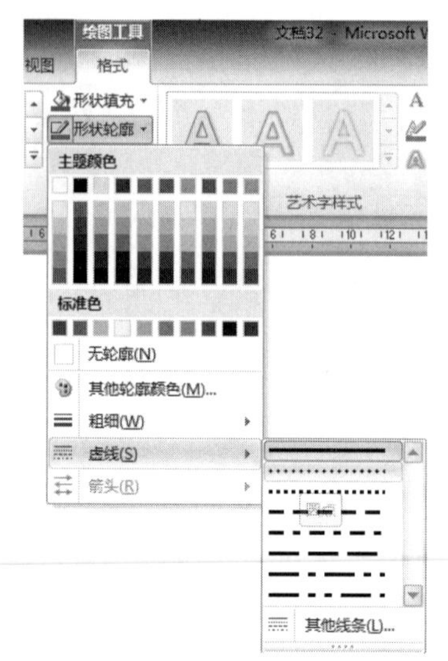

图 3-27　“设置形状格式”级联（线型）

提示 1： 如果在“形状轮廓”菜单中没有看到所需的颜色，则选择“形状轮廓”菜单中的“其他轮廓颜色”命令，用户可在打开的“颜色”对话框中选择或者自定义更丰富的颜色。如果要设置带图案的线条，则选择“形状轮廓”菜单中的“图案”命令，在打开的“带图案线条”对话框中选择一种图案。

提示 2： 如果要设置其他的线型，可以选择“粗细”菜单下的“其他线条”命令，出现“设置自选图形”对话框。在“线条”选项组的“颜色”下拉列表中选择线条的颜色，在“粗细”文本框中设置线条的粗细。

2）设置填充颜色

如果要给图形设置填充颜色，具体操作步骤如下。

步骤 1：选定画布中最大的那个圆角矩形，单击“形状格式”→“形状样式”功能区中的“形状填充”按钮右侧的向下箭头。

步骤 2：在弹出的“形状填充”菜单中，选择“渐变”命令，在弹出的级联菜单中选择渐变效果为“中心辐射”。

提示 1： 如果要从图形对象中删除填充颜色，可先选定修改的图形对象，再单击“形状样式”功能区中“形状填充”按钮右侧的向下箭头，从菜单中选择“无填充”命令。

提示 2： 用户还可以通过“格式”→“形状样式”功能区中的“形状效果”按钮，设置图形的阴影、三维等效果。

4. 使用 SmartArt 图形功能

SmartArt 图形是 Word 中预设的形状、文字和样式的集合，包括列表、流程、循环、层次结构、关系、矩阵、棱锥图和图片 8 种类型，每种类型下又包括若干个图形样式。使用 SmartArt 图形功能可以快速创建出专业而美观的图形化效果，而且对于创建好的图形还可以使用现有的编辑功能进行一些简单的处理，从而使图形更具专业水平。

1）插入 SmartArt 图形

要插入 SmartArt 图形，首先要选择一种 SmartArt 图形布局。插入 SmartArt 图形的具体操作步骤如下。

步骤 1：单击“插入”→“插图”功能区中的“SmartArt”按钮，打开“选择 SmartArt 图形”对话框，如图 3-28 所示。

步骤 2：在该对话框的左侧列表中选择 SmartArt 图形的“列表”类型为“基本列表”，“层次结构”布局为“组织结构图”，产生的 SmartArt 图效果，如图 3-29 所示。

步骤 3：单击图框，然后输入文本，如图 3-30 所示。

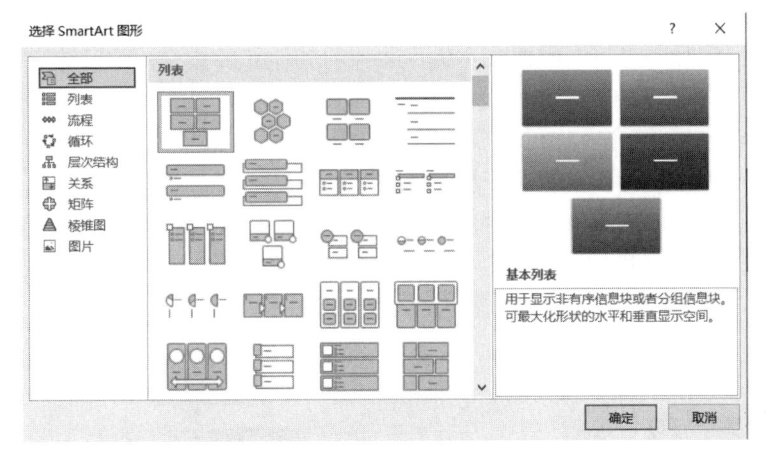

图 3-28 “选择 SmartArt 图形”对话框

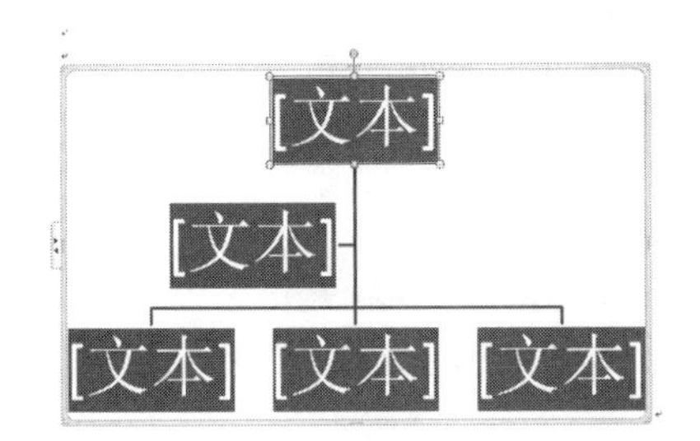

图 3-29 插入 SmartArt 图形效果

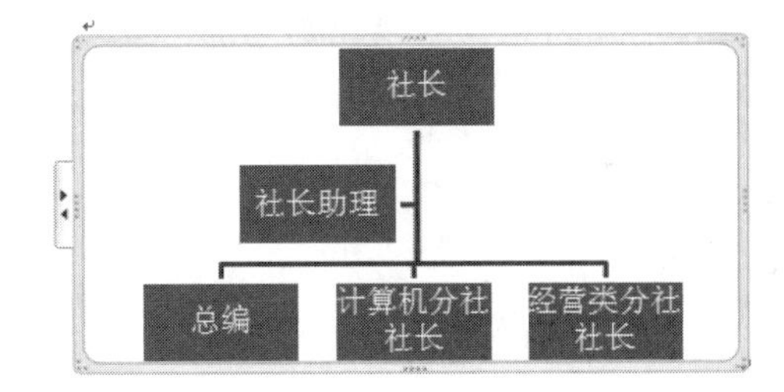

图 3-30 在图框中输入文字

提示： 用户还可以在“文本窗格”中输入所需的文本（只需单击“SmartArt 设计”→“创建图形”功能区中的“文本窗格”按钮，即可显示或隐藏文本窗格），并且还能够利用“SmartArt 设计”→“创建图形”功能区中的“升级”按钮或“降级”按钮来调整形状的级别。

2）在 SmartArt 图形中删除或添加形状

前面已经创建了一个样本组织结构图，但是在实际建立组织结构图时，一般都要在该样本组织结构图的基础上再删除或添加一些图框等，具体操作步骤如下。

步骤 1：单击要删除的图框，然后按 Delete 键，即可删除选定的图框，如图 3-31 所示。

步骤 2：选中组织结构图中要添加新图框的“总编”图框，单击“SmartArt 设计”→“创建图形”功能区中的“添加形状”右侧的向下箭头，从下拉菜单中选择“在下方添加形状”命令。如图 3-32 所示，新的图框放置在下一层并将其连接到所选图框上，然后在新图框中输入“第一编辑部主编”。

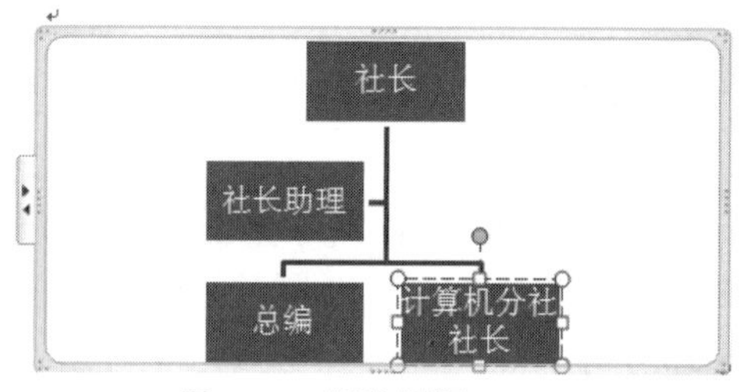

图 3-31　删除图框

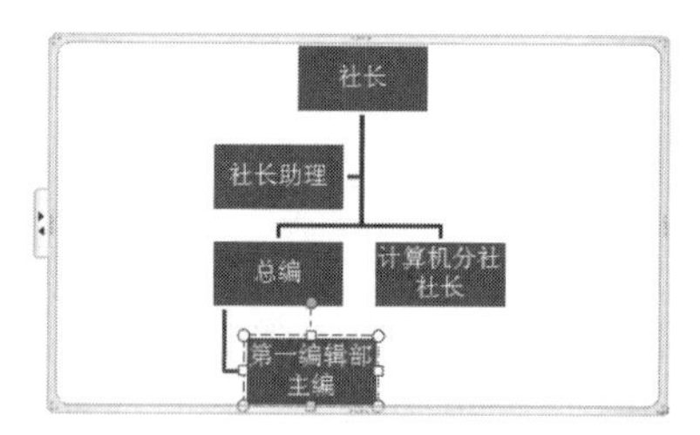

图 3-32　添加新图框

步骤 3：为了添加与“第一编辑部主编”并列的其他部门领导，可以选定该图框，然后选择“添加形状”下拉菜单中的“在后面添加形状”命令，就可以为“第一编辑部主编”图框添加新的同组图框。重复该命令，可以添加多个同级图框，分别在新图框中输入“第二编辑部主编”和“第三编辑部主编”，如图 3-33 所示。

步骤 4：为了给“计算机分社社长”添加下属，可以选定“计算机分社社长”图框，然后选择“添加形状”下拉菜单中的“在下方添加形状”命令，输入“生产部主管”“发行部主管”“销售部主管”，如图 3-34 所示。

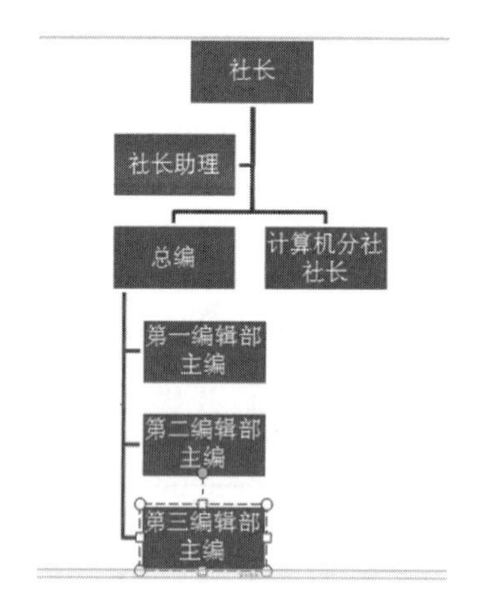

图 3-33　添加多个新的图框

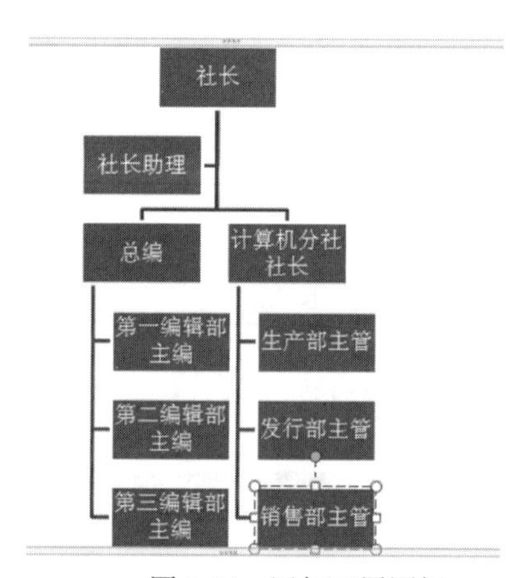

图 3-34　添加下属图框

3）改变组织结构图的布局

在 Word 2019 的实际应用中，仅仅使用默认的组织结构图布局是无法满足实际工作要求的。因此，Word 提供很多布局供用户选择使用，使得创建和修改组织结构图非常容易。

选中已经设置好的 SmartArt 图，单击“SmartArt 设计”→“版式”功能区中的如图 3-35 所示的层次结构图标，即可快速改变组织结构图的布局，如图 3-36 所示。

提示：在文档中插入 SmartArt 图形后，对于图形的整体样式、图形中的形状、图形中的文本等样式都可以重新进行设置。

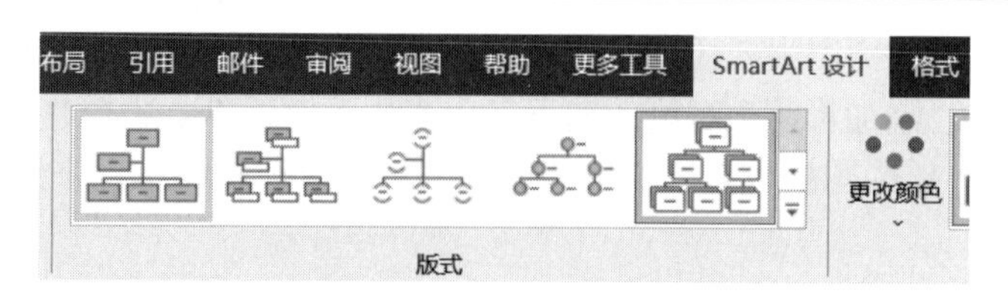

图 3-35　“布局”列表

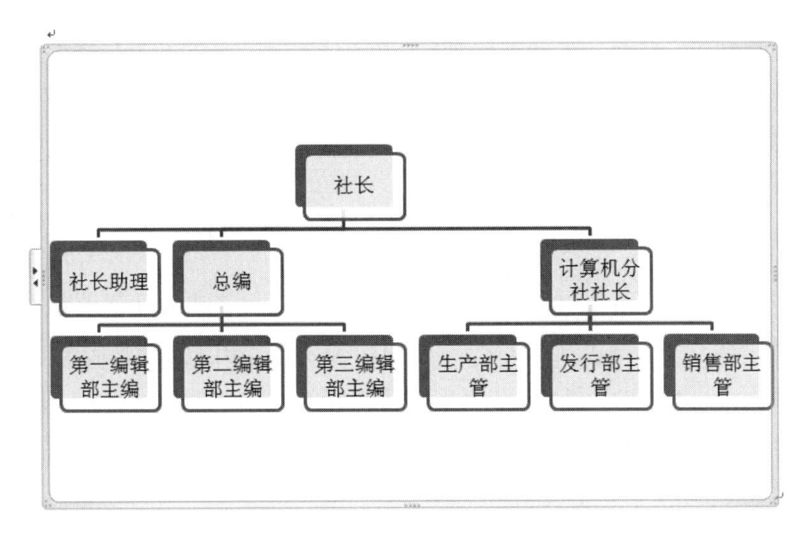

图 3-36　快速改变组织结构图的布局

任务　制作“电子小报”文档

1. 学习任务

电子小报是我们经常会用到的一种文档形式。它包含文字和图片，涉及文字处理、图片插入、文本框的使用及排版等，具有信息量大、内容丰富的特点。电子小报的内容都在“电子小报素材.docx”中。效果如图 3-3 所示。

2. 知识点（目标）

（1）分栏操作。

（2）编辑文档。

（3）创建表格。

（4）使用文本框布局页面。

（5）图片设置。

（6）艺术字设置。

（7）插入形状。

（8）设置项目符号和编号。

3. 操作思路及实施步骤

步骤 1：新建文档。启动 Word 2019，出现一个空白文档，复制“电子小报素材”中的文章，单击“文件”→“保存”，弹出“另存为”对话框。在“保存位置”下拉列表中，选择要保存文件的位置；在“名称”框中输入“电子小报”，单击“确定”按钮。

步骤 2：页面设置。单击“布局”→“页面设置”功能区中的“页边距”按钮，在弹出的列表中选择“自定义边距”命令，弹出“页面设置”对话框。在“页边距”选项中设置上、下页边距为 1.5 厘米，左、右页边距为 1 厘米，方向为“横向”；选择“纸张”选项卡，设置纸张大小为 A4；选择“版式”选项卡，设置页眉为 1.5 厘米，页脚为 0 厘米。

步骤 3：分栏操作。将整个页面进行分栏，分成两栏。单击“布局”→“页面设置”功能区中的“分栏”按钮，在弹出的列表中选择“更多分栏”命令，弹出“分栏”对话框。设置“栏数”为 2，“间距”为 6 字符，其他为默认值。

步骤 4：添加水印效果。单击“设计”→“页面背景”功能区中的“水印”按钮，在弹出的列表中选择“自定义水印”命令，弹出“水印”对话框。选择“文字水印”，输入“文字”为“校园报”，单击“确定”按钮，出现水印效果。

步骤 5：设置艺术字。单击“插入”→“文本”功能区中的“艺术字”按钮，在弹出的列表中选择一个合适的艺术字样式。在艺术字编辑框中输入文字内容为“校园报”。在“开始”→“字体”功能区中，设置艺术字的字体为“华文新魏”，字号为“72”。单击“图片格式”→“排列”功能区中的“位置”按钮，在弹出的列表中选择“其他布局选项”，弹出“布局”对话框。单击“文字环绕”活页夹，选择“浮于文字上方”，单击“确定”按钮，使艺术字浮于图片上方。文中其他艺术字设置格式可参照此步骤。

步骤 6：创建表格。单击“插入”→“表格”，选择表格行列数为 7 行 5 列。选中表格第一行所有列，单击“布局”→“合并”功能区中的“合并单元格”按钮，并在表格第一行中输入内容“校运动会奖牌排行榜（前四名）”。选中表格第一行文字“校运动会奖牌排行（前四名）”，单击“设计”→“表格样式”功能区中的“底纹”按钮右侧的向下箭头，在弹出的列表中选择底纹颜色为“深蓝，文字 2，淡色 60%”。输入素材所示的表格内容。选中整张表格，单击“布局”→“对齐方式”功能区中的“水平居中”按钮使表格中的所有文字居中对齐。单击“布局”→“单元格大小”功能区中的“自动调整”按钮，在弹出的列表中选择“根据窗口自动调整表格”，完成表格设置。再利用公式计算出“合计”的结果。

步骤 7：使用文本框布局页面。单击“插入”→“文本”功能区中的“文本框”按钮，在弹出的列表中选择“绘制文本框”，在页面合适的位置拖动鼠标，绘制文本框。参照“电子小报最终效果”中文档“让座”的布局，一共绘制 4 个文本框，并放置在合适的位置。在素材中将“让座”文档的内容复制粘贴到第一个文本框中，发现文本框只能显示部分内容。单击“格式”→“文本”功能区中的“创建链接”按钮，鼠标指针变成“茶杯”的形状，然后单击下一个空白文本框，则在第一个文本框中显示不下的内容自动在第二个文本框中显示。同理完成第二个、第三个文本框的链接，最后对该文档布局进行调整。选中文本框，右击，在弹出的快捷菜单中选择“设置形状格式”命令，弹出“设置形状格式”对话框，设置“填充”为“无填充”，“线条颜色”为“无线条”。

步骤 8：设置图片。在当前的文档中，单击“插入”→“插图”功能区中的“图片”按钮，在下拉菜单中选择“此设备”，插入素材中提供的图片。选中图片，单击“图片格式”→“排列”功能区中的“位置”按钮，在弹出的列表中选择“其他布局选项”，弹出“布局”对话框。单击“文字环绕”活页夹，选择“衬于文字下方”，单击“确定”按钮，使图片衬于“校园报”艺术字下方。

步骤 9：插入形状制作导读栏。单击“插入”→“插图”功能区中的“形状”按钮，然后分别选择“圆角矩形”“矩形”“圆形”，绘制如效果所示的导读栏图形。按住 Shift 键，选中刚才绘制的每个图形，单击“格式”→“排列”功能区中的“组合”按钮，在弹出的列表中选择

“组合”，将图形组合成一个整体。单击“格式”→“形状样式”功能区中的“形状填充”按钮，在弹出的列表中选择“渐变”，在弹出的次级列表中选择“中心辐射”。

步骤 10：设置项目符号。在图形右边的圆角矩形框上右击，在弹出的快捷菜单中选择“添加文字”命令，在矩形框中输入文字，设置字体为“楷体”，字号为“小五”，加粗。选中输入的文字，单击“开始”→“段落”功能区中的“项目符号”按钮右侧的向下箭头，在弹出的列表中选择一个喜欢的项目符号。

最后，调整图片、艺术字、文本框等元素的大小和位置，完成小报的制作。

4. 任务总结

通过本任务的练习，读者主要从以下几方面掌握 Word 中的图、表及文本框操作：

（1）艺术字插入与编辑。

（2）文本框的插入与编辑。

（3）图形的插入与编辑。

（4）表格的插入与编辑。

本章小结

本章主要介绍 Word 中与文本框、图形和表格相关的基本操作，主要讲解了文本框的插入与编辑；如何插入艺术字；如何快速插入整个表格，以及使用多种工具与技术修改和格式化表格；如何插入图形、艺术字、图表和 SmartArt 图形，以及如何设置这些对象的格式。通过本章的学习，读者应熟练掌握上述基本操作。

疑难解析（问与答）

问：一个文本框中的内容超过了文本框范围，在对这个文本框实现链接时，不能完成链接操作是什么原因？

答：当出现这种现象时，最好检查一下被链接的目标文本框是否为空文本框，因为只有没有内容的文本框，才可以被设置为链接目标。

问：在文档中插入了多张图片，发现插入的图片不能移动位置和实现组合操作？

答：当出现这种现象时，最好检查一下插入的图片的环绕格式，插入的图片如果是嵌入式的，将不能对图片进行组合及移动位置，需要将图片的环绕方式更改为“浮于文字上方”格式才能实现图片的移动和组合操作。

问：如何将应用预设样式的表格恢复为默认格式？

答：为表格应用了预设样式后，需要恢复为默认效果时，单击“设计”→“表格样式”功能区中的“网络型”按钮，即可恢复为默认格式。

操作题

1. 制作如图 3-37 所示的“无偿献血海报”。

制作过程应包括：插入图片、插入形状、插入文本框、插入艺术字，以及对各个对象进行编辑，最终达到理想效果。

图 3-37　无偿献血海报

2. 制作如图 3-38 所示“职工工资表”。

部门	姓名	基础工资	岗位工资	工龄工资	应扣费用	应发工资	实发工资
研发部	范明	9800	800	320	120	10920.00	10,800.00
	孙楠楠	8000	800	450	90	9,250.00	9,160.00
	吴峻	7000	800	260	140	8,060.00	7,920.00
生产部	王洪亮	8000	800	320	230	9,120.00	8,890.00
	李浩南	4800	800	320	100	5,920.00	5,820.00
	江凯	5000	1100	320	120	6,420.00	6,300.00
	施爱华	4300	900	450	140	5,650.00	5,510.00
销售部	郑云	4700	900	230	90	5,830.00	5,740.00
	徐庆丰	5200	1100	450	100	6,750.00	6,650.00
	高达	6000	1000	260	230	7,260.00	7,030.00
	何琪敏	5500	980	260	220	6,740.00	6,520.00
合计		68,300	9980	3640	1580	81,920.00	80,340.00

图 3-38　“职工工资表”文档

3. 制作如图 3-39 所示“员工人事资料表”。

姓名		性别		籍贯		相片
出生年月		现职位		联系电话		
身份证号						
现住址						
家庭状况						
学历	学校名称				学历等级	毕业日期
经历	工作单位			职位	工资	离职原因
技术专长	技术类别			等级	补充说明	
备注						

图 3-39　员工人事资料表

4. 制作如图 3-40 所示的图文混排效果。

图 3-40　图文混排效果

第 4 章　Word 2019 文档排版

本章要点

- 熟练掌握 Word 2019 文档的页面设置，包括设置页边距和页面方向、首字下沉的设置等。
- 熟练掌握 Word 2019 文档的打印设置、文档的分节设置等操作。
- 熟练掌握 Word 2019 文档中套用样式的操作及创建新样式的方法。

案例展示

“新网站推广方案”最终效果如图 4-1 所示，“房地产市场调查报告”文档效果如图 4-2 所示，“财务部工作计划”文档效果如图 4-3 所示。

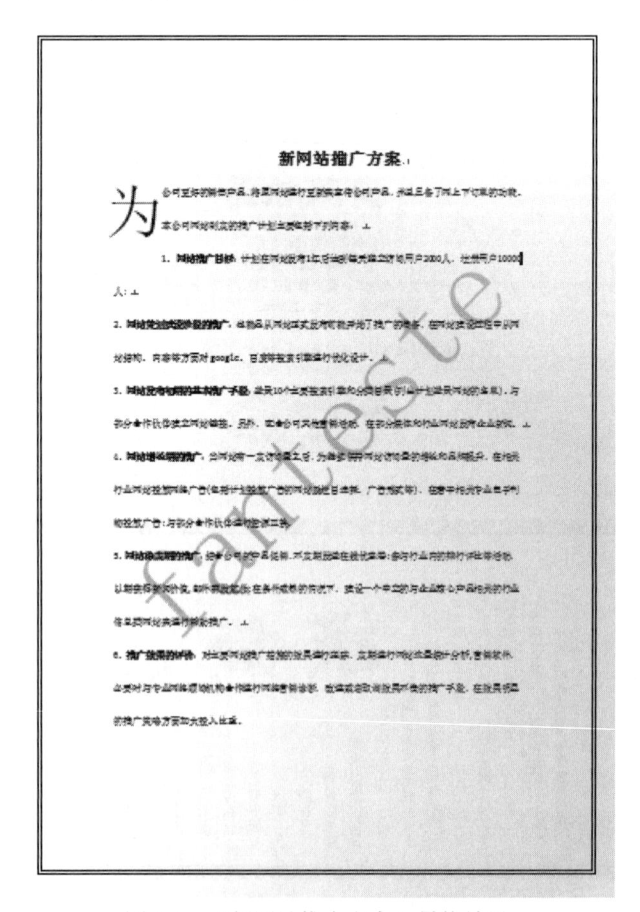

新网站推广方案

图 4-1　“新网站推广方案”最终效果

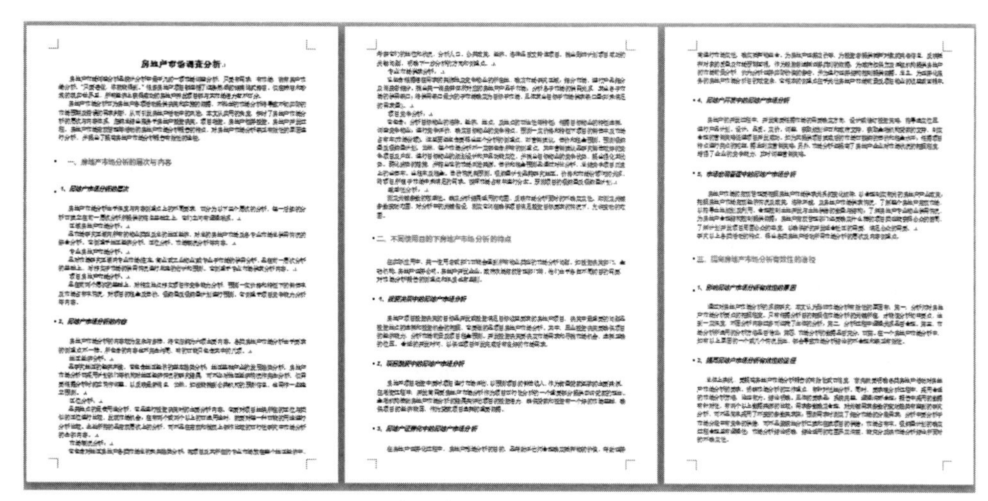

图 4-2 “房地产市场调查报告”文档效果

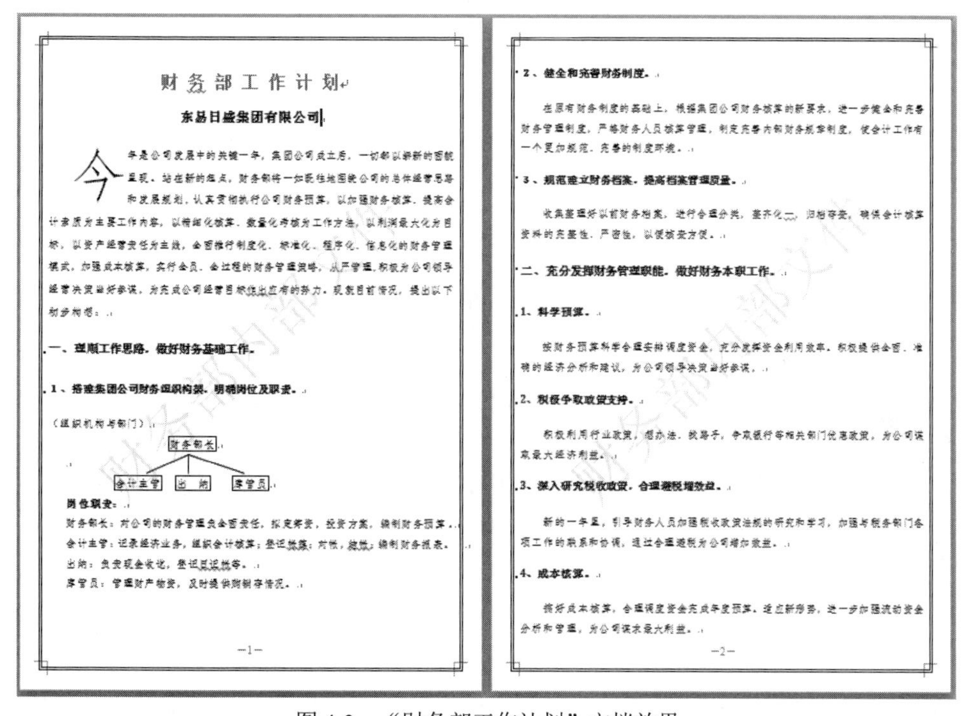

财务部工作计划

东昌日盛集团有限公司

今年是公司发展中的关键一年，集团公司成立后，一切都以崭新的面貌呈现。站在新的起点，财务部将一如既往地围绕公司的总体经营思路和发展规划，认真贯彻执行公司财务预算，以加强财务核算，提高会计素质为主要工作内容，以精细化核算、数量化考核为工作方法，以利润最大化为目标，以资产经营责任为主线，全面推行制度化、标准化、程序化、信息化的财务管理模式，加强成本核算，实行全员、全过程的财务管理策略，从严管理，积极为公司领导经营决策当好参谋，为完成公司经营目标做出应有的努力。现就目前情况，提出以下财务构想：

一、理顺工作思路，做好财务基础工作。

1、搭建集团公司财务组织构架，明确岗位及职责。

（组织机构与部门）

财务部长

会计主管　出纳　保管员

岗位职责：

财务部长：对公司的财务管理负全面责任，拟定筹资、投资方案，编制财务预算。

会计主管：记录经济业务，组织会计核算；登记总账；对帐，结账；编制财务报表。

出纳：负责现金收付，登记日记账等。

保管员：管理财产物资，及时提供耗材领存情况。

—1—

2、健全和完善财务制度。

在原有财务制度的基础上，根据集团公司财务核算的新要求，进一步健全和完善财务管理制度，严格财务人员核算管理，制定完善内部财务规章制度，使会计工作有一个更加规范、完善的制度环境。

3、规范建立财务档案，提高档案管理质量。

收集整理好以前财务档案，进行合理分类，整齐化一，归档存放，确保会计核算资料的完整性、严密性，以便核查方便。

二、充分发挥财务管理职能，做好财务本职工作。

1、科学预算。

按财务预算科学合理安排调度资金，充分发挥资金利用效率，积极提供全面、准确的经济分析和建议，为公司领导决策当好参谋。

2、积极争取政策支持。

积极利用行业政策，想办法，找路子，争取银行等相关部门优惠政策，为公司谋取最大经济利益。

3、深入研究税收政策，合理避税增效益。

新的一年里，引导财务人员加强税收政策法规的研究和学习，加强与税务部门各项工作的联系和协调，通过合理避税为公司增加效益。

4、成本核算。

搞好成本核算，合理调度资金完成年度预算，适应新形势，进一步加强流动资金分析和管理，为公司谋求最大利益。

—2—

图 4-3 “财务部工作计划”文档效果

基本知识讲解

4.1 Word 2019 中文档纸张的规格

在文档创建后，大多数的情况下都需要将文档打印出来。在打印文档时，常常需要根据不同的情况使用不同大小的纸张，并设置不同的打印方向。一篇文档使用纸张和页边距的大小，可以确定文档的中心、每页的字数。因此根据文档需要选择合适的纸张大小是非常重要的。

许多国家使用的是 ISO216 国际标准来定义纸张的尺寸，此标准源自德国，1922 年德国定义了 A、B、C 三组纸张尺寸，其中包括办公最常用的 A4 纸张尺寸。而我们国内对纸张幅面规格的传统表示方法是用“开数”来表示的。开数是指一张全张纸上排印多少版或裁切多少块纸。一张全张纸称全开；将全张纸排两块版、对折一次或从中间裁切一次称 2 开；对开纸从中间裁切或对折后变为 4 开，再依次裁切或对折分别称为 8 开、16 开、32 开等，常用的尺寸为 16 开。现在我国的开本尺寸已走向国际标准化，也逐步开始使用 A 系列和 B 系列的开本尺寸。

4.2 页边距

整个页面的大小在选择纸张后已经固定，然后就要确定正文所占区域的大小。要确定正文区域的大小，可以设置正文到四周页面边界间的区域大小，页边距有“上边距”“下边距”“左边距”“右边距”。

4.3 样式

样式讲解视频

样式和模板是 Word 2019 中提供的最好的节省时间的工具之一，它们的优点就是保证所有文档的外观都非常漂亮，而且使相关文档的外观都是一致的。在第 3 章中我们已经介绍过模板的使用，这一节我们将给大家介绍样式的概念和有关操作。

1. 什么是样式

样式是指一组已经命名的格式的组合，有的书上也称为一些格式化指令的集合，它有一个名称并且可以保存起来。例如，可以指定某一样式三号宋体，首行缩进，靠右对齐。在保存后可以很快地把它多次重复地运用于文档中的任何正文。

运用样式比手动地设置各个文档内容的格式化要方便快捷得多，而且可以保持文档的一致性。如果以后修改了原有样式的定义，文档中应用该样式的所有正文都会自动相应地改变，反映新的样式格式化，我们形象地称为“一改全改”。运用了样式之后，还可以自动生成文档的目录、大纲和结构图，使文档更加井井有条。

2. 样式的分类

在 Word 中图片、图形、表格、文字和段落等文档的元素都可以使用样式，下面分别介绍。

1）图片、图形与表格样式

Word 2019 中的一个显著特色就是增加了图片、图形、表格和图表、艺术字、自动形状、文本框等对象的样式，样式包括渐变效果、颜色、边框、形状和底纹等多种效果，可以帮助用户快速设置上述对象的格式。

例如，在文档中插入一张图片，单击选定该图片后，会自动打开“图片工具”→“图片格式”选项卡。在“图片格式”选项卡的“图片样式”分组中，提供一组预设了颜色、边框、效果等的样式供用户选择。只需要在单击对象后，再单击所需的样式即可套用，如图 4-4 所示。注意，当鼠标指针悬停在一个图片样式上方时，文档中的图片会即时预览实际效果。

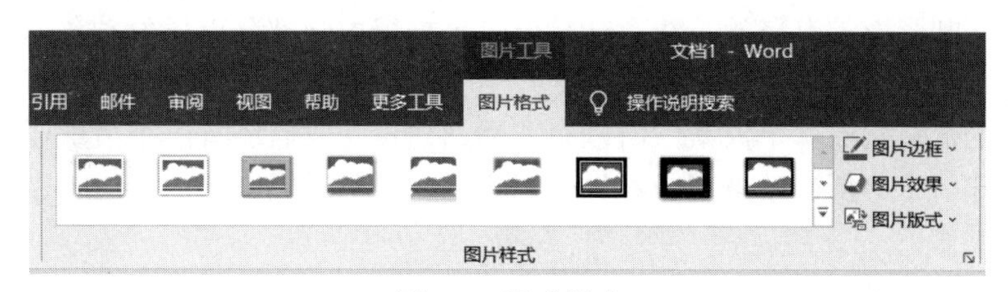

图 4-4　图形样式

2）文字和段落样式

文字和段落样式的设定能够让整篇文档的内容更加整齐规范。相对于图片、图形和表格样式规范的是边框、效果、底纹等内容，文字和段落样式规范的是整个段落和字体的格式。如图 4-5 所示为“开始”选项卡中的“样式”功能区。

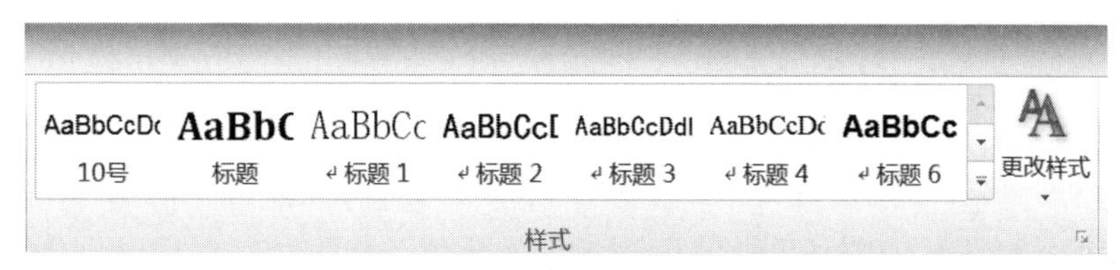

图 4-5　快速样式库

3）列表样式

列表样式主要用于项目符号和编号列表。利用列表样式可以选择列表格式，如使用黑体、宋体还是其他字体等，使用数字还是符号，并可以设置缩进和其他字符。像其他样式一样，可以将不同的样式应用于列表的各个部分，如 1 级列表、2 级列表等，如图 4-6 所示为“开始”选项卡的“段落”功能区中的“多级列表”样式下拉菜单。

图 4-6　“多级列表”样式下拉菜单

4）链接段落和字符样式

主要用于设置段落和字符之间的链接样式。

提示：在第 3 章中用到的模板就是样式的集成。借助于各类模板，可以更快地完成工作。我们就可以在模板中添加或修改文本并对模板进行设计，比如添加公司徽标、正文内容、需要的图像或删除不适用的文本等其他操作。

案例和任务

案例 1　制作“新网站推广方案”文档

现在的公司和商家都有网站，线上交易已经占据很大一部分市场份额，但是很多企业认为，只要自己的网站制作完成就算大功告成了，但是当我们在网站上面放入统计系统后发现，很多网站每天的流量只有几个人次，所以企业网站建设完成后还有一个很重要的推广工作。本案例是以制作一个“新网站推广方案”文档为例，要求掌握文档的页边距、首字下沉和页面背景设置等操作。

本案例完成的效果图如图 4-1 所示，下面讲解具体的操作步骤。

1. 设置页面大小和页边距

在进行文档编辑之前，我们先要进行页面的格式设置，对文档的页面进行布局。具体操作步骤如下。

步骤 1：在启动 Word 2019 后，首先新建一空白文档，保存新文档，并命名为“新网站推广方案”。

步骤 2：选择“布局”选项卡后，单击“页面设置”功能区中的“页边距”按钮，在弹出的下拉菜单中选择“自定义页边距”。

步骤 3：在弹出的“页面设置”对话框中，修改“页边距”选项卡上、下边距为 4.2 厘米，左、右边距为 3.5 厘米。“纸张方向”设置为“纵向”，设置完成后先不要单击“确定”按钮，还需要进一步设置纸张，如图 4-7 所示。

步骤 4：接下来，在对话框中选中“纸张”选项卡，并在“纸张大小”下拉列表中选择“A4”，如图 4-8 所示，单击“确定”按钮，关闭“页面设置”对话框。

图 4-7　自定义边距设置

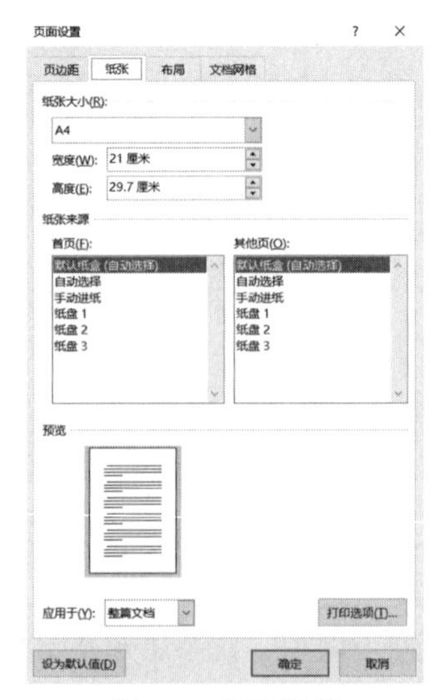

图 4-8　纸张设置

2. 设置页面背景

在 Word 文档中，通过设置页面背景，可以为文档添加图片或文字水印，也可以为文档设置页面颜色和页面边框。对本案例，我们需要设置背景色为紫色，添加公司 Logo 水印，为文档添加页面边框等操作，具体步骤如下。

步骤 1：打开前一小节已经设置过页面大小和页边距的文档“新网站推广方案.docx”。单击“设计”选项卡，在“页面背景”功能区中单击“水印”按钮下的三角形下拉按钮，如图 4-9 所示。

步骤 2：在弹出的下拉列表中选择“自定义水印”命令，弹出“水印”对话框，如图 4-10 所示。在弹出的“水印”对话框中，选择“文字水印”单选按钮。

图 4-9　选择“自定义水印”命令

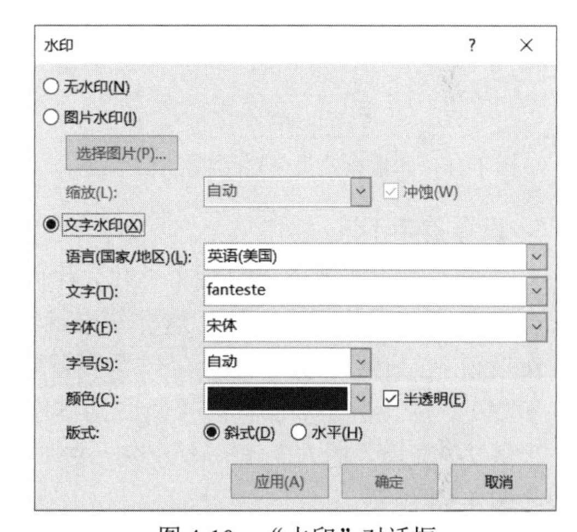

图 4-10　“水印”对话框

接下来，在“语言（国家/地区）”下拉列表中选择“英语（美国）”，在“文字”列表框中输入需要设置为 q 水印的文字“fanteste”，“颜色”选择“紫色”，“版式”选择“斜式”，单击“确定”按钮。如果还需要设置其他的字符格式，也可以在“字体”和“字号”列表框中选择相应的选项，本案例中对字符格式不做其他要求。

步骤 3：返回文档编辑界面，观察为文档添加完紫色文字水印后的效果。

步骤 4：接下来为整个文档设置页面背景色，美化文档。单击“设计”选项卡→“页面背景”功能区中的“页面颜色”按钮，在弹出的下拉列表中选择“填充效果”命令。

步骤 5：在打开的“填充效果”对话框中，选择“双色”单选框，“颜色 1”选择“白色”，“颜色 2”选择“紫色，个性色 4，淡色 80%”，“透明度”保持不变，“底纹样式”选择“中心辐射”单选按钮，如图 4-11 所示，在“变形”选项组中选择右边的样式后单击“确定”按钮。

返回文档编辑界面，观察添加了水印和页面填充的效果。

步骤 6：同样单击“设计”选项卡→“页面背景”功能区中的“页面边框”按钮，弹出“边框和底纹”对话框。本案例中我们选择最简单的黑色双线条方框。左边的“设置”中选择“方框”，“样式”中选择“双实线”，单击“确定”按钮，如图 4-12 所示。如果需要设置艺术型的边框，也可以在“艺术型”下拉列表中选择。

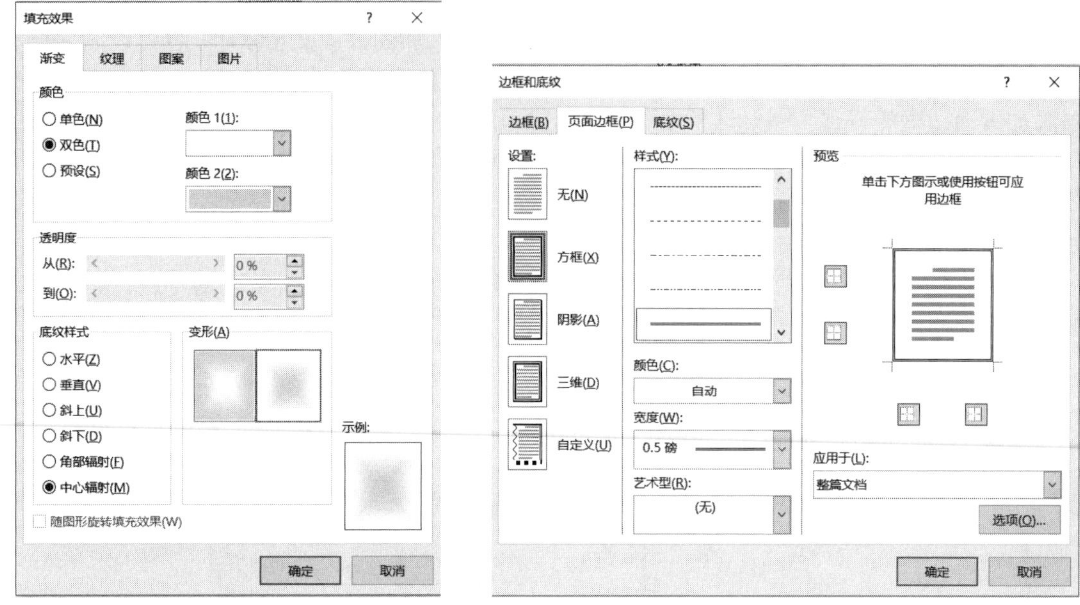

图 4-11　“填充效果”对话框　　　　图 4-12　“边框和底纹”对话框

3. 设置首字下沉

有时候为了让文字更加美观个性化，我们可以使用 Word 中的“首字下沉”功能来让某段的首个文字放大或者更换字体，这样一来就给文档添加了几分美观。首字下沉用途非常广，我们在报纸上、书籍、杂志上会经常看到首字下沉的效果。

步骤 1：打开上一步保存的“新网站推广方案.docx”文档。

步骤 2：选择“插入”选项卡，在“文本”功能区中单击“首字下沉”按钮下的小三角按钮，如图 4-13 所示。

步骤 3：在弹出的下拉列表中选择“首字下沉选项”选项，弹出“首字下沉”对话框，如图 4-14 所示。在对话框中选择“下沉”按钮，“下沉行数”选择“3”，单击“确定”按钮，及时保存修改后的文档。

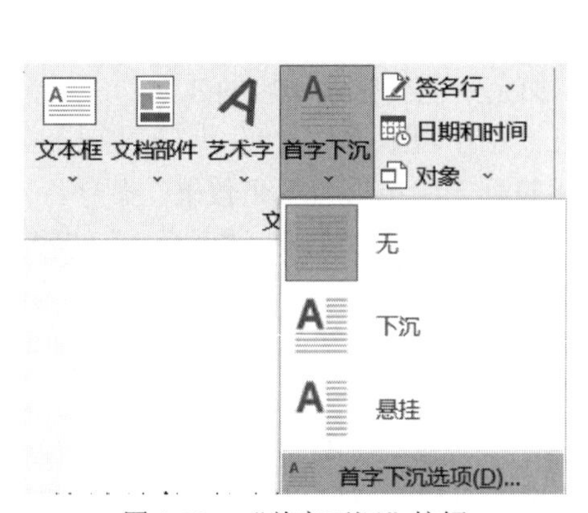

图 4-13　“首字下沉”按钮

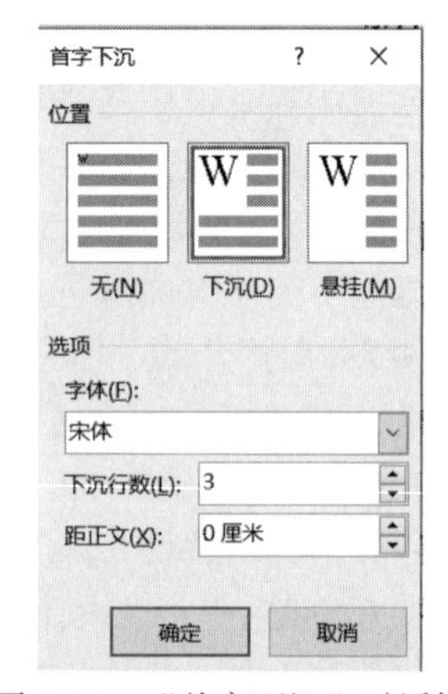

图 4-14　“首字下沉”对话框

返回文档编辑区，将素材中的文档内容输入到文档中，观察设置了首字下沉后的效果。

4. 审阅文档

在日常工作中，某些文档需要上级领导审阅或者经过大家的讨论后才能执行，所以就需要在这些文件上进行一些批示、修改。Word 2019 提供了批注、修订、更改等审阅工具，可以大大提高办公效率。

1）添加批注

批注指阅读时在文中空白处对文章进行批示和注解。对前面编辑的“新网站推广方案.docx”添加批注的具体操作步骤如下。

批注与修订讲解视频

步骤 1：打开前面编辑好的文档，首先选中需要插入批注的文字“10000”，选择“审阅”选项卡，在“批注”功能区中单击“新建批注”按钮，如图 4-15 所示。

步骤 2：随即在文档的右侧出现一个批注框，用于添加需要输入的批注信息。我们将批注内容输入“8000-10000”，如图 4-16 所示。

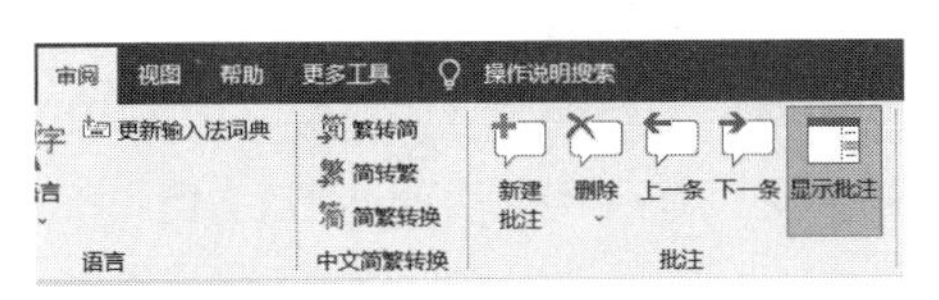

图 4-15　“批注”工具组

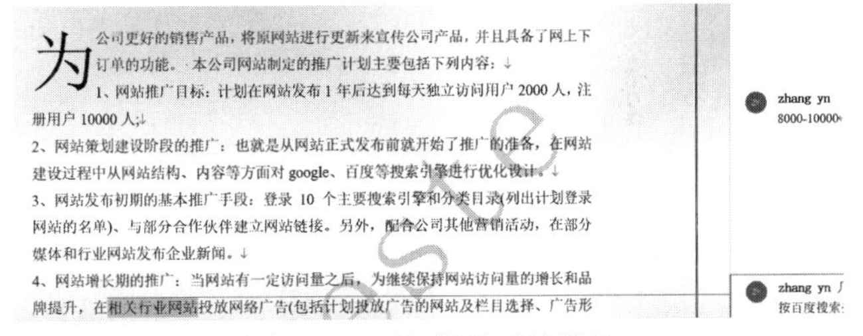
为公司更好的销售产品，将原网站进行更新来宣传公司产品，并且具备了网上下订单的功能。本公司网站制定的推广计划主要包括下列内容：↓
1、网站推广目标：计划在网站发布 1 年后达到每天独立访问用户 2000 人，注册用户 10000 人;↓
2、网站策划建设阶段的推广：也就是从网站正式发布前就开始了推广的准备，在网站建设过程中从网站结构、内容等方面对 google、百度等搜索引擎进行优化设计。↓
3、网站发布初期的基本推广手段：登录 10 个主要搜索引擎和分类目录(列出计划登录网站的名单)、与部分合作伙伴建立网站链接。另外，配合公司其他营销活动，在部分媒体和行业网站发布企业新闻。↓
4、网站增长期的推广：当网站有一定访问量之后，为继续保持网站访问量的增长和品牌提升，在相关行业网站投放网络广告(包括计划投放广告的网站及栏目选择、广告形

zhang yn
8000-10000
zhang yn
按百度搜索

图 4-16　添加批注后的效果

步骤 3：重复刚才的操作，选中文档的“相关行业网站”文字，输入批注信息“按百度搜索排名列出网站访问量”。

提示 1： Word 的批注信息前会自动加上批注者等信息，以方便编辑者查看。

提示 2： 如果要删除批注，选中批注框，然后单击鼠标右键，在弹出的快捷菜单中选择“删除批注”命令即可。

2）修订文档

在打开修订文档功能的情况下，将会自动跟踪对文档的所有更改，包括插入、删除和格式更改，并对更改的内容做出标记。为了清楚地标记出修订文档的人员，可以对用户名先进行更改，具体操作步骤如下。

步骤 1：在 Word 文档中，选择“审阅”选项卡，在“修订”功能区中单击“修订”按钮，随即进入修订状态。

步骤 2：将文档中的文字“营销软件,”删除，文档会自动显示修改的作者、时间和删除的内容。

提示： 再次单击“修订”按钮，就会退出修订状态。

补充知识： 当完成所有的修订后，用户可以通过“导航窗格”功能，通篇浏览所有的审阅摘要。选择“审阅”选项卡，在“修订”功能区中单击“审阅窗格”按钮，在弹出的下拉列表中选择“垂直审阅窗格”选项。此时，在文档的左侧出现一个导航窗格，并显示审阅记录，如图 4-17 所示。

3）更改文档

在文档的修订工作完成以后，可以跟踪修订内容，并执行接受或拒绝修订，具体操作步骤如下。

步骤 1：打开修订后的文档，选择“审阅”选项卡，在“更改”功能区中单击“上一处条”按钮 上一处 或“下一条”按钮 下一处，可以定位到当前修订的上一条或下一条。

步骤 2：可以在“更改”功能区中单击“接受”按钮下方的下三角按钮，在弹出的下拉列表中选择“接受所有修订”，如图 4-18 所示。

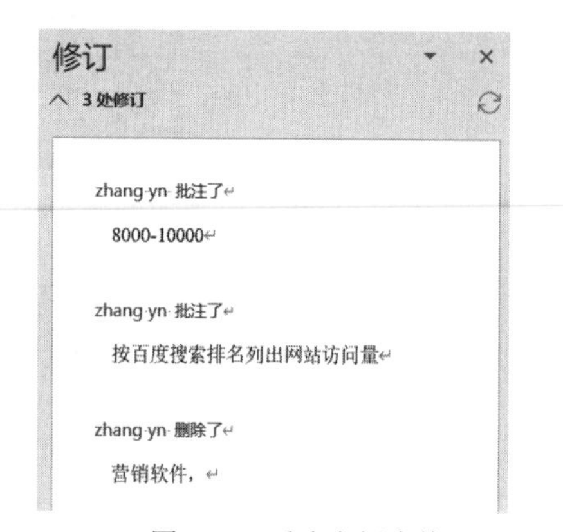

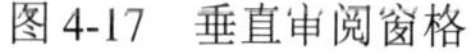
图 4-17　垂直审阅窗格

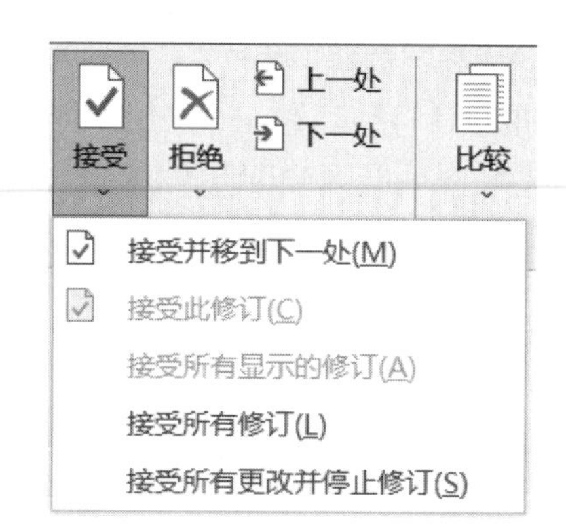

图 4-18　按“批注和修订”要求更改文档

步骤 3：完成修改后，编辑完毕，保存文档。

案例 2　排版和打印“房地产市场调查报告”文档

样式是一组已经命名好的字符和段落格式。利用 Word 2019 提供的样式来编辑文档，可以大大简化工作，提高效率，快速地创建需要的文档格式。这里根据“房地产市场调查报告”实例的格式化来讲解样式的具体使用方法。要求掌握样式的使用，包括套用系统内置样式，以及自定义样式的方法，最后还有文档的打印设置。

本例完成的效果图如图 4-2 所示。下面讲解具体的操作步骤。

1. 套用内置样式编排文档

Word 2019 系统自带了一个样式库，系统预设了一些默认的样式，如“正文”“标题 1”“标题 2”“强调”等，用户既可以套用这些内置样式设置文档格式，也可以根据需要更改样式。

编辑素材时，要求具有统一格式风格的文档，需要对多个段落重复设置相同的文本格式，我们通过样式来重复应用格式，保证了格式的统一，也减少了工作量，具体操作步骤如下。

1）使用快速样式库

步骤 1：打开素材“4.2-房地产市场调研报告”，用鼠标选中要设置为标题的文字“房地产市场调研分析”，选择“开始”选项卡，在“样式”功能区中通过单击“标题”按钮套用格式“标题”，如图 4-19 所示，随后在文档中显示标题的设置效果，如图 4-20 所示。

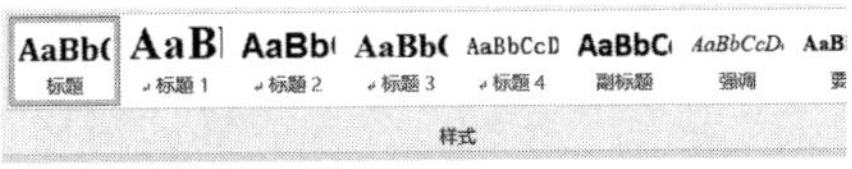

AaBb(标题　AaB 标题 1　AaBb(标题 2　AaBb(标题 3　AaBbCcD 标题 4　AaBbC 副标题　AaBbCcD 强调　AaB 要
样式

图 4-19　“标题”样式

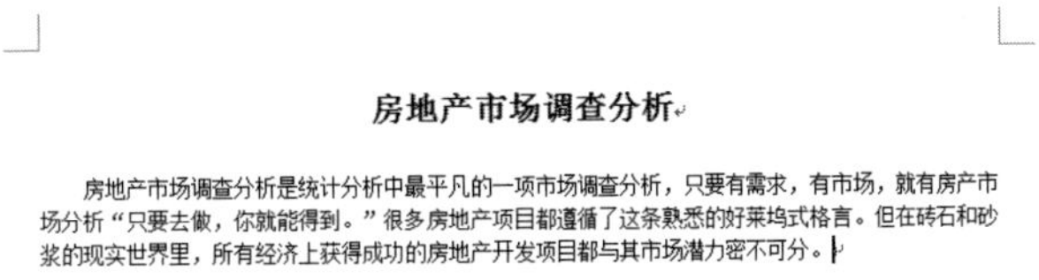

房地产市场调查分析

房地产市场调查分析是统计分析中最平凡的一项市场调查分析，只要有需求，有市场，就有房产市场分析“只要去做，你就能得到。”很多房地产项目都遵循了这条熟悉的好莱坞式格言。但在砖石和砂浆的现实世界里，所有经济上获得成功的房地产开发项目都与其市场潜力密不可分。

图 4-20　设置标题样式后的效果

步骤 2：使用同样的方法，选中要套用格式“标题 1”的文本“一、房地产市场分析的层次与内容”，选择“开始”选项卡，在“样式”功能区中单击“标题 1”按钮。再设置“1、房地产市场分析的层次”为“标题 2”样式，观察设置样式后的效果，如图 4-21 所示。

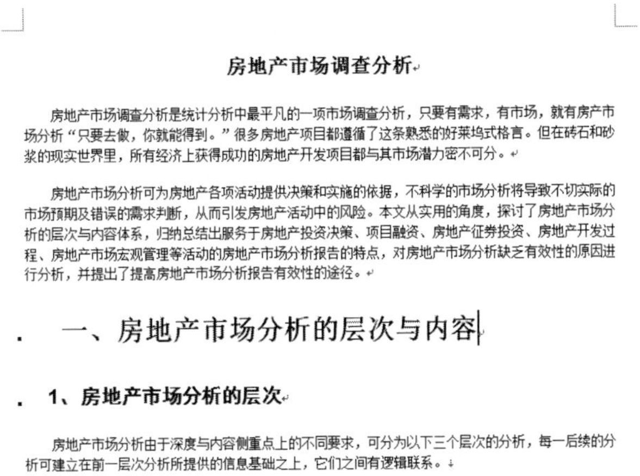

房地产市场调查分析

房地产市场调查分析是统计分析中最平凡的一项市场调查分析，只要有需求，有市场，就有房产市场分析“只要去做，你就能得到。”很多房地产项目都遵循了这条熟悉的好莱坞式格言。但在砖石和砂浆的现实世界里，所有经济上获得成功的房地产开发项目都与其市场潜力密不可分。

房地产市场分析可为房地产各项活动提供决策和实施的依据，不科学的市场分析将导致不切实际的市场预期及错误的需求判断，从而引发房地产活动中的风险。本文从实用的角度，探讨了房地产市场分析的层次与内容体系，归纳总结出服务于房地产投资决策、项目融资、房地产证券投资、房地产开发过程、房地产市场宏观管理等活动的房地产市场分析报告的特点，对房地产市场分析缺乏有效性的原因进行分析，并提出了提高房地产市场分析报告有效性的途径。

一、房地产市场分析的层次与内容

1、房地产市场分析的层次

房地产市场分析由于深度与内容侧重点上的不同要求，可分为以下三个层次的分析，每一后续的分析可建立在前一层次分析所提供的信息基础之上，它们之间有逻辑联系。

图 4-21　设置“标题 1”“标题 2”后的效果

步骤 3：选中文档中所有的一级标题和二级标题分别设置“标题 1”和“标题 2”样式。

提示： 如果在快速样式库中没有看到所需的样式，可单击滚动条下方的“其他”按钮，展开快速样式库，如图 4-22、图 4-23 所示。

图 4-22　“其他”按钮

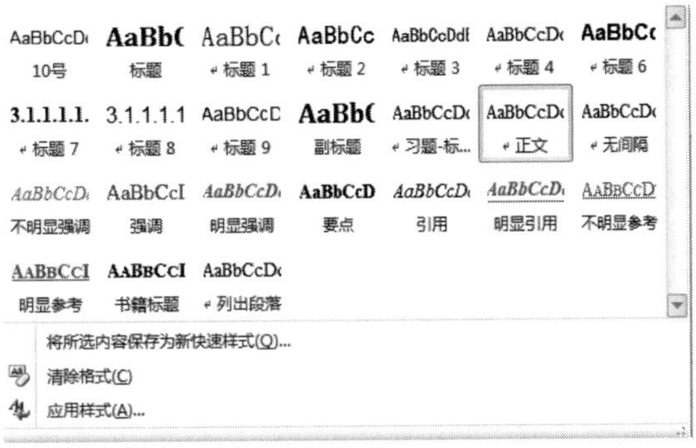

10号　标题　标题 1　标题 2　标题 3　标题 4　标题 6
标题 7　标题 8　标题 9　副标题　习题-标...　正文　无间隔
不明显强调　强调　明显强调　要点　引用　明显引用　不明显参考
明显参考　书籍标题　列出段落
将所选内容保存为新快速样式(Q)...
清除格式(C)
应用样式(A)...

图 4-23　展开快速样式库

2）使用“样式”任务窗格

除了应用“快速样式库”的方法，我们还可以利用“样式”任务窗格应用内置样式，具体的操作步骤如下。

步骤 1：撤销刚才使用“快速样式”设置过“标题”“标题 1”“标题 2”样式的文档，返回文档的初始状态。

步骤 2：选择“开始”选项卡，在“样式”功能区中单击“样式”组右下角的“对话框启动器”按钮，弹出“样式”任务窗格，如图 4-24 所示。

步骤 3：在弹出的“样式”任务窗格中，单击右下角的“选项”按钮，弹出“样式窗格选项”对话框。在“选择要显示的样式”下拉列表中选择“所有样式”选项，单击“确定”按钮。通过这个操作可以列出文档中所有的样式，如图 4-25 所示。

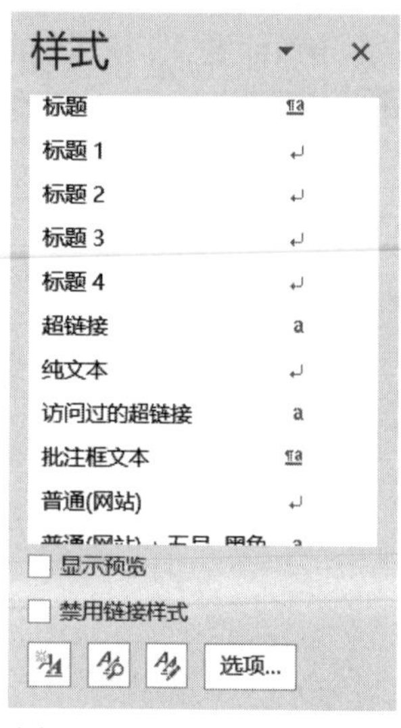

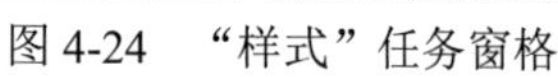
图 4-24　“样式”任务窗格

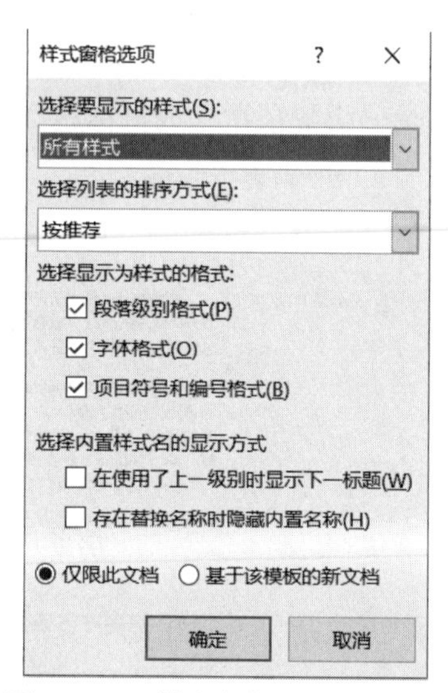

图 4-25　“样式窗格选项”对话框

步骤 4：返回“样式”任务窗格，然后在“样式”列表框中使用滚动条查看样式名称。接下来的操作与使用“快速样式库”相同，选中标题文字后在“样式”任务窗格中选择“标题”选项即可以设置样式。同样在文档中设置“标题 1”和“标题 2”样式，效果和使用“快速样式库”方法设置的效果相同。

2. 创建新样式

除了直接使用样式库中内置的样式，我们也可以根据需要创建新的样式或修改原有的样式。

1）创建样式

在刚才的文档编辑中，内置样式“标题 1”在文档中的字体为二号，偏大，我们通过创建一个新的样式来替代“标题 1”，并应用到文档中，具体操作步骤如下。

步骤 1：选择“开始”选项卡，在“样式”功能区中单击“对话框启动器”按钮，弹出“样式”任务窗格。

步骤 2：在“样式”任务窗格的最下侧单击“新建样式”按钮，弹出“根据格式化创建新样式”对话框，如图 4-26 所示。这里我们给新的样式取名为“新标题 1”，在“名称”栏中输入“新标题 1”。

步骤 3：在对话框的最下侧选择“格式”按钮下的下三角按钮，在弹出的列表中选择需要设置的内容，这里我们选择“字体”，弹出“字体”对话框，设置字体的格式如图 4-27 所示。设置完成后单击“确定”按钮，返回“根据格式化创建新样式”对话框。注意勾选“添加到样式库”复选框。

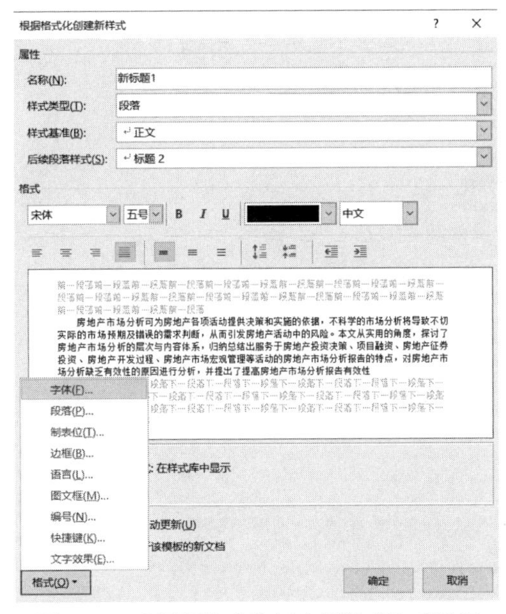

图 4-26　“根据格式化创建新样式”对话框

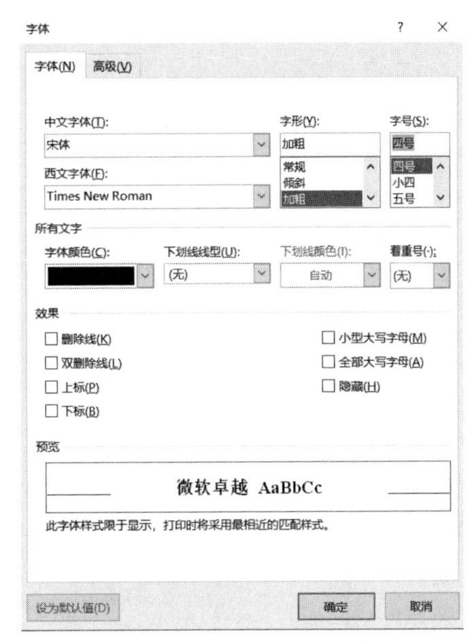

图 4-27　“字体”对话框

步骤 4：设置完成后单击“确定”按钮，生成新样式。因为在创建中勾选了“添加到样式库”复选框，因此新样式“新标题 1”已添加到快速样式库中，同时在“样式”任务窗格中也增加了新建的样式“新标题 1”，如图 4-28 所示。

步骤 5：接下来的操作和套用内置样式相同，选中文字后，单击相应的样式“新标题 1”进行样式的应用。应用新样式于一级标题的文字。

图 4-28　“新标题 1”样式添加后的效果

2）更改样式

快速样式库中的样式是具有专业外观的文档，在大多数情况下，没有必要从头到尾新建样式，而只需要更改快速样式库中的样式即可达到理想的效果。我们将“房地产市场调研报告.docx”中所应用的“标题 2”样式进行更改，来学习“更改样式”的操作步骤，具体如下。

步骤 1：首先选择需要更改样式属性的文本。这里我们选择文本“1、房地产市场分析的层次”。

步骤 2：选择“开始”选项卡下的“样式”功能区，在“快速样式库”中右键单击“标题 2”，在弹出的快捷菜单中选择“修改”命令，如图 4-29 所示，打开“修改样式”对话框，如

图 4-30 所示。

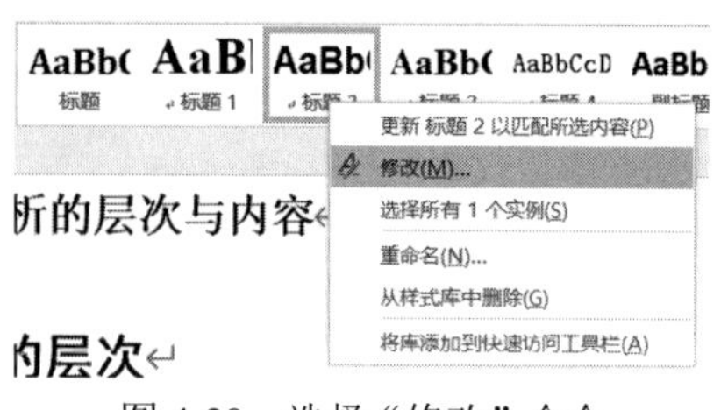

图 4-29　选择“修改”命令

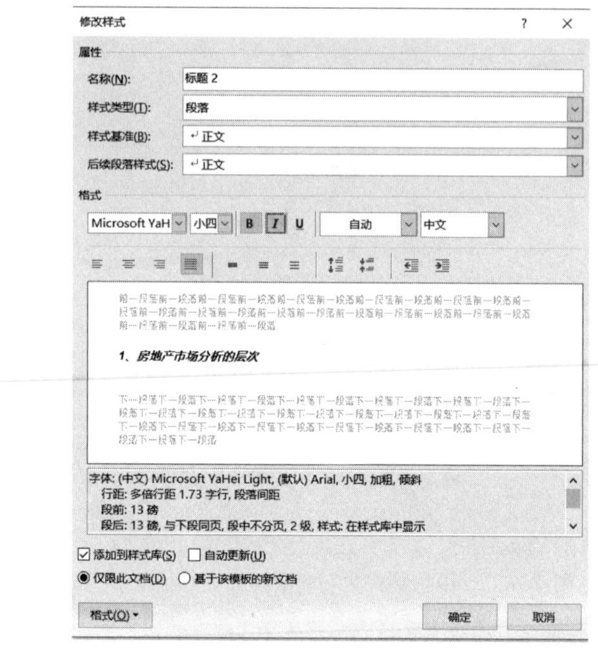

图 4-30　“修改样式”对话框

步骤 3：在对话框中，将“字体”的格式设置为“微软雅黑”“小四”“倾斜”，设置完成后单击“确定”按钮。

步骤 4：无须对文档中所有的二级标题应用修改后的样式“标题 2”，只要应用过“标题 2”样式的文字会自动进行更新，修改为新样式的格式。

步骤 5：保存文档。

补充知识：

如果有样式不需要使用，可以将其删除。“快速样式库”和“样式”任务窗格中都可以删除样式。从“快速样式库”删除样式，只是不显示在“快速样式库”中，但它仍然存在于“样式”任务窗格中。从“样式”任务窗格中删除样式才能彻底地删除样式。

删除的方法：在“样式”任务窗格中，选择要删除的样式，单击鼠标右键，在弹出的快捷菜单中选择“删除 XX 样式”命令。

3. 打印文档

文档创建完成后，常常需要将其通过打印机打印输出。为了得到最终的打印效果，通常在打印之前要对页面进行设置，并预览打印效果，这样可以避免不必要的纸张浪费，如果预览后达到了预期的效果，再确定打印出来。

1）选择打印设备

在打印文档前，首先需要将打印机与计算机相连，查看是否安装了打印机的驱动程序，确认安装了驱动程序后，方可打印成功。如果 Word 中的打印设备不正确，还需要选择打印机设备，具体操作步骤如下。

步骤 1：选择“文件”→“打印”菜单项，在中间的“打印机”选项区域中单击“打印机”按钮，在打开的列表中选择需要的打印机名称。

2）设置打印范围

如果一篇文档有多页内容，默认情况下，单击“文件”→“打印”菜单项右边区域中的“打印”按钮后，会打印文档的全部内容。

如果只想打印部分文档内容，就需要设置打印范围。在本案例中，文档有 3 页，需打印出第 2 页，具体操作步骤如下。

步骤 1：打开编辑好的文档，首先将光标定位在需要打印文档的第 2 页中。再单击“文件”→“打印”菜单项，在中间的“设置”选项区域中有多个选项，如图 4-31 所示。

步骤 2：单击“设置”下的“打印所有页”右侧的三角形按钮，在弹出的下拉列表中选择“打印当前页面”菜单项后，如图 4-32 所示。返回“打印”选项卡，再单击“打印”按钮，完成打印第 2 页。

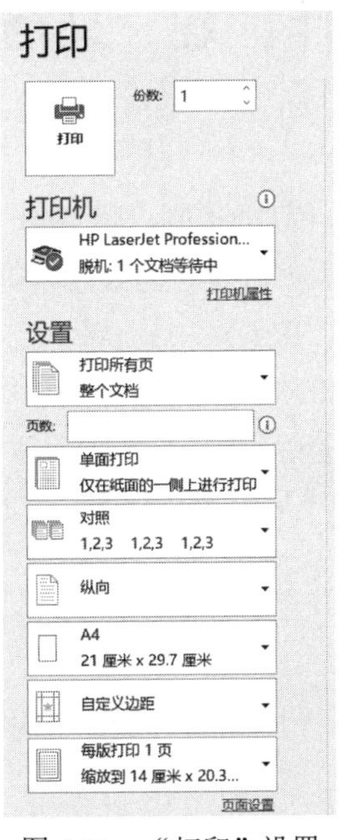

图 4-31　“打印”设置

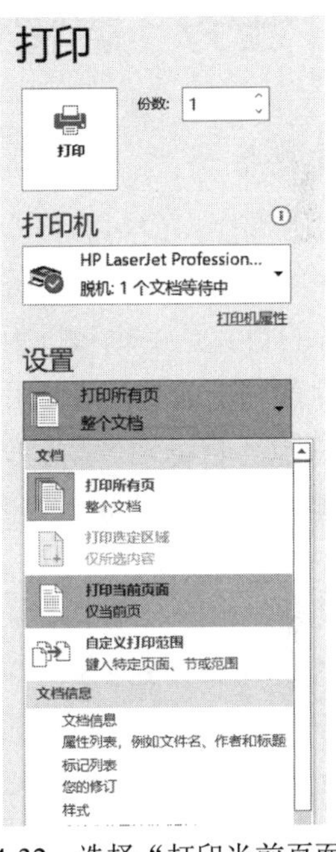

图 4-32　选择“打印当前页面”

补充知识：如果需要设置其他的打印范围，在“打印所有页”下拉列表中选择“打印所有页”命令，会打印文档中的所有内容；选择“打印当前页面”，则只会打印光标插入点所在的页；如果要打印自定义的页数，则可以在“页数”文本框中直接输入页数，或选择“自定义打印范围”命令。输入页数范围时需要注意：连续的页数以“-”连接，如“3-5”，表示打印第 3 页到第 5 页之间的所有页。如果要打印不连续的页数则用符号“,”连接，如“3”,”5”，表示只打印第 3 页和第 5 页。

3）设置双面打印

在打印文档时，为了节约纸张，常常会用到双面打印。双面打印在打印完打印纸的一面后，等到提示打印第二面时，可以手动加载纸张打印该文档的第二页。选择设置组中的“单面打印”按钮右侧的三角形按钮，在弹出的下拉列表中选择“手动双面打印”即可。

除了手动操作，也可以在“打印所有页”的下拉列表中选择“仅打印奇数页”选项，单击“确定”按钮。待打印完奇数页后，将纸叠翻过来，然后在“打印所有页”的下拉列表中选择

“仅打印偶数页”选项，单击“确定”按钮即可。

补充知识：

（1）设置打印份数。默认情况下，在打印文档时，每页只打印一份。如果需要一次打印多份文档，可以在“打印”按钮右侧的打印份数微调按钮中设置份数即可。

（2）打印预览。在打印之前，应先预览效果。通过预览，可以查看文档打印后的实际效果。如果对预览的效果不满意，可以返回到编辑界面重新编辑和修改，直到满意后再进行打印输出。查看预览的操作步骤如下。选择“文件”→“打印”选项卡，在窗口的最右侧区域显示的文档内容就是打印预览效果。此时可以通过调整滚动条和缩放按钮查看浏览文档。

任务　编辑排版“财务部工作计划”文档

1. 学习任务

计划财务部作为公司的核心部门之一，肩负着对成本计划的控制。财务部工作人员应合理地调节各项费用支出，使财务工作在规范化、制度化的良好环境中更好地发挥作用。

本任务的目标是编辑和排版“财务部工作计划”文档，主要运用到 Word 文档的水印设置、页面设置和更改样式、应用样式等知识。本任务完成的效果图如图 4-3 所示。

2. 知识点（目标）

（1）“财务部工作计划”负责协调上级有关部门和指导下属财务管理工作，制定内部考核制度。

（2）负责公司的费用管理条例，规范会计核算、财务管理和计划统计工作。

3. 操作思路及实施步骤

本任务主要包括文档的页面设置、设置水印文字、首字下沉及内置样式的修改和应用等知识点的练习，具体操作步骤如下。

编辑排版“财务部工作计划”文档素材文件

步骤 1：启动 Word，打开素材文档“4.3 素材-财务部工作计划”。

步骤 2：单击“布局”选项卡，在“页面设置”功能区中单击“纸张大小”按钮下方的小三角，在弹出的下拉列表中选择“A4”。

步骤 3：再单击“页边距”按钮下方的小三角，在弹出的下拉列表中单击“窄”，设置窄页边距。

步骤 4：在“页面背景”功能区中单击“水印”按钮下方的小三角，在弹出的下拉列表中选择“自定义水印”命令。在打开的“水印”对话框中输入文字水印“财务部内部文件”，其他设置保持默认值，单击“确定”按钮。

步骤 5：接下来在“页面背景”功能区中单击“页面边框”按钮，在弹出的“边框和底纹”对话框中选择“方框”，“样式”选择“双实线”，单击“确定”按钮。请注意及时保存文档。

步骤 6：选择“插入”→“文本”功能区中的“首字下沉”，在弹出的下拉列表中选择“首字下沉”选项，在弹出的“首字下沉”对话框中，“位置”选择“下沉”，“下沉行数”选择“2”，设置首字下沉 2 行，单击“确定”按钮。

步骤 7：选择“开始”→“样式”功能区，在内置样式“标题”按钮上单击鼠标右键，在弹出的快捷菜单中选择“修改…”。弹出“修改样式”对话框，设置字体格式为二号、红色、加粗，单击“确定”按钮。返回编辑文档区，选中文档标题文字“财务部工作计划”，应用刚才修改的样式“标题”。

步骤 8：在文档中选择文本“东易日盛集团有限公司”，应用样式“副标题”。

步骤 9：选择“开始”→“样式”功能区，在内置样式“标题 1”按钮上单击鼠标右键，在弹出的快捷菜单中选择“修改…”。弹出“修改样式”对话框，设置字体为“小三”，单击“确定”按钮。返回编辑文档区，选中一级标题文字“一、理顺工作思路，做好财务基础工作”，应用刚才修改的样式“标题 1”。将文档中所有的一级标题文字应用样式“标题 1”。

步骤 10：同样的操作方法，选择“开始”→“样式”功能区，在内置样式“标题 2”按钮上单击鼠标右键，在弹出的快捷菜单中选择“修改…”。弹出“修改样式”对话框，设置字体为“四号”，单击“确定”按钮。返回编辑文档区，选中文档二级标题文字“1、搭建集团公司财务组织构架，明确岗位及职责”，应用刚才修改的样式“标题 2”。将文档中所有的二级标题文字应用样式“标题 2”。

步骤 11：编辑完毕，保存文档。

4. 任务总结

通过本任务的练习，从以下几个方面介绍了对 Word 文档进行排版所涉及的知识内容：

（1）文档的页面设置。页面设置包括纸张的选择、纸张的版式、页面的大小和页边距等。

（2）文档的水印设置。本文档的水印都以文字水印为例进行讲解，在实际应用中还有图片水印。

（3）文档的页面背景中设置了页面边框等操作。

（4）文档的首字下沉的设置。

（5）文档中套用内置样式的方法，可以修改快速样式库中的样式，并应用修改过的样式。

补充知识：

1. 主控文档

主控文档是一组单独文档（或子文档）的容器可创建并管理多个文档。

在主控文档中，可以插入一个已有文档作为主控文档的子文档。这样，就可以用主控文档将以前已经编辑好的文档组织起来，而且还可以随时创建新的子文档，或将已存在的文档当作子文档添加进来。例如，作者的书稿是以一章作为一个文件来交稿的，编辑可以为全书创建一个主控文档，然后将各章的文件作为子文档分别插进去。

主控文档讲解视频

2. 题注与交叉引用

在使用 Word 编写书籍或者报告时，经常会使用到图形、表格之类的，因此需要给图形、表格插入一个题注，同时还要在文本相应的位置中引用题注。这就要用到题注与交叉引用。

题注与交叉引用讲解视频

题注的作用就是为文档的图形、表格、公式等添加题目名称。题注由标签和编号组成，可根据标题样式设置自动编号。交叉引用可以自动将文档插图、表格、公式等内容，与相关正文的说明内容建立对应关系，既方便阅读，也为编辑操作提供自动更新手段。

本章小结

本章主要介绍 Word 2019 的文档排版的初级操作，包括文档的页面大小和页边距的选择；文档页面背景的设置；首字下沉的设置；文档的批注、修订、更改等审阅工具的用法；套用内置样式的用法，以及自己创建新样式和更改已有样式的操作方法，最后还介绍了文档的打印操作。对于本章的基本操作，应熟练掌握，为后续的长文档排版打下基础。

疑难解析（问与答）

问：如果“打印机”下拉列表中没有需要的打印机名称，怎么办？

答：如果“打印机”下拉列表中没有目标打印机，可以在 Windows 系统中先安装打印机驱动程序，然后在“打印机”下拉列表中选择“添加打印机”命令，在弹出的“查找打印机”对话框中查找打印机设备。

问：怎样通过样式来选择相同格式的文本？

答：对文档应用样式后，可以快速选定应用同一样式的所有文本。具体操作方法如下：在“样式”任务窗格中，单击某样式右侧的下拉按钮，在弹出的下拉菜单中选择“选择所有 N 个实例”命令即可。其中的 N 表示当前文档中应用该样式的实例个数。

问：怎样在文档中插入封面？

答：在编辑报告时，为了使文档更加完整，可以使用 Word 2019 提供的封面样式库。具体方法如下：在文档中的任意位置单击，选择“插入”选项卡，再单击“页”功能区中的“封面”按钮，在弹出的下拉列表中选择需要的封面样式。所选样式的封面将自动插入到文档的首页，此时我们只需在提示输入信息的相应位置输入相关内容即可。

问：怎么选择合适的背景图片？设置的背景能打印出来吗？

答：在选择背景图片时，不能选择颜色太强烈的图片，否则会影响文档正文的正常显示。在 Office 旧版本中，文档的背景是不能打印的，在 Word 2019 中可以打印背景，方法是：选择“文件”→“Word 选项”，打开“Word 选项”对话框，在“显示”选项组中选择“打印选项”中的“打印背景色和图像”复选框即可。

操作题

1. 启动 Word 2019，创建文档“竞赛信息.docx”，它由三页组成。要求如下：

（1）第一页中第一行的内容为“英语”，样式为“标题 1”；页面垂直对齐方式为“居中”；页面方向为纵向、纸张大小为 16 开。

（2）第二页中第一行的内容为“日语”，样式为“标题 2”；页面垂直对齐方式为“顶端对齐”；页面方向为横向、纸张大小为 A4。

（3）第三页中第一行的内容为“口语竞赛”，样式为“正文”页面垂直对齐方式为“底端对齐”。

2. 打开练习素材文件中的“杭州西溪国家湿地公园.docx”文档，进行操作并存盘，操作要求如下：

（1）在第一行前插入一行，输入“西溪国家湿地公园”，设置字体格式为 24 磅、加粗、居中、无首行缩进、段后间距为 1 行。

（2）对“景区简介”下的第一个段落，设置首字下沉。

（3）使用自动编号。

● 对“景区简介”“历史文化”“三堤五景”“必游景点”，设置编号，编号格式为“一、二、三、四”。

● 对五景中的“秋芦飞雪”和必游景点中的“洪园”重新编号，使其从 1 开始，后面的各编号应能自动随着改变。

（4）表格操作。将“中文名：西溪国家湿地公园”所在行开始的 4 行内容转换成一个 4 行 2 列的表格，并设置无标题行，套用表格样式为“彩色型 1”。

（5）分别插入两张图片“西溪湿地洪园.jpg”和“西溪湿地博物馆”，图片格式的样式分别为“柔化边缘矩形，效果为 10 磅”和“柔化边缘椭圆，效果为 25 磅”。

（6）为文档的图加上题注，标题内容分别为“洪园”和“中国湿地博物馆”。

3. 启动 Word 2019，打开练习 4-3 素材，要求如下：

（1）对素材的标题，章节标题分别应用“标题 1”“标题 2”“标题 3”样式。

（2）对文章的正文设置首字下沉，下沉 3 行，文档设置红色边框，宽度为 0.5 磅。

（3）添加文字水印效果，水印文字为“论文”。

（4）设置页边距为“窄”页边距。

4. 在 E 盘创建自己的文件夹，在自己的文件夹下，建立主控文档“Main.docx”，按序创建子文档“Sub1.docx”“Sub2.docx”“Sub3.docx”。要求：

（1）Sub1.docx 中第一行的内容为“Sub1”，第二行的内容为文档创建的日期（使用域，格式不限），样式均为正文。

（2）Sub2.docx 中第一行的内容为“Sub2”，第二行的内容为“➔”，样式均为正文。

（3）Sub3.docx 中第一行的内容为“办公软件高级应用”，样式为正文，将该文字设置为书签（名为 Mark）；第二行为空白行；在第三行中插入书签 Mark 标记的文本。

第 5 章　Word 长文档编辑排版

本章要点

- 学会使用文档结构图和大纲视图，通过设置大纲级别来插入目录。
- 熟练掌握插入页眉和页脚的方法，学会使用分隔符。
- 学会在文档中添加脚注和尾注，熟练使用书签在文档中快速定位。
- 学会在文档中插入超链接。
- 熟练掌握在文档中添加批注，学会在文档中检查拼写和语法错误。

案例展示

“个人信贷业务岗位培训教材”文档最终效果如图 5-1 所示。

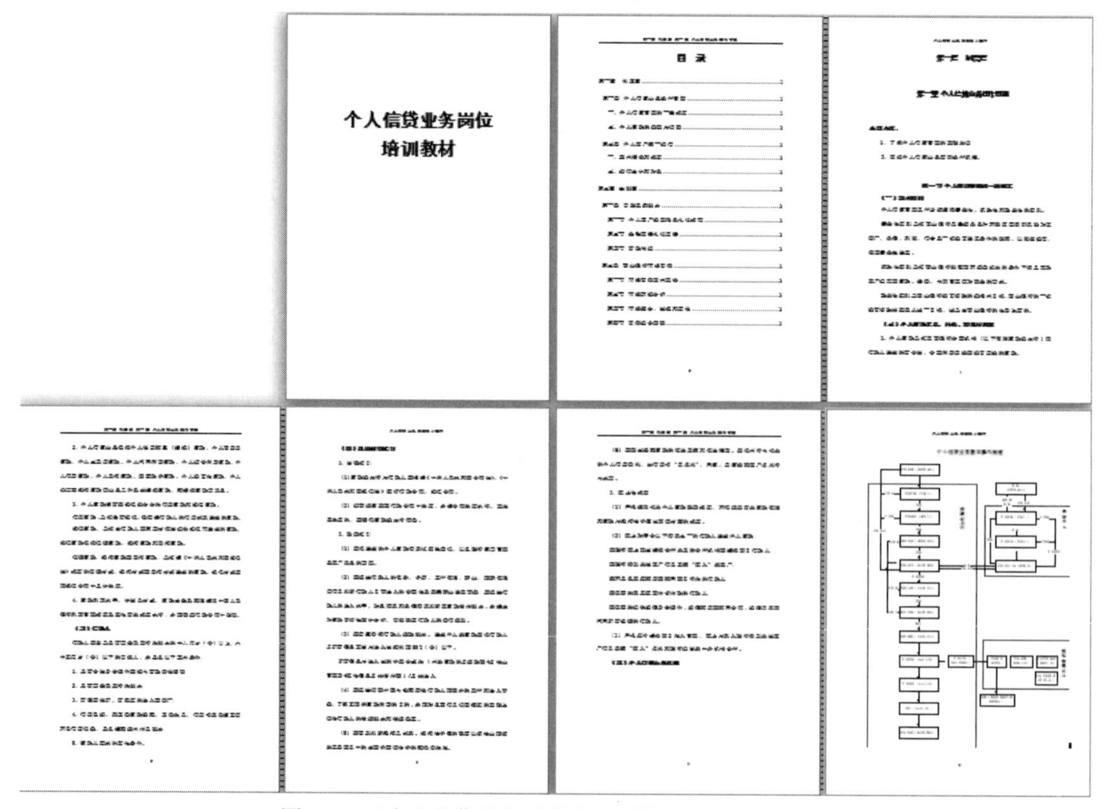

个人信贷业务岗位
培训教材

目 录

图 5-1　“个人信贷业务岗位培训教材”文档最终效果

5.1　Word 文本的选定技巧

（1）选择单词：双击要选择单词的任何部位，包括英文和汉语单词，就可以选择一个单词或词组。

（2）选择一句：一句是指由句号，或感叹号，或段落标记分隔的对象。按住 Ctrl 键，单击要选择句子的任何位置，可以选择一个句子。

（3）选择多行：将鼠标指针移到该行的最左侧，当鼠标指针变成指向右上方的白色箭头时，单击鼠标即可选中一行。如果按住鼠标不放，上下拖动就可以选择多行。

（4）选中一个段落：将鼠标指针指向段落的左侧，当鼠标指针变成指向右上方的白色箭头时，双击鼠标即可选中一段。

（5）选择任意两点间的对象：单击要选择对象的开始位置，按住 Shift 键，再找到结束位置并单击该处即可。

（6）选择不连续的对象：单击选择第一个对象，按住 Ctrl 键，再继续选择其他对象，直至选择完毕。

（7）选中矩形文本块：将鼠标指针指向文本矩形块的一角，按住 Alt 键同时拖动鼠标指针至矩形块的对角。

（8）选择整篇文档：将鼠标指针指向要选择文档的左侧，当鼠标指针变成指向右上方的白色箭头时，三击鼠标即选中整篇文档。

5.2　Word 的分隔符

在 Word 中分隔符分为两种：分页符和分节符。

分页符：标记一页终止并开始下一页的点。如果想在文档中的某个位置强制开始下一页，这时可以使用分页符。

分节符分为以下几种类型。

（1）下一页：插入一个分节符，并在下一页上开始新节。

（2）连续：插入一个分节符，新节从同一页开始。

（3）奇数页：插入一个分节符，新节从下一个奇数页开始。

（4）偶数页：插入一个分节符，新节从下一个偶数页开始。

案例和任务

案例1 编排“学生手册”长文档

学生手册在大学中对于大学生来说有着重要的意义，有了它我们才能更好地学习和生活，明确自己发展的方向，安排好自己在大学中的学习生活。

1. 使用文档结构图

文档结构图是一个独立的窗格，位于 Word 界面窗口的左侧，能够显示整个文档的层次结构，它由文档中的各级标题组成，可以对整个文档进行快速地浏览和定位。

下面介绍文档结构图的使用方法。

步骤 1：打开 Word 2019，新建文档，在文档中输入“学生手册”的内容。

步骤 2：在“学生手册”文档中设置各级标题。

步骤 3：在 Word 2019 主界面中，单击“视图”选项卡，勾选“导航窗格”，如图 5-2 所示，打开“导航”窗格，如图 5-3 所示。

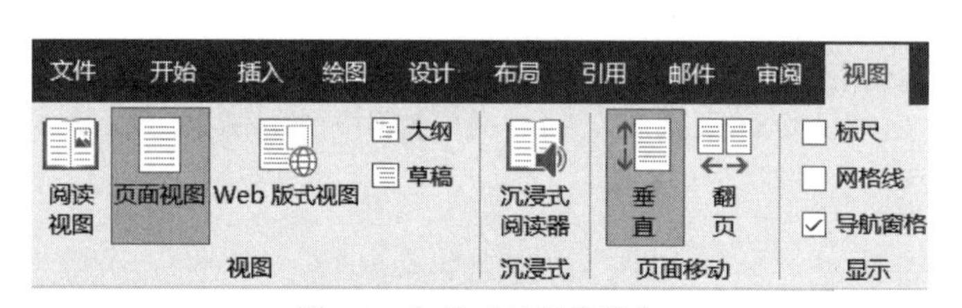

图 5-2 勾选“导航窗格”

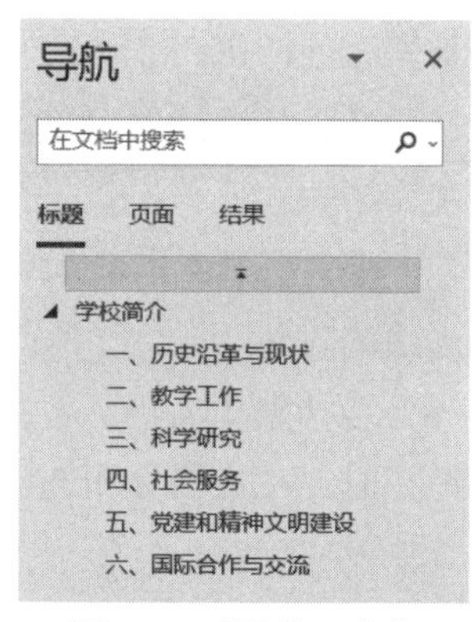

图 5-3 “导航”窗格

提示 1： 要想使用文档结构图，必须在文档中设置各级标题，否则文档结构图就是空的，什么也没有。

提示 2： 文档标题的等级由高至低，从第 1 级至第 9 级。如果不是标题，可以设置为正文，正文不会在文档结构图中显示。

2. 使用大纲视图

对于一篇比较长的文档，要想仔细阅读并清楚了解它的内容结构是一件很难的事情。有了大纲视图，我们可以很轻松地看清它的文档结构。下面介绍大纲视图的使用方法。

步骤 1：打开“学生手册”文档，单击“视图”选项卡，再单击“大纲”按钮，如图 5-4 所示。

步骤 2：单击“大纲”按钮后，打开大纲视图，如图 5-5 所示，在“大纲视图”中利用“大纲工具栏”就可以对文本进行大纲等级设置了。

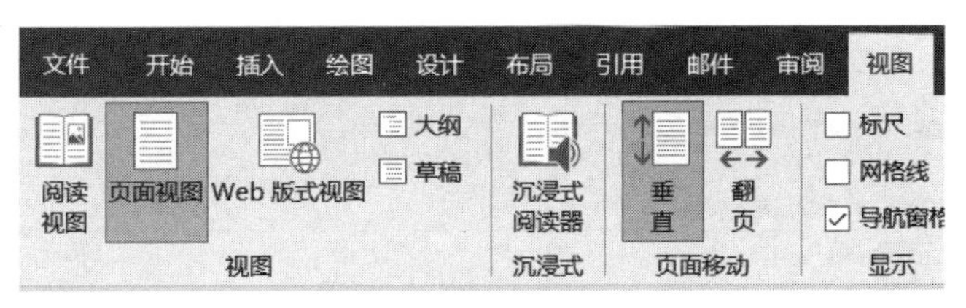

图 5-4　“大纲”按钮

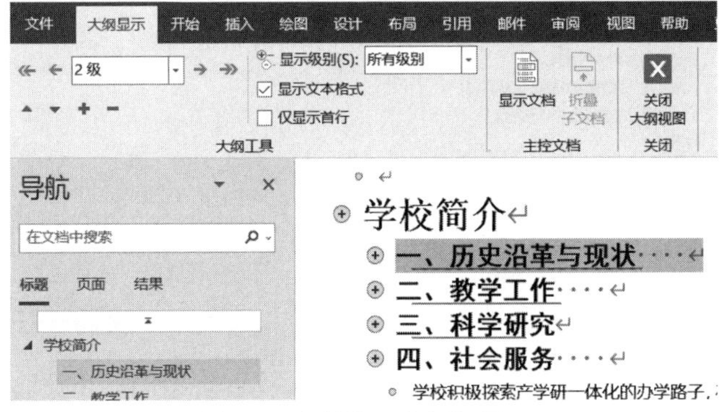

图 5-5　文档的“大纲视图”

补充知识 1：在大纲视图中，不仅能够查看文档的结构，还可以通过拖动标题来移动、复制和重组文本，因此它特别适合编辑长文档，能让你查看文档的整体结构，并可以根据需要进行相应的调整。

补充知识 2：在大纲视图中查看文档时，可以通过双击标题前的加号，来对标题下的正文进行折叠和打开。这种方式可以帮助我们快速高效地查看文档。

3. 使用超链接

超链接可以在两种对象之间建立一种链接关系，当单击一个对象时就会打开另外一个对象。在 Word 2019 中超链接分为两种：链接文档内部的对象和链接文档外部的对象。

下面我们在“学生手册”中建立超链接，具体步骤如下。

步骤 1：打开“学生手册”文档，选中要建立超链接的文本（如：××大学），单击“插入”选项卡，再单击“链接”按钮，如图 5-6 所示。

步骤 2：在弹出的“编辑超链接”对话框中，单击“现有文件或网页”选项，在“地址”栏中输入网址（××大学的网址），就可以建立外部链接了。如果我们想建立内部链接，就单击“本文档中的位置”，在右侧的列表中选择本文档中的位置，如图 5-7 所示。

图 5-6　“链接”按钮

步骤 3：设置好“编辑超链接”对话框后，单击“确定”按钮，返回文档编辑界面，可以看到这时的文本已经变成了蓝色，并且在文本的下面有下画线，表明当前的文本中插入了超链接，我们就可以通过单击“××大学”链接到网页（××大学的主页）、本文档中的位置。

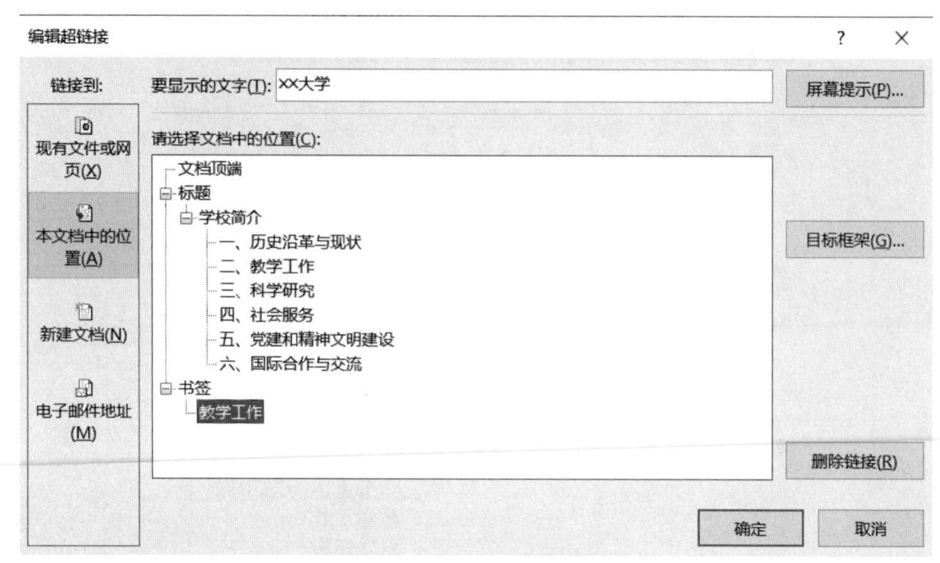

图 5-7　建立内部链接

4. 使用脚注和尾注

在 Word 2019 中还有两个非常有用的功能，就是脚注和尾注。脚注和尾注是对文档中的内容起注释的作用。脚注位于页面的底部，可以作为文档某处内容的注释；尾注也是注释，与脚注不同，它位于文档的末尾，可以是对文档中内容的说明或文档中引文的出处。

在 Word 2019 中的脚注和尾注由两个互相链接的部分组成，即注释标记和注释文本。Word 可以自动生成标记编号，也可以由用户自己创建标记编号。当删除注释标记时，对应的注释文本同时被删除。对自动编号的注释标记进行添加、删除或移动操作时，Word 将自动对注释标记重新编号。下面在“学生手册”文档中添加脚注和尾注。

步骤 1：打开“学生手册”文档，将光标定位在要插入脚注或尾注的位置，单击“引用”选项卡，如图 5-8 所示，找到“脚注”功能区。

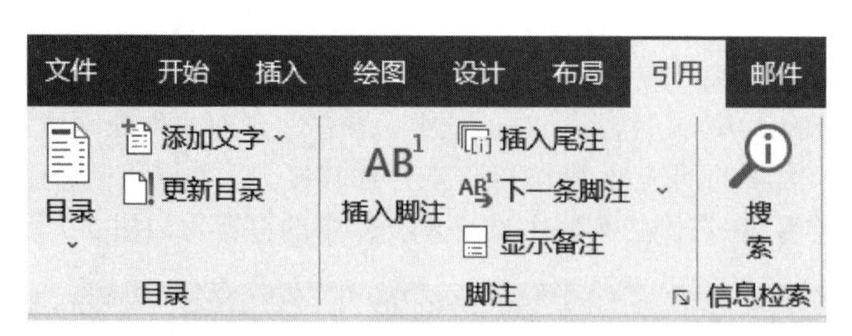

图 5-8　“脚注”功能区

步骤 2：在“脚注”功能区中可以看到“插入脚注”和“插入尾注”等按钮，如果对脚注或尾注没有格式上的要求，可以直接单击按钮。如果想对“脚注”和“尾注”进行更详细的设置，则单击“脚注”功能区右下角的“对话框启动器”按钮，弹出“脚注和尾注”对话框，如图 5-9 所示。

步骤 3：在弹出的对话框中，先选择注释类型，这里以脚注为例，根据实际需要设置脚注的格式和应用范围，设置完毕后单击“插入”按钮，光标将切换到页面底部输入脚注内容，单击文档的其他位置，脚注插入结束，效果如图 5-10 所示。

脚注和尾注
位置
脚注(F): 页面底端
尾注(E): 文档结尾
转换(C)...
脚注布局
列(O): 匹配节布局
格式
编号格式(N): 1, 2, 3, ...
自定义标记(U):
符号(Y)...
起始编号(S): 1
编号(M): 连续
应用更改
将更改应用于(P): 整篇文档
插入(I)
取消
应用(A)

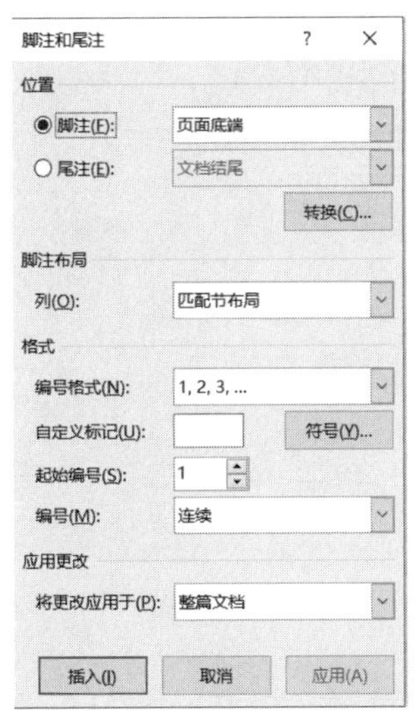

图 5-9　“脚注和尾注”对话框

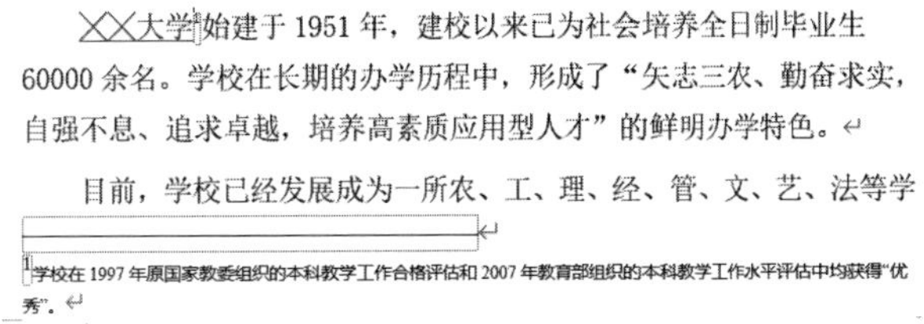

××大学[1]始建于 1951 年，建校以来已为社会培养全日制毕业生 60000 余名。学校在长期的办学历程中，形成了“矢志三农、勤奋求实，自强不息、追求卓越，培养高素质应用型人才”的鲜明办学特色。
目前，学校已经发展成为一所农、工、理、经、管、文、艺、法等学
1 学校在 1997 年原国家教委组织的本科教学工作合格评估和 2007 年教育部组织的本科教学工作水平评估中均获得“优秀”。

图 5-10　插入脚注后的效果图

提示 1： 尾注的插入方法与脚注类似，区别在于尾注插入的位置在文章或节的末尾。

提示 2： 尾注的作用与脚注类似，主要起到提示的作用，与脚注不同的是在尾注中还可以加入参考文献。

---

5. 使用书签快速定位

在 Word 2019 中书签主要用于定位，在文档中添加书签可以使光标快速切换到书签所在的位置，具体步骤如下。

步骤 1：打开“学生手册”文档，将光标定位在要插入书签的位置，单击“插入”选项卡，单击“链接”功能区的“书签”按钮，如图 5-11 所示。

步骤 2：在弹出的“书签”对话框中输入书签名称，如图 5-12 所示。单击“添加”按钮，书签插入成功，以后就可以使用书签在文档中快速定位了。

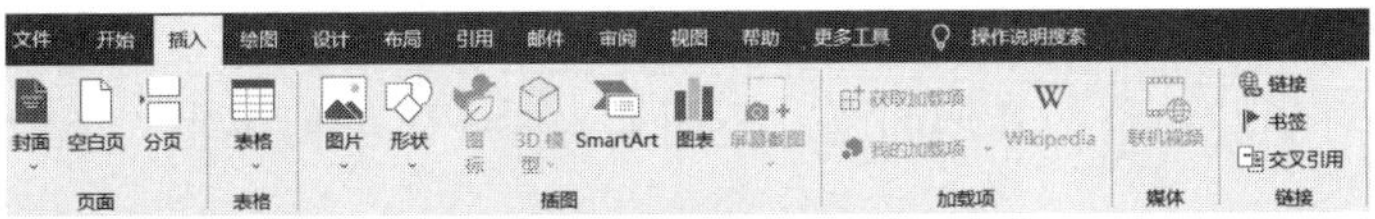

文件
开始
插入
绘图
设计
布局
引用
邮件
审阅
视图
帮助
更多工具
操作说明搜索
封面
空白页
分页
页面
表格
表格
图片
形状
3D 模型
SmartArt
图表
屏幕截图
插图
获取加载项
我的加载项
Wikipedia
加载项
联机视频
媒体
链接
书签
交叉引用
链接

图 5-11　“书签”按钮

书签
书签名(B):
教学工作
教学工作
添加(A)
删除(D)
定位(G)
排序依据:
名称(N)
位置(L)
隐藏书签(H)
取消

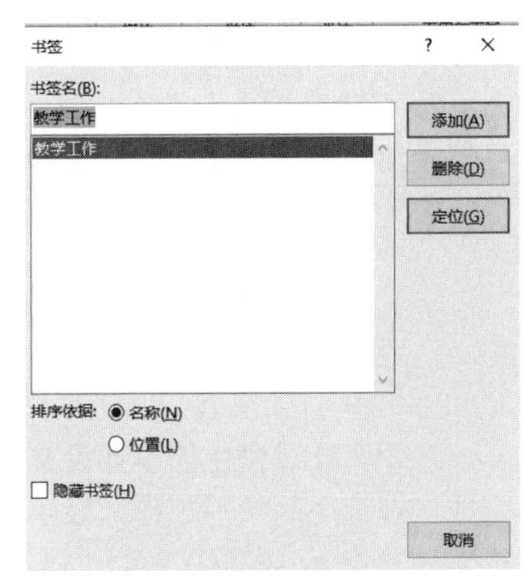

图 5-12　“书签”对话框

补充知识： 将书签正常插入文档后，在文档中是看不到书签的，如果想看到书签的位置，单击“文件”

选项卡，再选择“选项”选项卡，在打开的“Word 选项”对话框的“高级”选项中，勾选“显示书签”，如图 5-13 所示。这时回到文档界面就可以看到书签的位置上有个“I”字形的符号。

图 5-13　勾选“显示书签”

提示：

认真学习本校的学生手册，遵守学生守则。

1. 做事先做人，凡事守规矩。在学校要遵守学校的各项规章制度和行为规范，在教室和机房要遵守管理规范。任何时候都要遵纪守法，讲诚信。

2. 职业素养是人类在社会活动中需要遵守的行为规范。职业道德、职业思想、职业行为习惯是职业素养中最根基的部分。

案例 2　编排和审校“毕业论文”长文档

各个高校对学生的毕业论文都会做统一要求，学会编辑长文档可以使毕业生高效快速地完成毕业论文的撰写工作，轻松应对毕业面临的其他问题。下面就来看一下如何编辑“毕业论文”。

首先，打开 Word 2019，新建文档，输入“毕业论文”的内容，接着对“毕业论文”进行编排和审校。

1. 设置大纲级别与多级编号

1）设置大纲级别

给标题设置正确的大纲级别，是给论文添加目录的前提，也就是说只有有了大纲等级，才能生成目录。

设置大纲级别有两种方法：

（1）打开“毕业论文”文档，单击“视图”选项卡，再单击“大纲”按钮，打开大纲视图，就可以使用“大纲工具栏”设置文档的大纲级别了。

多级标题的自动编号讲解视频

（2）打开“毕业论文”文档，选中要设置大纲级别的文本，如选中“绪论”，右击文本，在弹出的快捷菜单中选择“段落”命令，弹出“段落”对话框，如图 5-14 所示，在“大纲级别”中就可以设置大纲级别为 1 级。

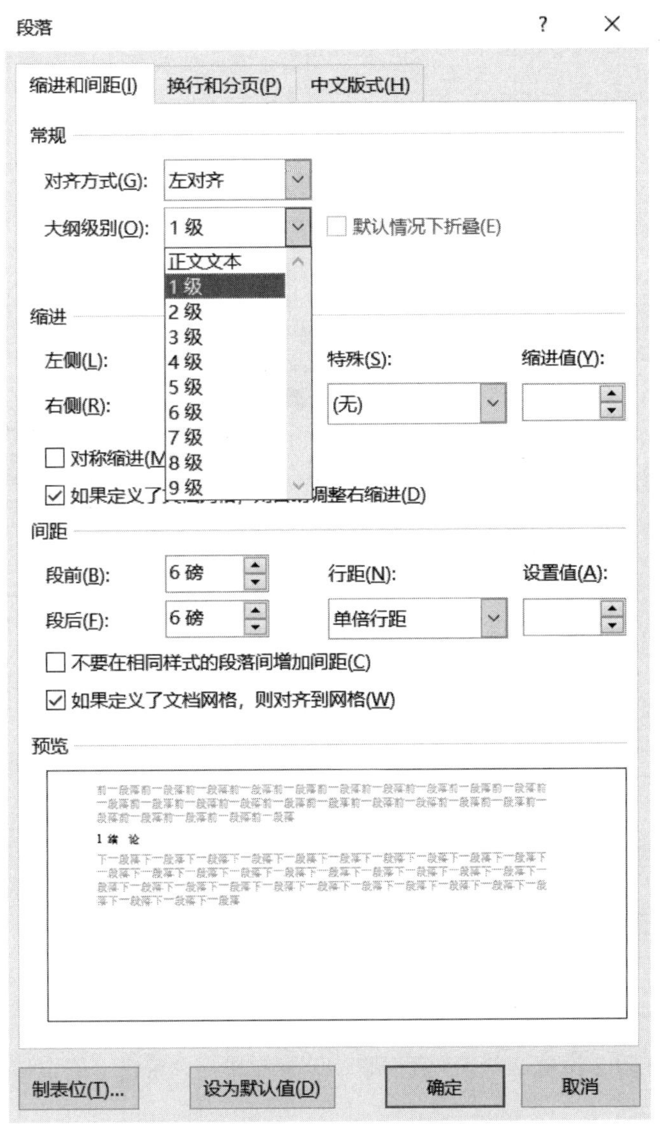

图 5-14　在“段落”对话框中设置大纲级别

补充知识：使用大纲视图设置大纲级别时，被选中的文本格式会发生改变，变成大纲级别中设定的格式。如果使用“段落”对话框设置大纲级别，被选中的文本格式不会发生变化。

2）设置多级编号

设置多级编号，可以在设置标题大纲级别时自动生成序号，在修改或删除标题时，后面的标题会自动排序，非常方便。设置多级编号的具体步骤如下。

步骤 1：打开“毕业论文”文档，单击“开始”菜单，在“段落”功能区中再单击“多级列表”按钮下拉菜单，弹出“多级列表”窗口，如图 5-15 所示。

步骤 2：单击“定义新的多级列表”菜单项，弹出“定义新多级列表”对话框，在“单击要修改的级别”选项区中选择 1 级，在“输入编号的格式”框中编辑格式，需要注意的是编号样式在下拉列表中进行选择，如果想在编号中加入其他文本，可直接在“输入编号的格式”框中添加文本，如“第 1 章”，如图 5-16 所示。可以单击“字体”按钮设置编号的字体格式。最后设置编号的对齐方式、位置和文本缩进位置。

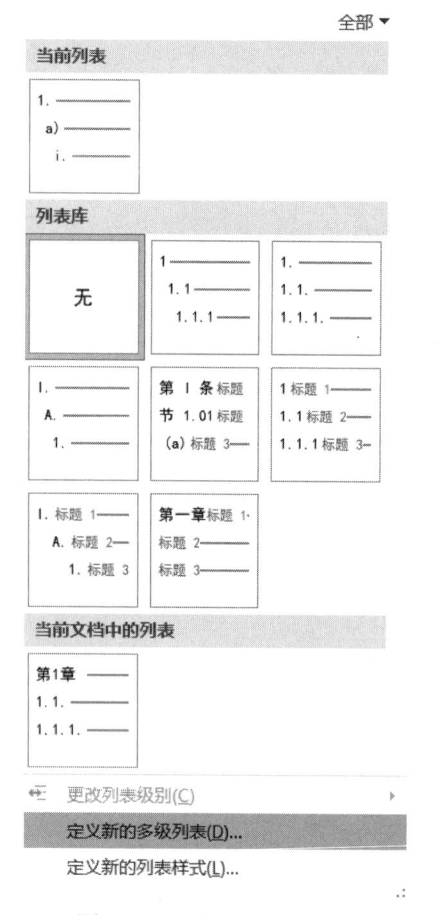

图 5-15 “多级列表”窗口

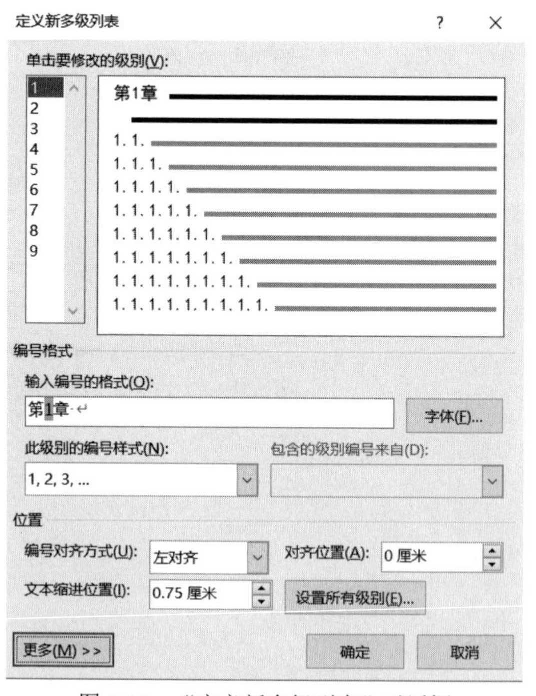

图 5-16 “定义新多级列表”对话框

步骤 3：重复步骤 2 设置 2 级、3 级列表，设置完毕后，单击“确定”按钮完成列表设置，返回文档界面。

步骤 4：将光标定位在要设置标题的文本所在行，如“Gauss 消去法”，单击“多级列表”

按钮，这时就会在“多级列表”窗口中出现我们刚刚定义的新列表，如图 5-17 所示，单击新列表就将文本设置成新的列表格式。

图 5-17　新定义的多级列表

步骤 5：如果单击新定义的列表样式后，发现自动设置的多级列表不对，可以通过“多级列表”下的“更改列表级别”命令来修改。

步骤 6：重复操作步骤 4 和步骤 5 完成整篇文档的标题级别设置。

不管使用大纲还是多级列表都是使文档中的标题有等级，这样就可以和正文内容进行区别了，为下一步生成目录做必要的准备。

2. 插入并设置页眉和页脚

页眉和页脚通常用来显示文档的附加信息，如时间和日期、页码、公司标志等。页眉在页面的顶部，页脚在页面的底部。下面在“毕业论文”文档中插入页眉和页脚，具体步骤如下。

步骤 1：打开“毕业论文”文档，单击“插入”选项卡，在“页眉和页脚”功能区，再单击“页眉”按钮，选择“编辑页眉”命令，如图 5-18 所示。

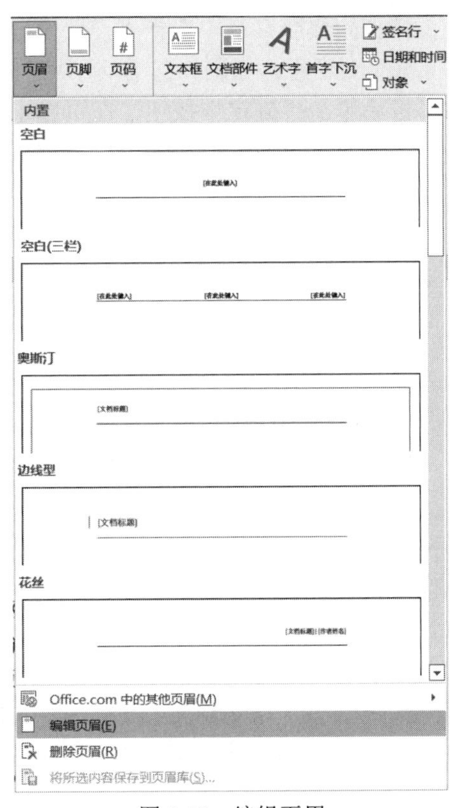

图 5-18　编辑页眉

步骤 2：选择“编辑页眉”命令后，进入页眉编辑界面，可以直接输入页眉内容，也可以使用工具编辑页眉。

步骤 3：在页眉中输入“硕士毕业论文”，这时会发现所有的页眉都输入了相同的内容，如果想去掉封皮的页眉，可以在“页眉和页脚”选项卡的“选项”功能区中勾选“首页不同”，如果想在奇数页和偶数页中显示不同的页眉，可以勾选“奇偶页不同”选项。如图 5-19 所示，这时我们就可以再输入一个页眉，如“解线性方程组的直接法”，得到两个不同的页眉。

步骤 4：在页脚中插入页码，与页眉类似，单击“插入”选项卡，再单击“页脚”按钮，选择“编辑页脚”命令，进入页脚编辑界面。单击“页码”按钮，选择“页面底端”子菜单，再选择一种页码格式，如“普通数字 2”，如图 5-20 所示。

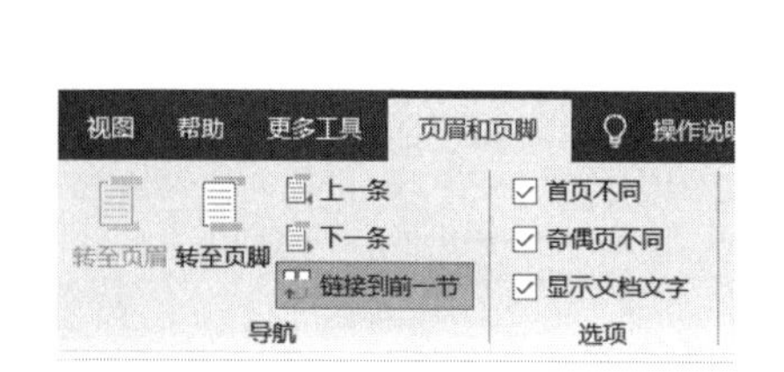

图 5-19 页眉和页脚设置

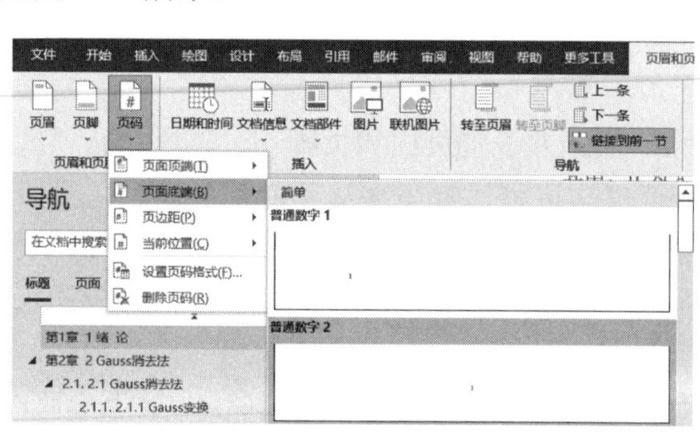

图 5-20 插入页码

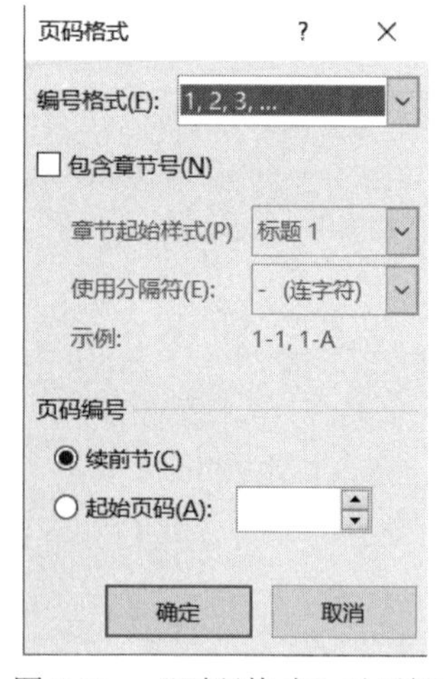

图 5-21 “页码格式”对话框

步骤 5：如果对插入的页码格式不满意，可以右击页码，在弹出的快捷菜单中选择“设置页码格式”命令，弹出“页码格式”对话框，如图 5-21 所示，在这里设置好编号格式和起始编号后单击“确定”按钮，在页脚中设置页码成功。

通过上面的方法就可以设置页眉和页脚了，但在实际排版过程中，只设置单一的页眉和页脚难以满足要求，必须对封皮、摘要、目录等单独编辑页眉和页脚，如果再对封皮等单独新建文档显然会为我们今后的工作带来更多的负担，如果要解决上述问题，我们可以通过插入分节符来实现。

3. 插入分隔符

分隔符分为两种：分页符和分节符。

分页符的作用是强制文档在新的一页开始编辑下面的文本，一般用在新的一章内容的开始。

分节符的作用是将整篇文档分成几个部分，然后就可以对每个部分设置独立的页眉、页脚、页面设置等。

分页符与分节符讲解视频

1）插入分页符

下面我们在“毕业论文”中插入分页符，具体步骤如下。

步骤 1：打开“毕业论文”文档，将光标定位到“1 绪论”的前面，单击“布局”选项卡，然后再单击“分隔符”，在下拉菜单中选择“分页符”，如图 5-22 所示。

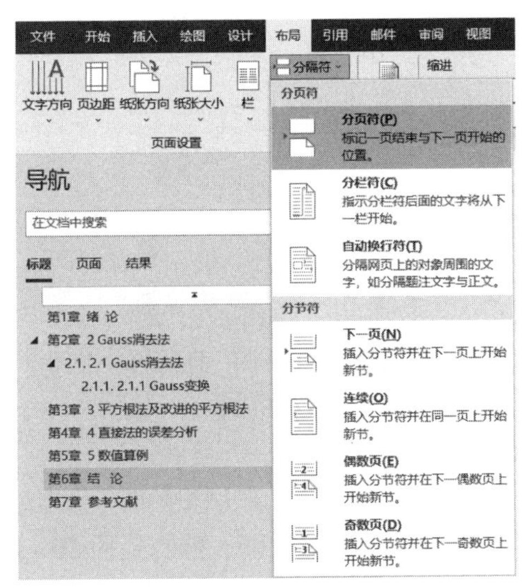

图 5-22　插入分页符

步骤 2：重复步骤 1，在其他的章节前面都插入分页符。

2）插入分节符

在“毕业论文”文档中插入分节符，将文档分成 3 节，将封皮和摘要放在第 1 节，毕业论文正文内容放在第 2 节，论文版权使用授权书放在第 3 节。

在“毕业论文”中插入分节符，具体步骤如下。

步骤 1：首先打开“毕业论文”文档，将光标定位在“1 绪论”的前面，按下键盘上的左箭头按键，将光标定位在要分节的位置的前一个位置，然后单击“布局”选项卡，再单击“分隔符”，选择“下一页”，如图 5-23 所示。

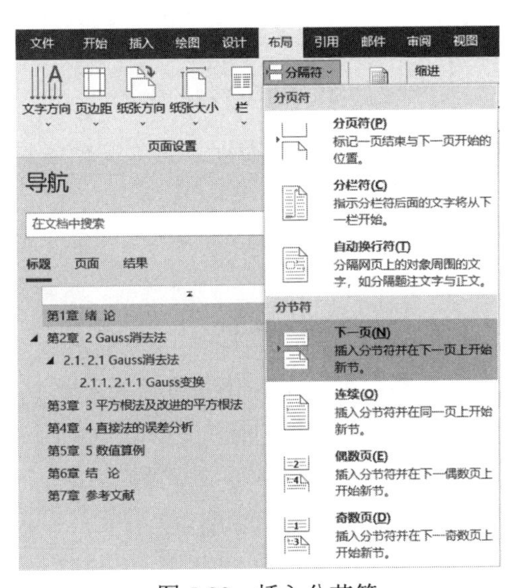

图 5-23　插入分节符

步骤 2：这时在插入分节符的位置增加了一个空白页，可按 Delete 键删除空白页。单击“插入”选项卡，再单击“页眉”按钮，选择“编辑页眉”命令，就会进入页眉编辑页面，这时我们看到“首页页眉-第 2 节-”的字样，表明分节成功，文档已经分成了两节，如图 5-24 所示。

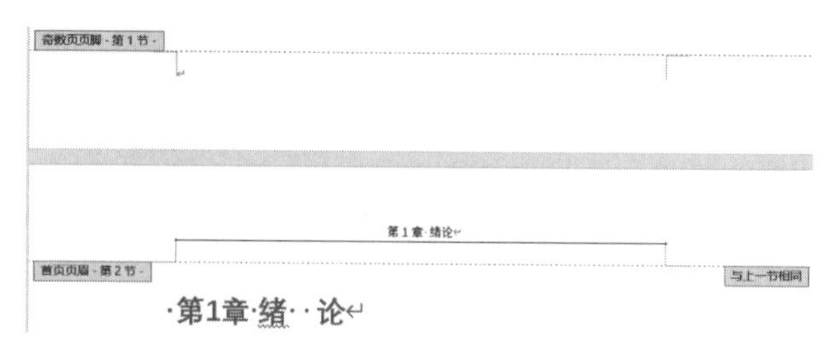

图 5-24　分节后的文档

步骤 3：重复步骤 2，在“论文版权使用授权书”前插入分节符，将整个文档分成了 3 个部分。

步骤 4：分别对每一节编辑独立的页眉和页脚。

4. 使用域插入文档名称

域讲解视频

域实际上就是 Word 文档中的一些字段，Word 中的域都有唯一的名字，并且有不同的取值。熟练使用 Word 域，可增强排版的灵活性，减少许多烦琐的重复操作，提高工作效率。

下面以插入文档名称为例来简单介绍如何使用域。

步骤 1：打开“毕业论文”文档，将光标定位在要插入文档名称的位置。

步骤 2：单击“插入”选项卡，再单击“文档部件”按钮，选择“域”命令，如图 5-25 所示。

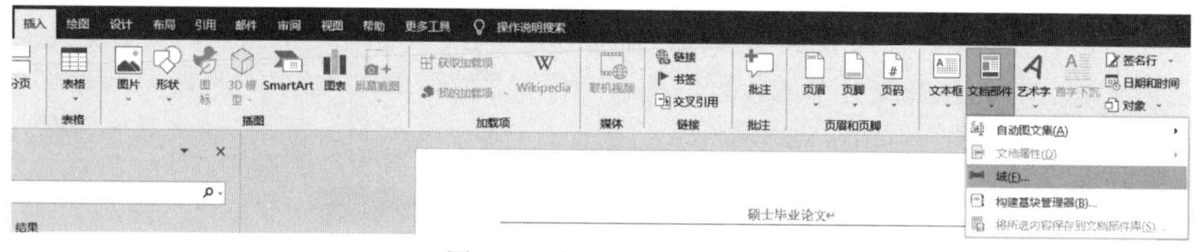

图 5-25　插入“域”命令

步骤 3：在弹出的“域”对话框中选择“类别”为“文档信息”，如图 5-26 所示。

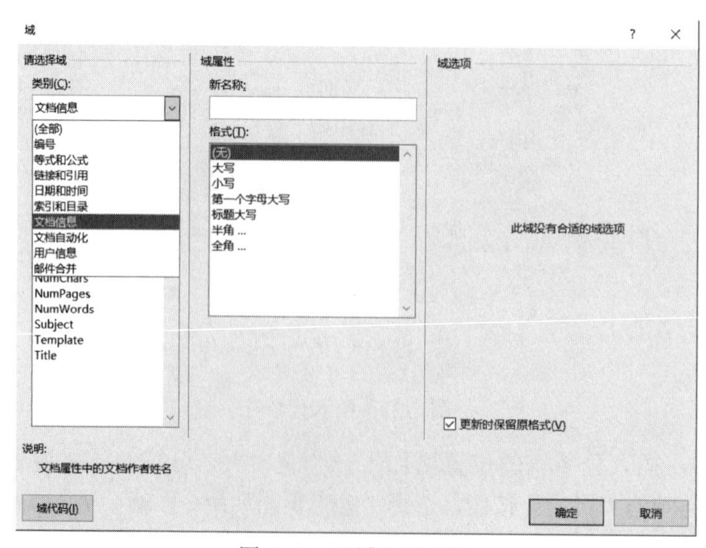

图 5-26　“域”对话框

步骤 4：在“域名”列表中选择“FileName”，如图 5-27 所示。

步骤 5：选择域名后单击“确定”按钮，文档名称就插入到文档中了，如图 5-28 所示。

图 5-27　“域名”列表

毕业论文

解线性方程组的直接法

Direct Methods for Solving Linear Equations

图 5-28　使用域插入文档名称最终效果

5. 插入目录

设置好大纲级别之后，就可以插入目录了。首先，我们打开文档结构图查看一下是否已经将标题都设置大纲级别，如图 5-29 所示。

目录讲解视频

如果大纲级别设置没有问题，就可以插入目录了。定位光标到要插入目录的位置，单击“引用”选项卡，再单击“目录”按钮，如图 5-30 所示，在弹出的下拉菜单中选择一种目录样式，就自动生成了目录。

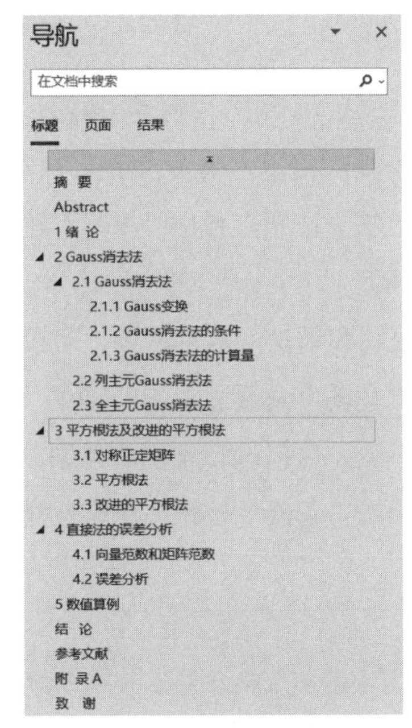

图 5-29　文档结构图

文件　开始　插入　绘图　设计　布局　引用　邮件

添加文字　更新目录　目录　插入脚注　插入尾注　下一条脚注　显示备注　搜索

内置

手动目录

目录

键入章标题(第 1 级)……1

键入章标题(第 2 级)……2

键入章标题(第 3 级)……3

自动目录 1

目录

第 1 章　标题 1……1

1.1　标题 2……1

1.1.1　标题 3……1

自动目录 2

目录

第 1 章　标题 1……1

1.1　标题 2……1

1.1.1　标题 3……1

Office.com 中的其他目录(M)

自定义目录(C)...

删除目录(R)

将所选内容保存到目录库(S)...

图 5-30　插入目录

6. 拼写和语法检查

拼写和语法检查是 Word 2019 中很有用处的一项功能，它可以有效、快速地帮助我们检查文本的中英文单词的书写错误。

下面我们使用拼写和语法功能来检查“毕业论文”中的英文摘要。

步骤 1：打开“毕业论文”文档，单击“文件”菜单，再单击“选项”选项卡，弹出“Word 选项”对话框，选择“校对”选项，如图 5-31 所示，设置拼写和语法检查选项。

图 5-31　设置拼写和语法检查选项

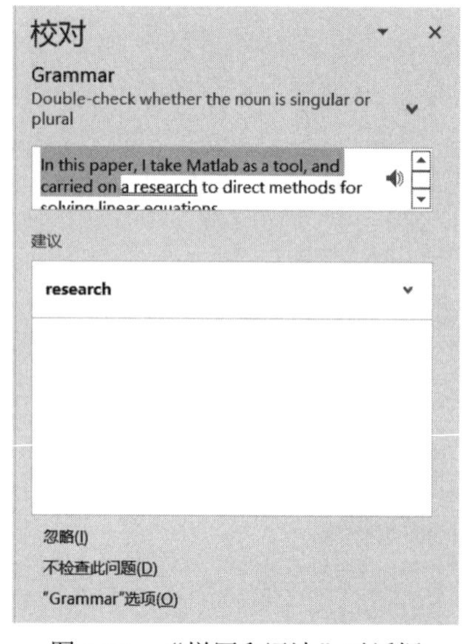

图 5-32　“拼写和语法”对话框

步骤 2：设置完成后，单击“确定”按钮，返回文档界面。选择需要检查的文本，单击“审阅”选项卡，然后单击“拼写和语法”按钮，弹出“拼写和语法”对话框，如图 5-32 所示。

步骤 3：在“拼写和语法”对话框中，有拼写或语法错误的地方会以红色的字体显示，在下面的“建议”框中会给出接近的单词，可以选择正确的单词。如果认为没有错误，可以单击“忽略”按钮，忽略检测出来的错误，不做更正。

提示：

1. 毕业论文撰写要规范，因此要了解书写规范的重要性。

2. 职业素养是一个职业人的立身之本。注重职业道德，尊重他人的知识产权，不要抄袭。在学生时代，就应该不断提升个人修养和思想道德水平，养成良好的职业素养。

3. 科技名词术语及设备、元件的名称，应采用国家标准或部颁标准中规定的术语或名称。

任务　编辑“个人信贷业务岗位培训教材”文档

1. 学习任务

本任务的目标是为公司制作一本岗前培训教材，员工可以快速适应工作。涉及的知识点包括字体格式化、设置大纲级别、插入分隔符、插入页眉和页脚、插入目录及拼写和语法检查。

2. 知识点（目标）

（1）制作封皮，输入“个人信贷业务岗位培训教材”，设置字体为黑体，字号为初号，水平居中，调整标题至本页合适位置。

（2）编写“个人信贷业务岗位培训教材”各章节的内容，设置正文字体为宋体，字号为四号。

（3）设置大纲级别及字体格式：1 级标题字体为黑体，字号为三号，2 级标题字体为黑体，字号为小三，3 级标题字体为黑体，字号为四号。

（4）在文档中各章开始位置插入分页符，将封皮和文档中的各章分成独立的节，设置奇偶页不同的页眉。奇数页页眉设置为“个人信贷业务岗位培训教材”，偶数页页眉设置为篇章的题目。

（5）查看文档结构图，插入目录。

3. 操作思路及实施步骤

本任务主要的操作是关于 Word 长文档的排版操作，具体步骤如下。

步骤 1：打开 Word 2019 新建空白文档，首先，制作封皮，输入文本“个人信贷业务岗位培训教材”，选中刚刚输入的文本，右击文本，在弹出的快捷菜单中选择“字体”命令，如图 5-33 所示。

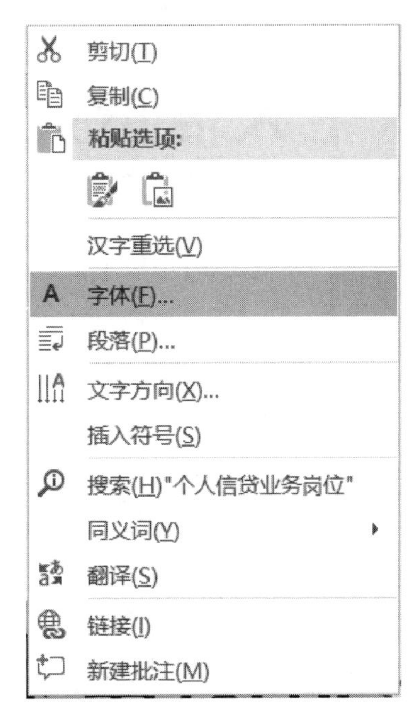

图 5-33　“字体”命令

步骤 2：在弹出的“字体”对话框中，设置“中文字体”为黑体，“字形”为加粗，“字号”为初号，如图 5-34 所示，设置完毕单击“确定”按钮。

步骤 3：选中文本“个人信贷业务岗位培训教材”，在“格式”工具栏中设置文本水平居中，并调整文本至本页的中间偏上的位置。

步骤 4：编写“个人信贷业务岗位培训教材”各章节的内容，设置正文的字体为宋体，字号为四号。

步骤 5：选中文本“第一篇制度篇”，设置字体为黑体，字号为三号，右击选中的文本，在弹出的快捷菜单中选择“段落”命令。

步骤 6：在弹出的“段落”对话框中，设置“大纲级别”为 1 级，如图 5-35 所示。

图 5-34 “字体”对话框

图 5-35 “段落”对话框

步骤 7：重复步骤 5 和步骤 6 设置文档中其他各级标题的字体格式和大纲级别。

步骤 8：在文档中插入分页符，定位光标在文本“第一篇制度篇”的前面，单击“布局”选项卡，再单击“分隔符”按钮，选择“分页符”，如图 5-36 所示，这时文本“第一篇制度篇”就跳到新的一页的开始。

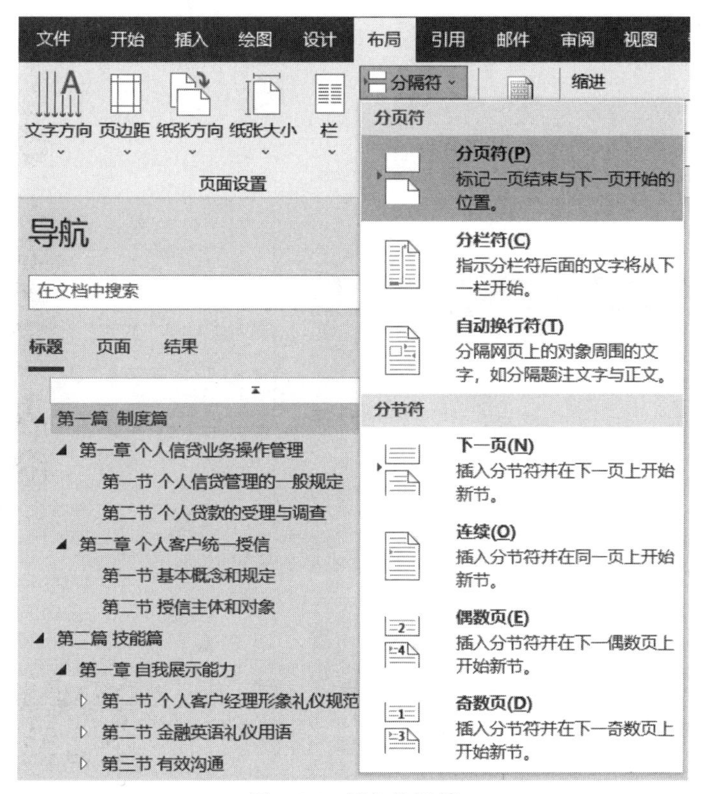

图 5-36　插入分页符

步骤 9：重复步骤 8，在各篇章标题前，依次插入分页符，插入分页符的效果可以在大纲视图中查看，如图 5-37 所示。

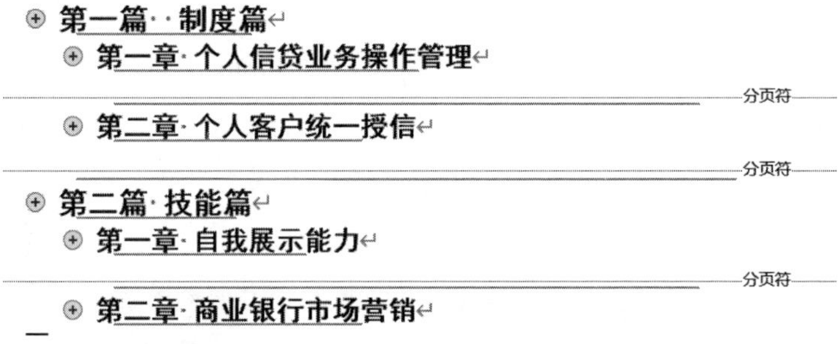

⊕ **第一篇··制度篇**↵

⊕ **第一章·个人信贷业务操作管理**↵

分页符

⊕ **第二章·个人客户统一授信**↵

分页符

⊕ **第二篇·技能篇**↵

⊕ **第一章·自我展示能力**↵

分页符

⊕ **第二章·商业银行市场营销**↵

图 5-37　在大纲视图下查看插入分页符效果

步骤 10：在文档中插入分节符，将光标定位在文本“第一篇制度篇”的前面，按下键盘上的左箭头按键，单击“布局”选项卡，再单击“分隔符”按钮，选择“下一页”，如图 5-38 所示，这时在插入分节符的位置增加了一个空白页，按下键盘上的 Delete 键删除空白页。

步骤 11：插入分节符后，设置文档的页眉和页脚，文档的第 1 节只有一页，就是封皮，不需要设置页眉和页脚，我们直接设置第 2 节的页眉和页脚。单击“插入”选项卡，再单击“页眉”按钮，选择“编辑页眉”命令，如图 5-39 所示，进入编辑页眉界面。

步骤 12：重复步骤 11，在每一章的标题前插入分节符。

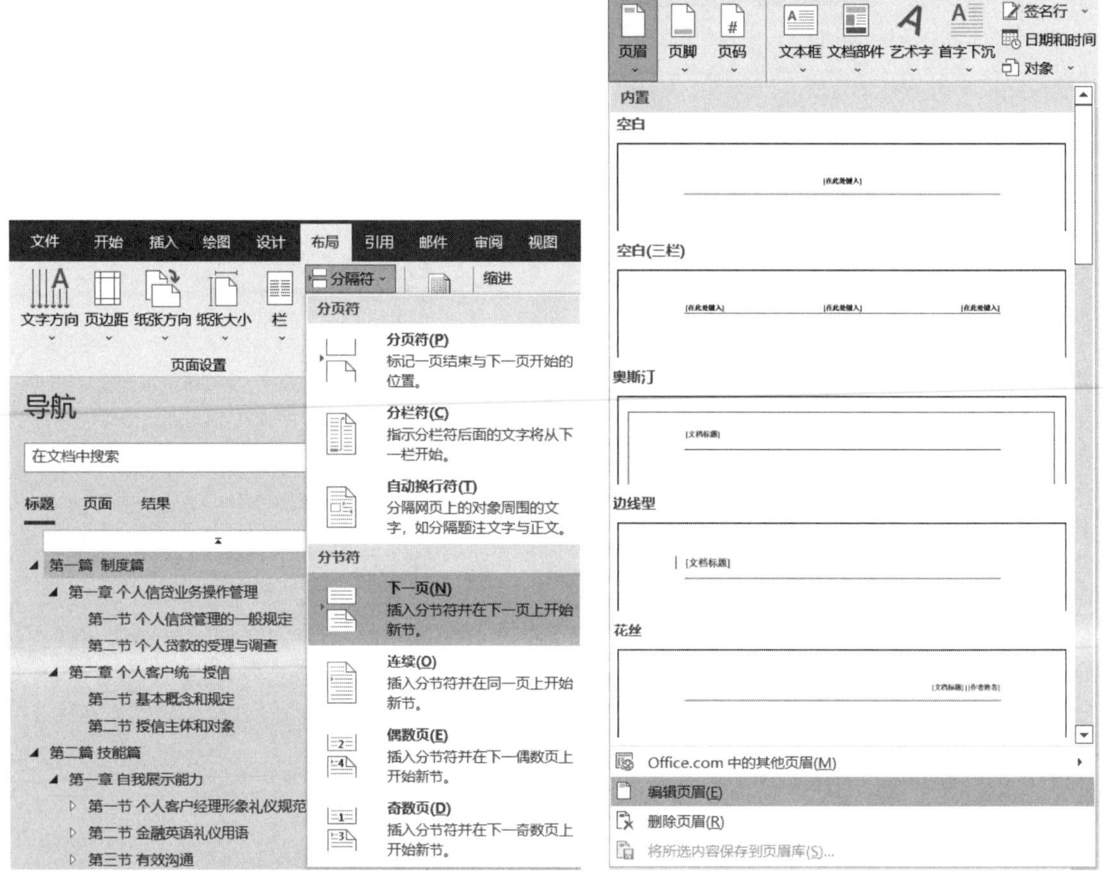

图 5-38 插入分节符　　　　图 5-39 “编辑页眉”命令

步骤 13：设置页眉的选项，单击“链接到前一节”按钮，切断与上一节的链接，如果不切断链接会使第 1 节中也设置成与第 2 节相同的页眉。由于首页已经包含正文内容，所以这里不需要勾选“首页不同”选项，然后为了设置奇偶页不同的页眉，这里需要勾选“奇偶页不同”选项，如图 5-40 所示。

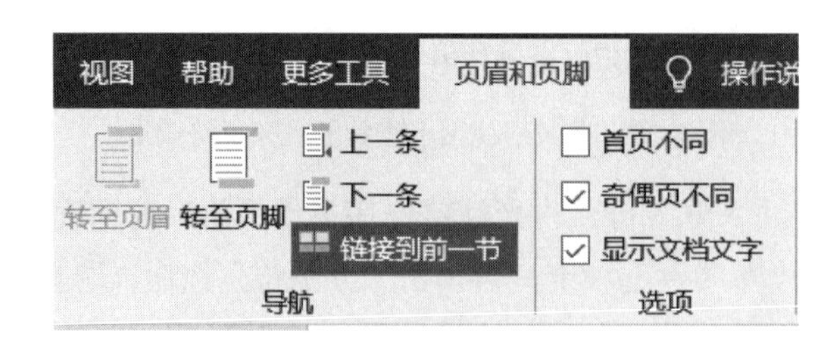

图 5-40 设置页眉选项

步骤 14：编辑页眉，在奇数页页眉中输入文本“个人信贷业务岗位培训教材”，在偶数页页眉中输入文本“第一篇制度篇第一章个人信贷业务操作管理”。

步骤 15：重复步骤 14，编辑第 3、4、5 节的页眉，奇数页页眉为“个人信贷业务岗位培训教材”，偶数页页眉为篇章标题。

步骤 16：编辑页脚，在页脚中添加页码，单击“插入”选项卡，再单击“页脚”按钮，选择“编辑页脚”命令，进入编辑页脚界面。单击“链接到前一节”按钮，断开与第 1 节页脚的关联，单击“页码”按钮，再单击“页面底端”，选择“普通数字 2”样式，如图 5-41 所示，页码就插入到页脚中了。

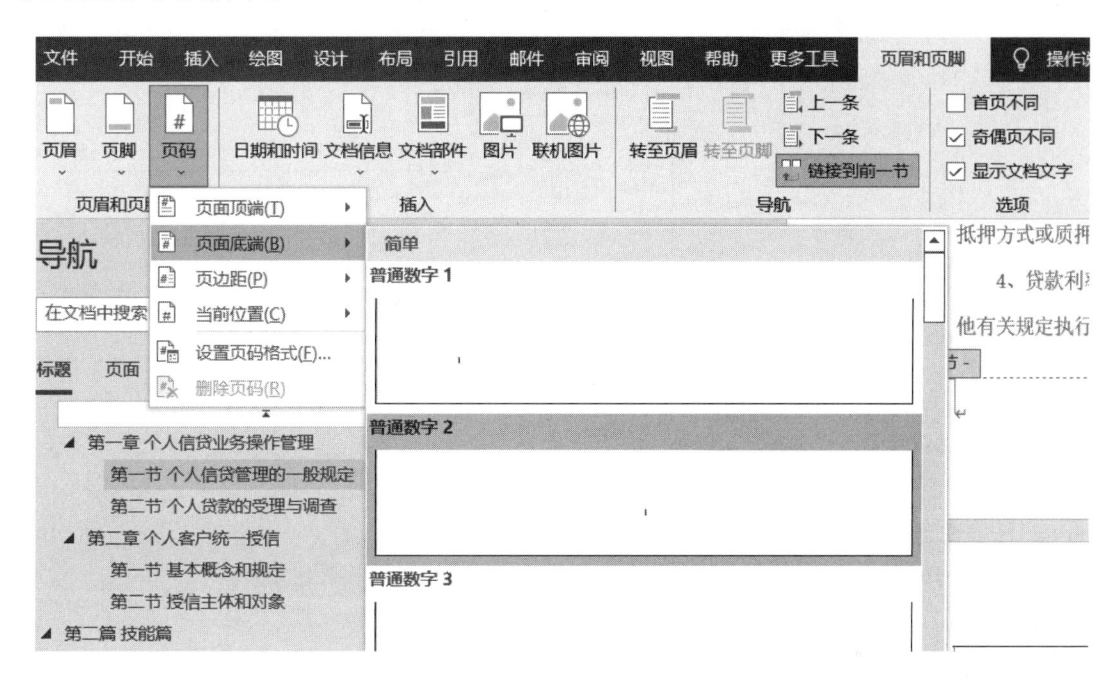

图 5-41　在页脚中插入页码

步骤 17：设置页脚中的页码格式。选中页码并右击，在弹出的快捷菜单中选择“设置页码格式”命令，弹出“页码格式”对话框，如图 5-42 所示。

步骤 18：设置页码格式，由于本节是文档正文的开始，所以在“页码编号”选项中设置起始页码为 1。由于使用了“奇偶页不同”选项，所以还要设置偶数页的页脚页码。与奇数页不同，在“页码格式”对话框中，页码编号要设置为“续前节”。在之后的其他节中要将“页码编号”选项都要设置为“续前节”，才能使文档的页码连续。

步骤 19：重复步骤 18，设置其他各节的页码。

步骤 20：插入目录，将光标定位在首页封皮，通过按回车键使封皮和第一篇之间产生一个新的空白页，输入文本“目录”，然后单击“引用”选项卡，再单击“目录”按钮，选择“自定义目录”命令，如图 5-57 所示。

步骤 21：在弹出的“目录”对话框中，设置目录格式，如图 5-43 所示，设置完毕后，单击“确定”按钮，目录就自动插入到新空白页面中了。

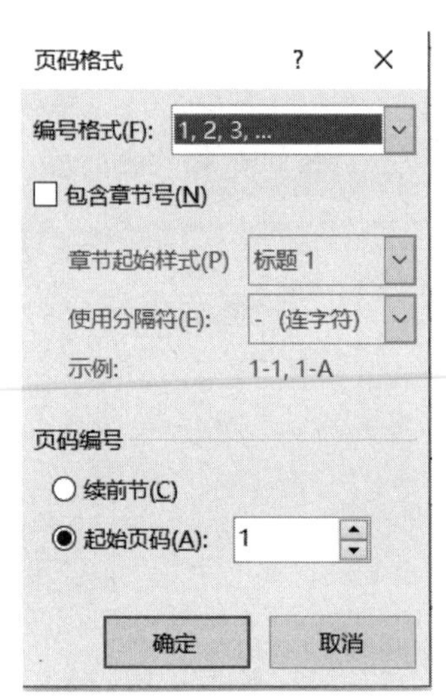

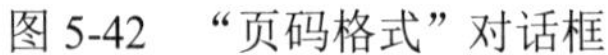

图 5-42 “页码格式”对话框

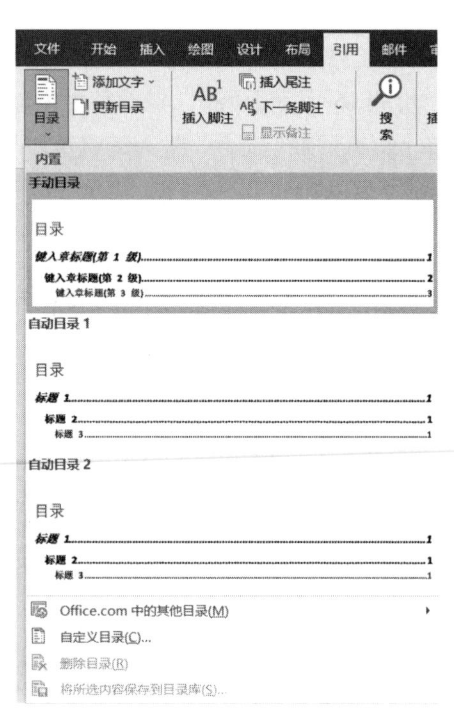

图 5-43 “自定义目录”命令

4. 任务总结

本任务介绍了使用 Word 2019 排版长文档的知识，包括以下几个方面：

（1）设置各级标题的字体格式。

（2）设置各标题的大纲级别。

（3）插入分隔符。

（4）插入页眉和页脚。

（5）插入目录。

文档录入完毕后，为了使文档整齐美观完整，还要设置标题的大纲级别，插入页眉、页脚和目录等。设置了大纲级别的文档，在大纲视图下还可以进行章节的整体调整，使文档的结构更加完美。

提示：

1. 想要个人信贷则要到正规的公司，防止诈骗。诈骗内容涵盖社交、贷款、投资、博彩、购物、短视频、手机安全等多个领域。

2. 加强对 IT 青年群体的法治教育，提高年轻从业者的法治意识，绝不能利用自己的技能去做违法犯罪之事。

本章小结

本章主要介绍 Word 2019 编辑长文档所使用的一些功能，包括设置大纲级别、插入分隔符、插入页眉和页脚及插入目录等方面的知识，最后结合实例讲解了在实际操作过程中如何使用编辑长文档的这些功能。

对于本章的内容，读者应认真学习和掌握，为今后编辑长文档打下坚实基础。

疑难解析（问与答）

问：设置大纲级别和多级列表有什么区别？

答：设置大纲级别和多级列表的目的都是想设置文档的标题级别，标题有了级别之后就可以用它生成目录了。两者的区别在于设置大纲级别时，只能设置标题的等级，对标题本身的格式不会有任何的影响，而多级列表除了设置标题的等级，还可以设置标题的格式，被选中设置多级列表的文本格式会被修改成多级列表中对应的某一级的格式。所以如果整篇文章撰写完成后，再设置标题等级时，可使用大纲级别的方式，如果在编辑文档的过程中设置标题等级则使用多级列表的方式更加适合。

问：Word 中在添加页眉时会自动出现一条横线，如何去掉横线？

答：在预览中可以看到段落底部添加了一条水平线，页眉中的水平线实际上是用段落的下边框线制作出来的。去掉的方法如下：首先选中页眉，单击“设计”选项卡下“页面背景”功能区中的“页面边框”按钮，如图 5-44 所示，弹出“边框和底纹”对话框，选择“边框”选项卡，在“设置”中选择“无”，如图 5-45 所示，单击“确定”按钮，横线就去掉了。

图 5-44　“页面边框”按钮

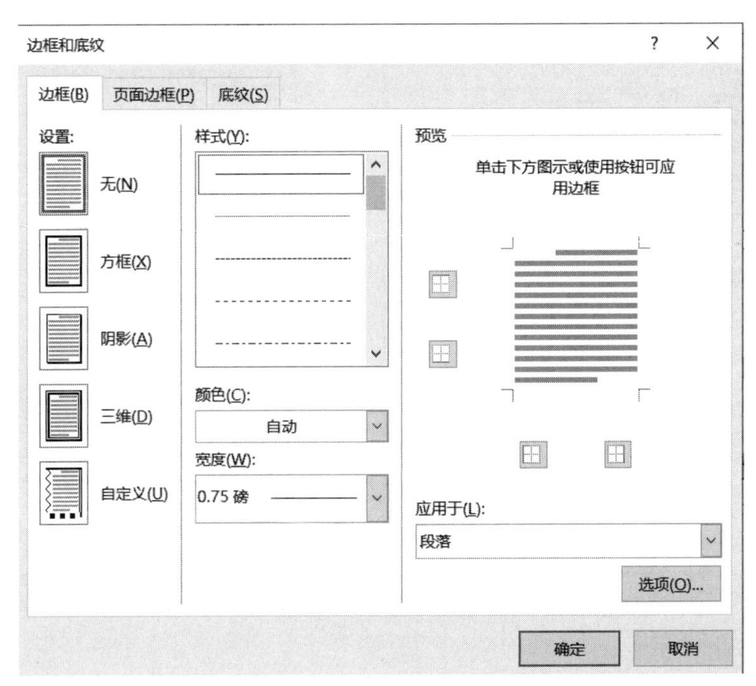

图 5-45　“边框和底纹”对话框

操作题

二级公共基础知识总结

图 5-46　封皮效果

1. 编排长文档“二级公共基础知识总结”。

（1）制作封皮，设置“二级公共基础知识总结”字体为“宋体”，字号为 40，字形为“加粗”，调整文字位置，效果如图 5-46 所示。

（2）设置正文文字，字体为“宋体”，字号为“小四”。

（3）设置各章标题字体为“黑体”，字号为“三号”，字形为“加粗”，居中，大纲级别为 1 级；各节标题字体为“黑体”，字号为“四号”，字形为“加粗”，居中，大纲级别为 2 级。

（4）在每章的开头插入分页符和分节符，使文档分为 5 节，并且每一章都开始新的一页。设置奇偶页不同的页眉，奇数页页眉设置为“二级公共基础知识”，偶数页页眉设置为篇章的题目。在页脚中插入页码。

（5）插入目录，最终效果如图 5-47 所示。

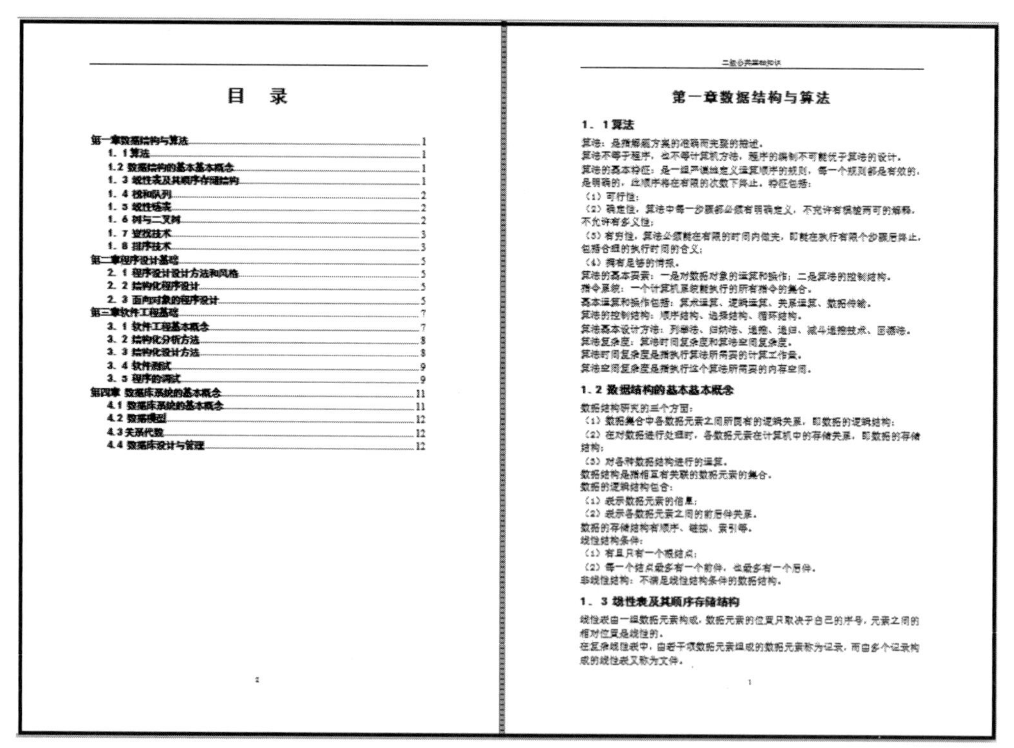

目　录

2

二级公共基础知识

第一章数据结构与算法

1．1 算法

算法：是指解题方案的准确而完整的描述。
算法不等于程序，也不等计算机方法，程序的编制不可能优于算法的设计。
算法的基本特征：是一组严谨地定义运算顺序的规则，每一个规则都是有效的，是明确的，此顺序将在有限的次数下终止。特征包括：
（1）可行性；
（2）确定性，算法中每一步骤都必须有明确定义，不允许有模棱两可的解释，不允许有多义性；
（3）有穷性，算法必须能在有限的时间内做完，即能在执行有限个步骤后终止，包括合理的执行时间的含义；
（4）拥有足够的情报。
算法的基本要素：一是对数据对象的运算和操作；二是算法的控制结构。
指令系统：一个计算机系统能执行的所有指令的集合。
基本运算和操作包括：算术运算、逻辑运算、关系运算、数据传输。
算法的控制结构：顺序结构、选择结构、循环结构。
算法基本设计方法：列举法、归纳法、递推、递归、减斗递推技术、回溯法。
算法复杂度：算法时间复杂度和算法空间复杂度。
算法时间复杂度是指执行算法所需要的计算工作量。
算法空间复杂度是指执行这个算法所需要的内存空间。

1．2 数据结构的基本基本概念

数据结构研究的三个方面：
（1）数据集合中各数据元素之间所固有的逻辑关系，即数据的逻辑结构；
（2）在对数据进行处理时，各数据元素在计算机中的存储关系，即数据的存储结构；
（3）对各种数据结构进行的运算。
数据结构是指相互有关联的数据元素的集合。
数据的逻辑结构包含：
（1）表示数据元素的信息；
（2）表示各数据元素之间的前后件关系。
数据的存储结构有顺序、链接、索引等。
线性结构条件：
（1）有且只有一个根结点；
（2）每一个结点最多有一个前件，也最多有一个后件。
非线性结构：不满足线性结构条件的数据结构。

1．3 线性表及其顺序存储结构

线性表由一组数据元素构成，数据元素的位置只取决于自己的序号，元素之间的相对位置是线性的。
在复杂线性表中，由若干项数据元素组成的数据元素称为记录，而由多个记录构成的线性表又称为文件。

1

图 5-47　“二级公共基础知识”文档最终效果

2. 编排长文档“文学概论”。

（1）制作封皮，设置“文学概论”字体为“黑体”，字号为“小初”，字形为“加粗”，调整文字位置，在页面的适当位置输入文字“作者：张三”，对文本“张三”插入超链接，输入网址“http：//weibo.com/zhangsan”，效果如图 5-48 所示。

（2）设置正文字体为“宋体”，字号为“四号”。设置各章标题字体为“宋体”，字号为“二号”，字形为“加粗”，居中，大纲级别为 1 级，段前段后间距均为 10 磅；各节标题字体为“黑体”，字号为“三号”，字形为“加粗”，居中，大纲级别为 2 级。

（3）在页眉中插入“文学概论”，字体为“宋体”，字号为“小五”，居中；在页脚中插入页码，居中。

（4）插入目录，最终效果如图 5-49 所示。

3. 编排长文档“课题简介”。

（1）设置正文字体为“宋体”，字号为“五号”，各段首行缩进 2 字符。

（2）设置多级编号，各章标题为 1 级编号，字体为“宋体”，字号为“三号”，段前段后间距为 2 行；各节标题为 2 级编号，字体为“宋体”，字号为“四号”，段前段后间距为 1 行；各节下的每个问题为 3 级标题，字体为“宋体”，字号为“小四号”段前段后间距为 0.5 行。

图 5-48　封皮效果

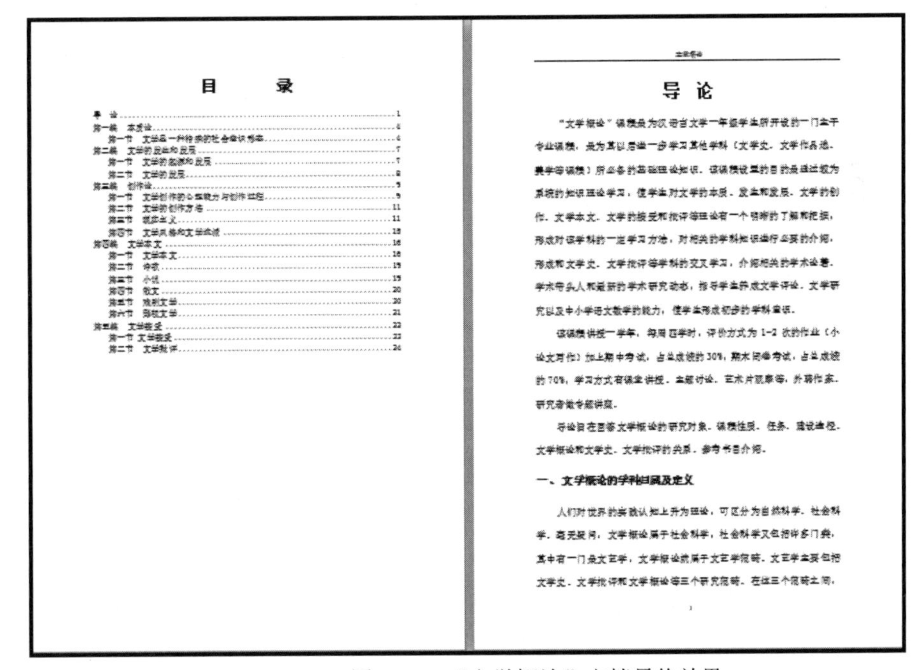

目　　录

文学概论

导 论

“文学概论”课程是为汉语言文学一年级学生所开设的一门主干专业课程，是为其以后进一步学习其他学科（文学史、文学作品选、美学等课程）所必备的基础理论知识。该课程设置的目的是通过较为系统的知识理论学习，使学生对文学的本质、发生和发展、文学的创作、文学本文、文学的接受和批评等理论有一个明晰的了解和把握，形成对该学科的一定学习方法，对相关的学科知识进行必要的介绍，形成和文学史、文学批评等学科的交叉学习，介绍相关的学术论著、学术带头人和最新的学术研究动态，指导学生养成文学评论、文学研究以及中小学语文教学的能力，使学生形成初步的学科意识。

该课程讲授一学年，每周四学时，评价方式为 1-2 次的作业（小论文写作）加上期中考试，占总成绩的 30%，期末闭卷考试，占总成绩的 70%，学习方式有课堂讲授、主题讨论、艺术片观摩等，外聘作家、研究者做专题讲座。

导论旨在回答文学概论的研究对象、课程性质、任务、建设进程、文学概论和文学史、文学批评的关系、参考书目介绍。

一、文学概论的学科归属及定义

人们对世界的实践认知上升为理论，可区分为自然科学、社会科学，毫无疑问，文学概论属于社会科学，社会科学又包括许多门类，其中有一门是文艺学，文学概论就属于文艺学范畴。文艺学主要包括文学史、文学批评和文学概论等三个研究范畴，在这三个范畴之间，

1

图 5-49　“文学概论”文档最终效果

（3）对文中第 1 段的“国家 863 高技术研究发展计划”添加批注“国家高技术研究发展计划（863 计划）是中华人民共和国的一项高技术发展计划。这个计划是以政府为主导，以一些有限的领域为研究目标的一个基础研究的国家性计划。”。

（4）插入页眉“课题简介”，字体为“宋体”，字号为“五号”，加双实线边框，在页脚中

插入页码。最终效果如图 5-50 所示。

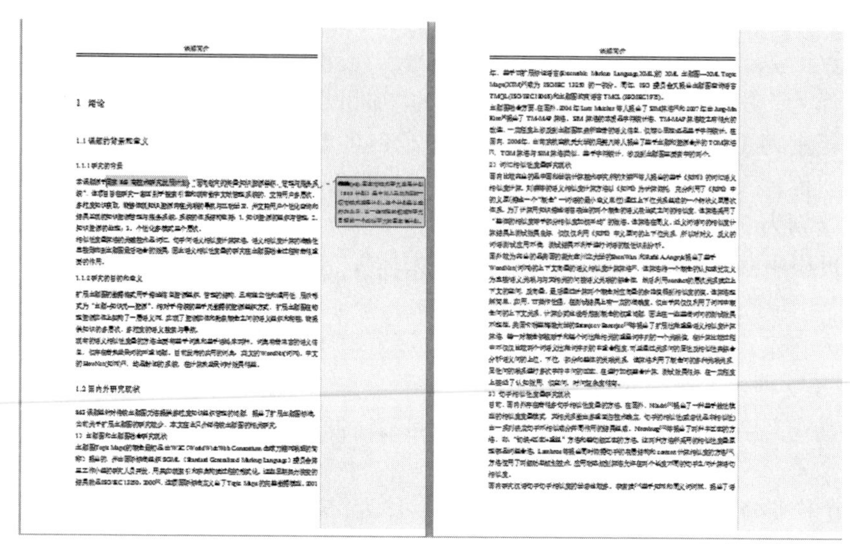

图 5-50　“课程简介”长文档编辑最终效果

4. 编排长文档“Word2003 文字处理软件”。

（1）设置正文字体为“宋体”，字号为“五号”，各段首行缩进 4 字符。

（2）设置大纲级别，各章标题字体为“宋体”，字号为“三号”，字形为“加粗”，居中，大纲级别为 1 级，段前段后间距均为 15 磅；各节标题字体为“宋体”，字号为“四号”，字形为“加粗”，左对齐，大纲级别为 2 级，段前段后间距均为 10 磅；设置各节下的各问题字体为“宋体”，字号为“五号”，字形为“加粗”，左对齐，大纲级别为 3 级，段前段后间距均为 5 磅。

（3）插入脚注，对文档中的“ ••• 便可以进行 Word2003 的启动（图 3-1）”插入脚注“由于 Windows 操作系统版本的区别，同一版本 Windows 操作系统有不同个性化主题以及每个用户所安装的应用软件有所不同，因此本章所显示的截图可能会和用户实际操作时的截图外观有所出入，但是我们关心的内容应该基本相似。”，如图 5-51 所示。

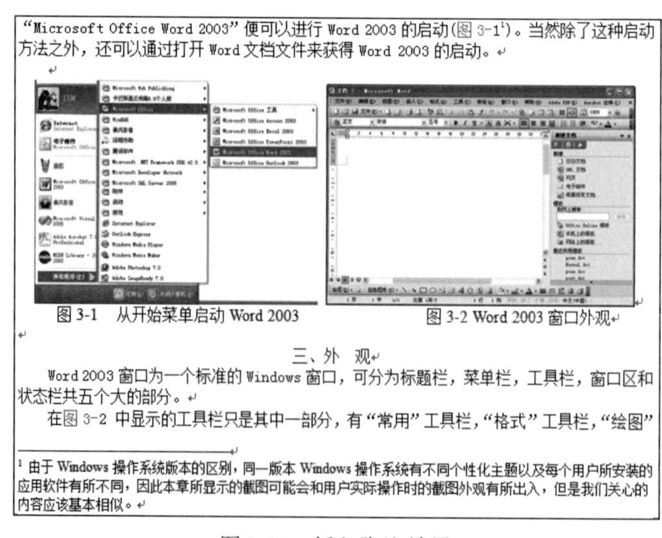

“Microsoft Office Word 2003”便可以进行 Word 2003 的启动(图 3-1[1])。当然除了这种启动方法之外，还可以通过打开 Word 文档文件来获得 Word 2003 的启动。

图 3-1　从开始菜单启动 Word 2003

图 3-2 Word 2003 窗口外观

三、外　观

Word 2003 窗口为一个标准的 Windows 窗口，可分为标题栏，菜单栏，工具栏，窗口区和状态栏共五个大的部分。

在图 3-2 中显示的工具栏只是其中一部分，有“常用”工具栏，“格式”工具栏，“绘图”

[1] 由于 Windows 操作系统版本的区别，同一版本 Windows 操作系统有不同个性化主题以及每个用户所安装的应用软件有所不同，因此本章所显示的截图可能会和用户实际操作时的截图外观有所出入，但是我们关心的内容应该基本相似。

图 5-51　插入脚注效果

（4）利用“拼写和语法”，检查并修改文档的单词错误。

（5）插入目录，最终效果如图 5-52 所示。

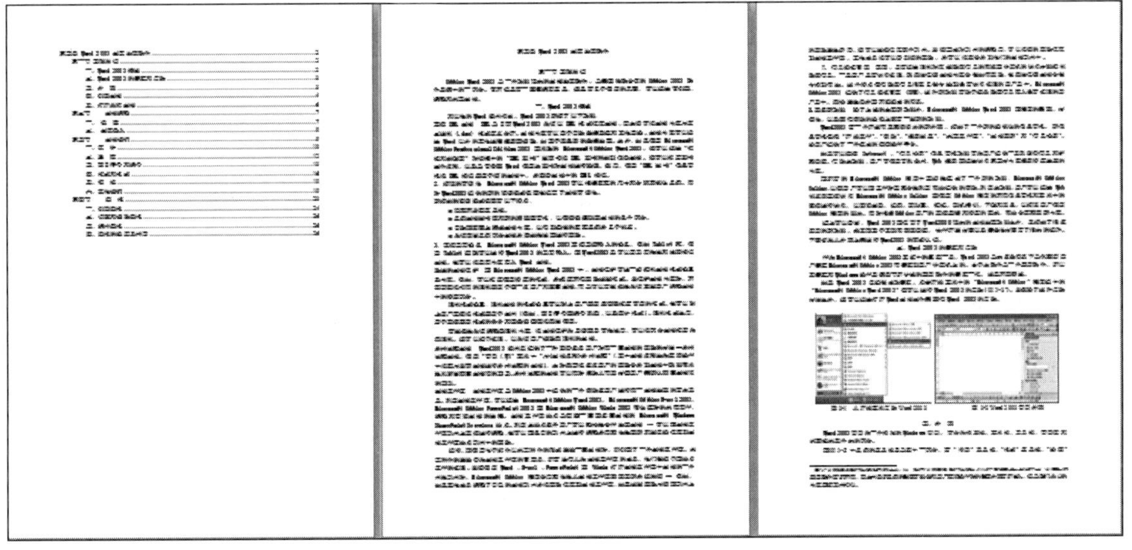

图 5-52　“Word2003 文字处理软件”长文档编辑最终效果

5. 打开素材中的文档“DWord.docx”，按下面要求操作。

（1）对正文进行排版。

① 使用多级符号对章名、小节名进行自动编号，代替原始的编号。要求：

*章号的自动编号格式为：第 X 章（例：第 1 章），其中，X 为自动排序，阿拉伯数字序号，对应级别 1，居中显示。

*小节名自动编号格式为：X.Y，X 为章数字序号，Y 为节数字序号（例：1.1），X、Y 均为阿拉伯数字序号，对应级别 2，左对齐显示。

② 新建样式，样式名为：“样式”＋学号后 5 位。其中，

*字体：中文字体为“楷体”，西文字体为“TimeNewRoman”，字号为“小四”。

*段落：首行缩进 2 字符，段前 0.5 行，段后 0.5 行，行距 1.5 倍；两端对齐。其余格式，默认设置。

③ 对正文中的图添加题注“图”，位于图下方，居中。要求：

*编号为“章序号”-“图在章中的序号”。例如，第 1 章中第 2 幅图，题注编号为 1-2。

*图的说明使用图下一行的文字，格式同编号。

*图居中。

④ 对正文中出现“如下图所示”的“下图”两字，使用交叉引用。

*改为“图 X-Y”，其中“X-Y”为图题注的编号。

⑤ 对正文中的表添加题注“表”，位于表上方，居中。

*编号为“章序号”-“表在章中的序号”。例如，第 1 章中第 1 张表，题注编号为 1-1。

*表的说明使用表上一行的文字，格式同编号。

*表居中，表内文字不要求居中。

⑥ 对正文中出现“如下表所示”中的“下表”两字，使用交叉引用。

*改为“表 X-Y”，其中“X-Y”为表题注的编号。

⑦ 对正文中首次出现“Access”的地方插入脚注。

*添加文字“Access 是由微软发布的关联式数据库管理系统。”。

⑧ 将②中的新建样式应用到正文中无编号的文字，不包括章名、小节名、表文字、表和图的题注、脚注。

（2）在正文前按序插入三节，使用 Word 提供的功能，自动生成如下内容。

① 第 1 节：目录。其中，“目录”使用样式“标题 1”，并居中；“目录”下为目录项。

② 第 2 节：图索引。其中，“图索引”使用样式“标题 1”，并居中；“图索引”下为图索引项。

③ 第 3 节：表索引。其中，“表索引”使用样式“标题 1”，并居中；“表索引”下为表索引项。

（3）使用适合的分节符，对正文进行分节。添加页脚，使用域插入页码，居中显示。要求：

① 正文前的节，页码采用“ⅰ，ⅱ，ⅲ，…”格式，页码连续。

② 正文中的节，页码采用“1，2，3，…”格式，页码连续。

③ 正文中每章为单独一节，页码总是从奇数开始的。

④ 更新目录、图索引和表索引。

（4）添加正文的页眉。使用域，按以下要求添加内容，居中显示。其中，

① 对于奇数页，页眉中的文字为：章序号章名（例如：第 1 章 XXX）。

② 对于偶数页，页眉中的文字为：节序号节名（例如：1.1XXX）。

第 6 章　制作批量处理文档

本章要点

- ➢ 熟练掌握将数据源附加到数据文档，并对数据进行编辑。
- ➢ 熟练掌握对数据文档进行组合的操作。
- ➢ 熟练掌握使用“邮件合并向导”进行邮件合并操作。

案例展示

“邀请函”最终效果如图 6-1 所示，“信封”最终效果如图 6-2 所示，“成绩单”最终效果如图 6-3 所示。

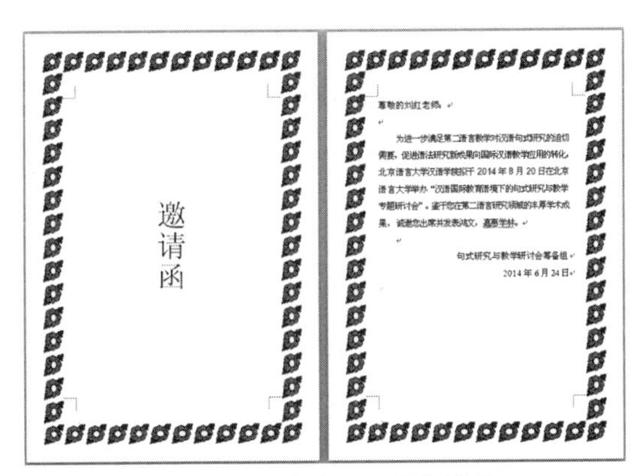

图 6-1　“邀请函”最终效果

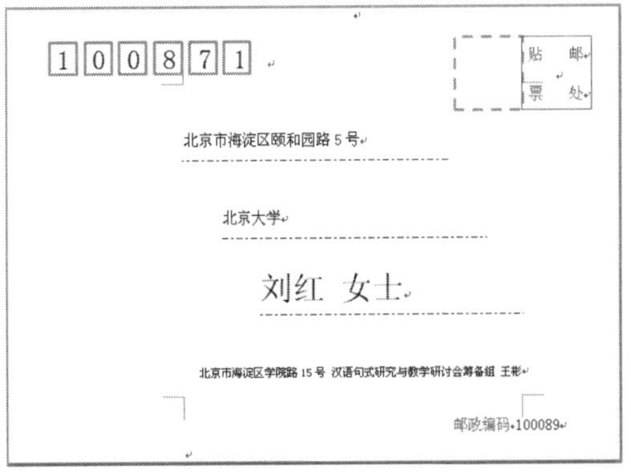

图 6-2　“信封”最终效果

姓名	吴林
数学	90
语文	87
科学	85
体育	75
总分	337

图 6-3　“成绩单”最终效果

基本知识讲解

6.1　邮件合并或数据文档设置

邮件合并讲解视频

设置邮件合并或数据文档涉及如下几个步骤。

➢ 设置文档类型：信函、电子邮件、信封、标签或目录。

➢ 将数据源与文档相关联：新建数据源、Outlook 联系人或其他源。

➢ 通过结合普通文档功能与 Word 合并域来设计数据文档。

➢ 测试预览完成的文档，查看包含的数据记录不同时文档有什么区别。

➢ 最后将数据文档与数据源合并起来，创建一个打印结果、一个保存的文档或一个电子邮件文档。

6.2　数据文档类型

基本上，可以设计的数据文档分为两类：一类是每条数据记录都会生成一个文档；另一类是生成单个文档，多个记录可以出现在该文档的给定页中。Word 为这两种基本类型的数据文档提供如下 5 个选项。

➢ 信函：用于编写和设计只有收件人信息不同的群发邮件。

➢ 电子邮件：在概念上，它与套用信函一样，但它更适合无纸的网络分发。

➢ 信封：它在概念上也与套用信函相同，只不过得到的文档是信封。

➢ 标签：该选项用于打印一张或多张标签页。

➢ 目录：它在概念上与标签类似，可以将多条数据记录打印到一个页面上。

案例和任务

案例 1　制作邀请函

在日常工作中，经常需要发送一些信函或邀请函之类的邮件给客户或合作伙伴。邀请函的开头通常包含对客户的称呼和简单问候，主体部分说明致函的事项、时间、地点和活动内容等，必要的话还要附上回执，落款部分则要写明联系人、联系方式等。经过分析后不难发现，可以将它们分为固定的和变化的两个部分。比如邀请函中的活动内容、时间、地点、落款及邀请函的页面布局和文档的模板等，这些部分都是固定的内容；而客户的姓名和称谓等就属于变化的数据，往往存储在企业的数据库系统或者 Excel 表格中。

使用 OfficeWord 2019 提供的“邮件合并”功能可以很好地解决这个问题。它可以将内容变化的部分制作成数据源，将内容固定的部分制作成一个主文档，然后将两者合并起来，这样就可以一次性生成面向不同客户的邀请函。

图 6-1 是一封邀请函效果图，由一页 A4 纸对折打印而成。

1. 编辑主文档与数据源

会议邀请函是常用的一种信函，我们可以运用 Word 自带的邀请函模板，也可以从空白文档开始创建。下面从空白文档开始创建邀请函，其操作步骤如下。

步骤 1：启动 Word 2019 程序，在空白文档的第一页输入“邀请函”三个字，保存文件并取名为“邀请函”，打开“布局”选项卡，在“页面设置”功能区中单击“分隔符”→“下一页”分节符，在第二页上输入如图 6-4 所示的内容。

尊敬的：↵

为进一步满足第二语言教学对汉语句式研究的迫切需要，促进语法研究新成果向国际汉语教学应用的转化，北京语言大学汉语学院拟于 2014 年 8 月 20 日在北京语言大学举办“汉语国际教育语境下的句式研究与教学专题研讨会”。鉴于您在第二语言研究领域的丰厚学术成果，诚邀您出席并发表鸿文，嘉惠学林。↵

句式研究与教学研讨会筹备组↵

2014 年 6 月 24 日↵

图 6-4　“邀请函”内容

步骤 2：打开“布局”选项卡，单击“页面设置”功能区中的“纸张大小”，选择“A4”。

步骤 3：单击“页面设置”功能区的右下角箭头按钮，打开“页面设置”对话框，在“页边距”选项卡的“页码范围”中选择“书籍折页”，如图 6-5 所示。

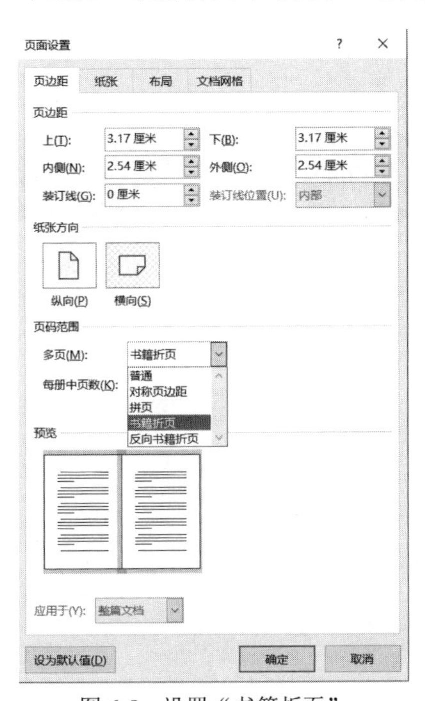

图 6-5　设置“书籍折页”

步骤 4：打开“设计”选项卡，单击“页面背景”功能区中的“页面边框”，在打开的“边框和底纹”对话框的“页面边框”选项卡中设置“艺术型”边框，如图 6-6 所示。

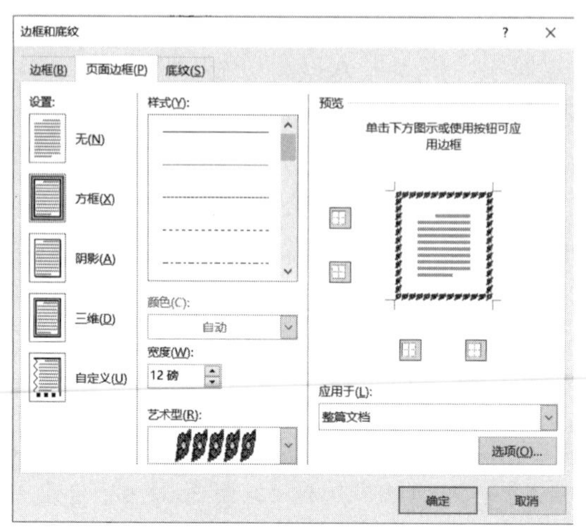

图 6-6 设置页面边框

步骤 5：将光标定位于第一页，设置“邀请函”文字格式为“初号”“水平居中”。打开“布局”选项卡，单击“页面设置”功能区中的“文字方向”选择“垂直”，“纸张方向”选择“横向”。单击“页面设置”功能区中的右下角箭头按钮，打开“页面设置”对话框，在“版式”选项卡的“页面垂直对齐方式”中选择“居中”。

通过以上操作步骤，我们就完成了如图 6-4 所示的邀请函文档中固定内容的部分，接下来要对文档变化的部分进行编辑。

2. 完成邮件合并

本任务中，公司的客户名单全部保存在 Excel 工作簿文件“通信录.xlsx”中，部分内容如图 6-7 所示。

图 6-7 客户资料“通信录.xlsx”

步骤 1：选择数据源。打开“邮件”选项卡，在“开始邮件合并”功能区中的“选择收件人”下选择“使用现有列表”，在打开的“选取数据源”对话框中选择客户资料文件“通信录.xlsx”，单击“打开”按钮，在“选择表格”对话框中选择数据所在的工作表，本任务选择“Sheet1$”后单击“确定”按钮。

步骤 2：插入域。将光标定位于第二页文字“尊敬的”之后，打开“邮件”选项卡，在“编写和插入域”功能区中的“插入合并域”下选择“姓名”，如图 6-8 所示。

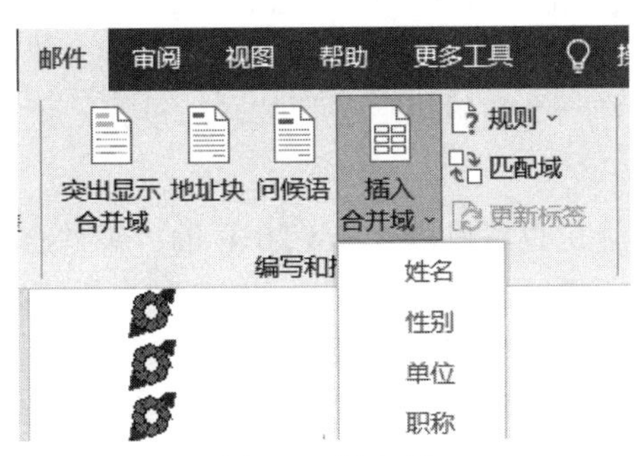

图 6-8 插入域

步骤 3：插入 IF 域。打开“邮件”选项卡，在“编写和插入域”功能区中的“规则”下选择“如果…那么…否则…”，在打开的“插入 Word 域：如果”对话框中对“域名”下的“职称”规则进行设置，如图 6-9 所示。

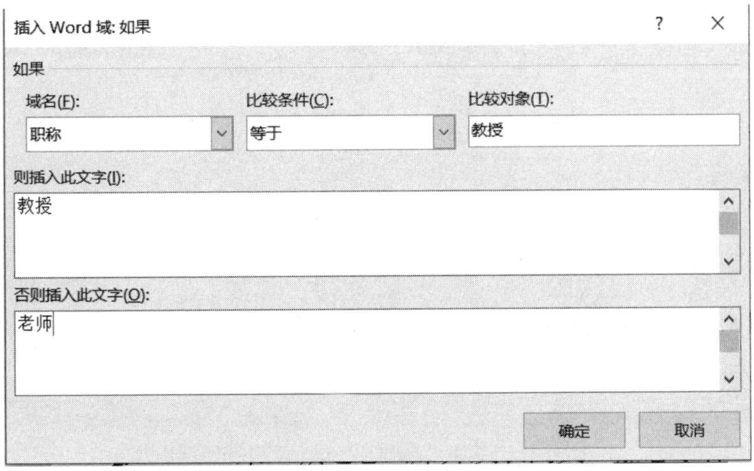

图 6-9 插入 IF 域

步骤 4：预览与合并。打开“邮件”选项卡，单击“预览结果”功能区中的“预览结果”按钮后，可以对合并后的各条记录进行查看；单击“完成”功能区中的“完成并合并”按钮，选择“编辑单个文档”，在打开的“合并到新文档”对话框中，选择“全部”后单击“确定”按钮，如图 6-10 所示。保存文件，并取名为“合并后的邀请函”。

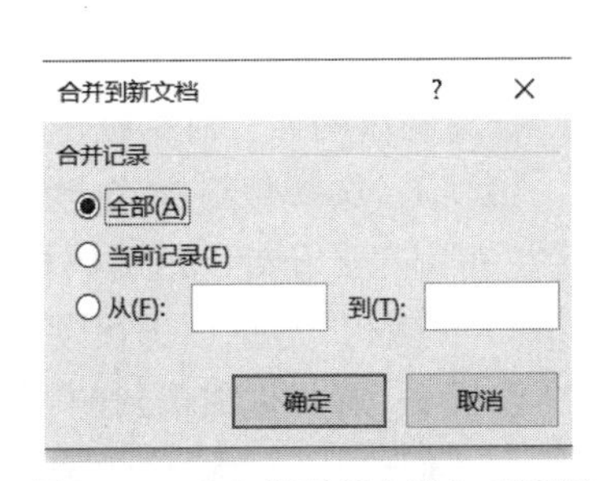

图 6-10 “合并到新文档”对话框

至此，我们完成了邀请函的制作，为“通信录.xlsx”中的每位客户都制作了一封邀请函，可以分别对邀请函主文档和合并后的邀请函文档进行保存。

案例 2　制作信封

日常工作中，经常需要通过邮局向不同的对象邮寄一些信函，例如，投递广告、发送会议通知、寄送成绩单等，每个信封上的邮编、地址和收件人都各不相同。我们对上一个设计邀请函案例跟踪的每个对象制作一个信封以便进行邮寄，设计效果如图 6-2 所示。

1. 数据预处理

信封的模板可以自己设计，也可以用 Word 2019 的“邮件合并”功能创建信封。本案例运用信封制作向导，基于“通信录.xlsx”文件中的地址信息生成信封。

在开始信封制作之前，我们需要对地址簿文件进行预处理。由于我们是要通过信封制作向导来完成信封各项信息的选择和填写的，无法自行插入域，因此可以在“通信录.xlsx”文件中增加一列“称呼”，该列中的各项数据通过 Excel 函数对性别进行判断后，自动将性别为“女”的填充为“女士”，性别为“男”的填充为“先生”。修改后的“通信录.xlsx”如图 6-11 所示。

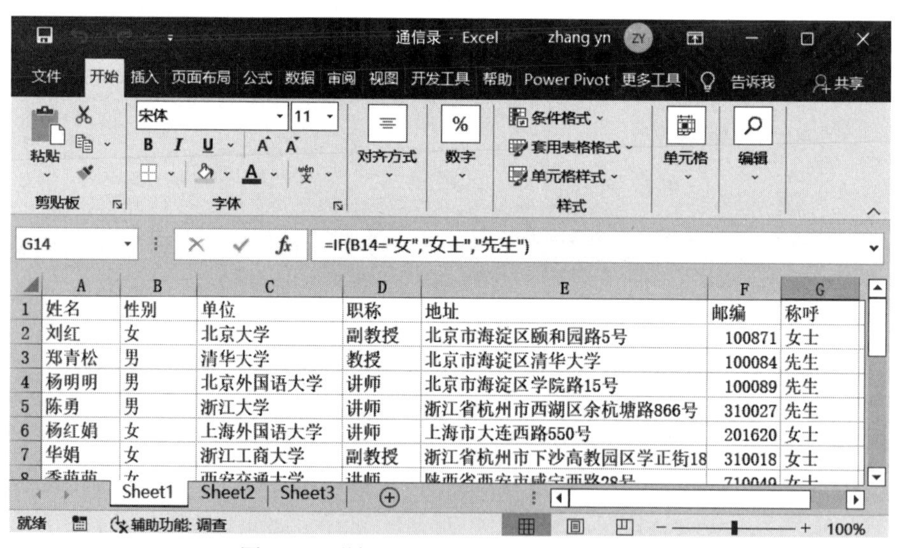

	A	B	C	D	E	F	G
1	姓名	性别	单位	职称	地址	邮编	称呼
2	刘红	女	北京大学	副教授	北京市海淀区颐和园路5号	100871	女士
3	郑青松	男	清华大学	教授	北京市海淀区清华大学	100084	先生
4	杨明明	男	北京外国语大学	讲师	北京市海淀区学院路15号	100089	先生
5	陈勇	男	浙江大学	讲师	浙江省杭州市西湖区余杭塘路866号	310027	先生
6	杨红娟	女	上海外国语大学	讲师	上海市大连西路550号	201620	女士
7	华娟	女	浙江工商大学	副教授	浙江省杭州市下沙高教园区学正街18	310018	女士

图 6-11　增加“称呼”一列后的客户资料

2. 制作信封

启动 Word 2019 程序，单击“邮件”选项卡，在“创建”功能区中单击“中文信封”，打开“信封制作向导”对话框，根据向导对话框的提示逐步进行设置。

步骤 1：选择信封样式。单击“下一步”按钮，选择一个国内信封或国际信封样式，并对是否“打印左上角处邮政编码框”“打印右上角处贴邮票框”“打印书写线”“打印右下角处‘邮政编码’字样”等选项进行设置，如图 6-12 所示。

步骤 2：选择生成信封的方式和数量。可以生成单个信封，也可以生成批量信封。在本案例中，我们要基于“通信录.xlsx”文件生成信封，选择“基于地址簿文件，生成批量信封”，如图 6-13 所示。

步骤 3：从文件中获取并匹配收信人信息。单击“选择地址簿”按钮，在弹出的“打开”对话框中找到“通信录.xlsx”文件，要注意在查找文件时需要选择文件的类型。接着对收信人信息与地址簿中的对应项进行匹配，在本案例中，收信人的姓名、地址和邮编分别与“通信录.xlsx”文件中的姓名、地址和邮编进行匹配，如图 6-14 所示。

步骤 4：填写寄信人信息，如图 6-15 所示。

至此，我们完成了制作信封所需的所有信息的填写工作。单击“下一步”按钮，在新出现“信封制作向导”对话框中单击“完成”按钮，就完成了信封的制作，我们可以在 Word 中对文档进行查看、编辑和保存。

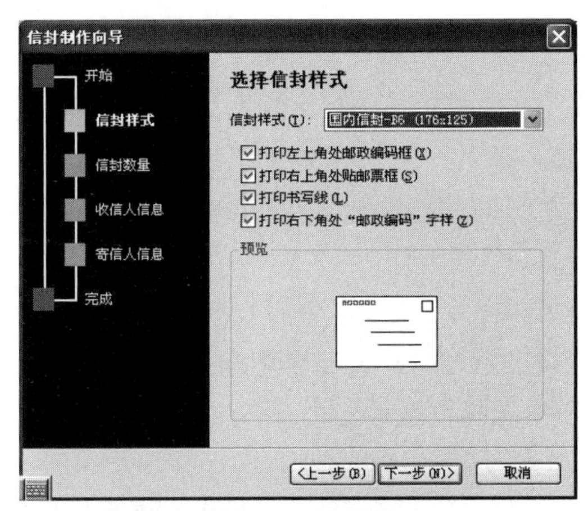

图 6-12　信封样式

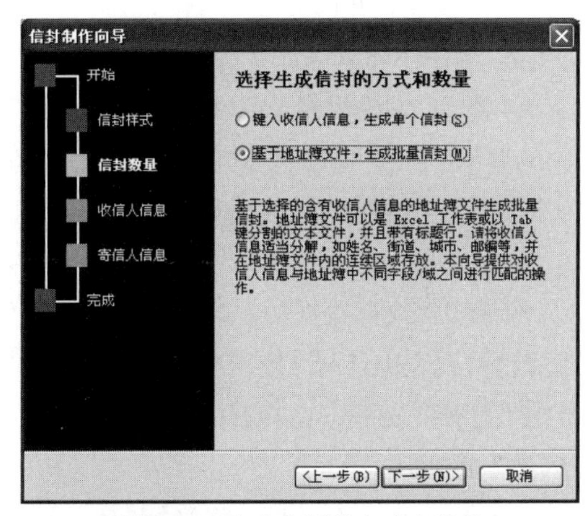

图 6-13　生成信封的方式和数量

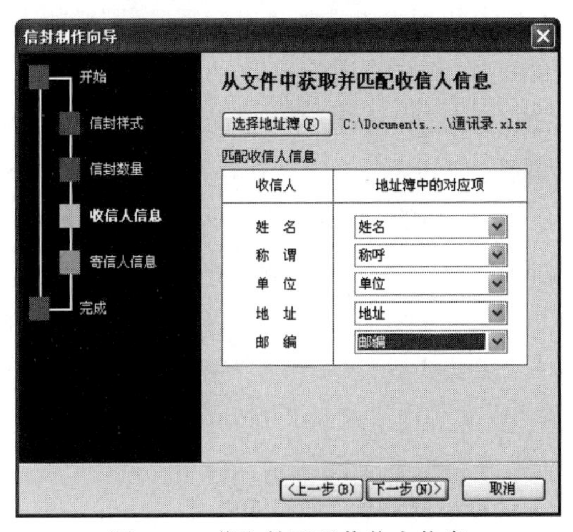

图 6-14　获取并匹配收信人信息

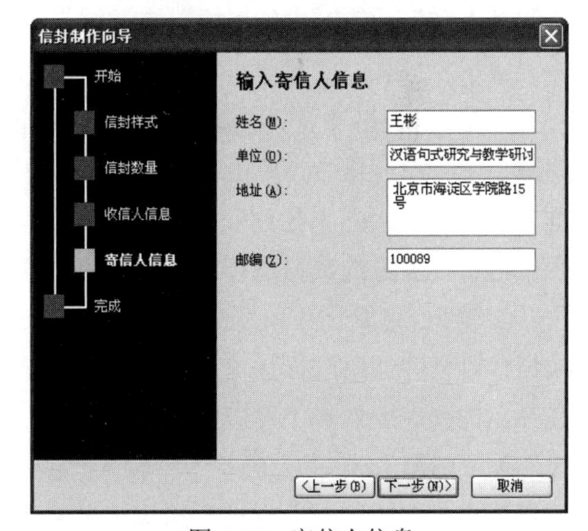

图 6-15　寄信人信息

任务　制作并发送“成绩单”邮件

1. 学习任务

“成绩单”是班主任工作中经常会使用到的文档格式之一，在“成绩单”文档创建好之后，还需要以邮件形式发送给全班同学。最终效果成绩单如图 6-3 所示。

素材文档见“\第 6 章\成绩单.xlsx”。

2. 知识点（目标）

（1）将数据源附加到数据文档。

（2）编辑数据。

（3）组合数据文档。

（4）邮件合并。

（5）邮件合并向导。

3. 操作思路及实施步骤

步骤 1：创建表格。启动 Word 2019 程序，在空白文档的第一行中输入“成绩单”3 个字，单击“插入”→“表格”功能区中的“表格”按钮，插入一个 2×6 的表格。分别在表格的第一列的各行中插入“姓名”“数学”“语文”“科学”“体育”“总分”字样。对表格的格式进行适当的设置。

步骤 2：选择数据源。单击“邮件”→“开始邮件合并”功能区中的“选择收件人”按钮，在弹出的列表中选择“使用现有列表”，在打开的“选取数据源”对话框中选择“成绩单.xlsx”，单击“打开”按钮，在打开的“选择表格”对话框中选择数据所在的工作表“Sheet1”后单击“确定”按钮。

步骤 3：插入合并域。将光标定位于表格第 2 列第 1 行的单元格中，单击“邮件”→“编写和插入域”功能区中的“插入合并域”按钮，在弹出的列表中选择“姓名”。以同样的方法将“数学”“语文”“科学”“体育”等域插入到表格中第 2 列相应的位置。

步骤 4：表格计算。通过求和函数对各位学生的总分进行计算。将光标定位在表格第二列的最后一行单元格中，单击“布局”→“数据”功能区中的“公式”按钮，打开“公式”对话框。在“粘贴函数”下拉列表中选择“SUM”，在“公式”一栏的 SUM 函数括号中填入“above”，表示对该行上方的数据进行求和，也可以直接在总分一栏输入“=SUM(above)”。

步骤 5：完成合并和发送电子邮件。单击“邮件”→“预览结果”功能区中的“预览结果”按钮，对合并结果进行预览，最后单击“邮件”→“完成”功能区中的“完成并合并”按钮，在弹出的列表中选择“发送电子邮件”。在打开的“合并到电子邮件”对话框中，设置“收件人”为“邮箱”，在“主题行”中输入“成绩单”。选择发送记录的范围后单击“确定”按钮，这样我们就完成了对所有学生的成绩单生成和电子邮件发送工作。

4. 任务总结

通过本任务的练习，读者主要从以下几方面掌握 Word 中邮件合并的操作：

（1）数据源的创建及编辑。

（2）将数据源附加到 Word 文档，并只选择想要处理的记录。

（3）插入合并域。

（4）使用“邮件合并向导”进行操作。

本章小结

本章主要介绍 Word 中与邮件合并相关的基本操作，讨论了如何使用“邮件”选项卡中的各个邮件合并工具，来执行邮件合并、将数据附加到数据文档、插入合并域及完成数据合并等操作。通过本章的学习，读者应熟练掌握上述基本操作。

疑难解析（问与答）

问：什么是邮件合并？它的具体作用是什么？

答：邮件合并是在批量处理“邮件文档”时使用的，就是在文档的固定内容中合并与发送文档相关的一组通信资料（即数据源，包括 Excel 表格数据、Outlook 联系人和 Access 数据表等），批量生成所需的邮件文档，除了可以批量处理与邮件相关的信函和信封等文档，还可以批量制作工资单、标签、通知单和成绩单等，在提高工作效率方面有很大的帮助。

问：如何在邮件合并文档中插入 Word 域？

答：如果要在邮件合并文档中插入 Word 域，可以单击“邮件”选项卡的“编写和插入域”功能区中的“规则”按钮，从弹出的下拉列表框中选择要使用的 Word 域。

操作题

1. 使用邮件合并功能向用户发送《产品续保说明书》邮件，如图 6-16 所示。《客户及所购产品信息表》见素材。

亲爱的《姓名》：↵
您在↵
《购买日期》↵
购买的《产品》的保证书将于↵
《到期日期》到期。↵
如果您想延长保证日期，则必须在《到期日期》之前使用我们的延长保证日期计划。
延长保证期的费用如下：↵
1 年：《一年保证额》↵
2 年：《两年保证额》↵
3 年：《三年保证额》↵
请使用随附的卡片和信封及时延长保证日期！↵
谨祝工作顺利，万事如意！↵
《销售代理人》↵

图 6-16　“产品续保说明书”插入域后的样稿

2. 这是一份应聘通知单，希望将这份通知单传给多位不同的收件人。每个被邀请者的姓名、出生地及生日都不相同。“应聘通知”邮件合并主文档如图 6-17 所示。《应聘者信息表》见素材。

应聘通知

：

兹定于 2014 年 12 月 10 日下午 2 时，在公司招聘办公室参加应聘，请提供身份证复印件、学历证明复印件、个人简历或表现个人能力的文件等，并核实以下信息是否正确。

你的住址：
你的生日：

北京图格有限公司
2014 年 11 月 26 日

图 6-17 “应聘通知”邮件合并主文档

3. 现在有一家软件开发公司想通过计算机上机考试从一大批应聘人员中进行初次筛选，每位人员要打印一张准考证，而《应聘人员考试信息表》已经制好，详见素材。请利用邮件合并功能快速生成准考证。“准考证”邮件合并主文档如图 6-18 所示。

图格公司应聘测试

准考证

考号：	级别：
考生姓名：	性别：
专业：	考试地点：
场次：	考试时间：

图 6-18 “准考证”邮件合并主文档

第 2 篇　Excel 高级应用

Excel 2019 是一款功能强大的电子表格处理软件，主要用于将庞大的数据转换为比较直观的表格或图表。它具有以下几个方面的功能：

● 数据分析处理——Excel 2019 具有超强的数据分析能力，能够创建预算、分析调查结果及进行财务数据分析。

● 创建图表——使用图表工具能够根据表格的具体数据创建多种类型的图表，这些既美观又实用的图表，可以让用户清楚地看到数字所代表的意义。

● 绘制图形和结构图——使用绘图工具和自选图形能够创建各种图形及结构图，达到美化工作表和直观显示逻辑关系的目的。

● 使用外部数据库——Excel 2019 能够通过访问不同类型的外部数据库，来增强该软件处理数据这一方面的功能。

● 自动化处理——Excel 2019 能够通过使用宏功能来进行自动化处理，实现单击鼠标就可以执行一个复杂任务的功能。

学习本篇以后，要求掌握 Excel 2019 的基础理论知识和高级应用技术，能够熟练操作工作簿、工作表，熟练地使用函数和公式及图表创建，能根据应用需求构建公式，能够运用 Excel 内置工具进行数据分析，能够对外部数据进行导入/导出等。

提示：

1. 通过对 Excel 操作规范的学习，培养学生严谨仔细、一丝不苟、严格按专业规范办事的工作作风。

2. 利用 Excel 对数据进行多维度分析，培养学生认真负责、精益求精、积极主动的工作态度，完善数据的准确性，提高数据分析的有效性。

本篇包含以下几章：

第 7 章　Excel 2019 基本操作

第 8 章　编辑表格数据

第 9 章　Excel 数据计算与管理

第 10 章　Excel 图表分析

第 7 章　Excel 2019 基本操作

本章要点

➢ 熟练掌握工作簿的新建、保存、打开与关闭等基本操作。
➢ 熟练掌握工作表的插入、删除、选定、复制、移动、重命名等操作。
➢ 熟练掌握输入表格数据、设置单元格和打印电子表格等操作。

案例展示

“年级周考勤表”电子表格如图 7-1 所示，“客户资料表”电子表格如图 7-2 所示。

	A	B	C	D	E	F	G	H	I	J	K	L	M
1	班级情况		星期一		星期二		星期三		星期四		星期五		本周
2	班级	应出勤人数	本日缺勤人数	实际出勤人数	本日缺勤人数	实际出勤人数	本日缺勤人数	实际出勤人数	本日缺勤人数	实际出勤人数	本日缺勤人数	实际出勤人数	平均缺勤人数
3	1班	50	1		0		0		0		1		
4	2班	49	2		2		2		0		0		
5	3班	50	2		1		1		2		1		
6	4班	48	1		1		0		0		1		
7	5班	49	0		0		0		1		0		
8	6班	50	1		3		1		1		3		
9	7班	48	0		2		5		2		1		
10	8班	47	2		1		2		0		0		
11	9班	50	0		1		0		0		3		
12	10班	49	2		1		3		1		1		
13	合计												

图 7-1　“年级周考勤表”电子表格

	A	B	C	D	E	F	G
1	客　户　资　料　表						
2	更新日期：2014-06-29						
3	客户ID	客户名	发货地址	固定电话	手机	邮编	电子邮件
4	user1	王昆	杭州市西湖区未名路1号	80000001	13800000001	310001	
5	user2	李琦	杭州市西湖区未名路2号	80000002	13800000002	310002	
6	user3	张沛虎	杭州市西湖区未名路3号	80000003	13800000003	310003	
7	user4	魏清伟	杭州市西湖区未名路4号	80000004	13800000004	310004	
8	user5	郑军	杭州市西湖区未名路5号	80000005	13800000005	310005	
9	user6	方海峰	杭州市西湖区未名路6号	80000006	13800000006	310006	
10	user7	俞飞飞	杭州市西湖区未名路7号	80000007	13800000007	310007	
11	user8	阮小波	杭州市西湖区未名路8号	80000008	13800000008	310008	
12	user9	徐海冰	杭州市西湖区未名路9号	80000009	13800000009	310009	
13	user10	赵大伟	杭州市西湖区未名路10号	80000010	13800000010	310010	

图 7-2　“客户资料表”电子表格

基本知识讲解

Excel 2019 的窗口组成

第一次启动 Office Excel 2019 时，会打开一个空工作簿。其窗口由标题栏、选项卡、功能区、编辑栏、工作表标签等组成，如图 7-3 所示。

Excel 窗口与 Word 窗口风格一致，许多菜单命令和工具栏按钮的组成与功能都与 Word 完全相同，因此下面只重点介绍其中 Excel 特有的元素。

Excel 的基本对象包括单元格、工作表、工作簿。工作簿窗口位于 Excel 窗口的中央区域，它由若干个工作表组成，而工作表又由单元格组成。

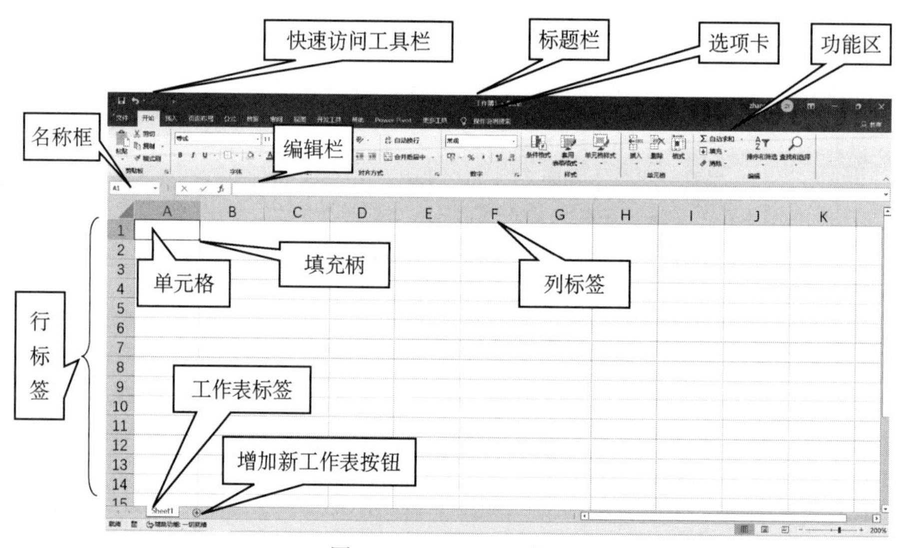

图 7-3　Excel 2019 窗口

1. 工作簿

工作簿窗口位于 Excel 窗口的中央区域，一个工作簿可由一个或多个工作表组成。在系统默认情况下，由 Sheetl 工作表组成。在工作簿中，要切换到相应的工作表，只需要用鼠标单击工作表标签，相应的工作表就会成为当前工作表。并且可以通过右键单击工作表标签对工作表进行重命名、添加、删除、移动或复制等操作。

2. 工作表

工作表位于工作簿窗口的中央区域，由行号、列号和网络线构成。工作表是 Excel 完成一项工作的基本单位，其中行是由上自下按 1、2、3、…、1048576 等数字进行编号的，而列则由左到右采用字母 A、B、C、…，AA、AB、…、XFD 进行编号。使用工作表可以对数据进行组织和分析，可以同时在多张工作表上输入并编辑数据，并且可以对来自不同工作表的数据进行汇总计算。

3. 工作表标签

通过单击工作表标签可以选择当前的工作表，工作表标签比较多时可以单击左侧的按钮进行滚动浏览。

4. 行标签与列标签

通过单击或拖动行（列）标签，可以选择一行（列）或连续多行（列），按 Ctrl 键单击行（列）标签，则可以选择不连续的多行（列）。

5. 单元格

单元格是 Excel 工作簿组成的最小单位。单元格中可以填写数据，是存储数据的基本单位。在工作表中白色长方格就是单元格，在工作表中单击某个单元格，该单元格的边框将加粗显示，它被称为活动单元格，并且活动单元格的行号和列号突出显示。可以在活动单元格内输入数据，这些数据可以是字符串、数学、公式、图形等。单元格可以通过列号和行号进行标识和定位，每一个单元格均有对应的列号和行号，例如，A 列第 4 行的单元格为 A4。

6. 名称框

默认情况下，Excel 用单元格所在行号和列号表示该单元格地址，如 A1 表示第 A 列第 1 行单元格。当单击某单元格时，名称框就会显现该单元格的地址，即名称框会随着鼠标单击不同点的单元格而显示出相应的单元格地址。对于某一区域则使用其左上角和右下角单元格地址来命名，如“A1:D5”等，而名称框中则显示该区域的第一个单元格的地址。

7. 编辑栏

用户可以直接将插入点定位于某一单元格来编辑该单元格的内容，也可以先选择某一单元格，再在编辑栏中编辑其内容。例如，要在某单元格操作输入文字，先单击一下该单元格，再将鼠标指针移到编辑栏，输入文字时在编辑栏和单元格中都同时显示。

8. 填充柄

当选择某一单元格后，在该单元格的右下角会出现一个控制点，称为填充柄。将鼠标指针移到填充柄上，指针形状变为实心十字时，拖动填充柄可以将该单元格的内容填充到相邻的单元格中。

9. 功能区

在 Excel 2019 以前版本中的菜单栏和工具栏都替换成了功能区。功能区旨在帮助用户快速找到完成某一任务所需的命令。命令被组织在逻辑组中，逻辑组集中在选项卡下。每个选项卡都与一种类型的活动（例如，为页面编写内容或设计布局）相关。为了减少混乱，某些选项卡只在需要时才显示。

案例和任务

案例 1　创建“年级周考勤表”工作簿

“年级周考勤表”反映学生一周的到课情况，是学生上课的一个凭证，作为平时成绩的一部分。完成本案例后，要求学会创建 Excel 表格及保存 Excel 表格。

本例完成的效果如图 7-1 所示，下面讲解创建表格操作步骤。

1. 新建工作簿

在启动 Excel 2019 后，会自动新建一篇名为“工作簿 1”的空白文档，当需要另外创建新的文档时，可以新建空白文档或新建基于模板的文档。下面新建一个空白工作簿，其操作步骤如下。

步骤 1：选择“文件”→“新建”菜单命令，如图 7-4 所示，打开“新建工作簿”任务面板。

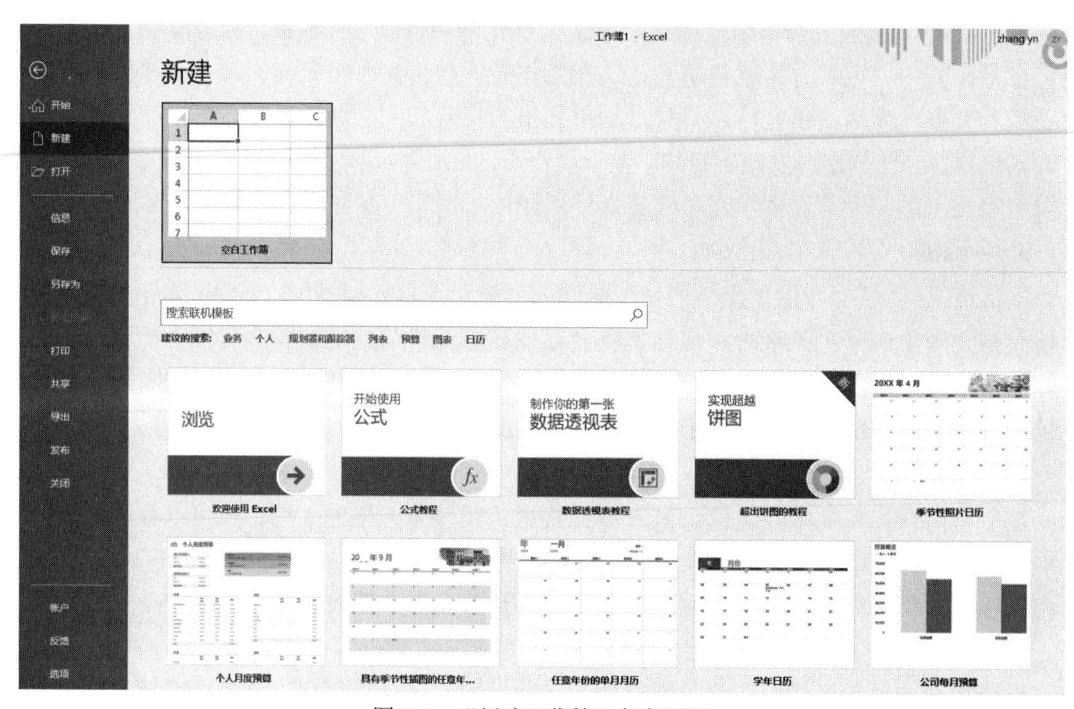

图 7-4 “新建工作簿”任务面板

步骤 2：单击“空白工作簿”，即可新建一个空白工作簿。

步骤 3：在“Sheet1”工作表中，输入如图 7-1 所示的“年级周考勤表”所列的文字数据［注：合并单元格（如“星期一”“星期二”）等可不做］。

提示： Excel 提供了一些针对具体问题而设计的工作簿模板，如业务、个人、规划器和跟踪器、预算模板等。利用已有的模板可以快速地创建所需的工作簿，请读者自行查看练习。

---

2. 保存工作簿

在新建工作簿后，要及时保存，以免因突然断电、计算机死机等各种意外事件导致数据丢失。

步骤 1：选择“文件”→“保存”菜单命令或单击快速访问工具栏中的“保存”按钮，打开“另存为”对话框，如图 7-5 所示。

步骤 2：选择保存的路径，打开“另存为”对话框，如图 7-6 所示。在“文件名”下拉列表中输入要保存的文件名字（年级周考勤表），在“保存类型”下拉列表中选择保存的类型，单击“保存”按钮。

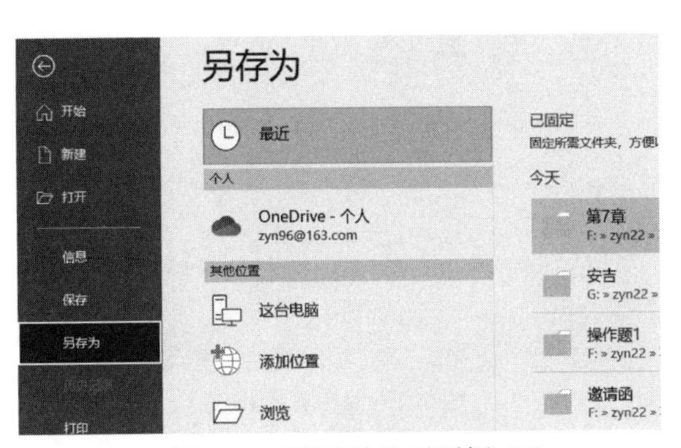

图 7-5　“另存为”对话框（1）

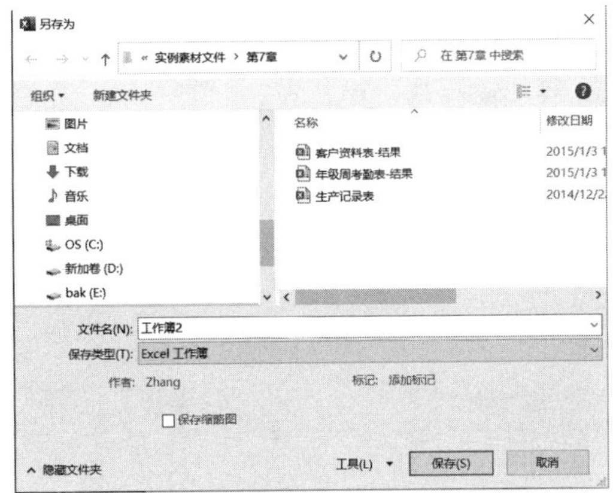

图 7-6　“另存为”对话框（2）

步骤 3：返回工作表界面，在其顶部的标题栏中将自动显示新设置的文件名称。

提示 1： 对于已经保存过的 Excel 工作表，单击“保存”按钮只是把新的更新信息保存到原来的文件中。

提示 2：“保存类型”中 Excel 2019 默认扩展名为.xlsx，也可设为 Excel 97-2003，默认扩展名为.xlsx。

---

3. 关闭与打开工作簿

1）关闭工作簿

完成电子表格的编辑后，可关闭工作簿。

步骤 1：选择“文件”→“退出”菜单命令或单击菜单栏中的“关闭窗口”按钮。

步骤 2：正在编辑的工作簿若没有保存，会提示是否保存工作簿，此时将关闭当前工作簿窗口。

2）打开工作簿

如果需要重新进行编辑操作，可以重新打开工作簿。可以双击文件名打开，也可以在 Excel 中选择“文件”→“打开”菜单命令或单击快速访问工具栏中的“打开”按钮，选择要打开工作簿所在的位置，并选择要打开的工作簿，单击“打开”按钮。

4. 插入和重命名工作表

工作表是 Excel 的重要组成部分，是表格数据的存放位置，用户可对其进行相关操作。

1）插入工作表

创建工作簿后，用户可以根据需要选择插入或添加工作表，可以单击“工作表标签”Sheet1 右边的按钮 ⊕ 添加。下面介绍插入一张带样式的工作表。

步骤 1：选择“Sheet1”工作表标签，单击鼠标右键，在弹出的快捷菜单中选择“插入”命令，打开“插入”对话框，如图 7-7 所示。

步骤 2：单击“电子表格方案”选项卡，在列表框中选择“考勤卡”选项，在右侧的“预览”栏中可查看效果，如图 7-8 所示。

步骤 3：单击“确定”按钮，插入“考勤卡”工作表。

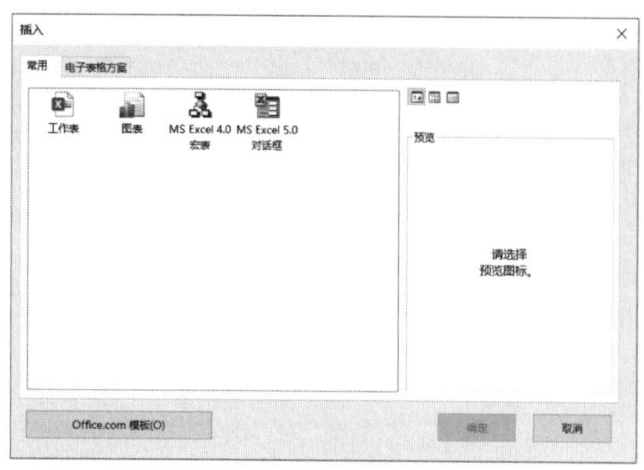

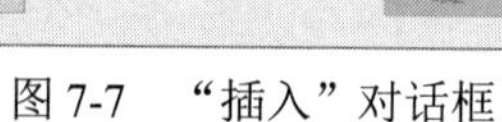
图 7-7 “插入”对话框

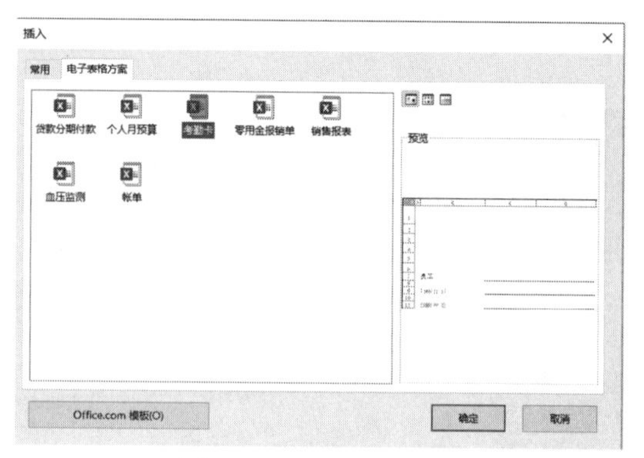

图 7-8 选择表格样式

2）重命名工作表

插入的工作表的名称都以默认的形式显示。为了使工作表使用起来更加方便，可以重命名工作表。

步骤 1：选择需要重命名的工作表标签 Sheet1，在其上单击鼠标右键，在弹出的快捷菜单中选择“重命名”命令，如图 7-9 所示。

步骤 2：此时工作表标签将呈黑底白字显示，直接输入新的名称“年级周考勤表”文本，按 Enter 键即可。

提示： 单击两次工作表名称，也可以实现对工作表的重命名。

---

5. 移动、复制和删除工作表

在工作簿中可以对工作表进行移动、复制和删除操作。

1）移动工作表

在同一个 Excel 工作簿中，可将工作表移动到工作簿内的其他位置。

步骤 1：选择需移动的“年级周考勤表”工作表标签，在其上单击鼠标右键，在弹出的快捷菜单中选择“移动或复制”命令。

步骤 2：在打开的对话框的“下列选定工作表之前”列表框中选择“考勤卡”选项，如图 7-10 所示。

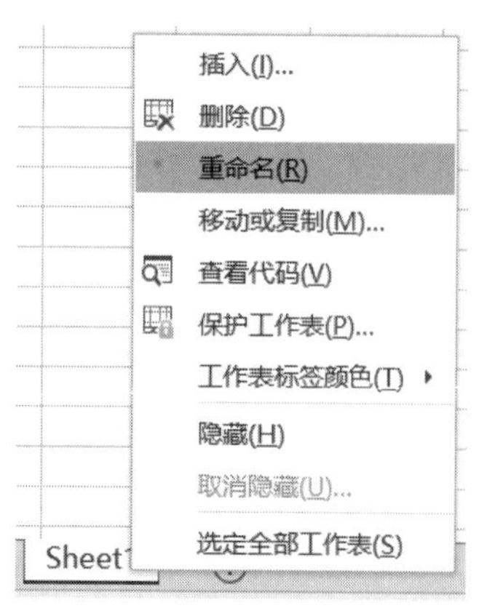

图 7-9 选择“重命名”命令

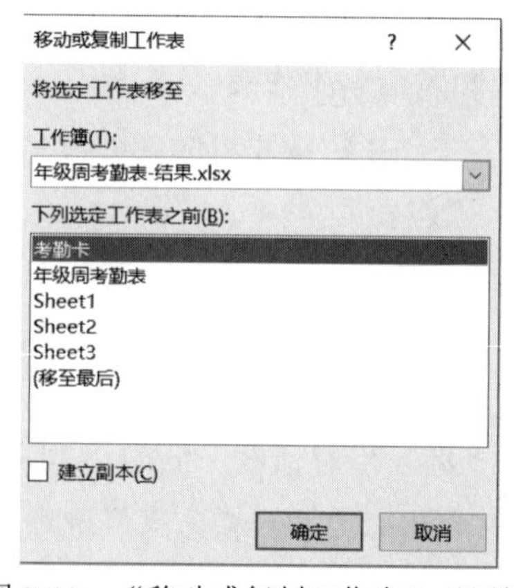

图 7-10 “移动或复制工作表”对话框

步骤 3：单击“确定”按钮，将“年级周考勤表”工作表移动到“考勤卡”工作表之前。

2）复制工作表

只要在“移动或复制工作表”对话框中，勾选“建立副本”复选框，即可复制“年级周考勤表”工作表。

补充知识：在不同工作簿中移动或复制工作表，在打开的“移动或复制工作表”对话框中，先在“将选定工作表移至工作簿”下拉列表中选择目标工作簿，再选择目标工作表即可。

3）删除工作表

用户可根据需要对多余的工作表执行删除操作。

步骤 1：选择需移动的“年级周考勤表（2）”工作表标签，在其上单击鼠标右键，在弹出的快捷菜单中选择“删除”命令。

步骤 2：此时会打开提示对话框，单击“删除”按钮，即可删除工作表。

6. 设置工作表标签颜色

当工作表数量很多的时候，就不容易辨认对应的工作表标签。此时，便可通过更改标签颜色来加以区分。

步骤 1：选择需设置颜色的“年级周考勤表”工作表标签，在其上单击鼠标右键，在弹出的快捷菜单中选择“工作表标签颜色”命令，如图 7-11 所示。

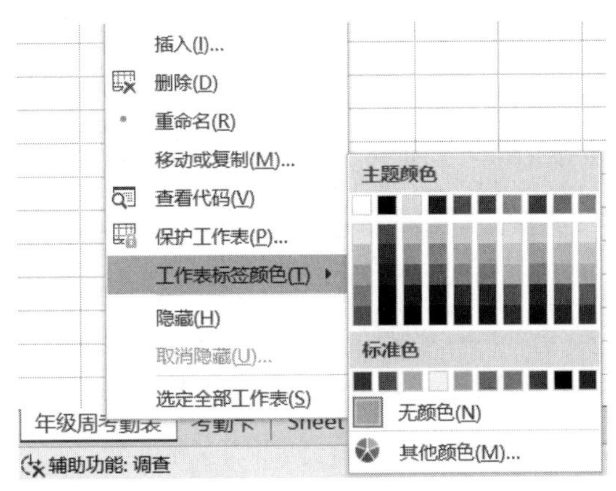

图 7-11　选择标签颜色

步骤 2：选择主题颜色或标准色即可，也可选择“其他颜色”，弹出“颜色”对话框，在其中选择要设置的颜色。

注意：选择一张工作表后，按住 Shift 键不放，单击另一张工作表标签，可同时选择这两张工作表之间的所有工作表；选择一张工作表后，按住 Ctrl 键，依次单击其他工作表标签，可同时选择不连续的多张工作表。

案例 2　制作“客户资料表”电子表格

“客户资料表”是工作中联系客户的重要资料，记载了客户的相关资料。本案例完成的效果如图 7-2 所示。

1. 输入表格数据

在制作 Excel 表格时，需要输入不同类型的数据，如文本、日期和数值等。

步骤 1：新建一个空白工作簿，并将其命名为“客户资料表”。

步骤 2：选择 A1 单元格，切换至汉字输入法，在其中输入文本“客户资料表”。

步骤 3：按 Enter 键确认输入后将自动选择 A2 单元格，在其中输入文本“更新日期：2014-06-29”。

步骤 4：按照相同的方法，输入工作表中的其他数据。

提示 1： Excel 数据类型包括数字型、日期型、文本型、逻辑型，其中数字型表现形式多样，有货币、小数、百分数、科学记数法等多种形式。具体操作请看第 8 章内容。

提示 2： 若输入的数据整数位数超过 11 位，将自动以科学记数法的形式显示，这时可在输入的数据前添加英文单引号（'），即可正确显示输入的数据。

提示 3： 若输入的数据位数小于 11 位，但单元格的宽度不够容纳其中的数字时，将以“####”的形式显示，此时拖动单元格边框调整宽度，即可将其完整显示。

---

2. 合并单元格

合并单元格是指将两个或两个以上，且位于同一行或同一列中的相邻单元格合并成一个单元格，可达到突出显示数据的目的。

步骤 1：选择 A1:G1 单元格区域，单击“开始”→“合并后居中”按钮，如图 7-12 所示。或单击鼠标右键，在弹出的快捷菜单中选择“设置单元格格式”命令，在打开的“设置单元格格式”对话框中进行设置，如图 7-13 所示。

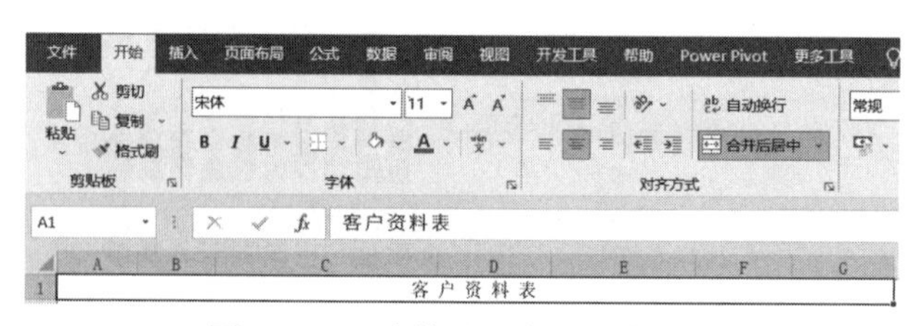

图 7-12 “合并后居中”最终效果

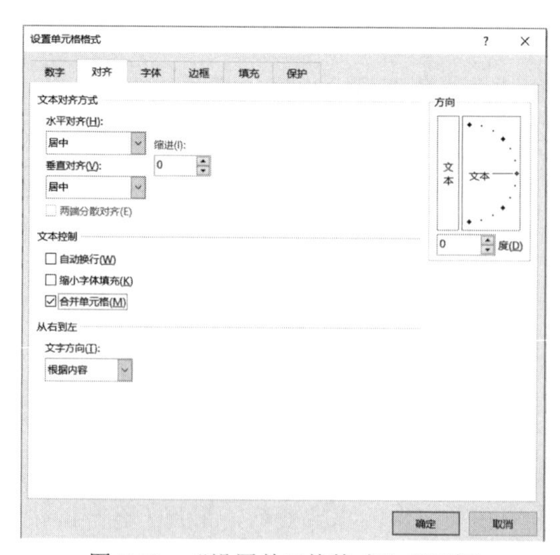

图 7-13 “设置单元格格式”对话框

步骤 2：使用相同的方法，合并 A2:G2 单元格区域。

提示：若要取消合并后的单元格，单击“开始”→“合并后居中”按钮右侧的下拉箭头，再选择“取消单元格合并”命令，如图 7-14 所示。

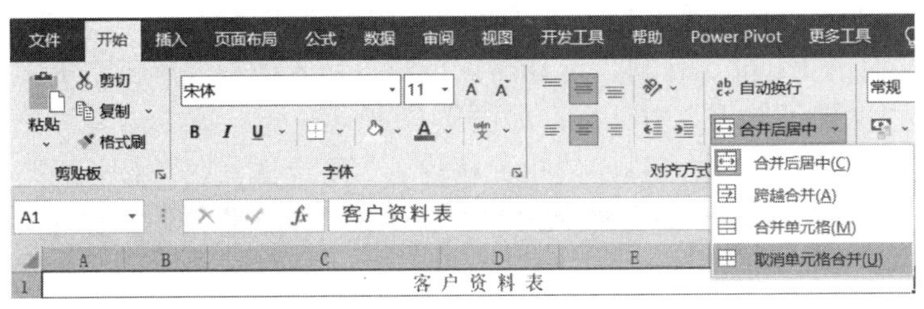

图 7-14　“取消单元格合并”命令

3. 拆分与冻结窗口

拆分窗口是指将工作表拆分成多个窗口，在每个窗口中均显示工作表中的内容。

冻结窗口是指将工作表窗口中的某些行或列固定在可视区域内，不随滚动条的移动而移动。利用 Excel 工作表的冻结功能达到固定窗口的效果。

步骤 1：选择 C4 单元格，单击“视图”→“拆分”按钮，如图 7-15 所示，进行窗口拆分操作。

步骤 2：此时，所选单元格行号的上方和左侧将出现一条水平和垂直分线，拖动垂直滚动条，即可查看上下两个窗口中行数相距较远的数据。

步骤 3：单击“窗口”→“冻结窗格”的箭头按钮，在打开的下拉列表中选择“冻结窗格”命令，如图 7-16 所示。

步骤 4：此时，所选单元格行号的上方和左侧的行与列都将处于冻结状态。

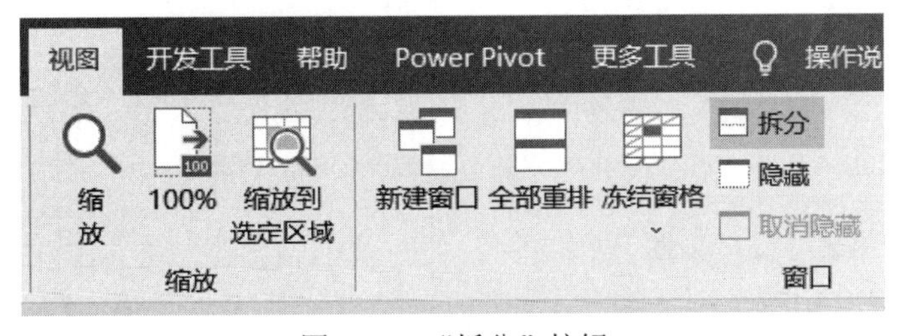

图 7-15　“拆分”按钮

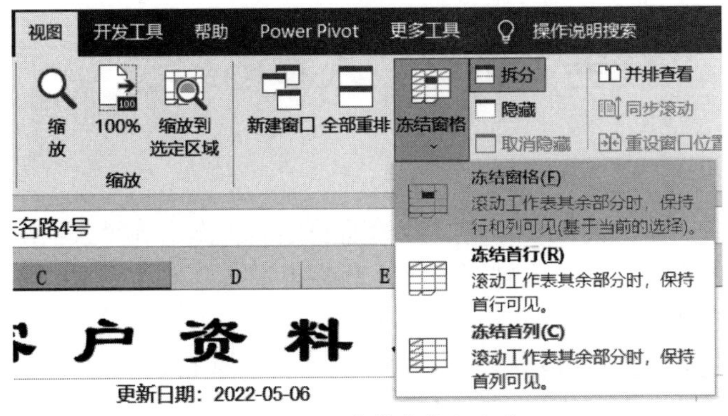

图 7-16　“冻结窗格”命令

提示：如果要冻结“A3”行，就要选中“A4”单元格，“A3”行的下面多了一条横线，这就是被冻结的状态。

4. 保护工作表

为了让工作表中的数据不被其他人任意修改，用户可对重要的工作表设置保护密码。

步骤 1：首先打开 Excel 工作簿，选择需保护的工作表标签。单击“审阅”→“保护工作表”按钮，打开“保护工作表”对话框，如图 7-17 所示。

步骤 2：选中“保护工作表及锁定的单元格内容”复选框，在“取消工作表保护时使用的密码”文本框中输入保护密码，这里输入“123”，单击“确定”按钮，打开“确认密码”对话框，如图 7-18 所示。

步骤 3：在“重新输入密码”文本框中，输入“123”，单击“确定”按钮。

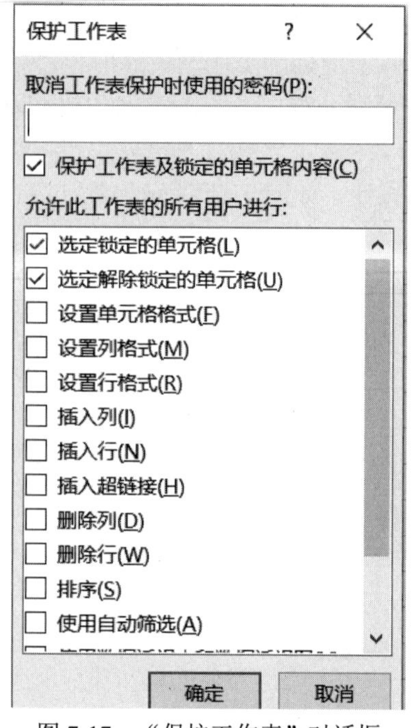

图 7-17 “保护工作表”对话框

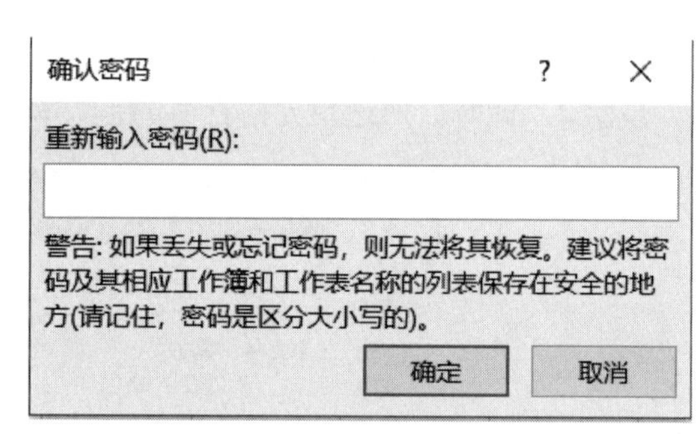

图 7-18 “确认密码”对话框

任务 创建“人事档案表”

1. 学习任务

人事档案是记录一个人的主要经历、政治面貌、品德作风等个人情况的文件材料，具有凭证、依据和参考的作用，在个人转正定级、职称申报、办理养老保险和开具考研等相关证明时，都需要使用档案。

本案例的目标是创建“人事档案表”，主要运用到创建 Excel 工作簿、输入表格数据、设置单元格格式，以及打印电子表格等知识。本任务完成的效果如图 7-19 所示。

	A	B	C	D	E	F	G
1	华东汽车配件厂人事档案表						
2	编号	姓名	性别	出生日期	职位	学历	部门
3	A001	杜军	男	1980/5/17	工程师	本科	设备科
4	A002	项望	男	1979/10/23	车间主任	本科	生产部
5	A003	卢海	男	1971/1/2	销售经理	本科	销售部
6	A004	刘西	女	1969/4/28	会计	本科	财务部
7	A005	杨永	男	1976/7/17	设计师	研究生	设计部
8	A006	黄霄	男	1978/11/7	检测员	本科	质检部
9	A007	张娜	女	1963/9/30	工程师	本科	设备科
10	A008	周利	女	1969/2/18	行政主管	本科	行政部

图 7-19　“人事档案表”电子表格

2. 知识点（目标）

（1）员工人事档案记录反映每位员工个人经历和德才表现，主要是在人事、组织、劳资等部门培养、选拔和使用人员的工作活动中形成的。

（2）从人力资源开发和管理的角度来看，员工档案可以为单位提供大量丰富、动态、真实有效的原始资料和数据。另外，档案还有一些延伸职能，如以档案为依托可以评定职称、办理社会保险和退休手续、提供公证材料，以及报考的相关材料等。

3. 操作思路及实施步骤

本任务主要包括新建与保存工作簿、设置工作表、输入表格数据。

步骤 1：启动 Excel，出现一个空白工作簿，将其命名为“人事档案表”并保存。

步骤 2：将“Sheet1”工作表重命名为“人事档案表”。

步骤 3：选择 A1 单元格，切换至汉字输入法，在其中输入文本“华东汽车配件厂人事档案表”，合并 A1:G1 单元格。

步骤 5：使用相同的方法，输入如图 7-19 所示的其他文本和数据。

步骤 6：选择 C3 单元格，进行拆分和冻结窗口操作，以及取消拆分、冻结窗口操作。

步骤 7：单击“审阅”→“保护工作表”按钮，在“取消工作表保护时使用的密码”文本框中输入“123”，并在“允许此工作表的所有用户进行”列表框中选中“插入列”和“插入行”复选框，单击“确定”按钮，打开“确认密码”对话框，输入相同的密码，单击“确定”按钮。

4. 任务总结

通过本任务的练习，从以下几个方面介绍了制作 Excel 工作表涉及的知识内容：

（1）新建与保存工作簿。新建工作簿的方式多种多样，个人只需选择合适的方式创建即可。在保存工作表过程中，需注意保存与另存为的区别，Ctrl+S 为保存的快捷键。

（2）重命名工作表。对于新建的工作簿，默认的工作表名称是 Sheet1，为了使工作表更容易辨认，一般在使用过程中，都要对工作表进行重新命名。除了重命名工作表，还有插入新工作表、复制移动工作表、删除工作表等都是工作表常用的操作功能。

（3）数据表录入。数据的录入主要有 4 种：文本、数值、日期、逻辑型数据。本任务只在单元格中输入简单的文本和数值。比较复杂的数据的输入操作在下一章中做进一步的介绍。

（4）表格拆分和冻结窗口操作。

（5）保护工作表。

补充知识：可以在 Excel 表中直接输入数据，也可以利用数据导入功能插入外部数据，现讲解在 Excel 工作表中导入.txt 文件的操作步骤。

素材文档见“实例素材文件\第 7 章\收入和支出统计.txt”。

步骤 1：打开 Excel，依次单击“数据”→“获取和转换数据”→“从文本/CSV”选项，如图 7-20 所示。

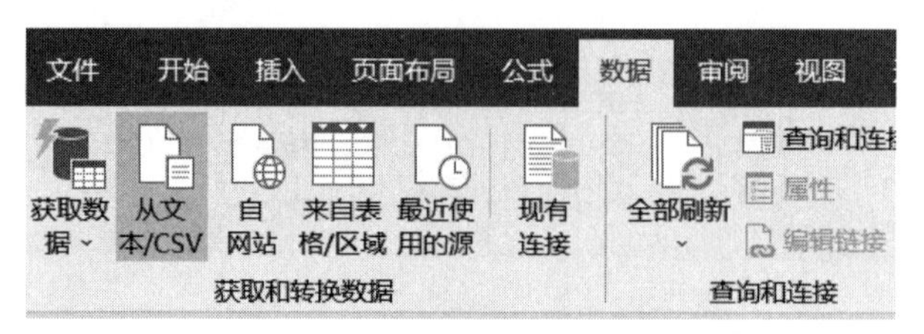

图 7-20 “从文本/CSV”选项

步骤 2：在打开的“导入数据”对话框中选择需要导入的文件，单击“导入”按钮，如图 7-21 所示。

图 7-21 “导入数据”对话框

步骤 3：在打开的对话框中进行相关设置，如图 7-22 所示。单击“加载”按钮，在 Excel 工作表中就可以看到导入的数据。

图 7-22 数据导入设置对话框

本章小结

本章主要介绍 Excel 2019 的基本操作，包括新建、保存、打开与关闭工作簿，要求掌握插入、重命名工作表，复制、移动和删除工作表，设置工作表标签颜色；掌握输入表格数据，合并单元格、拆分与冻结窗口、保护工作表，以及打印设置等知识。对于本章中的基本操作，应熟练掌握，为制作表格打下基础。

疑难解析（问与答）

问：单元格、工作表和工作簿的关系是怎样的？

答：一个 Excel 工作簿文档，就是一个 Excel 文件，其中可以包含若干张工作表（默认为 3 张，最多可包含 256 张工作表），每张工作表由 256 列、65536 行单元格构成，单元格是工作表中编辑输入数据和计算公式的最基本的单位。

问：Excel 中，“清除”和“删除”操作有什么区别？

答：清除只是把单元格中的内容去掉，单元格还在；而删除则会把单元格也去掉。

问：怎么选择多个不相连的单元格或单元格区域？

答：在工作表中，选择单个工作表后，按住 Ctrl 键不放，继续选择其他单元格或单元格区域，可以同时选择多个不相连的单元格或单元格区域。

问：在保存工作簿时，怎么将工作簿保存为其他类型的文档？

答：在“另存为”对话框的“保存类型”下拉列表框中选择其他类型。

问：如何设置 Excel 自动保存工作簿时间间隔的方法？

答：单击“文件”→“选项”，打开“Excel 选项”对话框，进入“保存”选项，先打钩再输入你想要自动保存的时间间隔，如 10 分钟，就是每 10 分钟自动保存一次，最终确定。

操作题

1. 启动 Excel 2019，制作如图 7-23 所示的“某市 97、98 两年八所重点高中招收新生人数统计表”工作表。制作时将用到新建和保存工作簿，重命名、移动、复制和删除工作表，以及合并单元格和输入表格数据等知识。

	A	B	C	D	E	F	G	H	I	J
1	某市97、98两年八所重点高中招收新生人数统计表									
2										
3	学　　校	97年招收班级总数	97年招收公费生数	97年招收自费生数	97年招收新生总数	98年招收班级总数	98年招收公费生数	98年招收自费生数	98年招收新生总数	9798两年平均招收新生总数
4	第一高中	9	252	180		9	216	216		
5	第二高中	8	224	160		10	240	240		
6	第三高中	8	224	160		8	192	192		
7	第四高中	8	224	160		8	192	192		
8	第五高中	8	224	160		8	192	192		
9	第六高中	8	224	160		8	192	192		
10	第七高中	7	196	140		8	192	192		
11	第八高中	6	168	120		8	192	192		
12	合　计									

图 7-23　某市 97、98 两年八所重点高中招收新生人数统计表

2. 制作如图 7-24 所示的“期中考试成绩表”工作表，制作时需进行设置工作表标签颜色、重命名工作表、拆分与冻结窗口，以及保护工作表等操作。

	A	B	C	D	E	F	G	H	I
1	第一小组全体同学期中考试成绩表								
2									
3	学号	姓 名	高等数学	大学语文	英语	德育	体育	计算机	总 分
4	001	杨　平	88	65	82	85	82	89	
5	002	张小东	85	76	90	87	99	95	
6	003	王晓杭	89	87	77	85	83	92	
7	004	李立扬	90	86	89	89	75	96	
8	005	钱明明	73	79	87	87	80	88	
9	006	程坚强	81	91	89	90	89	90	
10	007	叶明放	86	76	78	86	85	80	
11	008	周学军	69	68	86	84	90	99	
12	009	赵爱军	85	68	56	74	85	81	
13	010	黄永抗	95	89	93	87	94	86	
14	011	梁水冉	62	75	78	88	57	68	
15	012	任广品	74	84	92	89	84	94	
16	平均分								

图 7-24　期中考试成绩表

第 8 章　编辑表格数据

本章要点

➢ 掌握单元格各种类型数据的输入和修改操作。

➢ 熟练掌握快速填充数据、移动和复制数据、查找和替换数据的方法。

➢ 掌握数据验证的设置。

➢ 掌握格式化工作表，包括改变列宽和行高、改变对齐方式、选择字体及字体尺寸、应用边框和底纹。

➢ 熟练掌握编辑和美化表格数据的使用方法。

案例展示

“学生入学信息表”文档效果如图 8-1 所示，“课程表”最终效果如图 8-2 所示。

	A	B	C	D	E	F	G	H	I	J	K
1	XXX班学生入学信息表										
2	编号	姓名	性别	出生年月	政治面貌	籍贯	所在公寓	入学成绩	英语成绩	名次	备注
3	001	唐刚	男	1981年8月1日	团员	山东省日照市莒县	17号楼603	628	118	1	
4	002	龙知自	女	1982年4月1日	团员	山东省滨州市无棣县	9号楼713	621	107	2	
5	003	宋翼铭	男	1981年1月1日	团员	山西省阳泉市	17号楼603	619	99	3	
6	004	张厚营	男	1981年6月1日	团员	河北省唐山市玉田县	17号楼603	618	102	4	
7	005	伍行毅	男	1981年9月1日	团员	山东省荷泽市郓城县	17号楼603	616	111	5	
8	006	费铭	男	1982年3月1日	群众	山东省威海市环翠区	17号楼603	611	102	6	
9	007	陈利亚	男	1983年1月1日	团员	甘肃省天水市成县	17号楼605	609	114	7	
10	008	郑华兴	男	1980年9月1日	团员	广东省东莞市	17号楼605	603	98	8	
11	009	白景泉	男	1982年6月1日	团员	吉林省九台市	17号楼605	601	94	9	
12	010	张以恒	男	1982年12月1日	团员	云南省大理市永平镇	17号楼605	600	103	10	

图 8-1　“学生入学信息表”文档效果

	A	B	C	D	E	F	G
1	太阳小学三年级课程表						
2			星期一	星期二	星期三	星期四	星期五
3	上午	第1节	语文	数字	语文	数学	语文
4		第2节	语文	数字	语文	数学	语文
5		第3节	数字	自然	英语	音乐	自然
6		第4节	数字	自然	英语	思想品德	自然
7	下午	第5节	体育	美术	体育	英语	美术
8		第6节	思想品德	音乐	劳动	英语	课外活动

图 8-2　“课程表”最终效果

基本知识讲解

Excel 的编辑功能

创建完 Excel 工作簿、工作表，接着就要给数据表录入数据，Excel 数据录入的步骤如下：

（1）选定要录入数据的单元格。

（2）从键盘上输入数据。

（3）按下 Enter 键或制表键 Tab 或方向键移动至下一个需录入的单元格位置。

下面讲解一些美化工作表的基本知识。

1. 特殊数据的输入技巧

（1）输入分数，如，“0 1/3”，即 1/3（0 和 1 之间有 1 个空格）。

（2）输入负数，如，“(16)”，即−16。

（3）输入文本类型的数字，头部加英文的单引号，如，’0001。

（4）中文大写数字的输入或转换。选中相应单元格（数据为数字），打开“设置单元格格式”对话框，选择“数字”→“特殊”→“中文大写数字”，相应单元格的数字就转换为中文大写数字。

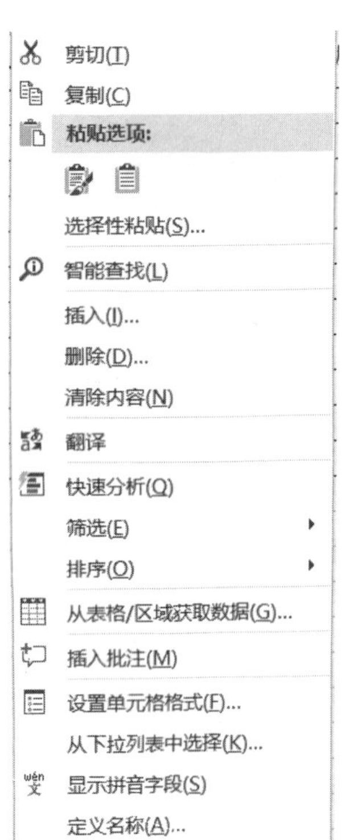

图 8-3　快捷方式

2. 设置字体、字号、字形和颜色

（1）在“开始”→“字体”选项组中进行设置。

（2）快捷方式实现。选择准备设置的单元格，单击鼠标右键，出现浮动快捷面板和快捷菜单，在其中选择需要操作的选项，如图 8-3 所示。

3. 选择性粘贴

“复制”和“粘贴”是使用频率较高的两个操作。而“选择性粘贴”，不仅可以完成粘贴操作，而且其功能更加强大。

由于 Excel 单元格中要保存的信息很多，不仅仅是表面看到的信息，还有格式、公式、有效性规则、批注等隐含信息，有时候只需要复制其中的某一种就可以，这时就要用到“选择性粘贴”。尤其是，某些数据是由另一些数据（源数据）计算而来的。

先复制内容，依次选择“开始”→“粘贴”→“选择性粘贴”命令，如图 8-4 所示，可打开“选择性粘贴”对话框，如图 8-5 所示。

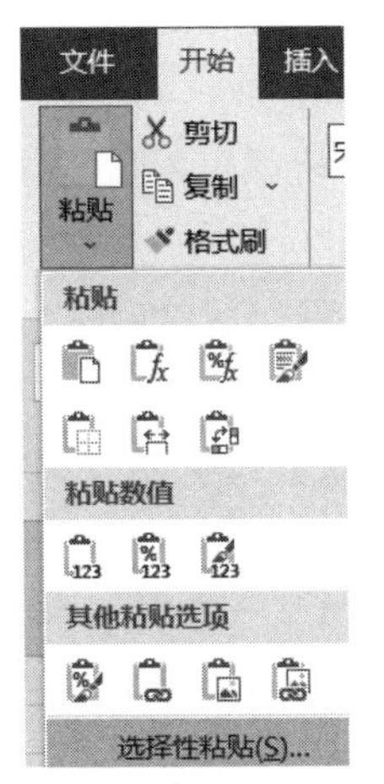

图 8-4　“选择性粘贴”按钮

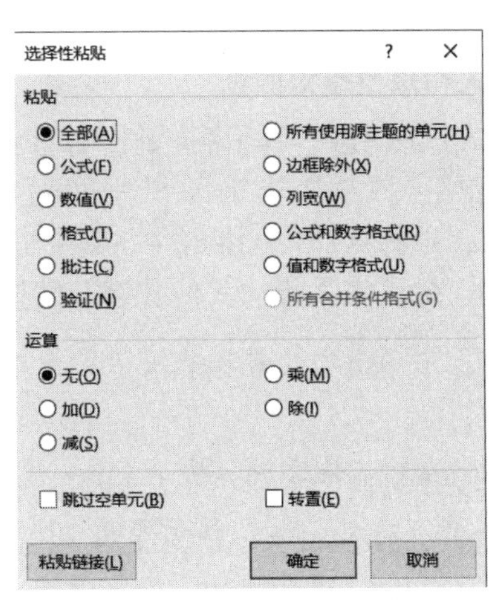

图 8-5　“选择性粘贴”对话框

4. 数据验证的设置

数据验证可以限制单元格中的内容，如数字可以限制大小、字符可限制长度、选中单元格提示信息，等等。数据验证设置常用于检查并防止错误数据的录入。选中单元格，依次“数据”→“数据工具”→“数据验证”→“数据验证”命令，如图 8-6 所示，打开“数据验证”对话框，如图 8-7 所示，在各选项卡中进行操作。

图 8-6　“数据验证”命令

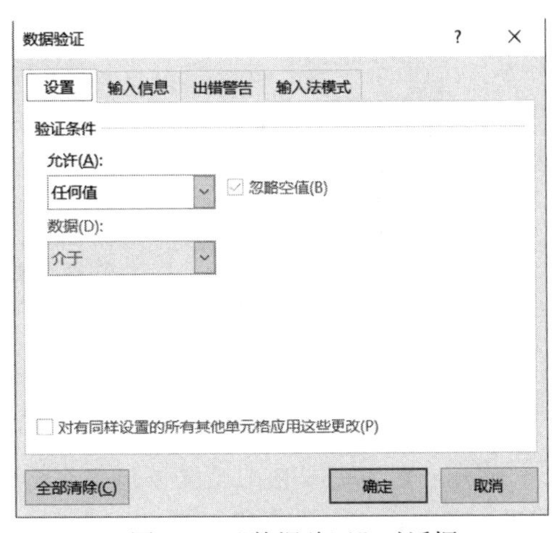

图 8-7　“数据验证”对话框

案例和任务

案例 1　制作“学生入学信息表”

学生入学信息表用于记录入学时学生本人的相关信息。制作“学生入学信息表”，便于对学生进行有效的管理和组织教学。

本案例完成的效果如图 8-1 所示。

1. 输入和修改表格数据

步骤 1：选择 A1 单元格，在“编辑栏”中输入文本“XXX 班学生入学信息表”，选择 A1:K1 单元格区域，单击“开始”→“对齐方式”→“合并后居中”按钮。

步骤 2：选择 A2 单元格，并在其中输入文本“编号”。

步骤 3：输入第 2 行的其他文字，结果如图 8-1 所示。

提示 1： 不同类型的数据录入方式也不一样，Excel 的文本默认为左对齐，数值默认为右对齐。

提示 2： 在输入内容时，按下 Enter 键或 Tab 键或方向键移动至下一个需录入的单元格位置，键盘上的上、下、左、右方向键可以分别控制当前活动单元格上、下、左、右移动。

---

2. 快速填充数据

“编号”列的其他数值在录入时采用填充方式，具体操作步骤如下。

步骤 1：选择 A3 单元格，并在其中输入文本“’001”。

步骤 2：选择 A3 单元格，将光标移到 A3 单元格右下角的填充柄上，当光标变为实心十字形状时，按住鼠标左键不放拖动至 A12 单元格，如图 8-8 所示。

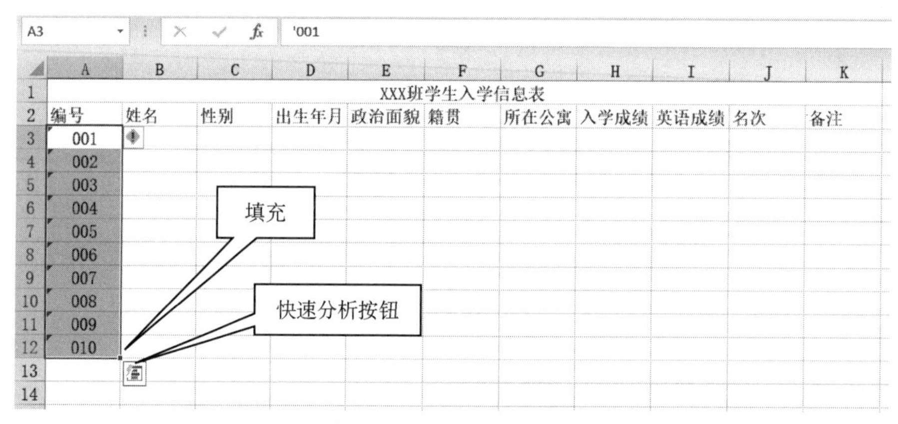

图 8-8 填充数据后的效果

提示： 数字文本在未设置任何单元格格式前，直接录入数据，将会被系统默认数值，而导致部分数据显示可能出错。

快速分析按钮：选中数据区域后，会出现快速分析按钮，单击该按钮可展开对该区域的快速分析功能。

---

3. 数据验证设置

对于“学生入学信息表”中“性别”列与“政治面貌”列内容数值有一定范围，且范围不大（如性别只输入男、女两种，政治面貌只输入党员、团员、群众 3 种），为了避免表格在录入过程中出现不规范的数据，则可以在这些列中设置数据验证，以采用下拉列表形式进行数据选择，不允许用户录入非法数据。

步骤 1：为保证“性别”列信息的正确录入，可先选择 C3:C12 单元格区域，再依次单击“数据”→“数据工具”→“数据验证”按钮，打开“数据验证”对话框，如图 8-9 所示。

图 8-9　“数据验证”对话框

步骤 2：在“设置”选项卡的“允许”下拉列表中选择“序列”，在“来源”文本框中输入“男,女”（注意：各有效值之间的分隔必须采用半角的逗号），如图 8-9 所示，然后在“性别”列输入数据时可在列表框中选取所要的值。

步骤 3：“政治面貌”列的录入方法可参照“性别”列的输入方法。

提示：下拉列表用于选择数据的适用范围。项目个数少而规范的数据，如职称、工种、学历、单位及产品类型等，这类数据适宜采用 Excel 的“数据验证”检验方式，以下拉列表的方式输入。

补充知识 1：身份证的输入长度等于 18 位

选中要设置“身份证”列的单元格，设置“数据验证”的文本“长度”等于 18 位，然后即可录入该列的数据，如图 8-10 所示。

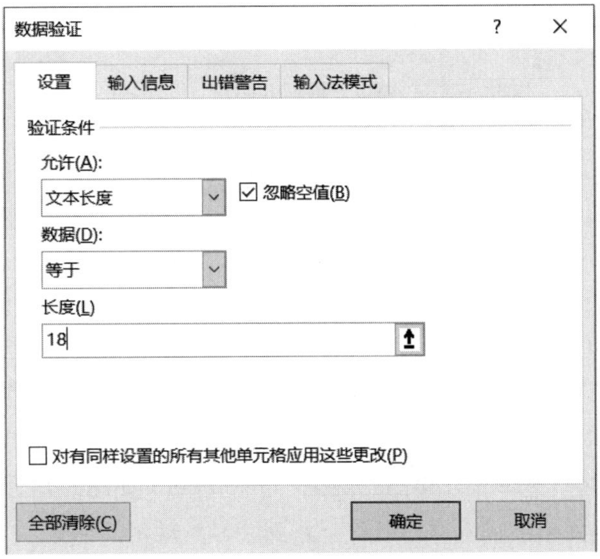

图 8-10　“数据验证”对话框设置“长度”等于 18 位

补充知识 2： 拒绝输入重复数据

身份证、工作证编号等个人 ID 是唯一的，不允许重复。如果在 Excel 中录入重复的数据，就会给信息管理带来不便，可以通过设置“数据验证”，拒绝录入重复数据。

步骤 1：选择需要录入数据的列（如 A 列），打开“数据验证”对话框，在“设置”选项卡的“允许”下拉列表中选择“自定义”选项，在“公式”文本框中输入“=COUNTIF(A:A,A1)=1”（注意：不含双引号，在英文半角状态下输入），如图 8-11 所示。

步骤 2：切换到“出错警告”选项卡，如图 8-12 所示，选择“样式”为“警告”，填写“标题”和“错误信息”，最后单击“确定”按钮，完成“数据验证”的设置。

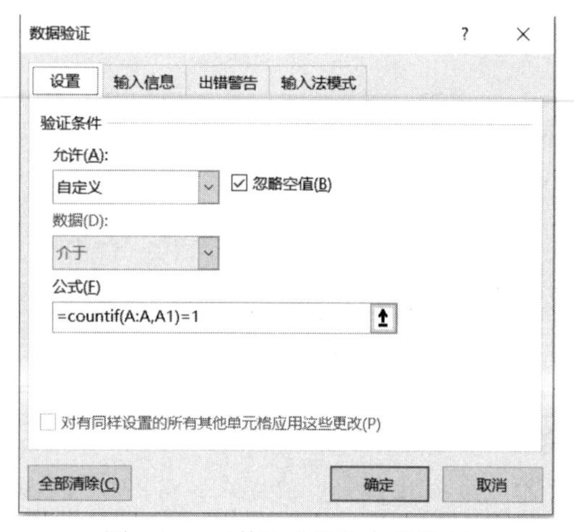

图 8-11　“数据验证”条件设置

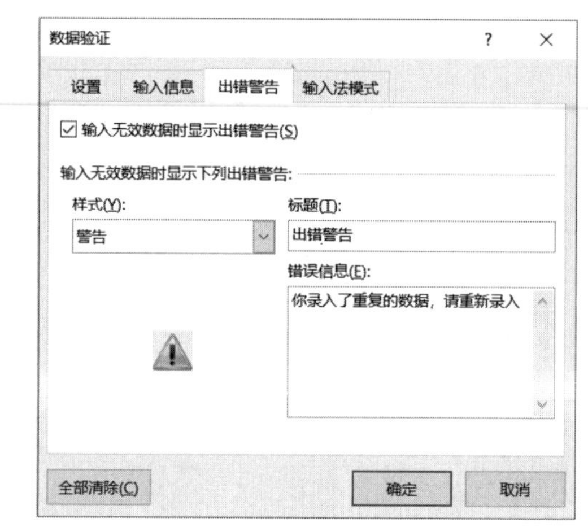

图 8-12　设置出错警告信息

这样，在 A 列中，当录入的信息重复时，Excel 就会弹出“出错警告”对话框，提示输入有误，如图 8-13 所示。这时，只要单击“否”按钮，关闭对话框，重新输入正确的数据，就可以避免录入重复的数据。

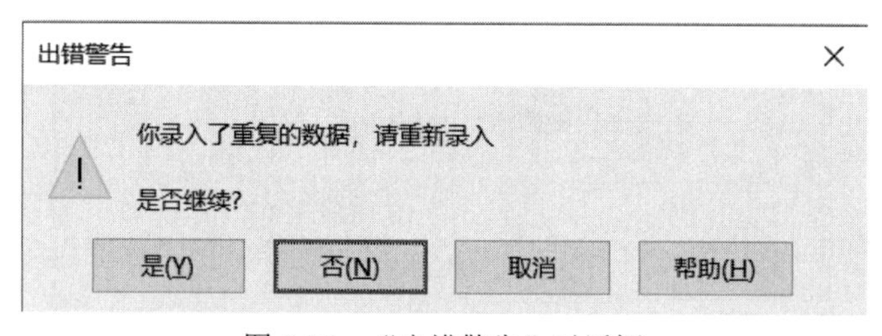

图 8-13　“出错警告”对话框

4. 日期的输入

“出生年月”列为日期类型数据，格式设置操作如下。

步骤 1：选取 D3:D12 单元格区域，单击右键，在弹出的快捷菜单中选择“设置单元格格式”命令，在弹出的对话框的“数字”选项卡中选择“分类”为“日期”，设置日期“类型”为“××××年×月×日”形式，单击“确定”按钮返回，如图 8-14 所示。

步骤 2：在 D3 单元格中输入“1981/8/1”，就会显示规定的格式。

步骤 3：同理，可实现本列其他日期型数据的输入。

5. 移动和复制数据

在 Excel 中，可通过移动和复制操作快速实现数据的输入。在 B 列输入每个编号的学生的姓名。

图 8-14　日期类型数据设置

1）移动数据

选择单元格，将鼠标指针移到单元格边框上，当鼠标指针变为十字箭头形状时，按住鼠标左键不放拖动到另外的单元格。

2）复制数据

选择单元格，单击“复制”按钮，将鼠标指针移到另外的单元格上，单击“粘贴”按钮。

6. 查找和替换数据

如果表格中有多项相同的数据同时输入错误，可通过查找和替换的方法对其统一修改。

1）查找数据

步骤 1：依次选择“开始”→“编辑”→“查找与选择”→“查找”命令或按 Ctrl+F 组合键，打开“查找和替换”对话框，如图 8-15 所示。

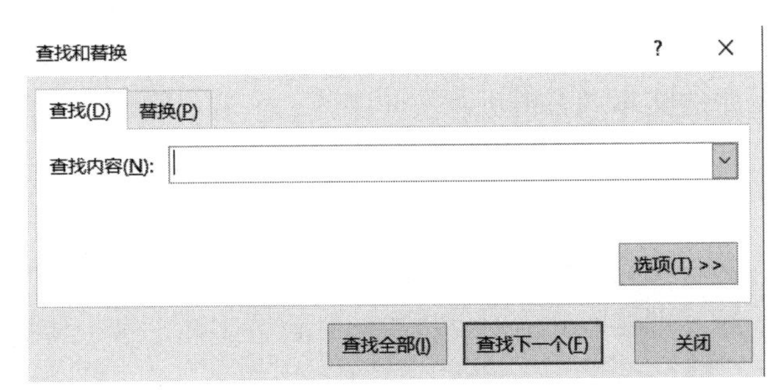

图 8-15　“查找和替换”对话框

步骤 2：在“查找内容”文本框中输入内容，单击“查找全部”或“查找下一个”按钮，即可在表中查找到输入的内容。

2）替换数据

变换数据，可使用“替换”命令。例如，要将一张工作表中出现的所有“17 号楼”改为“18 号楼”。

步骤 1：依次选择“开始”→“编辑”→“查找与选择”→“替换”命令或按 Ctrl+H 组合键，打开“查找和替换”对话框，如图 8-16 所示。

步骤 2：在“查找内容”文本框中输入内容（如：17 号楼），在“替换为”文本框中输入内容（如：18 号楼），单击“替换”或“全部替换”按钮，即可将表中出现的“17 号楼”的地方改为“18 号楼”。

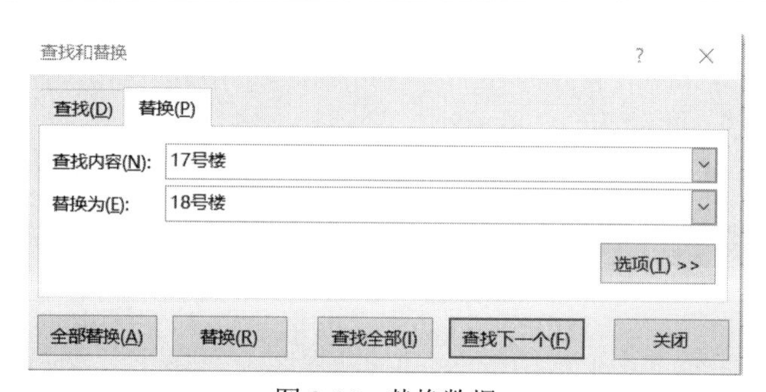

图 8-16　替换数据

案例 2　美化“课程表”

表格在数据录入完毕后，可以开始进行美化工作，以使得表格数据显得更美观大方整齐。美化表格一般涉及行高列宽设置、数据格式设置、对齐方式设置、边框设计、底纹设置。这些基础设置均可以在工具栏或“单元格格式”对话框中找到对应的功能。

素材文档见“实例素材文件\第 8 章\课程表.xlsx”，本例完成的效果如图 8-2 所示，下面对课程表进行操作。

1. 设置字体格式

美化“课程表”操作过程视频

一般情况下，利用“开始”选项卡的工具栏就能很方便地对单元格中的文本或数值进行更改字体、字号、字形和颜色等操作。

步骤 1：选择 A1 单元格，在“开始”→“字体”下拉列表中，选择“黑体”，在“字号”下拉列表中选择“14”，如图 8-17 所示。也可在选中单元格后，右击，在弹出的快捷菜单中选择“设置单元格格式”命令，再在打开的对话框中分别设置字体、字号和颜色等。

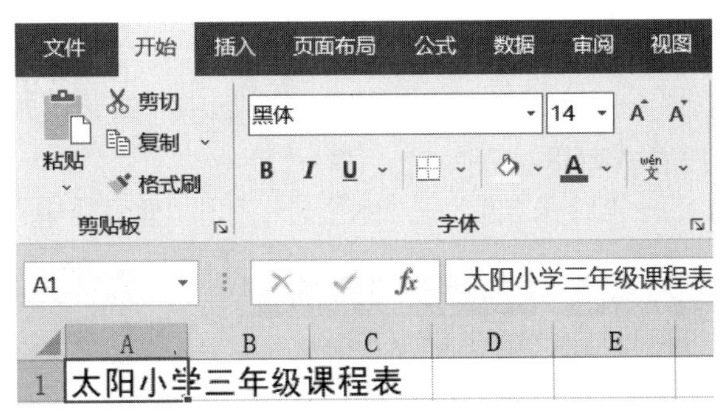

图 8-17　设置字体

步骤 2：单击“字体颜色”按钮右侧的下拉按钮，在弹出的下拉列表中选择“蓝色”。

步骤 3：选择 A2:G2 单元格，字体选择“楷体”，字号选择“12”，字体颜色设为“红色”。

注意：在对任何数据表内容进行操作前，务必先选中相应的数据区域。

---

2. 设置行高和列宽

设置行高为 25 像素，列宽为“自动调整列宽”。

步骤 1：单击工作表任一单元格，按下 Ctrl+A 键，全选工作表。

步骤 2：选择“开始”→“单元格”→“格式”→“自动调整列宽”命令，如图 8-18 所示。

步骤 3：选择“开始”→“单元格”→“格式”→“行高”命令，打开“行高”对话框，在“行高”栏中输入 25，如图 8-19 所示。

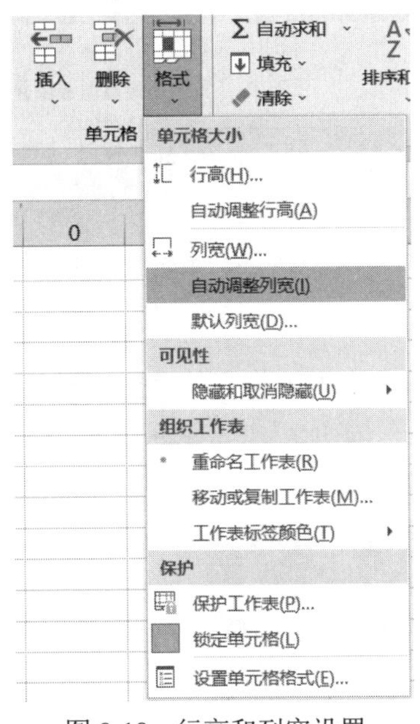

图 8-18　行高和列宽设置

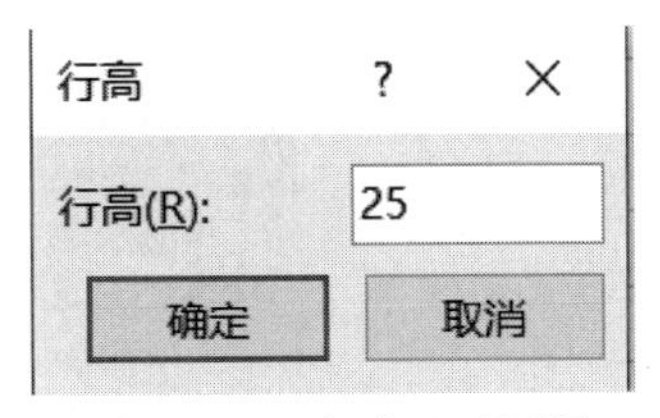

图 8-19　“行高”对话框

3. 设置对齐方式

默认情况下，单元格中的文本靠左对齐、数字靠右对齐。现对表格标题合并居中显示，表格内容水平居中、垂直居中。

步骤 1：选择标题所在的 A1:G1 区域。

步骤 2：单击“开始”→“对齐方式”→“合并后居中”按钮，如图 8-20 所示。

步骤 3：选择表格内容 A2:G8。

步骤 4：单击“开始”→“对齐方式”→“水平居中”和“垂直居中”按钮，如图 8-21 所示。

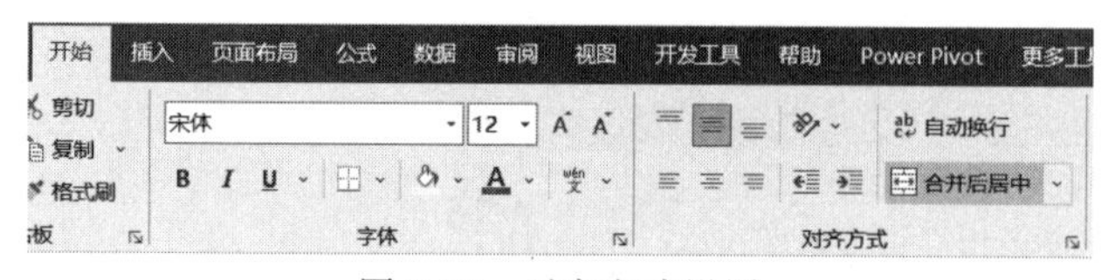

图 8-20　对齐方式设置

图 8-21　设置水平居中，垂直居中

4. 设置单元格边框和底纹

在“字体”功能区或“单元格格式”对话框中可设置边框和填充颜色，具体操作如下。

步骤 1：选择数据区域 A2:G8。

步骤 2：选择“开始”→“字体”→“边框”→“所有框线”命令，如图 8-22 所示。

步骤 3：选择数据区域 A2:G2。

步骤 4：选择“开始”→“字体”→“填充颜色”→“浅绿色”命令，如图 8-23 所示。

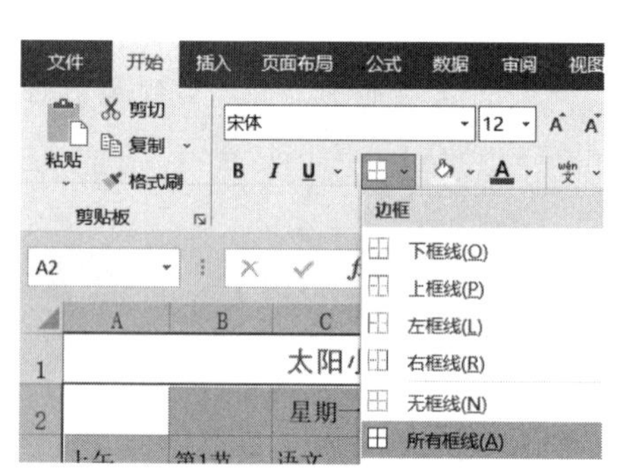

图 8-22　边框线设置

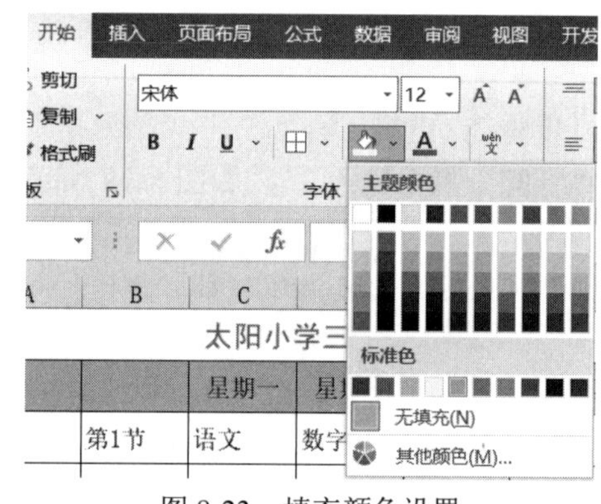

图 8-23　填充颜色设置

5. 设置工作表背景

在表格中，可以将自己喜欢的图片添加到工作表中，作为工作表的背景来显示。

步骤 1：单击“页面布局”→“页面设置→“背景”按钮，如图 8-24 所示。打开“工作表背景”对话框。

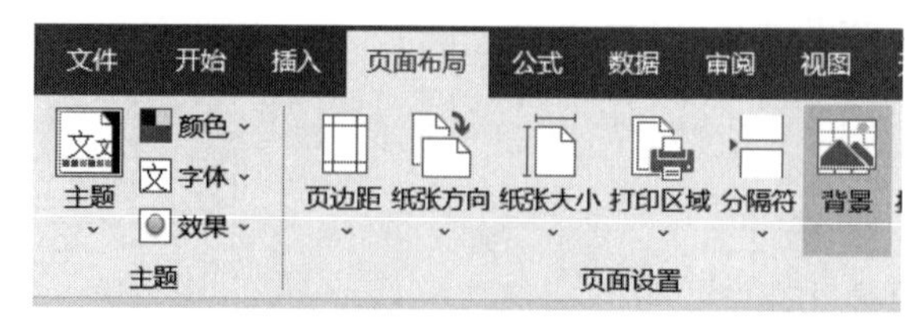

图 8-24　“背景”按钮

步骤 2：从计算机中选择自己喜欢的图片，单击“打开”按钮。

步骤 3：返回 Excel 表格，可以发现 Excel 表格的背景变成了刚才设置的图片。如果要取消，则单击“删除背景”按钮即可。

6. 插入图片

在 Excel 中，可插入存放在计算机中的图片，或从网上获取、通过数码相机拍摄的照片等。

单击“插入”→“插图”→“图片”按钮，如图 8-25示，打开“插入图片”对话框，从计算机中选择合适的图片即可，插入后可对插入的图片可进行缩放操作。

图 8-25　插入“图片”按钮

7. 动套用表格格式

Excel 提供了各种预设的表格样式，在使用时可以根据需要选择合适的样式。

单击“开始”→“样式”→“套用表格格式”按钮，如图 8-26 所示。在下拉的“套用表格格式”列表中选择一种合适的格式，请观察各种表格的显示结果。

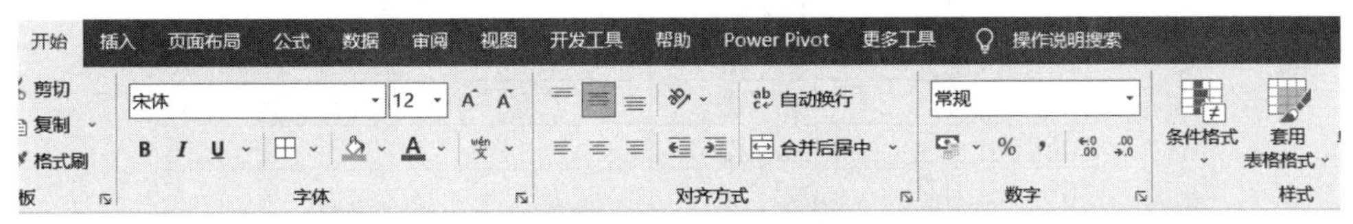

图 8-26　“背景”按钮

8. 页眉和页脚设置

页眉和页脚是打印在工作表每页的顶部和底部的叙述性文字，例如页码、日期、时间、工作表名等。新的工作簿没有页眉和页脚。Excel 提供了几种内部格式的页眉和页脚，用户可以选用，也可以自己设置页眉和页脚，并且可以对页眉和页脚进行编辑、设定格式。

图 10-27　“页面设置”对话框

步骤 1：单击“页面布局”→“页面设置”功能区右下角的“对话框启动器”按钮，打开“页面设置”对话框。

步骤 2：选择“页眉/页眉”选项卡，单击“自定义页眉”按钮，打开“页眉”对话框，进行页眉格式的设置。

任务　制作“蔬菜销售表”

1. 学习任务

本任务的目标是为公司员工制作一份“蔬菜销售表”文档，涉及的知识点包括添加表格数据、快速填充数据等，在编辑表格数据过程中，要注意整个文档的专业、美观，使文档更加生动形象。本任务的工作表如图 8-28 所示。

	A	B	C	D	E	F
1	货物销售表					
2	编号	名称	规格	单价	货物量	货物总价
3	103698	芋艿	AC-1A	0.85	1465	1245.25
4	104826	藕	AC-3B	1.23	2363	2906.49
5	103738	土豆	AC-2C	1.9	1065	2023.5
6	105896	山药	AC-3D	1.85	2630	4865.5
7	106448	大白菜	AC-2A	0.82	1265	1037.3
8	107596	生姜	AB-3	1.45	1830	2653.5
9	108698	韭菜	BB-1	1.13	3465	3915.45
10	109896	红罗卜	BB-3A	0.51	980	499.8
11	112698	白罗卜	BB-1A	0.53	1002	531.06
12	112896	胡罗卜	BB-3B	0.76	2350	1786

图 8-28　“蔬菜销售表”工作表

2. 知识点（目标）

素材文档见“实例素材文件\第 8 章\蔬菜销售表.xlsx”。

制作“蔬菜销售表”操作过程视频

（1）将 Sheet1 表中的内容复制到 Sheet2 和 Sheet3 中，并将 Sheet1 更名为“出货单”。

（2）将 Sheet3 表的第 5 至第 7 行及“规格”列删除。

（3）将“出货单”表中三种萝卜的单价上涨 10%（小数位取两位），重新计算相应“货物总价”。

（4）将 Sheet3 表中的数据按“单价”降序排列，并将单价最低的一条记录隐藏。

（5）在 Sheet2 表第 1 行前插入标题行“货物销售表”，并设置为“幼圆，22，合并及居中”。除标题行外的各单元格加“细框”。

3. 操作思路及实施步骤

本任务主要的操作是工作表内容的复制；选择性粘贴；工作表的更名；行、列的删除；数据的排序及数据格式的设定。

步骤 1：单击工作表标签 Sheet1，选定 A1:F11 单元格区域，单击“开始”→“剪贴板”功能区中的“复制”按钮。

步骤 2：选定工作表 Sheet2 单元格 A1，单击“开始”→“剪贴板”功能区中的“粘贴”按钮。

同样，选定工作表 Sheet3 单元格 A1，单击“粘贴”按钮。

这样就把工作表 Sheet1 分别复制到了 Sheet2 和 Sheet3 表中。

步骤 3：右击工作表标签 Sheet1，在弹出的快捷菜单中选择“重命名”命令，输入工作表名“出货单”。

步骤 4：单击工作表标签 Sheet3，选定表格第 5 至第 7 行，右击，在弹出的快捷菜单中选择“删除”命令，如图 8-29 所示。

同样，选定“规格”列，右击，在弹出的快捷菜单中选择“删除”命令。

步骤 5：单击工作表标签“出货单”，在空白的单元格 G9（其他空白单元格也可以）内输入“1.1”，选定单元格 G9，单击“复制”按钮。

步骤 6：选定 D9 至 D11 单元格区域，依次选择“开始”→“剪贴板”→“粘贴”→“选择性粘贴”命令，如图 8-30 所示。在打开的“选择性粘贴”对话框中选择“粘贴”为“数值”，“运算”为“乘”，单击“确定”按钮，如图 8-31 所示。

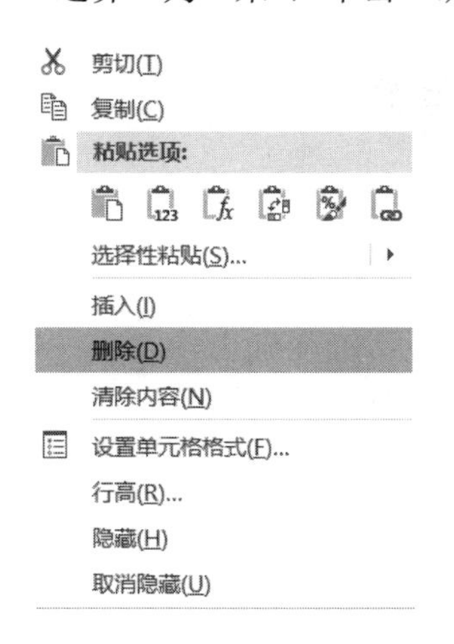

图 8-29　“删除”命令

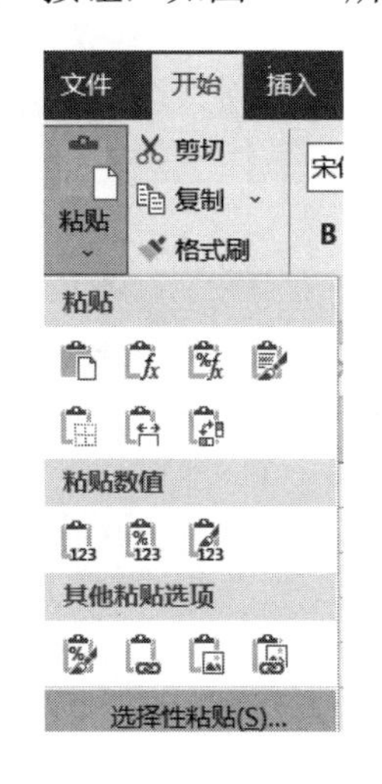

图 8-30　“选择性粘贴”命令

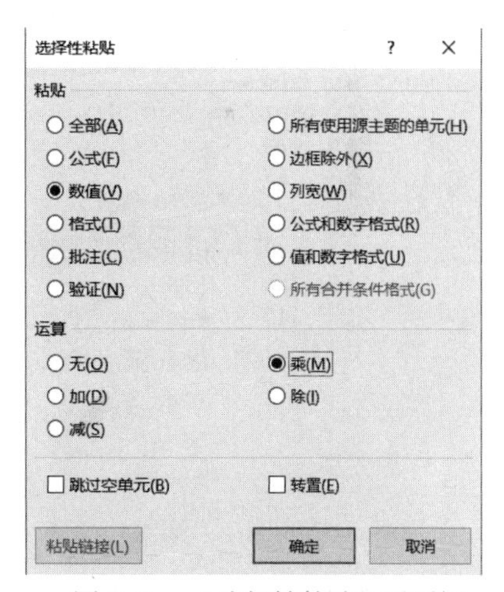

图 8-31　“选择性粘贴”对话框

步骤 7：单击单元格 F9，输入公式“=D9*E9”并回车确认。按住单元格 F9 填充柄拖拉至单元格 F11 释放。

步骤 8：单击“出货单”工作表的“单价”列中的任一单元格，单击“数据”→“排序和筛选”功能区中的“降序”按钮，如图 8-32 所示。

步骤 9：单击行号 8，右击，在弹出的快捷菜单中选择“隐藏”命令，如图 8-33 所示。

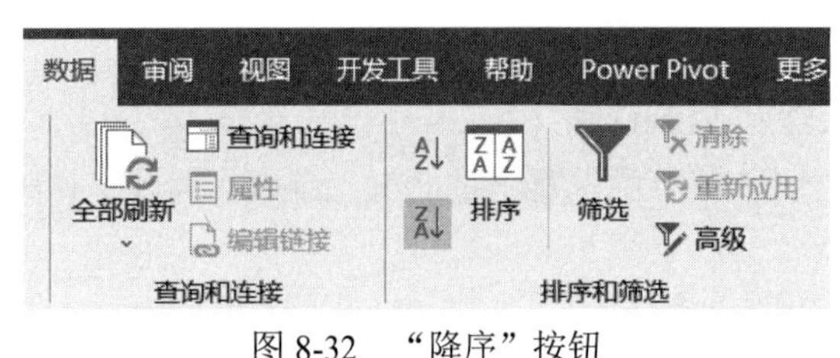

图 8-32　“降序”按钮

图 8-33　“隐藏”命令

步骤 10：单击工作表标签 Sheet2，再单击行号“1”，右击，在弹出的快捷菜单中选择“插入”命令，插入一行，如图 8-34 所示。

步骤 11：单元格 A1 中输入“货物销售表”，并设置字体为“幼圆”、字号为“22”。

步骤 12：选定 A1 至 F1 单元格区域，单击“格式”工具栏中的“合并及居中”按钮。

步骤 13：选定 A2 至 F12 单元格区域，单击“开始”→“字体”功能区中的“边框”下拉列表，选择“所有框线”命令，如图 8-35 所示。

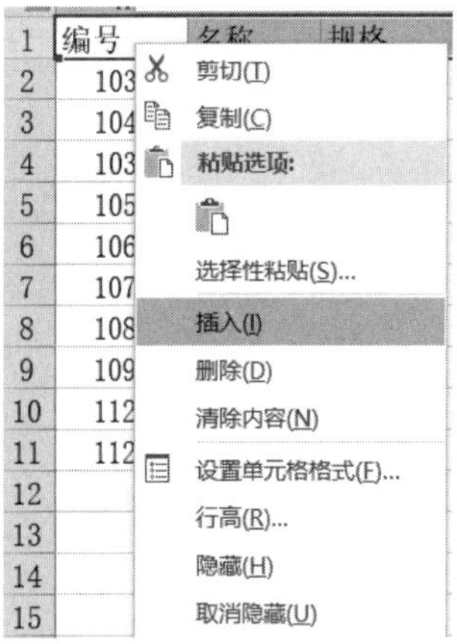

图 8-34　“插入”命令

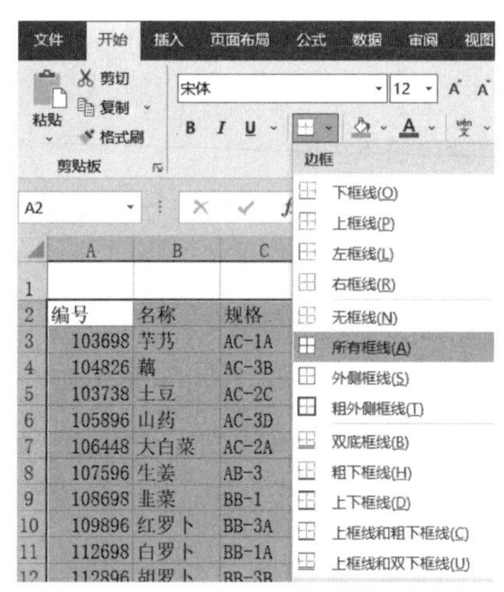

图 8-35　“所有框线”选项

4. 任务总结

通过本任务的练习，从以下几个方面介绍了制作 Excel 工作表涉及的知识内容：

（1）工作表内容的复制和粘贴，以及选择性粘贴。

（2）工作表的更名。

（3）行、列的删除。

（4）数据的排序，Excel 降序排列，数字从最大到最小进行排序。

（5）单元格格式的设置。

数据录入完毕后，为了使工作表整齐美观，还要设置单元格格式，如设定行高、列宽、工作表中数据显示格式、字体字号、对齐方式、表格边框、底纹等。

本章小结

本章主要介绍 Excel 2019 编辑表格数据的操作，包括输入和修改表格数据、序列填充、数据验证的设置、移动和复制数据，要求掌握美化表格的操作，包括设置字体格式和对齐方式、设置单元格边框和底纹、数据表格式的设置、插入艺术字和图片等知识。

对于本章的内容，读者应认真学习和掌握，以便制作出更美观实用的表格。

疑难解析（问与答）

问：快速填充数据有哪些不同方式？

答：快速录入数据方式有：

（1）在同一行或同一列中复制相同的数据。

（2）复制的数据以 1 为步长增长。

（3）填充等差数列或等比数列。

可以单击“开始”→“编辑”→“填充”按钮进行填充数据。此时必须先选定要填充的区域（包含原单元格，且原单元格必须是选定区域的第一个单元格），单击“开始”→“编辑”→“填充”按钮，弹出子菜单，如图 8-36 所示，在子菜单中可以选择填充的方向，如选择“向上”“向左”“向下”或“向右”等操作。选择“系列”命令，打开“序列”对话框，如图 8-37 所示，选择相关操作。

问：如果输入的文字过多，超过了单元格的宽度，会产生什么问题？

答：如果输入的文字过多，超过了单元格的宽度，会产生以下两种结果：

（1）如果右边相邻的单元格中没有数据，则超出的文字会显示，并盖住右边相邻的单元格。

（2）如果右边相邻的单元格中含有数据，那么超出单元格的部分不会显示，没有显示的部分在加大列宽或以换行方式格式化该单元格后，就可以看到该单元格中的全部内容。

如果在一个单元格中输入的文字过多，又想将这些文字在此单元格中分行显示，则可以用 Alt+Enter 键实现单元格内的手动换行操作。

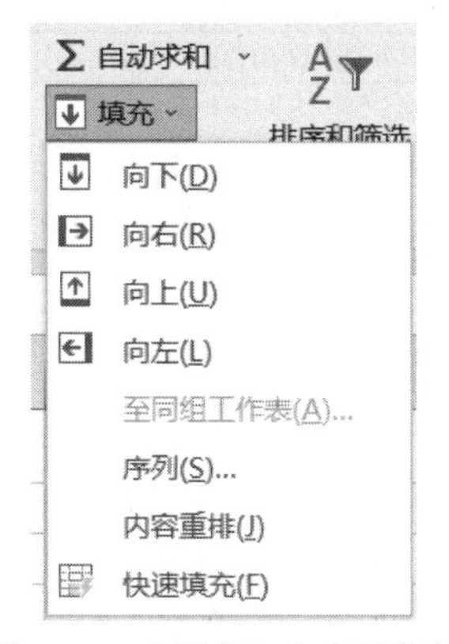

图 8-36　“填充”命令子菜单

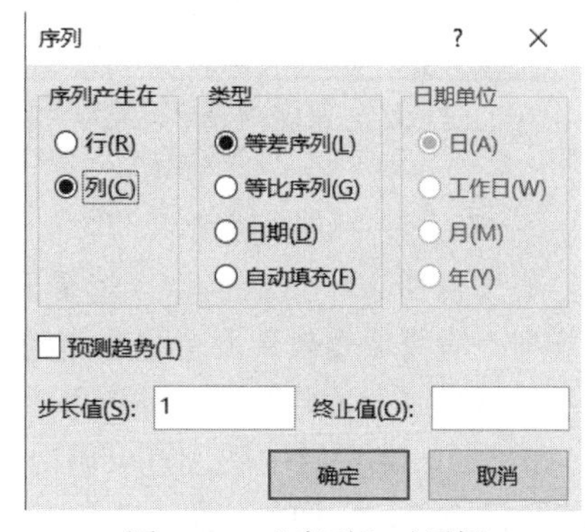

图 8-37　“序列”对话框

操作题

1. 打开素材文件“操作题素材\第 8 章\操作题 8-1.xlsx”，将其另存为“部分城市消费水平抽样调查.xlsx”，并对该工作簿中 Sheet1 工作表做如下编辑。

（1）删除表格内的空行。

（2）在“地区”前加入一列“序号”，“序号”格式设置与其他列标题相同，并用填充方式设置序号值为“1～10”。

（3）在标题下插入一行，并将标题中的“（以京沪两地综合评价指数为 100）”移至新插入的行，合并两个标题行，设置“（以京沪两地综合评价指数为 100）”格式为楷体，12 号字，跨列居中，红色字体。

（4）设置第一行标题格式为：隶书、18 号字，粗体，跨列居中，填充颜色为黄色。

（5）将“食品”和“服装”两列移到“耐用消费品”一列之后，重新调整单元格大小，以适应数据宽度。

（6）表格中的数据单元格区域设置为数值格式，保留 2 位小数，右对齐；其他各单元格内容居中。

（7）为表格设置边框线，格式按图 8-38 所示样文设置。

部分城市消费水平抽样调查

（以京沪两地综合评价指数为100）

序号	地区	城市	日常生活用品	耐用消费品	食品	服装	应急支出
1	东北	沈阳	91.00	93.30	89.50	97.70	\
2	东北	哈尔滨	92.10	95.70	90.20	98.30	99.00
3	东北	长春	91.40	93.30	85.20	96.70	\
4	华北	天津	89.30	90.10	84.30	93.30	97.00
5	华北	唐山	89.20	87.30	82.70	92.30	80.00
6	华北	郑州	90.90	90.07	84.40	93.00	71.00
7	华北	石家庄	89.10	89.70	82.90	92.70	\
8	华东	济南	93.60	90.10	85.00	93.30	85.00
9	华东	南京	95.50	93.55	87.35	97.00	85.00
10	西北	西安	88.80	89.90	85.50	89.76	80.00

消费调查表 / 消费调查备份表

就绪

图 8-38 “操作题 8-1”效果

（8）将工作表 Sheet1 重命名为“消费调查表”。

（9）复制“消费调查表”并命名为“消费调查备份表”。

（10）在“消费调查备份表”的“石家庄”一行之前插入分页符，并设置标题及表头行（1～3 行）为打印标题，在页眉中间设置页眉内容为工作表标签名，设置完成后进行打印预览。

2. 制作如图 8-39 所示的“服装销售表”工作簿效果。制作时将涉及数据的输入和修改、自动套用表格格式，以及复制表格数据等操作。

3. 制作如图 8-40 所示的“差旅费报销单”工作簿效果。为重复使用报销单，保存为模板文件。

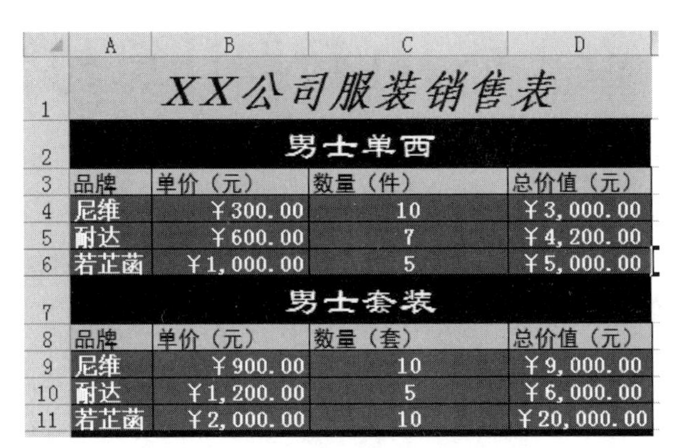

XX公司服装销售表			
男士单西			
品牌	单价（元）	数量（件）	总价值（元）
尼维	￥300.00	10	￥3,000.00
耐达	￥600.00	7	￥4,200.00
若芷菡	￥1,000.00	5	￥5,000.00
男士套装			
品牌	单价（元）	数量（套）	总价值（元）
尼维	￥900.00	10	￥9,000.00
耐达	￥1,200.00	5	￥6,000.00
若芷菡	￥2,000.00	10	￥20,000.00

图 8-39　“服装销售表”工作簿效果

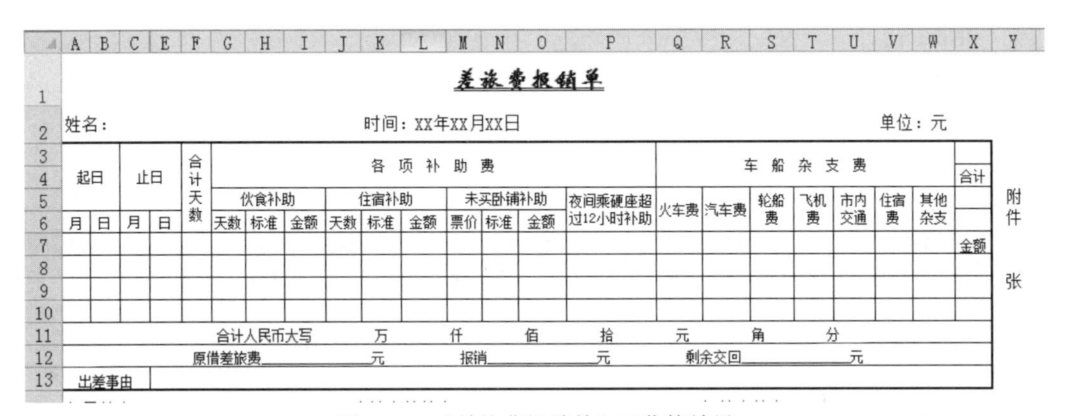

差旅费报销单

姓名：　　时间：XX年XX月XX日　　单位：元

起日		止日		合计天数	各项补助费										车船杂支费							合计
					伙食补助			住宿补助			未买卧铺补助			夜间乘硬座超过12小时补助	火车费	汽车费	轮船费	飞机费	市内交通	住宿费	其他杂支	
月	日	月	日		天数	标准	金额	天数	标准	金额	票价	标准	金额									金额

合计人民币大写　　万　　仟　　佰　　拾　　元　　角　　分

原借差旅费______元　　报销______元　　剩余交回______元

出差事由

附件　　张

图 8-40　“差旅费报销单”工作簿效果

第 9 章　Excel 数据计算与管理

本章要点

➢ 熟练掌握公式与函数的使用方法，能利用公式或函数来解决常用数据计算问题。
➢ 熟练掌握创建数据清单及排序、筛选和分类汇总功能对表格数据的应用。

案例展示

“比赛打分成绩表”最终效果如图 9-1 所示，“足球出线的确认”最终效果如图 9-2 所示。

	A	B	C	D	E	F	G	H	I	J	K	L	M	N
1	比赛打分成绩表													
2	歌手编号	1号评委	2号评委	3号评委	4号评委	5号评委	6号评委	总　分	最高分	最低分	最终分数	平均分	名　次	获奖等级
3	001	9.00	8.80	8.90	8.40	8.20	8.90	52.20	9.00	8.20	35.00	8.75	5	三等奖
4	002	5.80	6.80	5.90	6.00	6.90	6.40	37.80	6.90	5.80	25.10	6.28	10	三等奖
5	003	8.00	7.50	7.30	7.40	7.90	8.00	46.10	8.00	7.30	30.80	7.70	9	三等奖
6	004	8.60	8.20	8.90	9.00	7.90	8.50	51.10	9.00	7.90	34.20	8.55	6	三等奖
7	005	8.20	8.10	8.80	8.90	8.40	8.50	50.90	8.90	8.10	33.90	8.48	7	三等奖
8	006	8.00	7.60	7.80	7.50	7.90	8.00	46.80	8.00	7.50	31.30	7.83	8	三等奖
9	007	9.00	9.20	8.50	8.70	8.90	9.10	53.40	9.20	8.50	35.70	8.93	3	二等奖
10	008	9.60	9.50	9.40	8.90	8.80	9.50	55.70	9.60	8.80	37.30	9.33	1	一等奖
11	009	9.20	9.00	8.70	8.30	9.00	9.10	53.30	9.20	8.30	35.80	8.95	2	二等奖
12	010	8.80	8.60	8.90	8.80	9.00	8.40	52.50	9.00	8.40	35.10	8.78	4	三等奖

图 9-1　“比赛打分成绩表”最终效果

	A	B	C	D	E
1	小组赛积分表				
2	球队	胜负	对手	净胜球	积分
6	辽宁 汇总			6	9
10	上海 汇总			1	6
14	山东 汇总			-3	1
18	北京 汇总			-4	1
19	总计			0	17

图 9-2　“足球出线的确认”最终效果

9.1　Excel 公式与函数

公式与函数是 Excel 的核心内容，要求掌握单元格引用、公式与各种函数的使用。

单元格引用讲解视频

1. 单元格引用类型

单元格引用类型有 4 种：相对引用、绝对引用、混合引用、三维引用。

1）相对引用

相对引用是 Excel 默认的单元格引用方式，其形式为在公式中直接使用单元格的地址，当复制或移动该公式时会根据目标单元格的位置自动调整公式中引用的单元格地址。例如，将 C1 单元格中的公式"=A1+B1"复制到 C2 单元格，从 C1 单元格到 C2 单元格列号未变、行号加 1，则 C2 单元格公式中引用的单元格相对于原来单元格引用也是列号不变、行号加 1，即"=A2+B2"。

2）绝对引用

绝对引用的形式是在行号和列号前加"$"符号，当复制或移动该公式时不会随着公式的位置变化而改变公式中引用的单元格地址。例如，将 A3 单元格中的公式"=$A$1+$A$2"复制到 B3 单元格后，公式仍为"=$A$1+$A$2"。

快捷操作： 输入单元格地址后，直接按功能键 F4，可转变为绝对引用。

3）混合引用

混合引用的形式是在行号或列号前加"$"符号，加"$"符号部分为绝对地址，不会随着公式的位置变化而改变；不加"$"符号部分为相对地址，会随着公式的位置变化而改变。例如，将 C3 单元格中的公式"=$A1+A$2"复制到 D4 单元格后，公式变为"=$A2+B$2"。

4）三维引用

如果需要引用同一工作簿的其他工作表中的单元格或区域时，应在单元格或区域引用前加上工作表名和感叹号，如"Sheet2！A1"表示相对引用工作表 Sheet2 中的 A1 单元格。不论采用何种引用方式，公式中的工作表名不会随着公式位置的变化而改变。

许多函数的参数需用绝对引用，如 RANK()、VLOOKUP()、SUMIF()等，它们都以某一特定区域为操作对象，而这一区域不能随公式的复制而改变，因此，应该用绝对引用表示这些区域。

2. 一般公式

Excel 强大的计算功能主要通过公式和函数体现，公式就是对工作表中的数值进行计算的式子。Excel 的公式必须以"="开头，由运算符、单元格引用、值或字符串、函数及参数、括号等组成。使用公式的好处在于，一旦公式中引用单元格的内容发生变化，公式会自动重新计算。

函数：在 Excel 中包含的许多预定义公式，可以对一个或多个数据执行运算，并返回一个或多个值，函数可以简化或缩短工作表中的公式。

参数：函数中用来执行操作或计算单元格或单元格区域的数值。

常量：是指在公式中直接输入的数字或文本值，并且不参与运算且不发生改变的数值。

运算符：用来连接公式中准备进行计算的数据的符号或标记。运算符可以表达公式内执行计算的类型，有引用、算术、连接和关系运算符。

1）常量

Excel 的常量主要有数值（如 123、1.23 等）、文本（使用双引号括起来，如“abc”“姓名”等）和逻辑值（TRUE 表示真，FALSE 表示假）。

2）运算符

公式中的常用运算符如表 9-1 所示。

（1）算术运算符：+（加）、−（减）、*（乘）、/（除）、%（百分号）和^（乘方）。

（2）比较运算符：用于比较两个值，结果是一个逻辑值，如=（等于）、>（大于）、<（小于）、>=（大于等于）、<=（小于等于）和<>（不等于）。

（3）文本运算符：使用&（连接）将两个字符串连接起来，如“姓名”&“abc”的结果为“姓名 abc”。

表 9-1　公式中的常用运算符

运算符类型	符号	含义
算术运算符	+，−，*，/，^	加，减，乘，除，乘方
比较运算符	>，<，=， >=，<=，<>	大于，小于，等于 大于等于，小于等于，不等于
文本运算符	&	连接字符串

3. 公式审核

1）错误检查

公式如果输入错误，将会产生一系列错误。利用审核功能可以检查出工作表与单元格之间的关系，并找到错误原因。

2）追踪引用单元格

追踪引用单元格是指追踪当前单元格中引用的单元格。

3）追踪从属单元格

在 Excel 2019 工作表中，追踪从属单元格是指追踪当前单元格被引用公式的单元格。

4. 数组公式

在 Excel 中公式不管多么复杂，一般只能返回一个结果；而数组公式可以返回一个或多个结果，即一个数据集合（一维或二维）。

使用数组公式，主要考虑以下几点：

（1）如果运算结果是一个集合，用数组就可以一次搞定，减少步骤。

（2）如果需要通过较复杂的中间运算，才能得到结果，而数组公式的好处在于一次可以执行多重运算。

（3）数组公式可以保证某一相关公式集合的完整性，因为 Excel 不允许更改数组的一部分。

注意：数组公式录入后，须按 Shift+Ctrl+Enter 组合键，公式两边就会加上大括号“{}”。

---

5. Excel 函数

Excel 函数是指预先定义好的，执行计算、分析等数据处理任务的特殊公式，与公式相比较，函数可用于执行复杂的计算。

函数的使用不仅简化了公式而且节省了时间，从而提高了工作效率。

在 Excel 2019 中，调用函数时需要遵守 Excel 对于函数所制定的语法结构。函数的语法结构由等号、函数名称、括号、逗号和参数组成。

等号：函数一般以公式的形式出现，必须在函数名称前面输入“=”号。

函数名称：用来标识调用功能函数的名称。

参数：参数可以是数字、文本、逻辑值和单元格引用，也可以是公式或其他函数。

括号：用来输入函数参数，各参数之间用逗号隔开。

逗号：各参数之间用来表示间隔的符号。如“=SUM(B3:B5,B7:B10)”表示将 B3 到 B5，B7 到 B10 单元格数据相加求和。

正确填入参数是使用函数的关键，特别在参数比较复杂的情况下，要善于利用“插入函数”对话框中的参数提示。

下面对 Excel 函数做一简要介绍，要求学会使用 Excel 的帮助文档，查阅使用的函数名及说明。

1）求和类函数

（1）SUM()函数：对 Number1，Number2 等指定参数进行求和，也可以对某个单元格区域进行求和。

（2）SUMIF()函数：对符合指定（单个）条件的单元格区域内的数值进行求和。

【举例】统计各种商品的采购总金额，如图 9-3 所示。

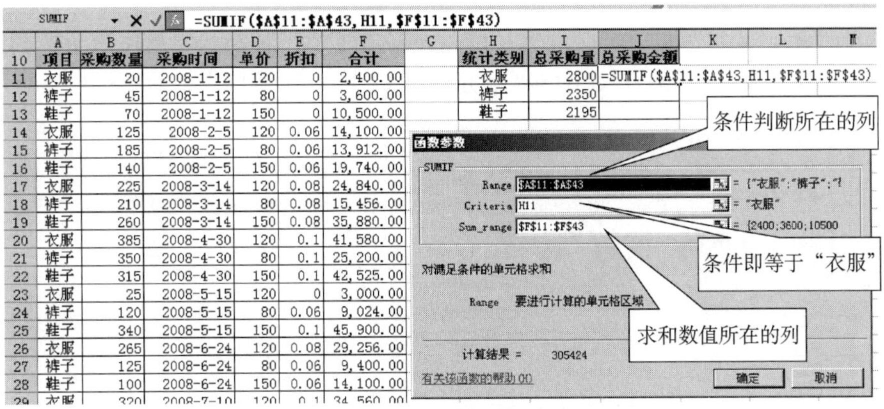

图 9-3　统计衣服的采购总金额

注意：SUMIF()只用于单个条件的求和。如果是多个条件的求和，一般不能用 AND 或 OR 把多个条件连起来，而要用数据库函数 DSUM()。

（3）DSUM()函数：对符合多个条件的单元格区域内的数值进行求和，要设置条件区域。

2）计数类函数

统计类函数讲解视频

（1）COUNT()函数：用于计算数字单元格的个数。

（2）COUNTA()函数：用于计算非数值类型（包括数值型）单元格的个数。

（3）COUNTBLANK()函数：计算某个单元格区域中空白单元格的数目。

（4）COUNTIF()函数：计算区域满足给定条件的单元格的个数。

（5）DCOUNT()函数：多个条件的计数（数值型）。

（6）DCOUNTA()函数：多个条件的计数（非数值型）。

数据库讲解视频

3）其他统计类函数

（1）AVERAGE()函数：求平均值。

（2）DAVERAGE()函数：求多个条件的平均值。

（3）MAX()：求参数列表中对应数字的最大值。

（4）MIN()：求参数列表中对应数字的最小值。

（5）DMAX()：求参数列表中对应数字的最大值（多条件）。

（6）DMIN()：求参数列表中对应数字的最小值（多条件）。

（7）RANK()：求一个数字在数字列表中的排位（名次）。

逻辑函数讲解视频

4）逻辑函数

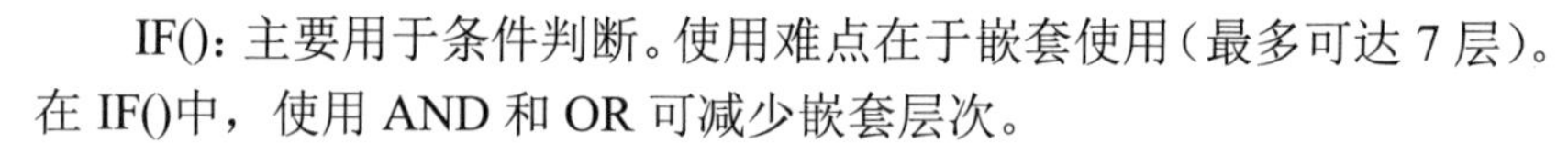
IF()：主要用于条件判断。使用难点在于嵌套使用（最多可达 7 层）。在 IF()中，使用 AND 和 OR 可减少嵌套层次。

5）文本函数

（1）EXACT()：测试两个字符串是否完全相同。

（2）REPLACE()：将指定的字符串替换某文本字符串中的部分文本。

【举例】使用 REPLACE()函数更改学号，并填入新学号中，学号更改的方法为：在原学号前加上“2009”。

设 A3 为学号，从第 1 位开始，取零长度，表示第 1 位不被替换，只在第 1 位前面插入新文本：REPLACE(A3,1,0,2009)，如图 9-4 所示。

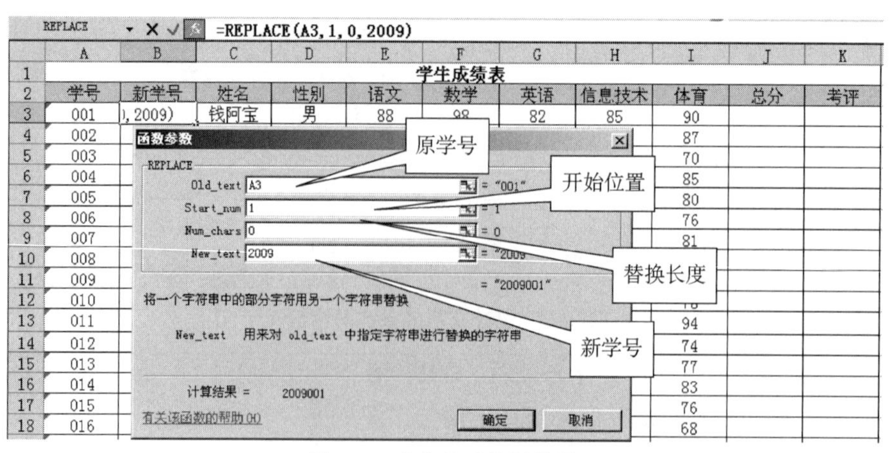

图 9-4　求升级后的新学号

（3）MID()：返回文本字符串中从指定位置开始的特定数目的字符。

（4）RIGHT()：返回文本字符串中的最后几个字符。

（5）LEFT()：返回文本字符串中的前面几个字符。

（6）CONCATENATE 函数：将几个文本字符串合并为一个文本字符串。

6）日期与时间函数

（1）TODAY()：返回当前日期。

（2）NOW()：返回当前的日期和时间。

（3）YEAR()、MONTH()、DAY()：把一个日期数据分解成年、月、日。

（4）HOUR()、MINUTE()：把一个时间数据分解成小时和分。

7）查找与引用函数

查找引用讲解视频

（1）HLOOKUP()：对表格进行水平方向查找含有特定值的字段，再返回同一列中某一指定列中的值。

【举例】要求根据“停车价目表”价格，对“停车情况登记表”中的“单价”列，根据不同的车型进行自动填充，如图 9-5 所示。

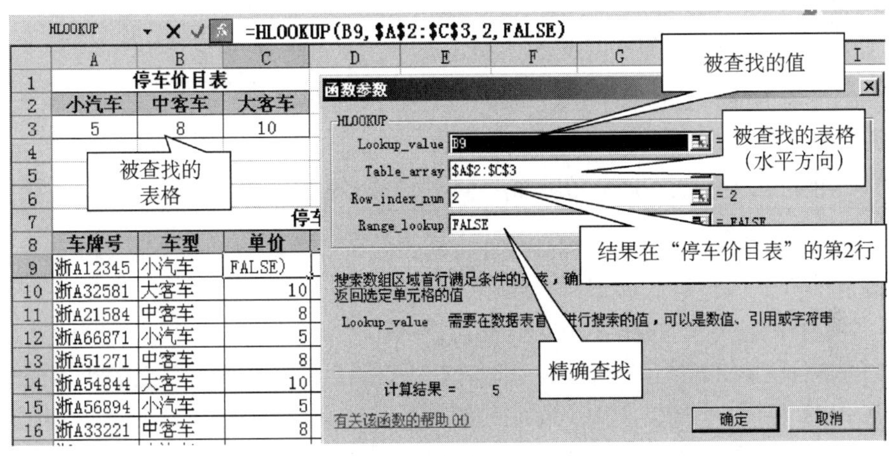

图 9-5　根据“停车价目表”查找单价

（2）VLOOKUP()：从一个表格的最左列（垂直方向）中查找含有特定值的字段，再返回同一行中某一指定列中的值。

【举例】在“评星考核”工作表中，分别用 VLOOKUP 和 LOOKUP 计算员工的星级标准。如图 9-6 所示。

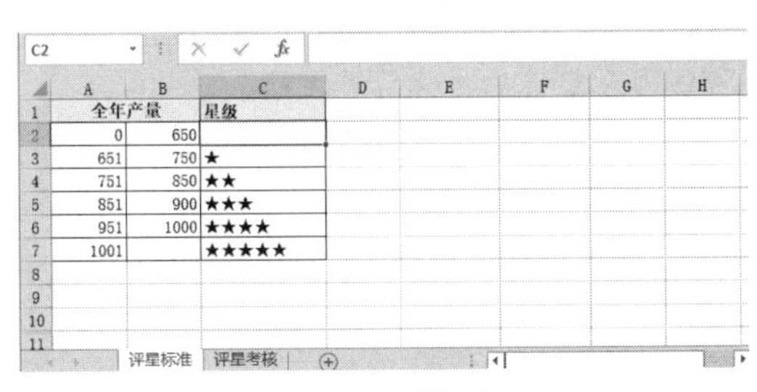

全年产量		星级
0	650	
651	750	★
751	850	★★
851	900	★★★
951	1000	★★★★
1001		★★★★★

（a）评星标准

=IF(D2>=651,VLOOKUP(D2,评星标准!$A$2:$C$7,3,TRUE),"")

职工号	姓名	生产部门	件数	星级标准1	星级标准2
LB001	吴刚	第1车间	780	★★	★★
LB002	邢昊	第1车间	645		
LB003	孙艳	第1车间	910	★★★	★★★
LB004	杨梦瑶	第2车间	908	★★★	★★★
LB005	曾辉	第2车间	852	★★★	★★★
LB006	付叶青	第2车间	785	★★	★★
LB007	胡奇	第3车间	909	★★★	★★★
LB008	陈飞飞	第3车间	921	★★★	★★★
LB009	张 幸	第4车间	963	★★★★	★★★★
LB010	吕品高	第4车间	843	★★	★★

（b）“评星考核”最终结果

图 9-6　“评星考核”工作表

说明：在“评星考核”工作表中，定义如表 9-2 所示的公式，并在列上向下复制公式。

表 9-2　评星考核计算公式

单元格	公式
E4	=IF(D2>=651,VLOOKUP(D2,评星标准!$A$2:$C$7,3,TRUE),"")
F4	=IF(D2>=651,LOOKUP(D2,评星标准!$A$2:$C$7),"")

说明：LOOKUP 函数从单行或单列区域或数组查找第一行或第一列的返回值，最好使用 HLOOKUP 或 VLOOKUP 函数。

8）财务类函数

（1）PMT()：基于固定利率及等额分期付款方式，计算贷款的每期付款额。

格式：PMT(Rate, Nper, Pv, Fv, Type)

参数中，Rate 为贷款利率，Nper 为还款总期数，Pv 为贷款总额，Fv 表示最后一次还款后现金余额，Type 指定还款时间是期初还是期末（0 或省略表示为期末，1 表示期初）。

例：年利息 4.98%，贷款 100 万元，分 15 年等额按揭，则每年偿还贷款金额（年末）：=PMT(4.98%, 15, 1000000, 0, 0).

结果为-96,212.09（在财务中，负数表示支出，正数表示收入）。

提示：Rate 与 Nper 的当量要一致，按年偿还则以年为基准，按月偿还则以月为基准。上例中，如改求每个月的偿还金额，则公式为：

=PMT(4.98%/12, 15*12, 1000000, 0, 0)

（2）IPMT()：基于固定利率及等额分期付款方式，计算投资或贷款在某一给定期限内的利息偿还额。

格式：IPMT(Rate, per, Nper, Pv, Fv, Type)

IPMT 的参数比 PMT 多了一个 per，即用于计算利息的期数序号，介于 1~Nper，其他参数的含义与 PMT 相同。注意，IPMT 得到的结果是某一期所交的利息，而不是偿还额。

例：计算上例中第 9 个月的贷款利息：

=IPMT(4.98%/12, 9, 15*12, 1000000)

说明：最后两个参数（Fv，Type）如为 0，可省略不写。

（3）FV()：基于固定利率及等额分期付款方式，计算某项投资的未来值（几年后可以拿到的钱）。

格式：FV(Rate, Nper, Pmt, Pv, Type)

参数中，Rate 为各期利率，Nper 为总投资期，Pmt 为各期支付的金额，Pv 为现值（即先投资的金额），Type 指定付款时间是期初还是期末（0 表示期末，1 表示期初）。

（4）PV()：求一系列未来付款的当前值的累计和，返回的是投资现值。

格式：PV(Rate, Nper, Pmt, Fv, Type)

PV 的参数与 FV 相似，差别在于第 4 个参数变成了未来值 Fv，即最后一次付款后希望得到的现金余额，可以省略（默认值为 0）.

例：使用财务类函数，根据以下要求对 Sheet2 中的数据进行计算，要求：

● 根据“投资情况表 1”中数据，计算 10 年以后得到的金额，并将结果填入到 B7 单元格中。

● 根据“投资情况表 2”中数据，计算预计投资金额，并将结果填入到 E7 单元格中。

结果如图 9-7 所示。

	A	B	C	D	E
1	投资情况表1			投资情况表2	
2	先投资金额	-1000000		每年投资金额	150000
3	年利率	5%		年利率	5%
4	每年再投资金额	-10000		年限	20
5	再投资年限	10			
6					
7	10年以后得到的金额:	¥1,754,673.55		预计投资金额:	¥-1,869,331.55
8	公式	=FV(B3,B5,B4,B2)		公式	=PV(E3,E4,E2)

图 9-7　投资情况表示例

说明：“预计投资金额”实际上指相当于现在投资多少钱，而不是未来多少钱。

（5）SLN()：计算某项资产在一个期间中的线性折旧值。

格式：SLN(Cost, Salvage, Life)

参数中，Cost 为资产原值，Salvage 为资产在折旧期末的价值，即资产残值，Life 为折旧期限。

例：在 Sheet2 中，根据“固定资产情况表”，利用财务函数，对以下条件进行计算。

● 计算“每天折旧值”，并将结果填入到 E2 单元格中。

● 计算“每月折旧值”，并将结果填入到 E3 单元格中。

● 计算“每年折旧值”，并将结果填入到 E4 单元格中。

结果如图 9-8 所示。

	A	B	C	D	E	F
1	固定资产情况表			计算折旧值情况表		公式
2	固定资产金额:	100000		每天折旧值:	¥11.64	=SLN($B$2, $B$3, $B$4*365)
3	资产残值:	15000		每月折旧值:	¥354.17	=SLN($B$2, $B$3, $B$4*12)
4	使用年限	20		每年折旧值:	¥4, 250.00	=SLN($B$2, $B$3, $B$4)

图 9-8 固定资产情况表示例

9）其他类型函数

（1）IS 类函数：测试单元格中的内容是否为某种目标格式。

（2）数学函数。

● MOD 余数：计算两数相除的余数。

● INT 取整：取整，将数字向下舍入到最接近的整数。

9.2　Excel 数据管理

1. 条件格式

通过设置数据条件格式，单元格中的数据在满足指定条件时，就以特殊的格式（如红色、加粗、数据条、图标等）显示出来。在“开始”选项卡→“样式”→“条件格式”选项中进行设置。

（1）突出显示单元格规则。选定的单元格区域的值满足大于、小于、介于、等于、文本包含、发生日期、重复值等条件。

（2）项目选取规则。选定的单元格区域的值满足最大前 *n* 项、最大前 *n*%、最小前 *n* 项、最小前 *n*%、高于平均值、低于平均值等条件。

（3）数据条。根据选定的单元格区域的值填充对应色条。

（4）色阶。根据列数据的大小形成颜色的深浅渐变。

（5）图标集。根据单元格区域数据的大小显示对应的图标，有“方向”“形状”“标志”“等级”等不同类型的图标集，也可自定义图标集规则。

（6）新建规则。如果已有的条件格式都不满足实际需求，可使用“新建规则”。

2. 数据筛选

数据分析技巧
讲解视频

数据筛选是一个隐藏除了符合指定条件以外的数据过程，也就是说经过数据的筛选仅显示满足条件的数据，包括自动筛选、高级筛选和自定义筛选，下面介绍前两种。

1）自动筛选

根据所在列数据类型的不同，可以进行不同的筛选操作。

自动筛选操作比较简单，只要单击“数据”→“筛选”→“自动筛选”按钮，进入筛选界面，然后单击列标题旁的“▼”符号设置具体的筛选条件。注意：各列筛选条件之间是“与”（AND）的关系。

2）高级筛选

如果想对多个列同时设置筛选条件，则需要用到高级筛选。

利用高级筛选可以执行更复杂的查找，既可以设置多个条件，筛选条件之间可以是“与”“或”结合的关系，也可以使用通配符（*、？等)。

3. 数据排序

数据排序是指按一定规则对数据进行整理、排列，这样可以为数据的进一步处理做好准备。Excel 2019 提供了多种方法对数据表进行排序，可以按升序、降序的方式排序，也可以由用户自定义方式排序。

4. 数据的分类汇总

分类汇总是对数据清单上的数据按类别进行汇总、统计分析的一种常用方法，Excel 可以使用函数实现分类和汇总值的计算，汇总函数有求和、计数、求平均值等多个函数。使用分类汇总命令，可以按照自己选择的方式对数据进行汇总。在插入分类汇总时，Excel 会自动在数据清单底部插入一个总计行。运用分类汇总命令，不必手工创建公式，Excel 可以自动地创建公式、插入分类汇总与总计行并且自动分级显示数据。

在使用分类汇总之前，需要对汇总的依据字段进行排序。

案例和任务

案例1　计算“比赛打分成绩表”表格数据

在实际工作中，我们经常需要判定竞赛成绩和名次，如体育比赛、舞蹈比赛、知识竞赛、卡拉 OK 大赛等。下面通过“比赛打分成绩表”的实例来练习成绩判定的基本方法。

素材文档见“实例素材文件\第 9 章\比赛打分成绩表.xlsx”。本例完成的效果如图 9-1 所示。

1. 使用 SUM 函数求和

步骤 1：打开“比赛打分成绩表”工作簿，Sheet1 工作表中已输入评委分数，如图 9-9 所示。

	A	B	C	D	E	F	G	H	I	J	K	L	M	N
1	比赛打分成绩表													
2	歌手编号	1号评委	2号评委	3号评委	4号评委	5号评委	6号评委	总　分	最高分	最低分	最终分数	平均分	名　次	获奖等级
3	001	9.00	8.80	8.90	8.40	8.20	8.90							
4	002	5.80	6.80	5.90	6.00	6.90	6.40							
5	003	8.00	7.50	7.30	7.40	7.90	8.00							
6	004	8.60	8.20	8.90	9.00	7.90	8.50							
7	005	8.20	8.10	8.80	8.90	8.40	8.50							
8	006	8.00	7.60	7.80	7.50	7.90	8.00							
9	007	9.00	9.20	8.50	8.70	8.90	9.10							
10	008	9.60	9.50	9.40	8.90	8.80	9.50							
11	009	9.20	9.00	8.70	8.30	9.00	9.10							
12	010	8.80	8.60	8.90	8.80	9.00	8.40							

图 9-9　“比赛打分成绩表”初始状态

步骤 2：在工作表中选择 H3 单元格，单击编辑栏中的“插入函数”按钮 *fx*，打开“插入函数”对话框，如图 9-7 所示。

步骤 3：在“或选择类别”下拉列表中选择“常用函数”选项，在“选择函数”列表框中选择“SUM”选项，单击“确定”按钮，如图 9-10 所示。

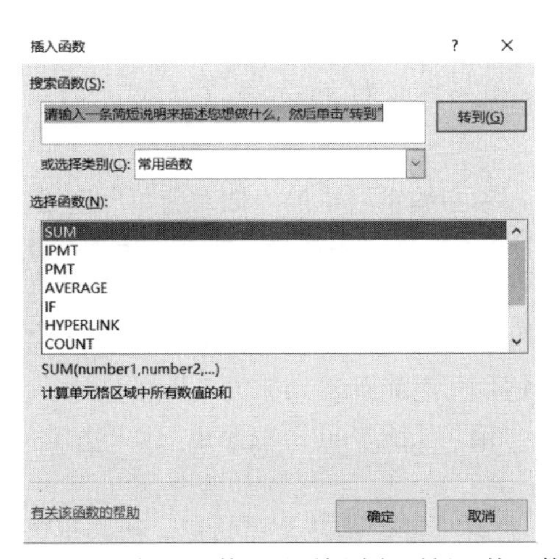

图 9-10　“插入函数”对话框选择需插入的函数

步骤 4：打开“函数参数”对话框，将“Number1”文本框中的参数设置为“B3:G3”单元格区域，单击“确定”按钮，如图 9-11 所示。

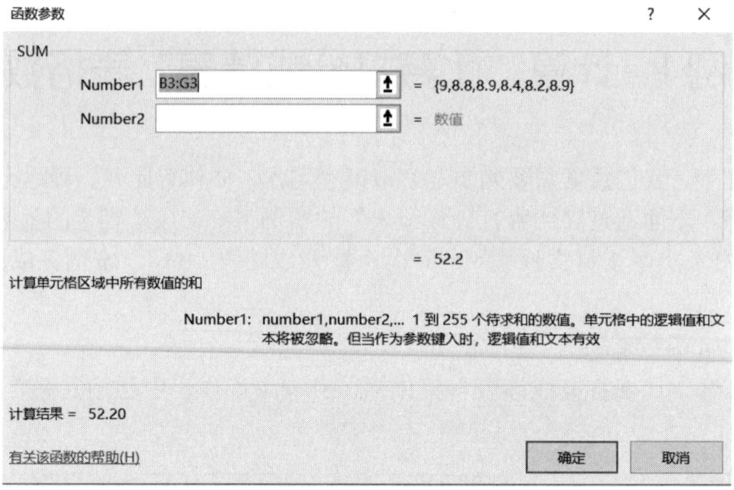

函数参数 ? ×

SUM

Number1 B3:G3 = {9,8.8,8.9,8.4,8.2,8.9}

Number2 = 数值

= 52.2

计算单元格区域中所有数值的和

Number1: number1,number2,... 1 到 255 个待求和的数值。单元格中的逻辑值和文本将被忽略。但当作为参数键入时，逻辑值和文本有效

计算结果 = 52.20

有关该函数的帮助(H) 确定 取消

图 9-11 设置参数的范围

步骤 5：在 Sheet1 工作表的 H3 单元格中，可查看计算结果，为 52.20。

步骤 6：选择 H3 单元格，拖动填充柄向下填充至 H12 单元格，如图 9-12 所示。

	A	B	C	D	E	F	G	H
1	比赛打分成绩							
2	歌手编号	1号评委	2号评委	3号评委	4号评委	5号评委	6号评委	总 分
3	001	9.00	8.80	8.90	8.40	8.20	8.90	52.20
4	002	5.80	6.80	5.90	6.00	6.90	6.40	37.80
5	003	8.00	7.50	7.30	7.40	7.90	8.00	46.10
6	004	8.60	8.20	8.90	9.00	7.90	8.50	51.10
7	005	8.20	8.10	8.80	8.90	8.40	8.50	50.90
8	006	8.00	7.60	7.80	7.50	7.90	8.00	46.80
9	007	9.00	9.20	8.50	8.70	8.90	9.10	53.40
10	008	9.60	9.50	9.40	8.90	8.80	9.50	55.70
11	009	9.20	9.00	8.70	8.30	9.00	9.10	53.30
12	010	8.80	8.60	8.90	8.80	9.00	8.40	52.50

图 9-12 总分计算结果

2. 计算最大值和最小值

1）计算最大值

步骤 1：选择 I3 单元格，单击编辑栏中的“插入函数”按钮，打开“插入函数”对话框。

步骤 2：在“或选择类别”下拉列表中选择“统计”选项，在“选择函数”列表框中选择“MAX”选项，单击“确定”按钮，如图 9-13 所示。

步骤 3：打开“函数参数”对话框，将“Number1”文本框中的参数设置为“B3:G3”单元格区域，单击“确定”按钮，可看到计算结果为 9.00。

步骤 4：选择 I3 单元格，拖动填充柄向下填充至 I12 单元格，如图 9-14 所示。

2）计算最小值

同理，选择 J3 单元格，打开“插入函数”对话框，在其中选择最小值函数（MIN）并设

置参数范围，效果如图 9-15 所示。

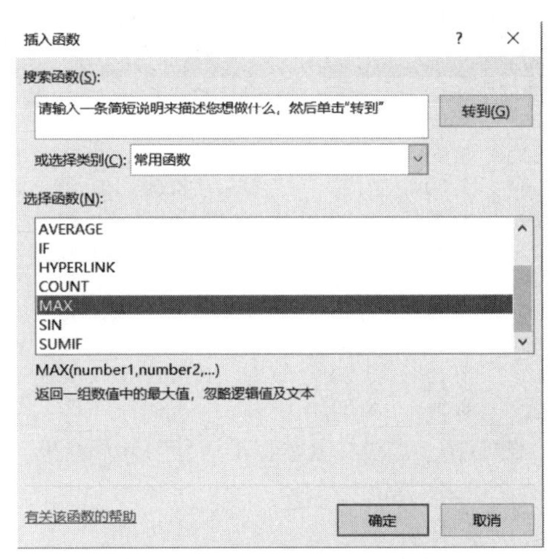

图 9-13　选择需插入的函数

I3　=MAX(B3:G3)

	A	B	C	D	E	F	G	H	I
1	比赛打分成绩表								
2	歌手编号	1号评委	2号评委	3号评委	4号评委	5号评委	6号评委	总　分	最高分
3	001	9.00	8.80	8.90	8.40	8.20	8.90	52.20	9.00
4	002	5.80	6.80	5.90	6.00	6.90	6.40	37.80	6.90
5	003	8.00	7.50	7.30	7.40	7.90	8.00	46.10	8.00
6	004	8.60	8.20	8.90	9.00	7.90	8.50	51.10	9.00
7	005	8.20	8.10	8.80	8.90	8.40	8.50	50.90	8.90
8	006	8.00	7.60	7.80	7.50	7.90	8.00	46.80	8.00
9	007	9.00	9.20	8.50	8.70	8.90	9.10	53.40	9.20
10	008	9.60	9.50	9.40	8.90	8.80	9.50	55.70	9.60
11	009	9.20	9.00	8.70	8.30	9.00	9.10	53.30	9.20
12	010	8.80	8.60	8.90	8.80	9.00	8.40	52.50	9.00

图 9-14　“最大值”计算结果

J3　=MIN(B3:G3)

	A	B	C	D	E	F	G	H	I	J
1	比赛打分成绩表									
2	歌手编号	1号评委	2号评委	3号评委	4号评委	5号评委	6号评委	总　分	最高分	最低分
3	001	9.00	8.80	8.90	8.40	8.20	8.90	52.20	9.00	8.20
4	002	5.80	6.80	5.90	6.00	6.90	6.40	37.80	6.90	5.80
5	003	8.00	7.50	7.30	7.40	7.90	8.00	46.10	8.00	7.30
6	004	8.60	8.20	8.90	9.00	7.90	8.50	51.10	9.00	7.90
7	005	8.20	8.10	8.80	8.90	8.40	8.50	50.90	8.90	8.10
8	006	8.00	7.60	7.80	7.50	7.90	8.00	46.80	8.00	7.50
9	007	9.00	9.20	8.50	8.70	8.90	9.10	53.40	9.20	8.50
10	008	9.60	9.50	9.40	8.90	8.80	9.50	55.70	9.60	8.80
11	009	9.20	9.00	8.70	8.30	9.00	9.10	53.30	9.20	8.30
12	010	8.80	8.60	8.90	8.80	9.00	8.40	52.50	9.00	8.40

图 9-15　“最小值”计算结果

3. 计算最终分数、平均分

步骤 1：选择 K3 单元格，输入公式“=H3-I3-J3”，计算最终分数。

步骤 2：选择 L3 单元格，输入公式“=K3/4”，计算平均分。计算结果如图 9-16 所示。

L3 =K3/4

	A	B	C	D	E	F	G	H	I	J	K	L
1	比赛打分成绩表											
2	歌手编号	1号评委	2号评委	3号评委	4号评委	5号评委	6号评委	总　分	最高分	最低分	最终分数	平均分
3	001	9.00	8.80	8.90	8.40	8.20	8.90	52.20	9.00	8.20	35.00	8.75
4	002	5.80	6.80	5.90	6.00	6.90	6.40	37.80	6.90	5.80	25.10	6.28
5	003	8.00	7.50	7.30	7.40	7.90	8.00	46.10	8.00	7.30	30.80	7.70
6	004	8.60	8.20	8.90	9.00	7.90	8.50	51.10	9.00	7.90	34.20	8.55
7	005	8.20	8.10	8.80	8.90	8.40	8.50	50.90	8.90	8.10	33.90	8.48
8	006	8.00	7.60	7.80	7.50	7.90	8.00	46.80	8.00	7.50	31.30	7.83
9	007	9.00	9.20	8.50	8.70	8.90	9.10	53.40	9.20	8.50	35.70	8.93
10	008	9.60	9.50	9.40	8.90	8.80	9.50	55.70	9.60	8.80	37.30	9.33
11	009	9.20	9.00	8.70	8.30	9.00	9.10	53.30	9.20	8.30	35.80	8.95
12	010	8.80	8.60	8.90	8.80	9.00	8.40	52.50	9.00	8.40	35.10	8.78

图 9-16　“最终分数、平均分”计算结果

4. 计算名次

步骤 1：选择 M3 单元格，单击编辑栏中的“插入函数”按钮，打开“插入函数”对话框。

步骤 2：在“或选择类别”下拉列表中选择“统计”选项，在“选择函数”列表框中选择“RANK.EQ”选项，单击“确定”按钮，如图 9-17 所示。

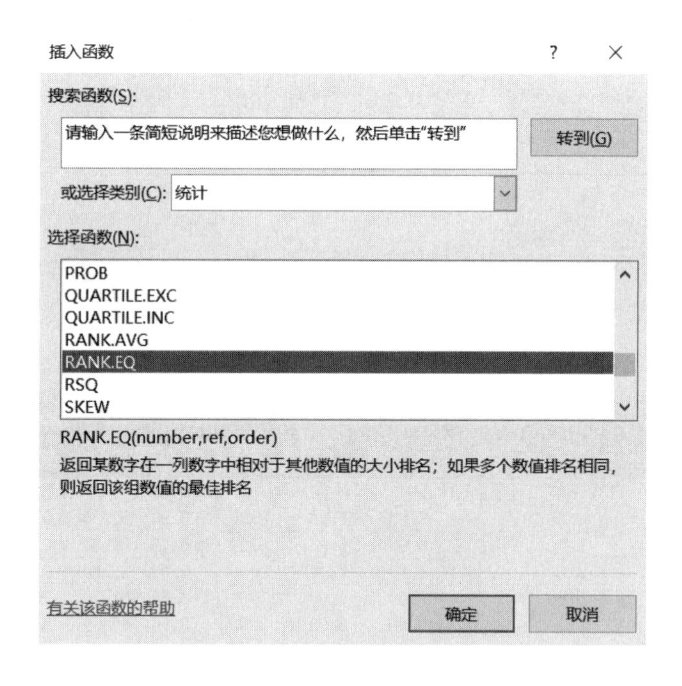

图 9-17　选择需插入的统计函数

步骤 3：打开“函数参数”对话框，将“Number”文本框中的参数设置为“K3”单元格区域，将“Ref”文本框中的参数设置为“$K$3:$K$12”，单击“确定”按钮，如图 9-18 所示。

步骤 4：返回 Sheet1 工作表，选择 M3 单元格，拖动填充柄向下填充至 M12 单元格，计算结果如图 9-19 所示。

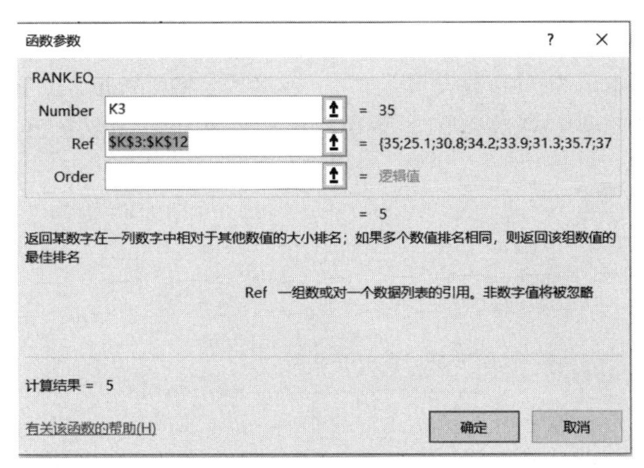

图 9-18　设置参数的范围

M3　=RANK.EQ(K3,$K$3:$K$12)

	A	B	C	D	E	F	G	H	I	J	K	L	M	N
1	比赛打分成绩表													
2	歌手编号	1号评委	2号评委	3号评委	4号评委	5号评委	6号评委	总　分	最高分	最低分	最终分数	平均分	名　次	获奖等级
3	001	9.00	8.80	8.90	8.40	8.20	8.90	52.20	9.00	8.20	35.00	8.75	5	
4	002	5.80	6.80	5.90	6.00	6.90	6.40	37.80	6.90	5.80	25.10	6.28	10	
5	003	8.00	7.50	7.30	7.40	7.90	8.00	46.10	8.00	7.30	30.80	7.70	9	
6	004	8.60	8.20	8.90	9.00	7.90	8.50	51.10	9.00	7.90	34.20	8.55	6	
7	005	8.20	8.10	8.80	8.90	8.40	8.50	50.90	8.90	8.10	33.90	8.48	7	
8	006	8.00	7.60	7.80	7.50	7.90	8.00	46.80	8.00	7.50	31.30	7.83	8	
9	007	9.00	9.20	8.50	8.70	8.90	9.10	53.40	9.20	8.50	35.70	8.93	3	
10	008	9.60	9.50	9.40	8.90	8.80	9.50	55.70	9.60	8.80	37.30	9.33	1	
11	009	9.20	9.00	8.70	8.30	9.00	9.10	53.30	9.20	8.30	35.80	8.95	2	
12	010	8.80	8.60	8.90	8.80	9.00	8.40	52.50	9.00	8.40	35.10	8.78	4	

图 9-19　“名次”计算结果

5. 使用嵌套函数计算获奖等级

在“插入函数”对话框中选择函数类型，然后设置判断条件，并在“函数参数”对话框中进行函数参数设置即可。

步骤 1：选择 N3 单元格，单击编辑栏中的“插入函数”按钮，打开“插入函数”对话框。

步骤 2：在“或选择类别”下拉列表中选择“逻辑”选项，在“选择函数”列表框中选择“IF”选项，单击“确定”按钮，如图 9-20 所示。

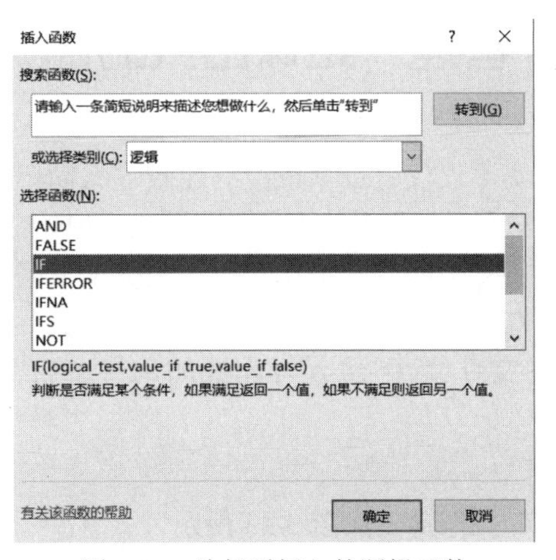

图 9-20　选择需插入的逻辑函数

步骤 3：打开“函数参数”对话框，将“Logical_test”文本框中的参数设置为“M3=1”，将“Value_if_true”文本框中的参数设置为“"一等奖"”，将“Value_if_false”文本框中的参数设置为“IF(M3<4,"二等奖","三等奖")”，单击“确定”按钮，如图 9-21 所示。

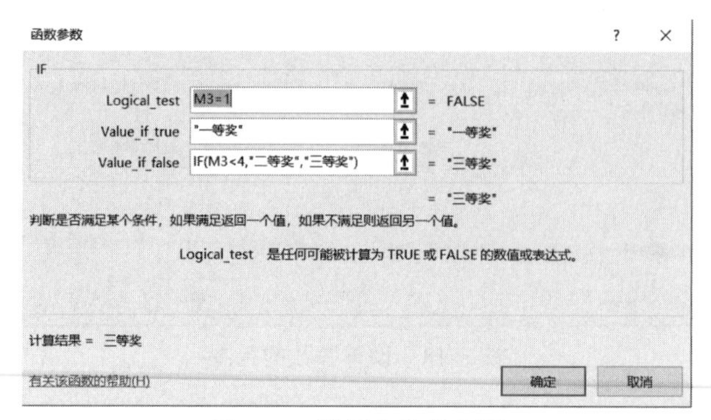

图 9-21 设置参数的范围

步骤 4：返回 Sheet1 工作表，选择 N3 单元格，拖动填充柄向下填充至 N12 单元格，计算结果如图 9-22 所示。

N3 fx =IF(M3=1,"一等奖",IF(M3<4,"二等奖","三等奖"))

	A	B	C	D	E	F	G	H	I	J	K	L	M	N
1	比赛打分成绩表													
2	歌手编号	1号评委	2号评委	3号评委	4号评委	5号评委	6号评委	总 分	最高分	最低分	最终分数	平均分	名 次	获奖等级
3	001	9.00	8.80	8.90	8.40	8.20	8.90	52.20	9.00	8.20	35.00	8.75	5	三等奖
4	002	5.80	6.80	5.90	6.00	6.90	6.40	37.80	6.90	5.80	25.10	6.28	10	三等奖
5	003	8.00	7.50	7.30	7.40	7.90	8.00	46.10	8.00	7.30	30.80	7.70	9	三等奖
6	004	8.60	8.20	8.90	9.00	7.90	8.50	51.10	9.00	7.90	34.20	8.55	6	三等奖
7	005	8.20	8.10	8.80	8.90	8.40	8.50	50.90	8.90	8.10	33.90	8.48	7	三等奖
8	006	8.00	7.60	7.80	7.50	7.90	8.00	46.80	8.00	7.50	31.30	7.83	8	三等奖
9	007	9.00	9.20	8.50	8.70	8.90	9.10	53.40	9.20	8.50	35.70	8.93	3	二等奖
10	008	9.60	9.50	9.40	8.90	8.80	9.50	55.70	9.60	8.80	37.30	9.33	1	一等奖
11	009	9.20	9.00	8.70	8.30	9.00	9.10	53.30	9.20	8.30	35.80	8.95	2	二等奖
12	010	8.80	8.60	8.90	8.80	9.00	8.40	52.50	9.00	8.40	35.10	8.78	4	三等奖

图 9-22 “获奖等级”计算结果

案例 2 管理“足球出线的确认”数据

在实际工作中，有些竞赛不仅仅是单项成绩的比较这么简单，而可能是一种综合条件的排序甚至更加复杂的计算的结果。利用 Excel 表格中记载的原始成绩记录，根据裁判规则，加上几步适当的操作，就可以将复杂的判定工作变得既简捷又准确。下面通过足球比赛的实例来练习竞赛成绩判定的基本方法。

素材文档见“实例素材文件\第 9 章\足球出线的确认.xlsx”。本例完成的效果如图 9-2 所示。

1. 使用记录单添加数据

打开“足球出线的确认”工作簿，如图 9-23 所示。

可使用“记录单”来输入和管理数据，现讲解将记录单添加到功能区的方法。

	A	B	C	D	E
1	小组赛积分表				
2	球队	胜负	对手	净胜球	积分
3	山东	平	北京	0	
4	辽宁	胜	北京	3	
5	上海	胜	北京	1	
6	北京	负	辽宁	-3	
7	山东	负	辽宁	-2	
8	上海	负	辽宁	-1	
9	北京	平	山东	0	
10	辽宁	胜	山东	2	
11	上海	胜	山东	1	
12	北京	负	上海	-1	
13	山东	负	上海	-1	
14	辽宁	胜	上海	1	

图 9-23　“足球比赛分数”初始状态

管理“足球出线的确认”数据操作过程视频

步骤 1：单击“文件”→“选项”，打开“Excel 选项”对话框，在左侧窗格中选择“自定义功能区”选项，如图 9-24 所示。

图 9-24　“Excel 选项”对话框

步骤 2：在右侧窗格中选择“主选项卡”，然后在中间窗格的“从下列位置选择命令”下拉列表中选择“不在功能区中的命令”选项，从下面的列表中选择“记录单”选项，单击窗口中间的“添加”按钮。

步骤 3：单击“确定”按钮，“记录单”功能按钮即被添加到“开始”选项卡中，如图 9-25 所示。

图 9-25 “开始”菜单“记录单”按钮

通过“记录单”对话框可以添加、删除、修改纪录，如图 9-26 所示。

图 9-26 “记录单”对话框

2. 计算积分

步骤 1：选择 E3 单元格，在编辑栏中输入公式“=IF(B3="胜",3,IF(B3="平",1,0))”，按回车键。

提示： 可使用“插入函数”对话框，选择“IF”函数，具体操作按前面介绍的方法。

步骤 2：选择 E3 单元格，拖动填充柄向下填充至 E14 单元格，计算结果如图 9-27 所示。

E3　fx　=IF(B3="胜",3,IF(B3="平",1,0))

	A	B	C	D	E	F
1	小 组 赛 积 分 表					
2	球队	胜负	对手	净胜球	积分	
3	山东	平	北京	0	1	
4	辽宁	胜	北京	3	3	
5	上海	胜	北京	1	3	
6	北京	负	辽宁	-3	0	
7	山东	负	辽宁	-2	0	
8	上海	负	辽宁	-1	0	
9	北京	平	山东	0	1	
10	辽宁	胜	山东	2	3	
11	上海	胜	山东	1	3	
12	北京	负	上海	-1	0	
13	山东	负	上海	-1	0	
14	辽宁	胜	上海	1	3	

图 9-27 各队积分的计算

3. 排序数据

步骤 1：单击数据表中的任一单元格，再单击“数据”选项卡→“排序和筛选”→“排序”按钮，如图 9-28 所示。

步骤 2：在打开的“排序”对话框中设置排序条件，如图 9-29 所示。

步骤 3：单击“确定”按钮，结果如图 9-30 所示。

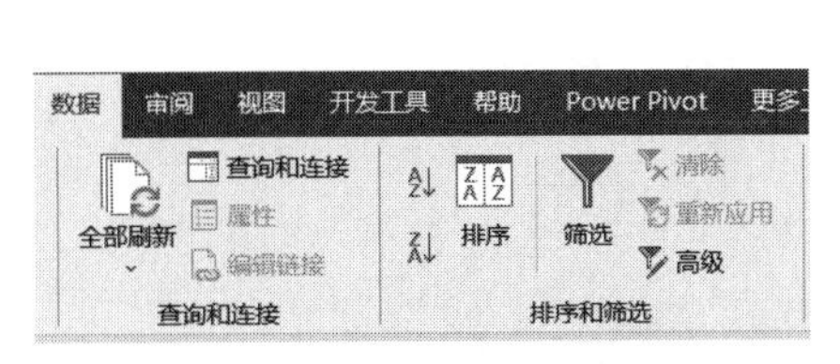

图 9-28　“排序”按钮

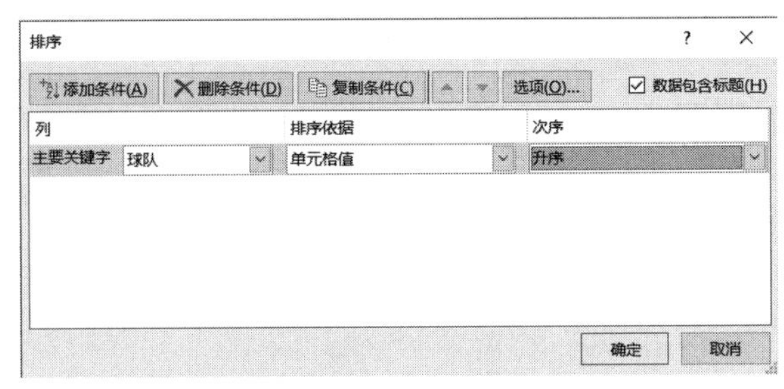

图 9-29　排序条件设置

	A	B	C	D	E
1	小 组 赛 积 分 表				
2	球队	胜负	对手	净胜球	积分
3	北京	负	辽宁	−3	0
4	北京	平	山东	0	1
5	北京	负	上海	−1	0
6	辽宁	胜	北京	3	3
7	辽宁	胜	山东	2	3
8	辽宁	胜	上海	1	3
9	山东	平	北京	0	1
10	山东	负	辽宁	−2	0
11	山东	负	上海	−1	0
12	上海	胜	北京	1	3
13	上海	负	辽宁	−1	0
14	上海	胜	山东	1	3

图 9-30　排序结果

4. 筛选数据

步骤 1：单击数据表中的任一单元格，再单击“数据”选项卡→“排序和筛选”→“筛选”按钮，

步骤 2：在“球队”列的下拉列表中选择“北京”，单击“确定”按钮，如图 9-31 所示。

步骤 3：在“积分”列中选择“数字筛选”→“大于或等于”选项，如图 9-32 所示。

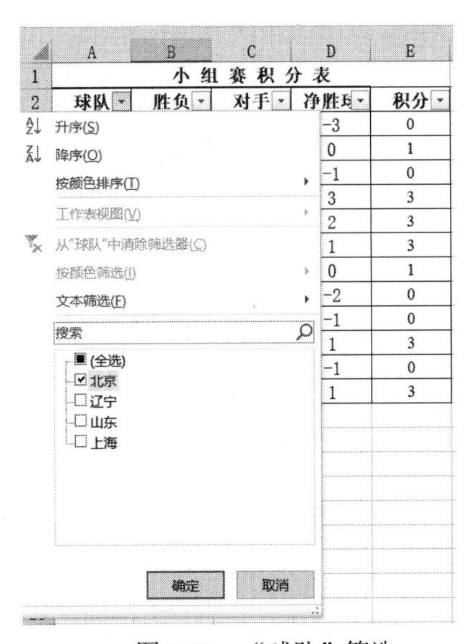

图 9-31　“球队”筛选

图 9-32　“积分”筛选

步骤 4：在打开的“自定义自动筛选方式”对话框中，数值栏输入“1”，如图 9-33 所示。

图 9-33 “自定义自动筛选方式”对话框

步骤 5：单击“确定”按钮，结果如图 9-34 所示。

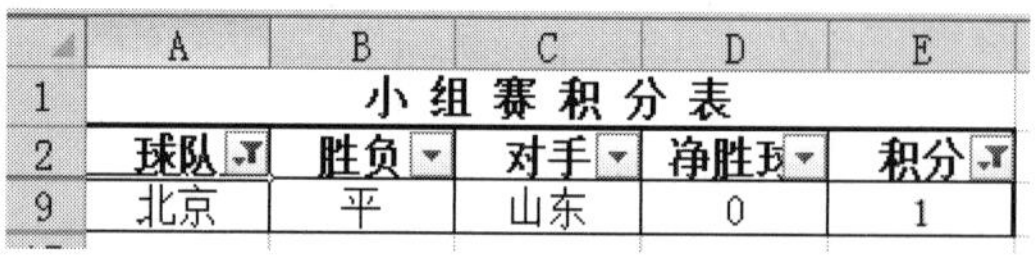

	A	B	C	D	E
1	小 组 赛 积 分 表				
2	球队	胜负	对手	净胜球	积分
9	北京	平	山东	0	1

图 9-34 筛选结果

步骤 6：再单击“数据”选项卡→“排序和筛选”→“筛选”按钮，退出筛选状态。

5. 数据的分类汇总

分类汇总是在数据表中，对某一列（称为统计指标或分类字段）的数据进行归类和分组，并应用 SUM()、COUNT()等统计函数在每一组的末端插入各组的汇总结果。

对数据分类汇总以后，要查看数据清单中的明细数据或者单独查看汇总总计，这就要用到分级显示的内容。在汇总结果表中，工作表左上方是分级显示的级别符号 1 2 3，如果要分级显示某个级别的信息，单击该级别的数字。

分级显示级别符号下方有显示明细数据符号 +，单击该符号可以在数据清单中显示出明细数据；同样单击 - 符号，可以隐藏明细数据。

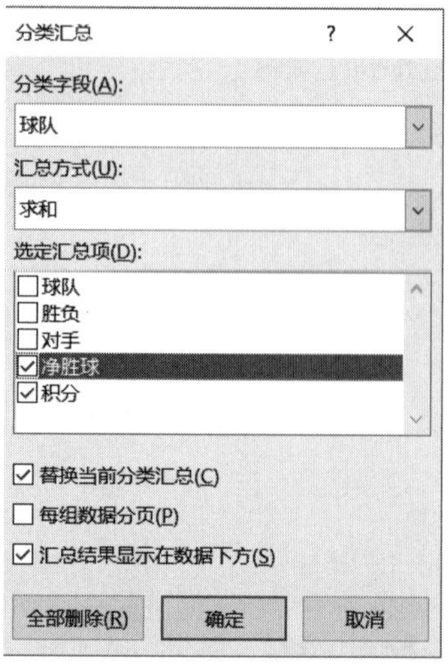

操作要求：按球队分类汇总各队的积分。

先退出数据的筛选状态，选择“性别”列的任意单元格，进行降序排序操作。

注意：分类汇总前务必对分类的字段进行排序。

步骤 1：单击“数据”选项卡→“排序和筛选”功能区中的“排序”按钮，在打开的对话框中“主关键字”选择“球队”，先对球队进行排序。

步骤 2：单击“数据”选项卡→“分级显示”功能区中的“分类汇总”按钮，在打开的对话框中设置分类汇总中的“分类字段”为“球队”，“汇总方式”为“求和”，“选定汇总项”为“净胜球”和“积分”，如图 9-35 所示。

分类汇总
分类字段(A):
球队
汇总方式(U):
求和
选定汇总项(D):
☐球队
☐胜负
☐对手
☑净胜球
☑积分
☑替换当前分类汇总(C)
☐每组数据分页(P)
☑汇总结果显示在数据下方(S)
全部删除(R)　确定　取消

图 9-35 “分类汇总”对话框

步骤 3：单击“确定”按钮，结果如图 9-36 所示。

步骤 4：单击左上角出现的 1 2 3 3 个层次中的“2”选项，折叠汇总表，得到仅含汇总项（小计和总计）的表格，结果如图 9-37 所示。

	A	B	C	D	E
1	小 组 赛 积 分 表				
2	球队	胜负	对手	净胜球	积分
3	北京	负	辽宁	-3	0
4	北京	平	山东	0	1
5	北京	负	上海	-1	0
6	北京 汇总			-4	1
7	辽宁	胜	北京	3	3
8	辽宁	胜	山东	2	3
9	辽宁	胜	上海	1	3
10	辽宁 汇总			6	9
11	山东	平	北京	0	1
12	山东	负	辽宁	-2	0
13	山东	负	上海	-1	0
14	山东 汇总			-3	1
15	上海	胜	北京	1	3
16	上海	负	辽宁	-1	0
17	上海	胜	山东	1	3
18	上海 汇总			1	6
19	总计			0	17

图 9-36 分类汇总结果

	A	B	C	D	E
1	小 组 赛 积 分 表				
2	球队	胜负	对手	净胜球	积分
6	北京 汇总			-4	1
10	辽宁 汇总			6	9
14	山东 汇总			-3	1
18	上海 汇总			1	6
19	总计			0	17

图 9-37 分球队汇总数据

6. 小组名次排定

步骤 1：选择数据，单击“数据”选项卡→“排序和筛选”功能区中的“排序”按钮。先将“球队”的“积分”作为“主要关键字”，单击“添加条件”按钮，将“净胜球”作为“次要关键字”，两者均按“降序”进行排序，如图 9-38 所示。

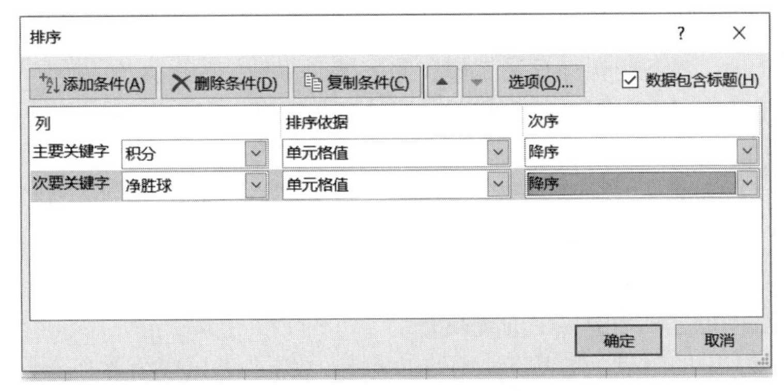

图 9-38 “排序”设置

步骤 2：单击“确定”按钮，这样就得到了最终的小组比赛名次的顺序，结果如图 9-39 所示。小组出线权也就此确定。可以看出，当积分相同时，净胜球多（或输球少）的队伍排在了净胜球少（或输球多）的队伍前面。

	A	B	C	D	E
1	小组赛积分表				
2	球队	胜负	对手	净胜球	积分
6	辽宁 汇总			6	9
10	上海 汇总			1	6
14	山东 汇总			-3	1
18	北京 汇总			-4	1
19	总计			0	17

图 9-39　小组比赛出线权的确定

任务　计算和管理“学生成绩登记表”

1. 任务描述

统计各类考试成绩是教师们经常碰到的事情，不但要对考试成绩进行录入，还需要对考试结果做出分析，对各种具备的条件和成绩做总体判断，有时还需要从资料中提取各种信息，这时候就必须对 Excel 强大的函数功能进行深入的学习。

素材文档见“实例素材文件\第 9 章\学生成绩登记表.xlsx”。

1. 在 Sheet1 中，使用条件格式将“高等数学”“大学英语”“计算机基础”“体育”四门课中成绩小于 60 分的单元格，字体颜色设置为红色，加粗显示。

2. 使用 REPLACE 函数，将 Sheet1 中“学生成绩表”的学生学号进行更改，并将更改的学号填入到“新学号”列中。

学号更改的方法为：在原学号的前面加上“2021”，例如：“001” → “2021001”。

3. 使用数组公式，对 Sheet1 中每个学生计算总分和平均分，将其计算结果保存到表中的“总分”列和“平均分”列当中。

4. 使用 RANK 函数，对 Sheet1 中的每个学生排名情况进行统计，并将排名结果保存到表中的“排名”列当中。

5. 考试不及格课程门数的统计。

6. 考试过关判定，对每个考生是否能过关做出判定，有不及格的不能通过，通过为 Pass，没通过为 Fail。

7. 在 Sheet1 中，对各门课计算最大值和最小值、平均值。

8. 在 Sheet1 中，利用数据库函数及已设置的条件区域，根据以下情况计算，并将计算结果填入到相应的单元格中，

（1）计算：“高等数学”和“大学英语”成绩都大于或等于 85 分的学生人数。

（2）计算：“体育”成绩都大于或等于 90 分的“女生”姓名。

（3）计算：“体育”成绩中男生的平均分。

（4）计算：“体育”成绩中男生的最高分。

9. 根据 Sheet1 中的结果，使用统计函数，统计“数学”考试成绩各个分数段的学生人数，将统计结果保存到 Sheet2 中的相应位置。

10. 将 Sheet1 中的“学生成绩表”复制到 Sheet3 当中，并对 Sheet3 进行高级筛选。

要求：

（1）筛选条件为：“性别”-男；“大学英语”成绩>80 分；“计算机基础”成绩>=75 分。

（2）将筛选结果保存在 Sheet3 中。

计算结果如图 9-40 所示。

	A	B	C	D	E	F	G	H	I	J	K	L	M
1	学生成绩登记表												
2	信息工程211班												
3	学号	新学号	姓名	性别	高等数学	大学英语	计算机基础	体育	总分	平均分	排名	不及格门数	考试过关
4	001	2021001	陈一	男	85	88	80	88	341	85.25	2	0	Pass
5	002	2021002	刘二	女	84	89	78	95	346	86.50	1	0	Pass
6	003	2021003	张三	男	77	65	70	75	287	71.75	5	0	Pass
7	004	2021004	李四	男	45	50	60	61	216	54.00	8	2	Fail
8	005	2021005	王五	女	68	64	69	62	263	65.75	6	0	Pass
9	006	2021006	赵六	男	88	82	56	79	305	76.25	4	1	Fail
10	007	2021007	洪七	男	52	47	72	68	239	59.75	7	2	Fail
11	008	2021008	叶飞	女	78	78	90	75	321	80.25	3	0	Pass
12													
13	最高分				88	89	90	95	346	86.50			
14	最低分				45	47	56	61	216	54.00			
15	平均分				72.13	70.38	71.88	75.38	289.75	72.44			

图 9-40　“学生成绩登记表”最终效果

2. 知识点（目标）

本任务讨论应用函数分析学生信息、计算考试成绩，并分析每门课成绩的最高分、最低分、平均分，统计每个学生的总分排名，根据给定条件从数据中提取相关信息，以及相关统计工作。下面通过“学生成绩登记表”计算分析学生的学习情况为例进行综合讲解。

3. 操作思路及实施步骤

步骤 1：打开“学生成绩登记表”工作簿，如图 9-41 所示。

	A	B	C	D	E	F	G	H	I	J	K	L	M
1	学生成绩登记表												
2	信息工程211班												
3	学号	新学号	姓名	性别	高等数学	大学英语	计算机基础	体育	总分	平均分	排名	不及格门数	考试过关
4	001		陈一	男	85	88	80	88					
5	002		刘二	女	84	89	78	95					
6	003		张三	男	77	65	70	75					
7	004		李四	男	45	50	60	61					
8	005		王五	女	68	64	69	62					
9	006		赵六	男	88	82	56	79					
10	007		洪七	男	52	47	72	68					
11	008		叶飞	女	78	78	90	75					
12													
13	最高分												
14	最低分												
15	平均分												
16													
17		条件区域1:					情况					计算结果	
18		高等数学	大学英语				“高等数学”和“大学英语”成绩都大于或等于85的学生人数:						
19		>=85	>=85				“体育”成绩大于或等于90的“女生”姓名:						
20							“体育”成绩中男生的平均分:						
21		条件区域2:					“体育”成绩中男生的最高分:						
22		体育	性别										
23		>=90	女										
24													
25		条件区域3:											
26		性别											
27		男											

图 9-41　“学生成绩登记表”初始状态

步骤 2：选择 Sheet1 工作表中的 E4:H11 单元格区域，在“开始”→“样式”功能区中，单击“条件格式”按钮，在打开的下拉列表中选择“突出显示单元格规则”→“小于”选项，如图 9-42 所示。

步骤 3：在打开的“小于”对话框中，在“为小于以下值的单元格设置格式”文本框中输入 60，在“设置为”下拉列表中选择“自定义格式”选项，如图 9-43 所示。在打开的“设置单元格格式”对话框的“字体”选项卡中，设置“字形”为“加粗”，字体“颜色”为“红色”，如图 9-44 所示，单击“确定”按钮，返回“小于”对话框，再单击“确定”按钮。

步骤 4：选中 B4 单元格，单击编辑栏左侧的“插入函数”按钮 *fx*，打开“插入函数”对话框，在“选择函数”列表框中选择 REPLACE 函数。

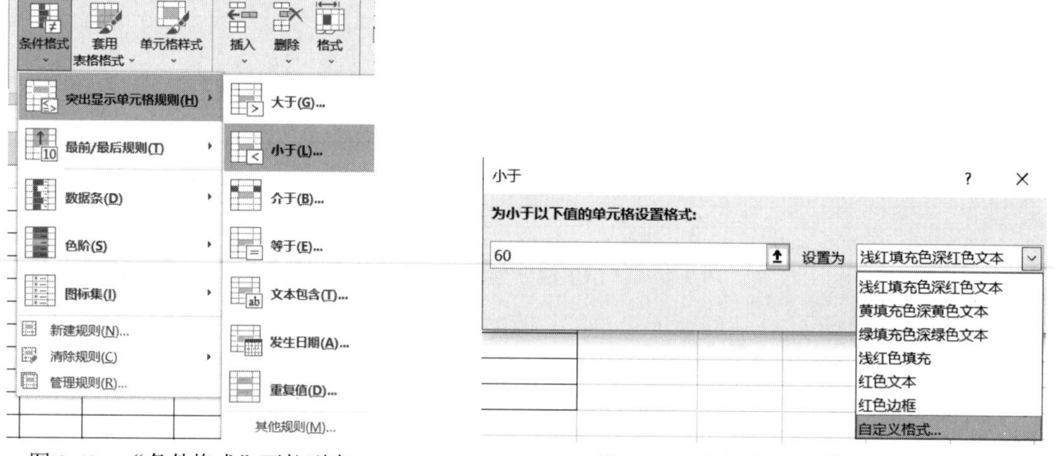

图 9-42　“条件格式”下拉列表　　　　图 9-43　“小于”对话框

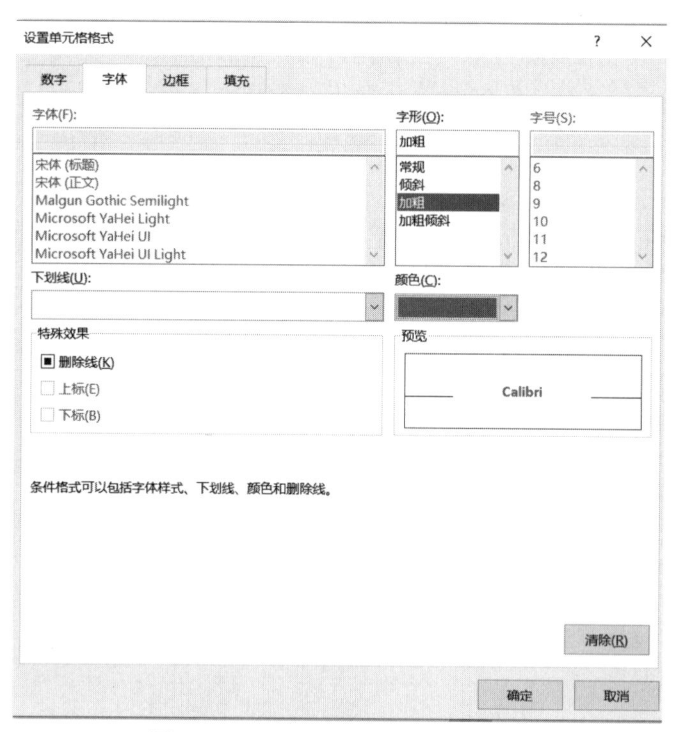

图 9-44　“设置单元格格式”对话框

步骤 5：单击“确定”按钮，打开“函数参数”对话框。输入“Old_text”参数为“A4”，“Start_num”参数为“1”，“Num_chars”参数为“0”，“New_text”参数为“2021”，如图 9-45 所示，单击“确定”按钮。公式栏中显示“=REPLACE(A4,1,0,2021)”，B4 单元格中显示的值为“2021001”，按住 B4 单元格的填充柄拖下拉到 B11 单元格。

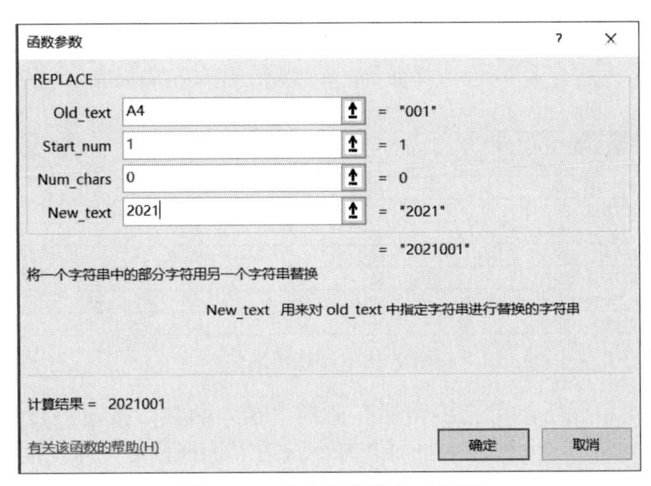

图 9-45 “函数参数”对话框

步骤 6：选中 I4:I11 单元格区域，在编辑栏中输入“=E4:E11+F4:F11+G4:G11+H4:H11”，如图 9-46 所示。

H4 =E4:E11+F4:F11+G4:G11+H4:H11

	A	B	C	D	E	F	G	H	I
1	学生成绩登记表								
2	信息工程211班								
3	学号	新学号	姓名	性别	高等数学	大学英语	计算机基础	体育	总分
4	001	2021001	陈一	男	85	88	80	88	+H4:H11
5	002	2021002	刘二	女	84	89	78	95	
6	003	2021003	张三	男	77	65	70	75	
7	004	2021004	李四	男	45	50	60	61	
8	005	2021005	王五	女	68	64	69	62	
9	006	2021006	赵六	男	88	82	56	79	
10	007	2021007	洪七	男	52	47	72	68	
11	008	2021008	叶飞	女	78	78	90	75	

图 9-46 选中“总分”区域

步骤 7：然后同时按组合键 Shift+Ctrl+Enter，公式编辑栏显示“{=E4:E11+F4:F11+G4:G11+H4:H11}”，总分计算完成，如图 9-47 所示。

I4 {=E4:E11+F4:F11+G4:G11+H4:H11}

	A	B	C	D	E	F	G	H	I
1	学生成绩登记表								
2	信息工程211班								
3	学号	新学号	姓名	性别	高等数学	大学英语	计算机基础	体育	总分
4	001	2021001	陈一	男	85	88	80	88	341
5	002	2021002	刘二	女	84	89	78	95	346
6	003	2021003	张三	男	77	65	70	75	287
7	004	2021004	李四	男	45	50	60	61	216
8	005	2021005	王五	女	68	64	69	62	263
9	006	2021006	赵六	男	88	82	56	79	305
10	007	2021007	洪七	男	52	47	72	68	239
11	008	2021008	叶飞	女	78	78	90	75	321

图 9-47 计算总分

步骤 8：选中区域 J4:J11，在编辑栏中输入“=I4:I11/4”，然后同时按组合键 Shift+Ctrl+Enter，公式编辑栏显示“{=I4:I11/4}”，平均分计算完成，如图 9-48 所示（保留 2 位小数）。

J4　{=I4:I11/4}

	A	B	C	D	E	F	G	H	I	J
1	学生成绩登记表									
2	信息工程211班									
3	学号	新学号	姓名	性别	高等数学	大学英语	计算机基础	体育	总分	平均分
4	001	2021001	陈一	男	85	88	80	88	341	85.25
5	002	2021002	刘二	女	84	89	78	95	346	86.50
6	003	2021003	张三	男	77	65	70	75	287	71.75
7	004	2021004	李四	男	45	50	60	61	216	54.00
8	005	2021005	王五	女	68	64	69	62	263	65.75
9	006	2021006	赵六	男	88	82	56	79	305	76.25
10	007	2021007	洪七	男	52	47	72	68	239	59.75
11	008	2021008	叶飞	女	78	78	90	75	321	80.25

图 9-48　计算平均分

步骤 9：选中 K4 单元格，单击编辑栏左侧的“插入函数”按钮，打开“插入函数”对话框，在“或选择函数类别”下拉列表中选择“统计”，在“选择函数”列表框中选择“RANK.EQ”函数。

步骤 10：单击“确定”按钮，打开“函数参数”对话框。输入“Number”参数为“I4”，“Ref”参数为“$I$4:$I$11”，“Order”参数为“0”，如图 9-49 所示，单击“确定”按钮。公式栏中显示“=RANK.EQ(I4,$I$4:$I$11,0)”，B4 单元格中显示的值为“2”。

函数参数　?　×

RANK.EQ

Number　I4　= 341

Ref　$I$4:$I$11　= {341;346;287;216;263;305;239;321}

Order　0　= FALSE

= 2

返回某数字在一列数字中相对于其他数值的大小排名；如果多个数值排名相同，则返回该组数值的最佳排名

Ref　一组数或对一个数据列表的引用。非数字值将被忽略

计算结果 = 2

有关该函数的帮助(H)　确定　取消

图 9-49　“函数参数”对话框

步骤 11：双击 K4 单元格的填充柄，填充 K 列，统计出其他学生的排名，如图 9-50 所示。

K4　=RANK.EQ(I4,$I$4:$I$11,0)

	A	B	C	D	E	F	G	H	I	J	K
1	学生成绩登记表										
2	信息工程211班										
3	学号	新学号	姓名	性别	高等数学	大学英语	计算机基础	体育	总分	平均分	排名
4	001	2021001	陈一	男	85	88	80	88	341	85.25	2
5	002	2021002	刘二	女	84	89	78	95	346	86.50	1
6	003	2021003	张三	男	77	65	70	75	287	71.75	5
7	004	2021004	李四	男	45	50	60	61	216	54.00	8
8	005	2021005	王五	女	68	64	69	62	263	65.75	6
9	006	2021006	赵六	男	88	82	56	79	305	76.25	4
10	007	2021007	洪七	男	52	47	72	68	239	59.75	7
11	008	2021008	叶飞	女	78	78	90	75	321	80.25	3

图 9-50　用填充柄填充 K 列

注意： Ref 区域须用绝对引用，否则自动填充的结果不对，请读者观察各单元格公式的变化情况。

步骤 12：选择 L4 单元格，通过“统计”类的条件记数“COUNTIF”函数，来自动计算每个学生考试不及格的门数，COUNTIF“函数参数”对话框如图 9-51 所示。

函数参数

COUNTIF

Range　E4:H4　= {85,88,80,88}

Criteria　<60　=

=

计算某个区域中满足给定条件的单元格数目

Criteria　以数字、表达式或文本形式定义的条件

计算结果 =

有关该函数的帮助(H)　确定　取消

图 9-51　COUNTIF“函数参数”对话框

步骤 13：选择 L4 单元格，拖动填充柄至 J11 单元格。

步骤 14：选择 M4 单元格，通过“逻辑”类的判断分支“IF”函数，来对每个学生是否能过关自动做出判定，有不及格的不能通过，通过的显示 Pass，没通过的显示 Fail。IF“函数参数”对话框如图 9-52 所示。

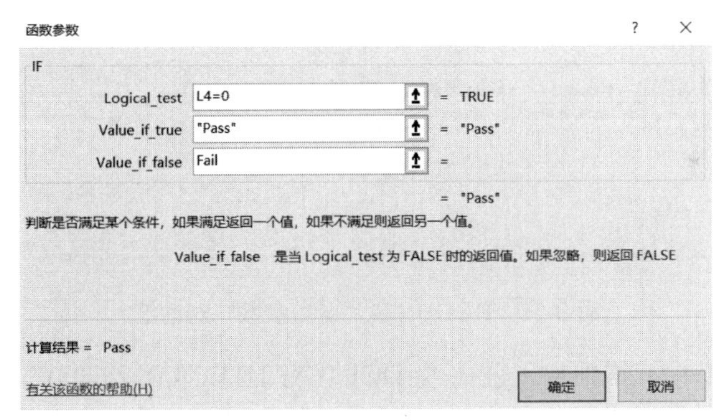

图 9-52　IF“函数参数”对话框

步骤 15：选择 M4 单元格，拖动填充柄至 M11 单元格。判定公式填充和输出结果，如图 9-53 所示。

M4　=IF(L4=0,"Pass","Fail")

	A	B	C	D	E	F	G	H	I	J	K	L	M
1	学生成绩登记表												
2	信息工程211班												
3	学号	新学号	姓名	性别	高等数学	大学英语	计算机基础	体育	总分	平均分	排名	不及格门数	考试过关
4	001	2021001	陈一	男	85	88	80	88	341	85.25	2	0	Pass
5	002	2021002	刘二	女	84	89	78	95	346	86.50	1	0	Pass
6	003	2021003	张三	男	77	65	70	75	287	71.75	5	0	Pass
7	004	2021004	李四	男	45	50	60	61	216	54.00	8	2	Fail
8	005	2021005	王五	女	68	64	69	62	263	65.75	6	0	Pass
9	006	2021006	赵六	男	88	82	56	79	305	76.25	4	1	Fail
10	007	2021007	洪七	男	52	47	72	68	239	59.75	7	2	Fail
11	008	2021008	叶飞	女	78	78	90	75	321	80.25	3	0	Pass

图 9-53　判定公式填充和输出结果

步骤 16：按照上述方法使用一般公式，在 E13 至 J13、E14 至 J14、E15 至 J15 单元格分别使用“统计”类的 MAX 函数、MIN 函数和 AVERAGE 函数分别计算同列数据中的最大值和最小值、平均值，如图 9-54 所示。

	A	B	C	D	E	F	G	H	I	J	K	L	M
1	学生成绩登记表												
2	信息工程211班												
3	学号	新学号	姓名	性别	高等数学	大学英语	计算机基础	体育	总分	平均分	排名	不及格门数	考试过关
4	001	2021001	陈一	男	85	88	80	88	341	85.25	2	0	Pass
5	002	2021002	刘二	女	84	89	78	95	346	86.50	1	0	Pass
6	003	2021003	张三	男	77	65	70	75	287	71.75	5	0	Pass
7	004	2021004	李四	男	45	50	60	61	216	54.00	8	2	Fail
8	005	2021005	王五	女	68	64	69	62	263	65.75	6	0	Pass
9	006	2021006	赵六	男	88	82	56	79	305	76.25	4	1	Fail
10	007	2021007	洪七	男	52	47	72	68	239	59.75	7	2	Fail
11	008	2021008	叶飞	女	78	78	90	75	321	80.25	3	0	Pass
12													
13	最高分				88	89	90	95	346	86.50			
14	最低分				45	47	56	61	216	54.00			
15	平均分				72.13	70.38	71.88	75.38	289.75	72.44			

图 9-54　对各门课计算最大值和最小值、平均值

步骤 17：在 L18 单元格中输入公式“=DCOUNTA(A3:H11,,B18:C19)”，其“函数参数”对话框设置如图 9-55 所示。按 Enter 键确认，计算结果为 1。

函数参数　? ×

DCOUNTA

Database　A3:H11　= {"学号","新学号","姓名","性别","高等数

Field　　= 数值

Criteria　B18:C19　= B18:C19

= 1

对满足指定条件的数据库中记录字段(列)的非空单元格进行记数

Field　或是用双引号括住的列标签，或是表示该列在列表中位置的数字

计算结果 = 1

有关该函数的帮助(H)　确定　取消

图 9-55　DCOUNTA“函数参数”对话框

步骤 18：在 L19 单元格中输入公式“=DGET(A3:H11,C3,B22:C23)”，其“函数参数”对话框设置如图 9-56 所示。按 Enter 键确认，计算结果为“刘二”。

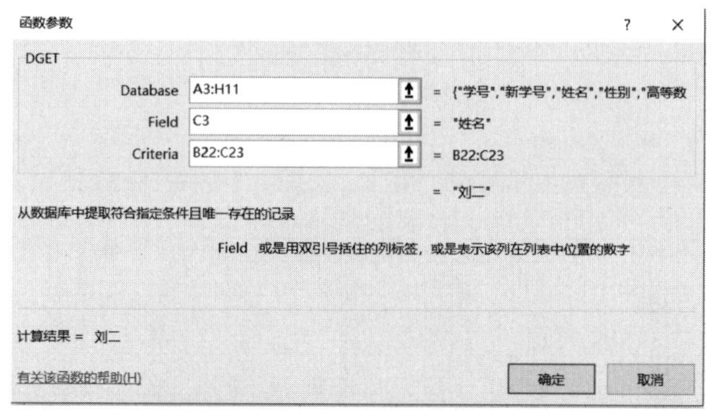

图 9-56　DGET“函数参数”对话框

步骤 19：在 L20 单元格中输入公式“=DAVERAGE(A3:H11,H3,B26:B27)”，其“函数参

数”对话框设置如图 9-57 所示。按 Enter 键确认，计算结果为 74.2。

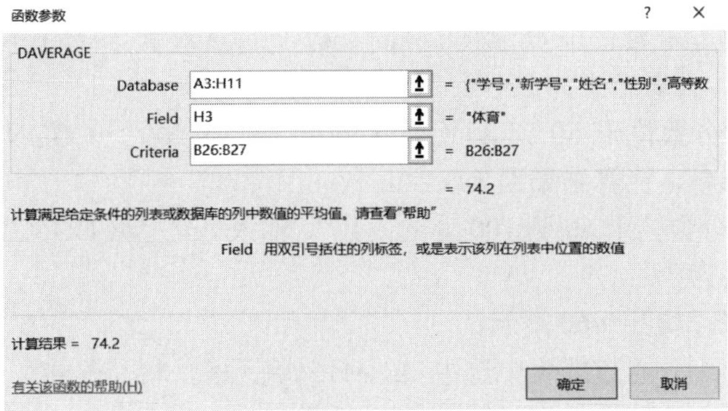

函数参数
?
×
DAVERAGE
Database
A3:H11
= {"学号","新学号","姓名","性别","高等数
Field
H3
= "体育"
Criteria
B26:B27
= B26:B27
= 74.2
计算满足给定条件的列表或数据库的列中数值的平均值。请查看"帮助"
Field 用双引号括住的列标签，或是表示该列在列表中位置的数值
计算结果 = 74.2
有关该函数的帮助(H)
确定
取消

图 9-57　DAVERAGE“函数参数”对话框

步骤 20：在 L21 单元格中输入公式“=DMAX(A3:H11,H3,B26:B27)”，其“函数参数”对话框设置如图 9-58 所示。按 Enter 键确认，计算结果为 88。

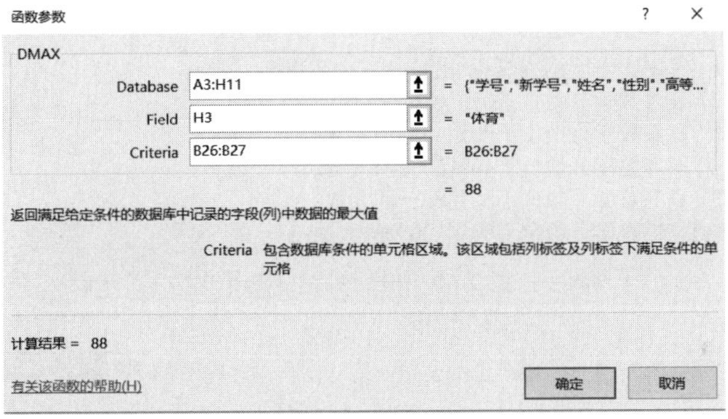

函数参数
?
×
DMAX
Database
A3:H11
= {"学号","新学号","姓名","性别","高等...
Field
H3
= "体育"
Criteria
B26:B27
= B26:B27
= 88
返回满足给定条件的数据库中记录的字段(列)中数据的最大值
Criteria 包含数据库条件的单元格区域。该区域包括列标签及列标签下满足条件的单元格
计算结果 = 88
有关该函数的帮助(H)
确定
取消

图 9-58　DMAX“函数参数”对话框

步骤 21：求“数学分数位于 0 到 20 分的人数”，输入公式“=COUNTIF(Sheet1!$E$4:$E$11,"<=20")”（可用鼠标直接选择 Sheet1 上的区域），其“函数参数”对话框设置如图 9-59 所示。计算结果为 0。

函数参数
?
×
COUNTIF
Range
Sheet1!$E$4:$E$11
= {85;84;77;45;68;88;52;78}
Criteria
"<=20"
= "<=20"
= 0
计算某个区域中满足给定条件的单元格数目
Criteria 以数字、表达式或文本形式定义的条件
计算结果 = 0
有关该函数的帮助(H)
确定
取消

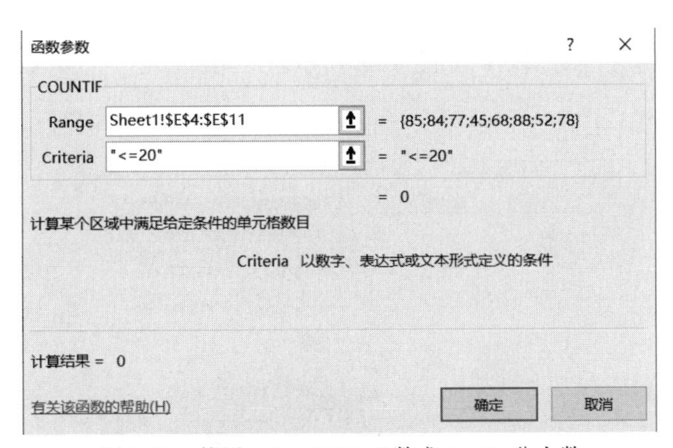

图 9-59　使用 COUNTIF()函数求 0～20 分人数

步骤 22：求“数学分数位于 20 到 40 分的人数”，输入公式“=COUNTIF(Sheet1!$E$4:$E$11,"<=40")-B2”，计算结果为 0。

步骤 23：求“数学分数位于 40 到 60 分的人数”，输入公式“=COUNTIF(Sheet1!$E$4:$E$11,"<=60")-B2-B3”，计算结果为 2。

步骤 24：“数学分数位于 60 到 80 分的人数”，输入公式“=COUNTIF(Sheet1!$E$4:$E$11,"<=80")-B2-B3-B4”，计算结果为 3。

步骤 25：“数学分数位于 80 到 100 分的人数”，输入公式“=COUNTIF(Sheet1!$E$4:$E$11,">80")”，计算结果为 3。

最后的统计结果，如图 9-60 所示。

步骤 26：在 Sheet1 的数据表中选中 A1:M15 单元格，将其直接复制到 Sheet3 中。在 Sheet3 中的空白区域创建筛选条件，如图 9-61 所示。

步骤 27：单击 Sheet3 中的 A3:M11 单元格区域中的任一单元格，在“数据”选项卡中，单击“排序和筛选”功能区中的“高级”按钮，如图 9-62 所示，打开“高级筛选”对话框。

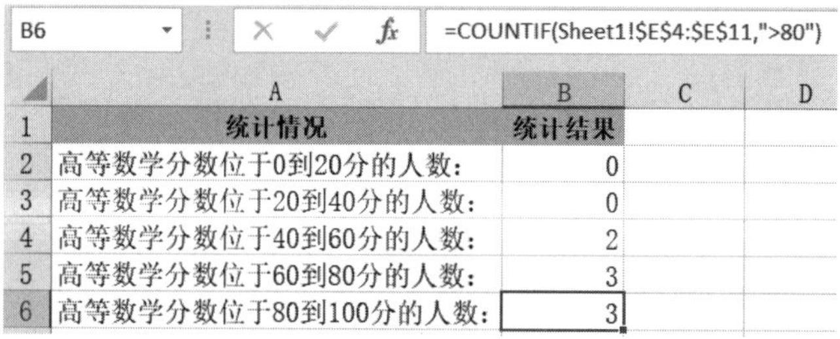

B6 =COUNTIF(Sheet1!$E$4:$E$11,">80")

	A	B	C	D
1	统计情况	统计结果		
2	高等数学分数位于0到20分的人数:	0		
3	高等数学分数位于20到40分的人数:	0		
4	高等数学分数位于40到60分的人数:	2		
5	高等数学分数位于60到80分的人数:	3		
6	高等数学分数位于80到100分的人数:	3		

图 9-60　最后的统计结果

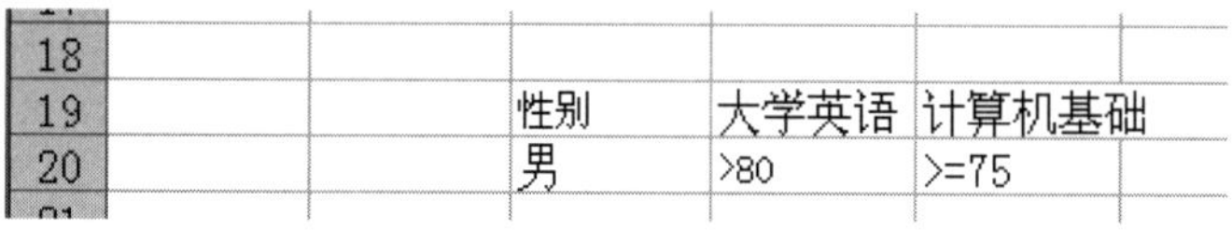

18					
19		性别	大学英语	计算机基础	
20		男	>80	>=75	

图 9-61　建立条件区域

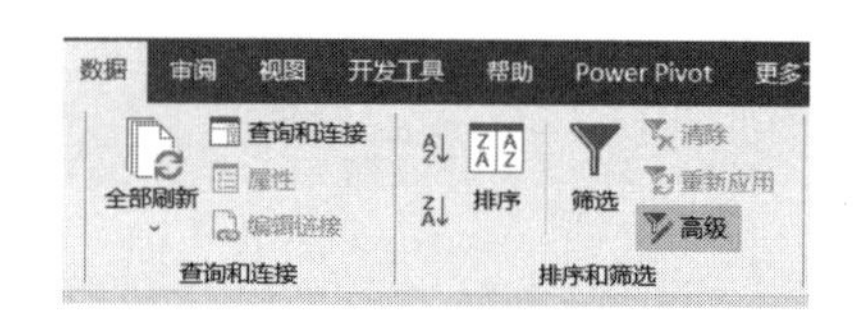

图 9-62　“排序和筛选”功能区

步骤 28：在“高级筛选”对话框的“列表区域”文本框中，会自动填入数据清单所在区域，将光标定位在“条件区域”文本框中，用鼠标拖选前面创建的筛选条件区域 C19:E20，则“条件区域”文本框内会自动填入，如图 9-63 所示。

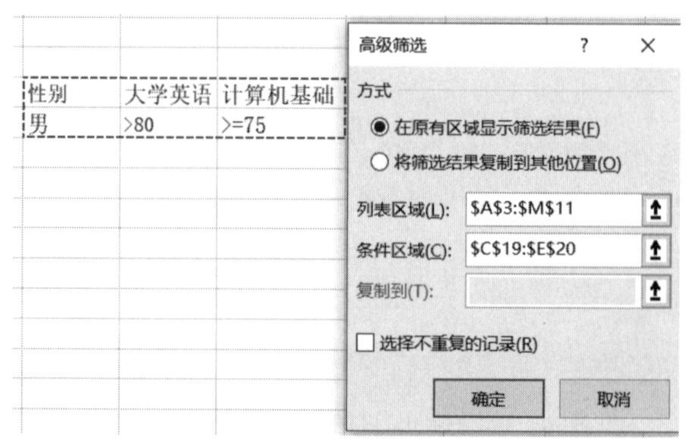

图 9-63　“条件区域”选取

步骤 29：单击“确定”按钮，筛选结果如图 9-64 所示。

	A	B	C	D	E	F	G	H	I	J	K	L	M
1	学生成绩登记表												
2	信息工程211班												
3	学号	新学号	姓名	性别	高等数学	大学英语	计算机基	体育	总分	平均分	排名	不及格门	考试过关
4	001	2021001	陈一	男	85	88	80	88	341	113.67	2	0	Pass
12													
13	最高分				88	89	90	95	346	115.33			
14	最低分				45	47	56	61	216	72.00			
15	平均分				72.13	70.38	71.88	75.38	289.75	96.58			

图 9-64　筛选结果

4. 任务总结

通过本任务的练习，从以下几个方面介绍了制作 Excel 工作表涉及的知识内容：数据排序、数据筛选的基本方法和操作方法，通过排序和分类汇总功能对数据进行相应的操作。通过综合实践练习，使读者能够更深入地理解上述知识点的应用价值，并将其融入到实际工作中去。

1）条件格式

条件格式可以在很大程度上改进电子表格的设计和可读性，允许指定多个条件来确定单元格的行为，根据单元格的内容自动地应用单元格的格式。

2）Excel 公式

Excel 公式是 Excel 工作表中进行数值计算的等式。公式输入是以“=”开始的。简单的公式有加、减、乘、除等计算。复杂一些的公式可能包含函数、引用、运算符（有数学、比较、逻辑和引用运算符等）和常量。

数组公式可建立产生多值或对一组值而不是单个值进行操作的公式。输入数组公式首先必须选择用来存放结果的单元格区域（可以是一个单元格），在编辑栏中输入公式，然后按 Ctrl＋Shift＋Enter 组合键锁定数组公式，Excel 将在公式两边自动加上花括号“{ }”。注意：不要自己键入花括号，否则，Excel 认为输入的是一个正文标签。

3）常用函数的基本应用

函数是预先编写的公式，可以对一个或多个值执行运算，并返回一个或多个值。函数可以简化和缩短工作表中的公式，尤其在用公式执行很长或复杂的计算时。常用函数有以下几种。

数学函数：求和 SUM 函数、平均值 AVERAGE 函数、最大值 MAX 函数和最小值 MIN 函数等。

文本函数：REPLACE 函数。

统计函数：COUNTIF、RANK 函数。

逻辑函数：IF 函数。

数据库函数：DCOUNTA、DGET、DAVERAGE、DMAX 函数。

4）数据排序

Excel 升序排列，数字从最小到最大进行排序，字符按字母先后顺序排序。降序排序则反之。Excel 可以设置多个字段进行排序。

5）筛选

Excel 通过筛选可以在数据表中选出设置任意符合条件的数据。

Excel 中提供了两种数据的筛选操作，即自动筛选和高级筛选。

自动筛选一般用于简单的条件筛选，筛选时将不满足条件的数据暂时隐藏起来，只显示符合条件的数据。

高级筛选一般用于条件较复杂的筛选操作，其筛选的结果可显示在原数据表格中，不符合条件的记录被隐藏起来；也可以在新的位置显示筛选结果，不符合条件的记录同时保留在数据表中而不会被隐藏起来，这样就更加便于进行数据的比对了。

6）分类汇总

Excel 可自动计算列表中数据汇总和总计值。当插入自动分类汇总时，Excel 将分级显示列表，以便为每个分类汇总显示和隐藏明细数据行。若要插入分类汇总，请先将列表排序，以便将要进行分类汇总的行组合到一起。然后，为包含数字的列计算分类汇总。

本章小结

本章主要介绍了 Excel 数据计算与管理的操作，包括使用公式、常用函数、引用单元格只显示公式计算结果、使用 SUM 函数求和、嵌套函数的使用、记录单的使用、排序和筛选数据，以及分类汇总数据等知识。

本章的内容是学习 Excel 2019 的重点，读者应认真学习和掌握。

疑难解析（问与答）

问：如何解决 Excel 表格中不能计算公式而出现“循环引用”的问题？

答：仔细分析你的公式，是否在运算过程中引用了自身单元格或依靠自身取得结果的单元格，排除了这两个引用，你的公式就可以正常引用了。比如：你要在单元格 A1 中输入公式，那公式中就不能用 A1 进行运算，出现例如 A1＝A1+1 这样的逻辑错误；也不能有 A1=B1+1，而 B1=A1+1 则可以。

问：如何在相对引用、绝对引用和混合引用间快速切换？

答：在 Excel 进行公式设计时，会根据需要在公式中使用不同的单元格引用方式，这时你可以用如下方法来快速切换单元格引用方式：选中包含公式的单元格，在编辑栏中选择要更改的引用，按 F4 键可在相对引用、绝对引用和混合引用间快速切换。例如选中“A1”引用，反复按 F4 键时，就会在$A$1、A$1、$A1 之间进行切换。

操作题

1. 打开素材文件“操作题素材\第 9 章\年级周考勤表.xlsx”，按下列要求进行操作，并将结果存盘。

（1）求出 Sheet1 表中每班本周平均缺勤人数（小数取 2 位）并填入相应单元格中（本周平均缺勤人数=本周缺勤总数/5）。

（2）求出 Sheet1 表中每天实际出勤人数并填入相应单元格中。

（3）求出 Sheet1 表中该年级各项合计数并填入相应单元格中。

（4）将 Sheet1 表中的内容按本周平均缺勤人数降序排列并将平均缺勤人数最多的 3 个班

级内容的字体颜色改成红色。

（5）在 Sheet1 表的第 1 行前插入标题行“年级周考勤表”，设置字体格式为“楷体，字号 16，合并及居中”。

2. 打开素材文件“操作题素材\第 9 章\商品销售统计表.xlsx”，建立的工作表如图 9-65 所示，按下列要求进行操作，并将结果存盘。

	A	B	C	D	E	F	G	H
1	虚拟商厦商品销售统计表（1月-6月）							
2	商品号	商品名称	类别	单价	销售量	销售额	成本费	利润
3	001	电视机	大家电	2200	500		870000	
4	002	电冰箱	大家电	3450	248		492300	
5	003	空调器	大家电	1549	560		520400	
6	004	饮水机	小家电	400	350		10000	
7	005	电风扇	小家电	285	1229		285000	
8								
9	合计值							
10								2011/7/13

图 9-65　商品销售统计表

（1）用公式计算表中的销售额、利润，依次填入相应单元格中，并计算销售量、销售额、成本费及利润的合计值，计算公式为：

销售额=单价×销售量

利润=销售额−成本费

（2）在工作表的右下角单元格中，输入创建本工作表的日期，并添加批注，批注内容为“制表日期”。

（3）将此工作表命名为“销售表”。

（4）将工作表标题设置为黑体、粗斜体、16 号字、带有双线的底线且跨列居中，标题与工作表之间空一行，并将日期的颜色设置为蓝色。

（5）将工作表中单元格的水平方向和垂直方向均采用居中对齐方式。

（6）商品单价、销售额、成本费、利润均采用货币样式。

（7）在工作表的第一行下面，每一列右边及表的四周添加最粗黑色实线边框，其余为黑色细实线边框，工作表的最末行填充颜色为橙色。将 Sheet1（销售表）工作表保存好。

（8）将“销售表”中的内容复制到 Sheet3 中，筛选出单价大于 1000 元，销售量大于等于 500 的所有记录，并将这些记录改用蓝色表示。筛选完成后再恢复全部数据显示。

（9）将“销售表”中的内容复制到 Sheet4 中，按类别进行分类汇总，求利润的平均值，分类汇总完成后再恢复全部数据显示。

3. 工资表就是企业发放职工工资并办理工资结算的专业表格，又称工资结算表，通常按车间或部门编制，每月一张。在其中，要根据工资卡、考勤记录、产量记录及代扣款项等资料按人名填列应付工资、代扣款项和实发金额三部分内容。

打开素材文件“操作题素材\第 9 章\工资表.xlsx”，按下列要求操作，结果存盘。工资表如图 9-66 所示。

	A	B	C	D	E	F
1	姓名	年龄	职称	应发工资	扣除	实发工资
2	李木兴	50	工程师	2567.6	220.0	
3	徐一望	55	教 授	3571.3	324.0	
4	胡 菲	26	助 教	1456.6	131.0	
5	陈小为	45	教 授	3567.4	320.0	
6	徐朋友	32	教 授	2898.1	263.0	
7	林大芳	45	副教授	2778.4	252.0	
8	方小名	45	工程师	2500.7	178.0	
9	张良占	56	副教授	2778.4	250.0	
10	孙 达	24	助 教	1456.6	243.0	
11	马 达	30	助 教	1452.1	138.0	

图 9-66 工资表

注意： 全文内容、位置不得随意变动。

（1）将 Sheet1 中的内容分别复制到 Sheet2 和 Sheet3 中，并将 Sheet2 重命名为“工资表”。

（2）在工资表中，利用公式计算出“实发工资”（实发工资=应发工资−扣除），并填入相应的单元格内。

（3）将工资表中“年龄”列的列宽设置为 5。

（4）将工资表中数据区域 A1:F1 中的文字颜色设为红色、字号设为 14。

（5）在 Sheet3 中筛选出表中“应发工资”大于 3000 元或小于 2000 元的记录。

4. 打开素材文件“操作题素材\第 9 章\电费计算管理.xlsx”表格，按下列要求操作，结果存盘。

根据某公司的后勤管理人员计算每个月的电费支出情况。图 9-67 列出了各种空调功率（匹）与输入功率（千瓦）之间的对应关系。

空调的输入功率			
功率(匹)	1	1.5	2
输入功率（千瓦）	0.736	1.1	1.45

图 9-67 功率与输入功率之间的对应关系

各种空调的使用时间记录如图 9-68 所示。我们需要通过空调的使用时间（用电时间）和输入功率来算各个空调的耗电量，使用级差计算需要支付的费用。

计费时间的计算方法为：①耗电量按小时计算；②如果耗电时间超过 30 分钟（含）的则按 1 小时计算。

耗电量（度）=输入功率（千瓦）×用电时间（小时）

电费单价计算：耗电量小于 10 度，单价为 0.538 元，超过 10 度（含），单价为 0.838 元。

空调的使用记录及耗电量计算								
序号	空调名称	功率	输入功率	开启时间	结束时间	用电时间	耗电量	电费
1	空调1	1		9:10:10	11:20:45			
2	空调2	1.5		10:10:04	13:20:30			
3	空调3	2		14:11:20	15:20:15			
4	空调4	1.5		9:11:55	20:20:00			
5	空调5	2		9:12:30	15:19:45			
6	空调6	2		10:13:05	15:19:30			
7	空调7	1.5		9:13:40	11:19:15			
8	空调8	1		7:14:15	23:19:00			
9	空调9	2		9:14:50	16:18:45			
10	空调10	1.5		14:15:25	16:18:30			

图 9-68 “电费计算管理”表格

5. 新建 Excel 工作簿，命名为“九九乘法表”，完成下列操作。

（1）利用数组公式制作第一张“九九乘法表”，生成如图 9-69 所示的表格。

B2　{=A2:A10*B1:J1}

	A	B	C	D	E	F	G	H	I	J
1		1	2	3	4	5	6	7	8	9
2	1	1	2	3	4	5	6	7	8	9
3	2	2	4	6	8	10	12	14	16	18
4	3	3	6	9	12	15	18	21	24	27
5	4	4	8	12	16	20	24	28	32	36
6	5	5	10	15	20	25	30	35	40	45
7	6	6	12	18	24	30	36	42	48	54
8	7	7	14	21	28	35	42	49	56	63
9	8	8	16	24	32	40	48	56	64	72
10	9	9	18	27	36	45	54	63	72	81

图 9-69　“九九乘法表”表格 1

（2）制作第二张“九九乘法表”，生成如图 9-70 所示的表格。

	A	B	C	D	E	F	G	H	I	J
1		1	2	3	4	5	6	7	8	9
2	1	1*1=1	2*1=2	3*1=3	4*1=4	5*1=5	6*1=6	7*1=7	8*1=8	9*1=9
3	2	1*2=2	2*2=4	3*2=6	4*2=8	5*2=10	6*2=12	7*2=14	8*2=16	9*2=18
4	3	1*3=3	2*3=6	3*3=9	4*3=12	5*3=15	6*3=18	7*3=21	8*3=24	9*3=27
5	4	1*4=4	2*4=8	3*4=12	4*4=16	5*4=20	6*4=24	7*4=28	8*4=32	9*4=36
6	5	1*5=5	2*5=10	3*5=15	4*5=20	5*5=25	6*5=30	7*5=35	8*5=40	9*5=45
7	6	1*6=6	2*6=12	3*6=18	4*6=24	5*6=30	6*6=36	7*6=42	8*6=48	9*6=54
8	7	1*7=7	2*7=14	3*7=21	4*7=28	5*7=35	6*7=42	7*7=49	8*7=56	9*7=63
9	8	1*8=8	2*8=16	3*8=24	4*8=32	5*8=40	6*8=48	7*8=56	8*8=64	9*8=72
10	9	1*9=9	2*9=18	3*9=27	4*9=36	5*9=45	6*9=54	7*9=63	8*9=72	9*9=81

图 9-70　“九九乘法表”表格 2

（3）制作第三张“九九乘法表”，生成如图 9-71 所示的表格。

	A	B	C	D	E	F	G	H	I	J
1		1	2	3	4	5	6	7	8	9
2	1	1*1=1								
3	2	1*2=2	2*2=4							
4	3	1*3=3	2*3=6	3*3=9						
5	4	1*4=4	2*4=8	3*4=12	4*4=16					
6	5	1*5=5	2*5=10	3*5=15	4*5=20	5*5=25				
7	6	1*6=6	2*6=12	3*6=18	4*6=24	5*6=30	6*6=36			
8	7	1*7=7	2*7=14	3*7=21	4*7=28	5*7=35	6*7=42	7*7=49		
9	8	1*8=8	2*8=16	3*8=24	4*8=32	5*8=40	6*8=48	7*8=56	8*8=64	
10	9	1*9=9	2*9=18	3*9=27	4*9=36	5*9=45	6*9=54	7*9=63	8*9=72	9*9=81

图 9-71　“九九乘法表”表格 3

6. 现有如图 9-72 所示的学生信息，请根据图中的信息完成以下操作：

	年级	姓名	年龄	性别	身高（cm）	体重（kg）
0	大一	李宏卓	18	男	175	65
1	大二	李思真	19	女	165	60
2	大三	张振海	20	男	178	70
3	大四	赵鸿飞	21	男	175	75
4	大二	白蓉	19	女	160	55
5	大三	马腾飞	20	男	180	70
6	大一	张晓凡	18	女	167	52
7	大三	金紫萱	20	女	170	53
8	大四	金烨	21	男	185	73

图 9-72 学生信息表

（1）根据年级信息为分组键，对学生信息进行分组，并输出大一学生信息。

（2）分别计算出四个年级中身高最高的同学。

（3）计算大一学生与大三学生的平均体重。

第 10 章　Excel 图表分析

本章要点

➢ 熟练掌握创建和编辑图表的方法。
➢ 熟练掌握更改图表类型。
➢ 熟练掌握设置图表选项和美化图表标题等操作。
➢ 熟练掌握数据透视表和数据透视图的创建与编辑方法。

案例展示

“房产销售业绩表”图表效果图如图 10-1 所示，“职工业绩考核”数据透视表结果如图 10-2 所示。

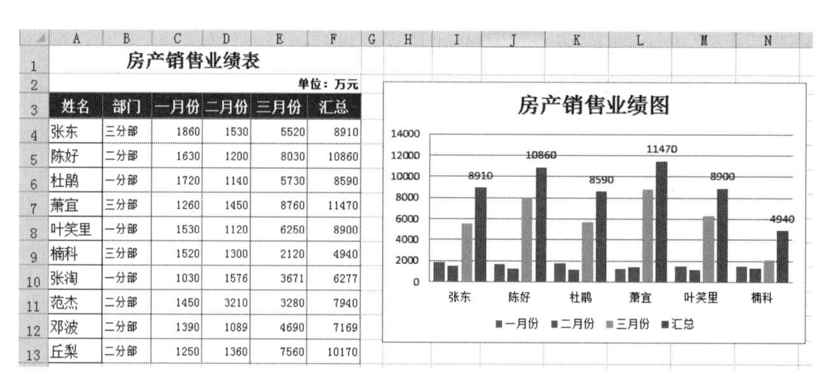

房产销售业绩表

单位：万元

姓名	部门	一月份	二月份	三月份	汇总
张东	三分部	1860	1530	5520	8910
陈好	二分部	1630	1200	8030	10860
杜鹃	一分部	1720	1140	5730	8590
萧宜	三分部	1260	1450	8760	11470
叶笑里	一分部	1530	1120	6250	8900
楠科	三分部	1520	1300	2120	4940
张淘	一分部	1030	1576	3671	6277
范杰	二分部	1450	3210	3280	7940
邓波	二分部	1390	1089	4690	7169
丘梨	二分部	1250	1360	7560	10170

图 10-1　“房产销售业绩表”图表效果图

求和项:完成业绩(件)	岗位级别				
姓名	1级	2级	3级	4级	总计
艾佳		1400			1400
蔡晓丽				1260	1260
贺长宇				780	780
华文龙				340	340
李华			170		170
刘梅			250		250
梦小小		880			880
认天一	2310				2310
汪蓝				220	220
叶天			350		350
余琴			500		500
张爱年				480	480
张伯涛		1700			1700
张强	2160				2160
总计	4470	3980	1270	3080	12800

数据透视表字段列表
选择要添加到报表的字段:
☑姓名
☑岗位级别
☐工龄(年)
☐性别
☐目标业绩(件)
☑完成业绩(件)
☐完成率
在以下区域间拖动字段:
报表筛选
列标签：岗位级别
行标签：姓名
数值：求和项:完...
☐推迟布局更新　更新

图 10-2　“职工业绩考核”数据透视表结果

基本知识讲解

10.1 图表的有关术语

在 Excel 中，根据工作表上的数据生成的图形仍存放在工作表上，这种含有图形的工作表称为图表。图表的优点是能够清楚地反映数据的差异和变化，从而更有效地反映数据。尤其值得一提的是，当工作表上的数据发生变化时，图形也会相应地改变，不需要你重新绘制。

图表应用讲解视频

1. 数据标记

每个数据标记都代表源于工作表单元格的一个数据，具有相同图案（条形、面积、圆点、扇区或其他类似符号）的数据标记代表一个数据系列。

2. 数据标志

数据标志是为数据标记提供附加信息的标志，可以显示数值、数据系列或分类的名称、百分比，或者是这些信息的组合。

3. 数据系列

数据系列是绘制在图表中的一组相关数据标记。图表中的每一数据系列都具有特定的颜色或图案，并在图表的图例中进行了描述。在一张图表中可以绘制一个或多个数据系列，但是饼图中只能有一个数据系列。

4. 图例

图例是一个方框，用于标识图表中为数据系列或分类所指定图案或颜色。

5. 轴

在建立图表时，需要绘制出不同类型的数据，将分类项作为 X 轴（分类轴），将其对应的数据系列作为 Y 轴（数值轴）。

10.2 数据透视表与数据透视图

数据透视表是一种对大量数据快速汇总和建立交叉列表（行与列）的交互式动态表格，能帮助用户分析、组织数据。例如，计算平均数和标准差、建立列联表、计算百分比、建立新的数据子集等。

数据透视图则以生动的图表方式显示数据透视表的结果。一般创建数据透视图时，同时产生数据透视表。

在创建数据透视表之前，首先需将数据组织好，确保数据中的第一行包含列标签，然后必须确保表格中含有数字的文本。

案例和任务

案例 1　制作“房产销售业绩表”图表

地产市场营销是指房地产商在竞争的市场环境下，按照市场形势变化的要求而组织和管理企业的一系列活动，直至在市场上完成商品房的销售、取得效益、达到目标的经营过程。房产销售业绩表反映房产销售的相关数据。

Excel 的图表可以让人一目了然地了解数据自己的关系。

素材文档见“实例素材文件\第 10 章\房产销售业绩表.xlsx”。

1. 创建图表

步骤 1：打开“房产销售业绩表”，如图 10-3 所示。

步骤 2：将光标定位于工作表中任一单元格，单击“插入”选项卡→“图表”→“柱形图”按钮，弹出下拉列表，选择“二维柱形图”中的第一种类型“簇状柱形图”，如图 10-4 所示。

将插入的柱形图拖动到空白的区域。如果对创建的图表不满意，还可以更改图表类型，选中柱形图，然后单击鼠标右键，在弹出的快捷菜单中选择“更改图表类型”命令，弹出“更改图表类型”对话框，从中选择要更改为的图表类型，然后单击“确定”按钮即可。

	A	B	C	D	E	F
1	房产销售业绩表					
2						单位：万元
3	姓名	部门	一月份	二月份	三月份	汇总
4	张东	三分部	1860	1530	5520	8910
5	陈好	二分部	1630	1200	8030	10860
6	杜鹃	一分部	1720	1140	5730	8590
7	萧宜	三分部	1260	1450	8760	11470
8	叶笑里	一分部	1530	1120	6250	8900
9	楠科	三分部	1520	1300	2120	4940
10	张淘	一分部	1030	1576	3671	6277
11	范杰	二分部	1450	3210	3280	7940
12	邓波	二分部	1390	1089	4690	7169
13	丘梨	二分部	1250	1360	7560	10170

图 10-3　“房产销售业绩表”表格

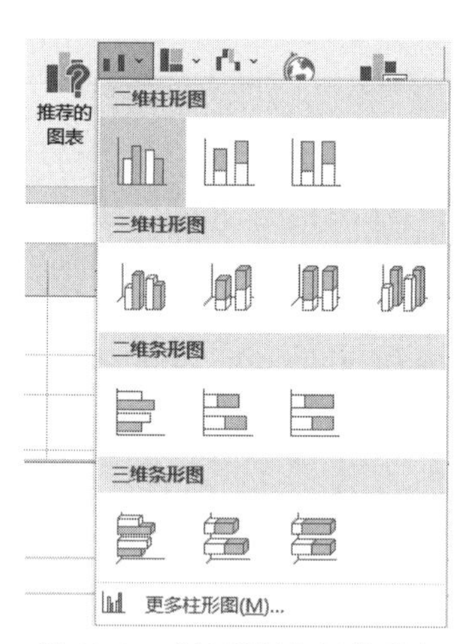

图 10-4　“柱形图”下拉列表

如果对图表布局不满意，也可以进行重新设计。选中创建的图表，在“图表工具”→“图表设计”选项卡，单击“图表布局”功能区中的“快速布局”按钮，如图 10-5 所示。在弹出的下拉列表中选择满意的选项。

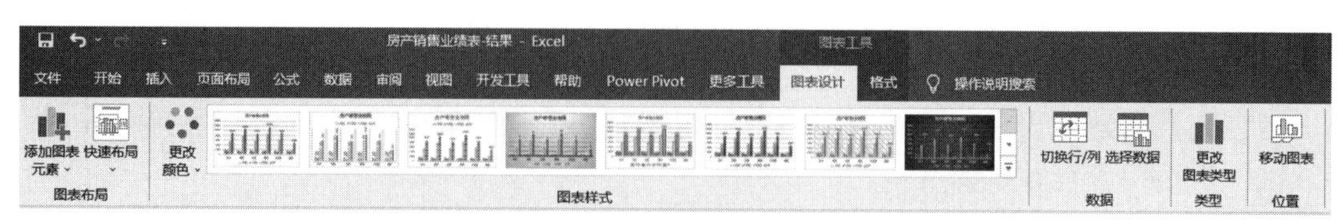

图 10-5　图表布局和样式

2. 编辑图表

1）更改数据

图表中的数据与表格中的数据是相连接的，对表格中的数据进行修改后，图表中对应的数据系列会随之发生改变；而对图表中的数据系列进行修改时，表格对应单元格的数据也会随之发生改变。

步骤 1：选中图表，单击“图表设计”选项卡→“数据”→“选择数据”按钮，弹出“选择数据源”对话框，如图 10-6 所示。或者选中图表，单击鼠标右键，在弹出的快捷菜单中选择“选择数据”命令。

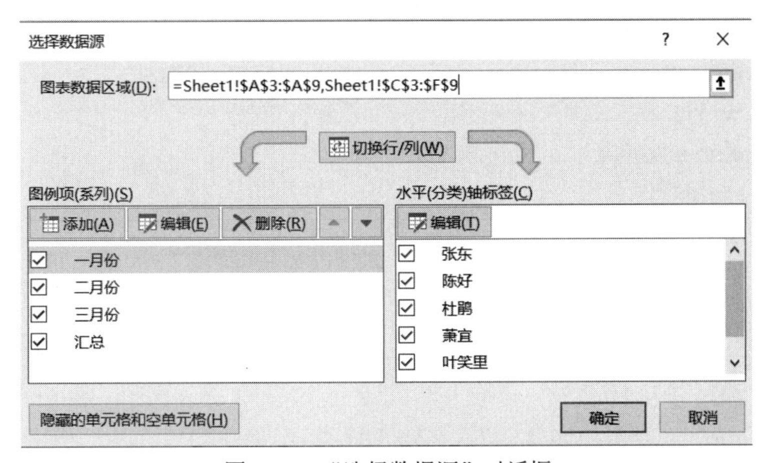

图 10-6　“选择数据源”对话框

步骤 2：将光标定位到图 10-6 的“图表数据区域”的文本框中，移动光标到数据表区，按住 Ctrl 键，同时选中工作表 Sheet1 的 A3:A9，C3:F9 单元格，返回“选择数据源”对话框，查看图表效果，只选取了 6 个人三个月份和汇总的数据，去掉了“部门”列，如图 10-7 所示。

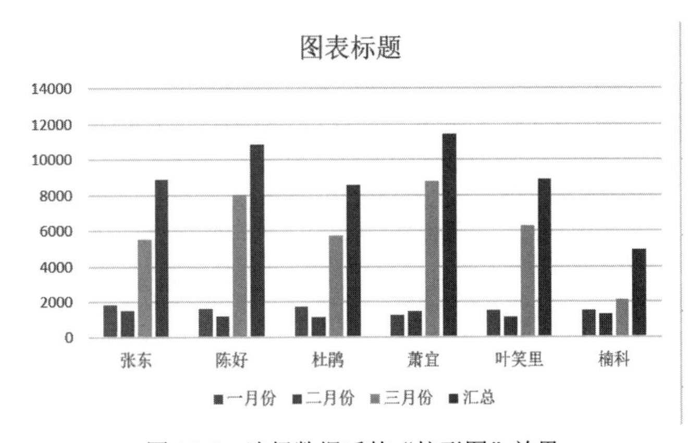

图 10-7　选择数据后的“柱形图”效果

2）设置图表选项

选中图表，选择“图表工具”→“图表设计”和“格式”，或在图表区的相应区域处右击，在弹出的快捷菜单中，可对图表进行相关的格式设置。

步骤 1：在图表区空白的地方右击，弹出的快捷菜单，如图 10-8 所示。选择“设置图表区域格式”命令，打开“设置图表区格式”对话框，可对图表进行格式设置，如图 10-9 所示。可进一步对图表的边框样式、填充色等进行设置。

图 10-8 “设置图表区域格式”命令　　图 10-9 “设置图表区格式”对话框

步骤 2：在图表区的“图例”处右击，弹出快捷菜单，如图 10-10 所示，选择“设置图例格式”命令。

打开“设置图例格式”对话框，可进行图例格式设置，如图 10-11 所示。在“图例位置”下选择不同的选项，可改变图例在图表中的位置。

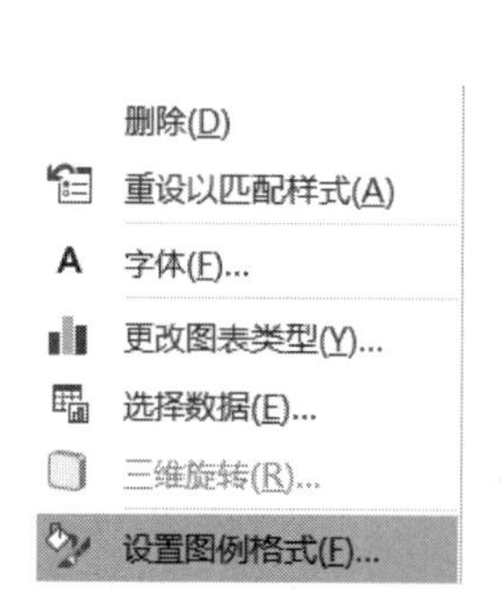

图 10-10 “设置图例格式”命令

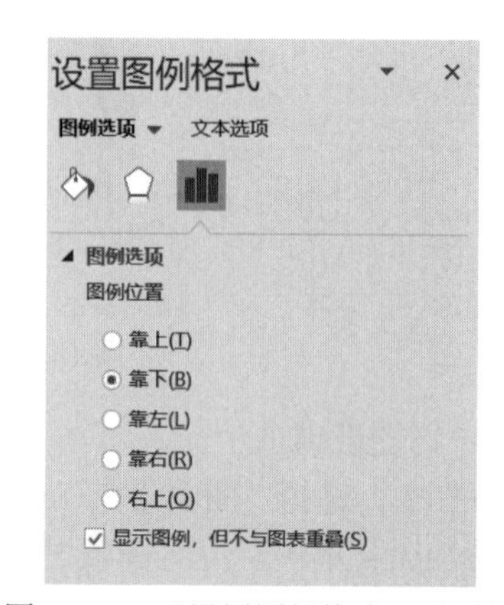

图 10-11 “设置图例格式”对话框

步骤 3：在图表的刻度区右击，弹出快捷菜单，如图 10-12 所示。选择“设置坐标轴格式”命令，打开“设置坐标轴格式”对话框，可进行坐标轴格式设置，如图 10-13 所示。

步骤 4：在图表的数据图形上右击，在弹出的快捷菜单中，选择“添加数据标签”选项，可添加数据标签，如图 10-14 所示。在有标签的图上右击，在弹出的快捷菜单中，选择“设置数据标签格式”命令，打开“设置数据标签格式”对话框，可对标签进行格式设置，如图 10-15 所示。

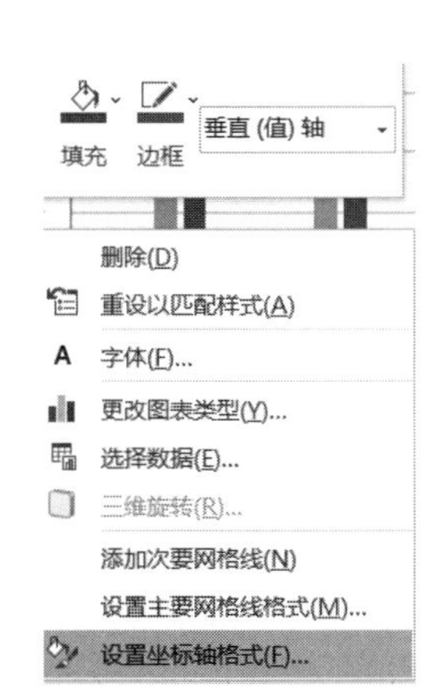

图 10-12　“设置坐标轴格式”命令

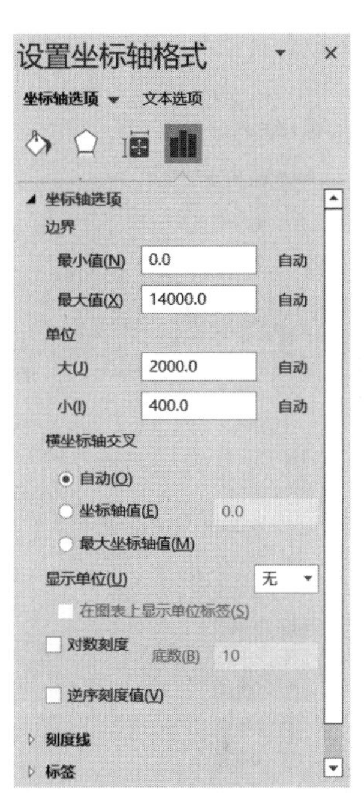

图 10-13　“设置坐标轴格式”对话框

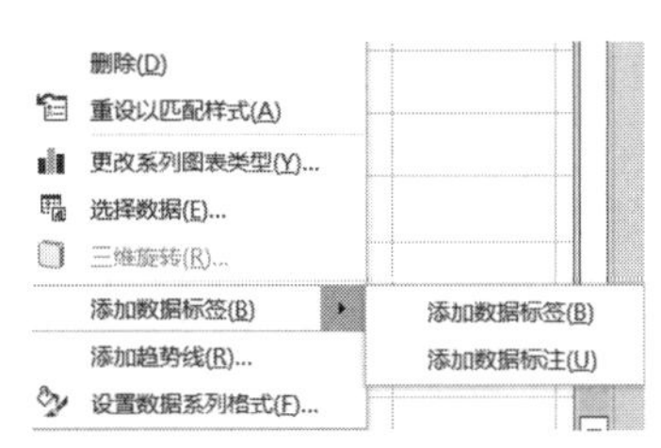

图 10-14　“添加数据标签”选项

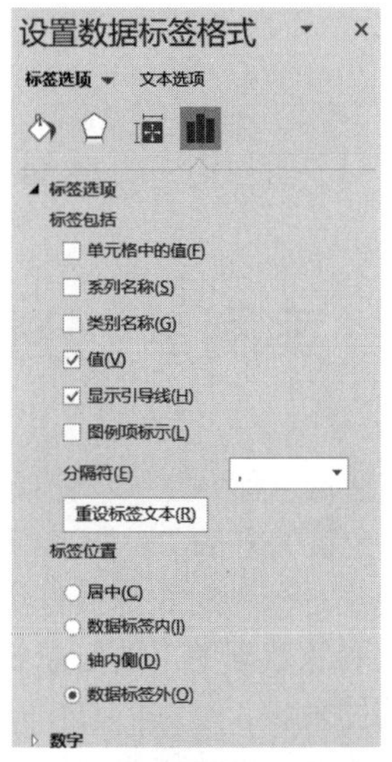

图 10-15　“设置数据标签格式”对话框

3. 更改图表类型

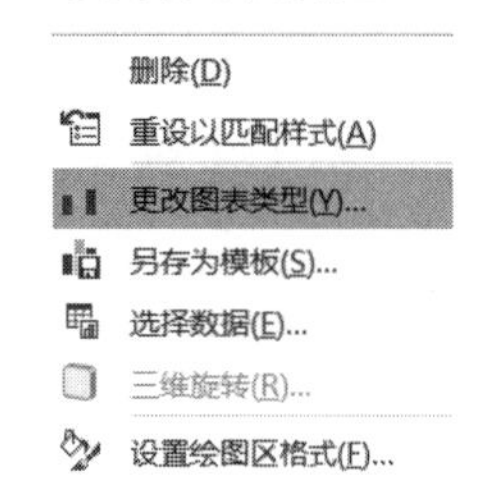

图 10-16 “更改图表类型”命令

选择图表，对“图表类型”进行设置。

步骤 1：选中图表，单击“图表工具”→“图表设计”→“类型”功能区中的“更改图表类型”按钮，或在图表区空白的地方右击，弹出的快捷菜单，如图 10-16 所示，选择“更改图表类型”选项。

步骤 2：打开“更改图表类型”对话框，可选择合适的图表类型进行修改，如图 10-17 所示。

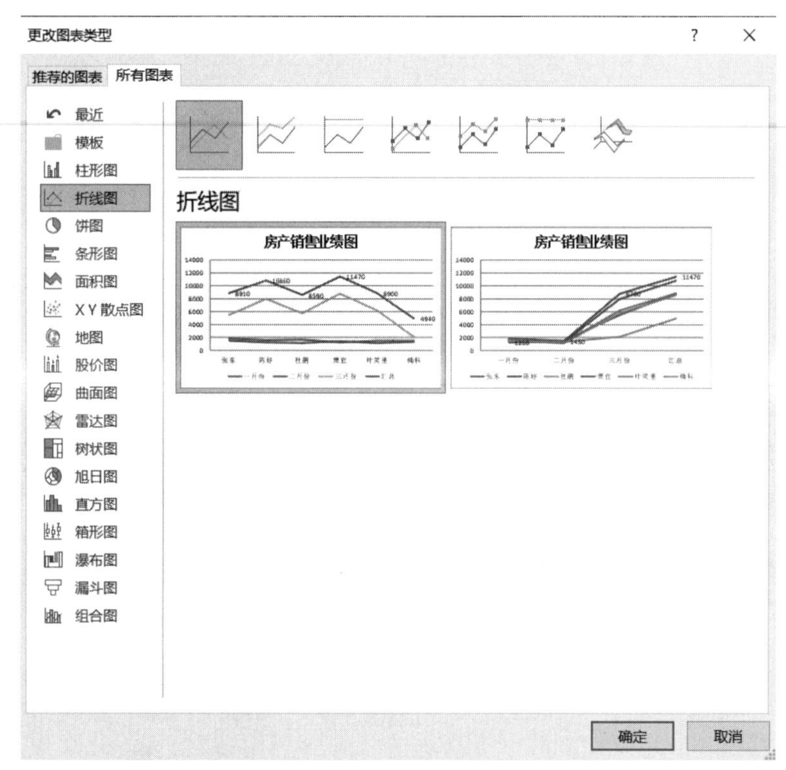

图 10-17 “更改图表类型”对话框

案例 2 分析“职工业绩考核”表格

绩效考核通常也称为业绩考评或“考绩”，是针对企业中每个职工所承担的工作，应用各种科学的定性和定量的方法，对职工行为的实际效果及其对企业的贡献或价值进行考核和评价。

数据透视表是一种对大量数据进行快速汇总和建立交叉列表的交互式表格，它不仅可以转换行和列查看源数据的不同汇总结果，而且还可以显示不同页面以筛选数据。数据透视表是一个动态的图表。

下面的员工绩效评比结果用数据透视表和数据透视图来表示。

素材文档见“实例素材文件\第 10 章\职工业绩考核.xlsx”。

1. 创建数据透视表

步骤 1：打开“职工业绩考核”工作簿，如图 10-18 所示。

	A	B	C	D	E	F	G
1	姓名	岗位级别	工龄(年)	性别	目标业绩(件)	完成业绩(件)	完成率
2	张强	1级	14	男	2600	2160	83%
3	李华	3级	8	男	200	170	85%
4	梦小小	2级	10	女	900	880	98%
5	认天一	1级	12	男	2700	2310	86%
6	艾佳	2级	4	女	1600	1400	88%
7	华文龙	4级	5	男	400	340	85%
8	叶天	3级	4	男	400	350	88%
9	汪蓝	4级	5	男	500	220	44%
10	贺长宇	4级	2	男	900	780	87%
11	张爱年	4级	3	男	600	480	80%
12	刘梅	3级	5	女	300	250	83%
13	禁晓丽	4级	1	女	1500	1260	84%
14	余琴	3级	7	女	700	500	71%
15	张伯涛	2级	12	男	2100	1700	81%

图 10-18　“职工业绩考核”表

步骤 2：选中“职工业绩考核”工作表中数据表任一单元格，单击“插入”选项卡→“表格”→“数据透视表”按钮，如图 10-19 所示。

图 10-19　“数据透视表”下拉列表

步骤 3：在打开的“来自表格或区域的数据透视表”对话框中，在“表/区域”文本框中，已经自动填入光标所在的单元格区域（也可以在表中拖拉鼠标重新选取，或利用键盘输入），如图 10-20 所示。

选中“现有工作表”单选按钮，将光标置于“位置”文本框中，再单击 Sheet2 工作表中的 A1 单元格，该单元格地址会自动填入“位置”文本框中，如图 10-20 所示。

提示： 如果选中“新工作表”单选按钮，将会生成一个新的工作表。

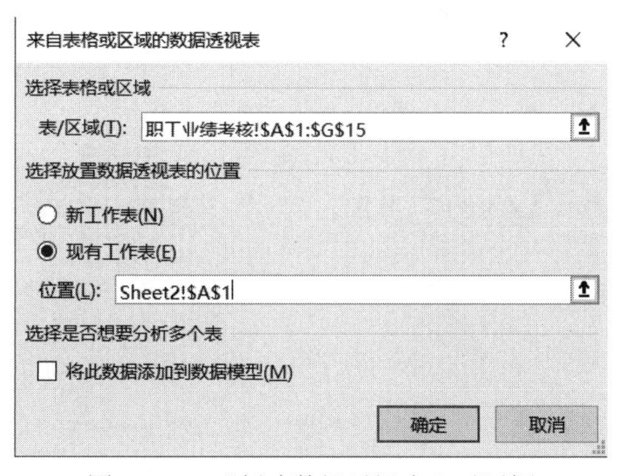

图 10-20　“创建数据透视表”对话框

步骤 4：单击“确定”按钮，打开“数据透视表字段”任务窗格，如图 10-21 所示。将字段“姓名”拖至“行”区域，将字段“岗位级别”拖至“列”区域，将字段“完成业绩（件）”拖至“值”区域。结果如图 10-22 所示。

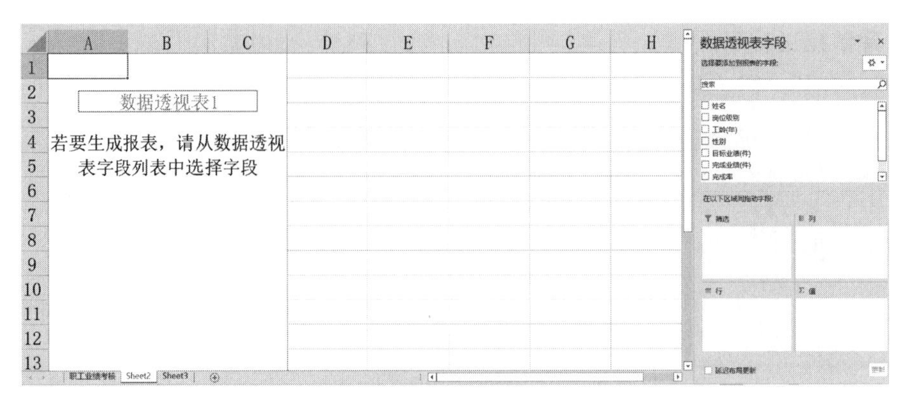

图 10-21　“数据透视表字段列表”任务窗格

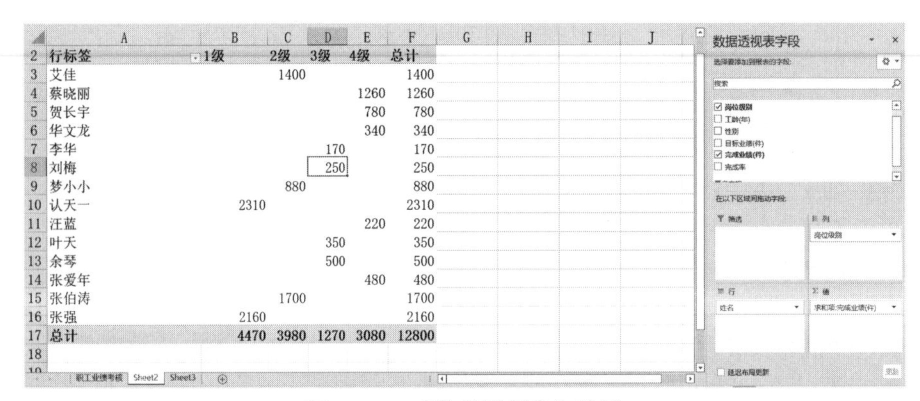

行标签	1级	2级	3级	4级	总计
艾佳		1400			1400
蔡晓丽				1260	1260
贺长宇				780	780
华文龙				340	340
李华			170		170
刘梅			250		250
梦小小		880			880
认天一	2310				2310
汪蓝				220	220
叶天			350		350
余琴			500		500
张爱年				480	480
张伯涛		1700			1700
张强	2160				2160
总计	4470	3980	1270	3080	12800

图 10-22　“数据透视表”结果

2. 创建数据透视图

步骤 1：选中数据表任一单元格，单击“插入”选项卡→“图表”→“数据透视图”按钮。

步骤 2：在打开的“创建数据透视图”对话框中，在“表/区域”文本框中，已经自动填入光标所在的单元格区域（若没有选好数据清单，请拖拉鼠标选好，或利用键盘输入），如图 10-23 所示。

选中“创建数据透视图”对话框中的“现有工作表”单选按钮，将光标置于“位置”文本框中，再单击 Sheet3 工作表中的 A1 单元格，该单元格地址会自动填入“位置”文本框中，如图 10-24 所示。

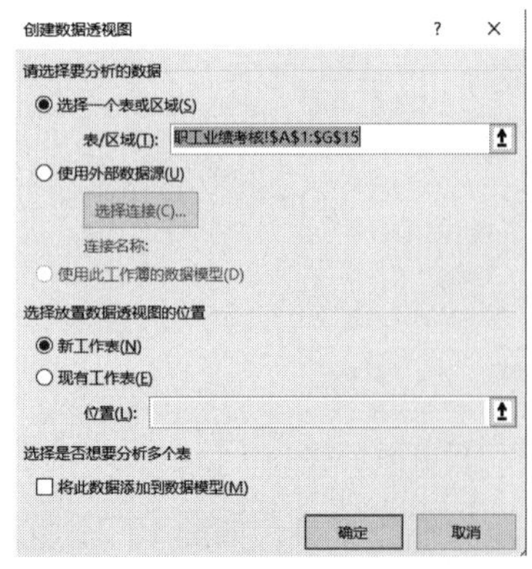

图 10-23　“数据透视图”对话框（1）

图 10-24　“创建数据透视图”对话框（2）

步骤 3：单击“确定”按钮，打开“数据透视图字段”任务窗格。将字段“姓名”拖至“行”区域［即轴（类别）］，将字段“岗位级别”拖至“列”区域［即图例（系列）］，将字段“完成业绩（件）”拖至“值”区域，结果如图 10-25 所示。

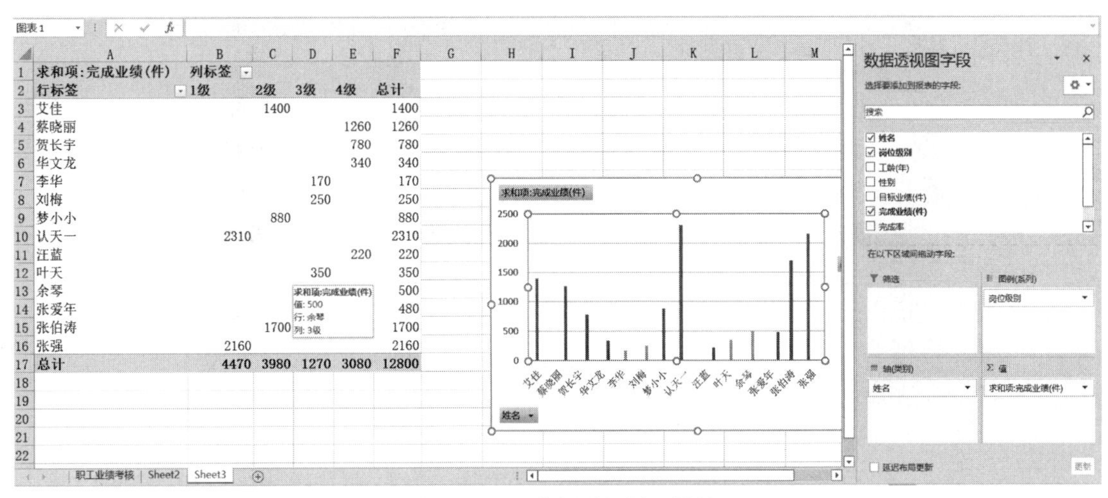

求和项:完成业绩(件)	列标签				
行标签	1级	2级	3级	4级	总计
艾佳		1400			1400
蔡晓丽				1260	1260
贺长宇				780	780
华文龙				340	340
李华			170		170
刘梅			250		250
梦小小		880			880
认天一	2310				2310
汪蓝				220	220
叶天			350		350
余琴					500
张爱年					480
张伯涛		1700			1700
张强	2160				2160
总计	4470	3980	1270	3080	12800

图 10-25　“数据透视图”结果

3. 使用数据透视表分析数据

选中数据透视表，在“数据透视表工具”→“数据透视表工具”选项卡中，如图 10-26 所示，可对数据透视表进行格式设置。同理，选中数据透视图，可对数据透视图进行格式设置。

图 10-26　“数据透视表工具”菜单

任务　用图表分析“停车情况记录表”

停车场收费系统采用非接触式智能卡，在停车场的出入口处设置一套出入口管理设备，使停车场形成一个相对封闭的场所，进出车只需将 IC 卡在读卡箱前轻晃一下，系统即能瞬时完成检验、记录、核算、收费等工作，挡车道闸自动启闭，方便快捷地进行着停车场的管理。进场车主和停车场的管理人员均持有一张属于自己的智能卡，作为个人的身份识别，只有通过系统检验认可的智能卡才能进行操作（管理卡）或进出（停车卡），充分保证了系统的安全性、保密性，有效地防止车辆失窃，免除车主后顾之忧。

1. 任务描述

Excel 除了提供日常应用较多的文本、统计、数学、日期时间等函数，还提供了方便工作表之间数据相互引用的查找引用函数。本任务涉及的知识点包括有关函数、筛选和数据透视图。

素材文档见“实例素材文件\第 10 章\停车情况记录表.xlsx”，数据工作表如图 10-27 所示。主要完成如下操作要求。

F9 | fx =E9-D9

	A	B	C	D	E	F	G
1	停车价目表						
2	小汽车	中客车	大客车				
3	5	8	10				
4							
5							
6							
7	停车情况记录表						
8	车牌号	车型	单价	入库时间	出库时间	停放时间	应付金额
9	浙A12345	小汽车	5	8:12:25	11:15:35	3:03:10	
10	浙A32581	大客车	10	8:34:12	9:32:45	0:58:33	
11	浙A21584	中客车	8	9:00:36	15:06:14	6:05:38	
12	浙A66871	小汽车	5	9:30:49	15:13:48	5:42:59	
13	浙A51271	中客车	8	9:49:23	10:16:25	0:27:02	
14	浙A54844	大客车	10	10:32:58	12:45:23	2:12:25	

图 10-27 “停车情况记录表”数据表

1. 在 Sheet4 的 A1 单元格中设置为只能录入 5 位数字或文本。当录入位数错误时，提示错误原因，样式为“警告”，错误信息为“只能录入 5 位数字或文本”。

2. 在 Sheet4 的 B1 单元格中输入公式，判断当前年份是否为闰年，结果为 TRUE 或 FALSE。

闰年定义：年数能被 4 整除而不能被 100 整除，或者能被 400 整除的年份。

3. 使用 HLOOKUP 函数，对 Sheet1 中的停车单价进行自动填充。

要求：根据 Sheet1 中的“停车价目表”价格，利用 HLOOKUP 函数对“停车情况记录表”中的“单价”列根据不同的车型进行自动填充。

4. 在 Sheet1 中，利用数组公式计算汽车在停车库中的停放时间，要求：

（1）公式计算方法为“出库时间-入库时间”。

（2）格式为：“小时:分钟:秒”。

例如：一小时十五分十二秒在停放时间中的表示为：“1:15:12”。

5. 使用函数公式，计算停车费用，要求：

根据停放时间的长短计算停车费用，将计算结果填入到“应付金额”列中。

注意：

（1）停车按小时收费，对于不满一小时的按一小时计费。

（2）对于超过整点小时十五分钟的多累计一个小时（例如 1 小时 23 分，将以 2 小时计费）。

---

6. 使用统计函数，对 Sheet1 中的“停车情况记录表”根据下列条件进行统计并填入相应单元格，要求：

（1）统计停车费用大于等于 40 元的停车记录条数。

（2）统计最高的停车费用。

7. 将 Sheet1 中的“停车情况记录表”复制到 Sheet2，对 Sheet2 进行高级筛选，要求：

（1）筛选条件为：“车型”—小汽车，“应付金额”>=30。

（2）将结果保存在 Sheet2 中。

在计算过程中注意：

（1）无须考虑是否删除筛选条件。

（2）复制过程中，将标题项“停车情况记录表”连同数据一同复制。

（3）复制数据表后，粘贴时，数据表必须顶格放置。

8. 根据 Sheet1，创建一个数据透视图，保存在 Sheet3 中，要求：

（1）显示各种车型所收费用的汇总。

（2）行区域设置为“车型”。

（3）计费项为“应付金额”。

（4）将对应的数据透视表也保存在 Sheet3 中。

数据透视图的结果如图 10-28 所示。

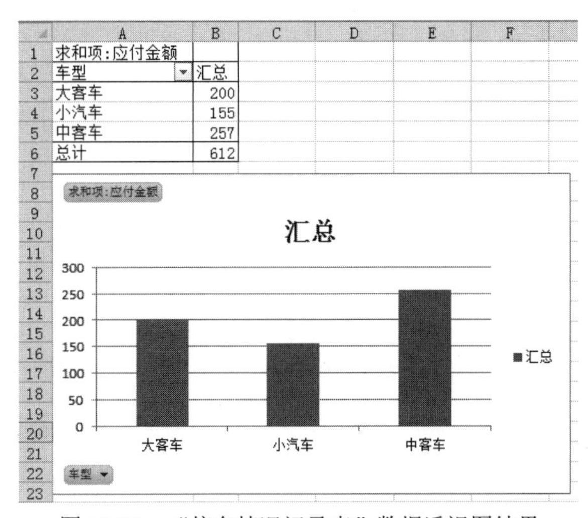

图 10-28　“停车情况记录表”数据透视图结果

2. 知识点（目标）

Excel 的数据计算分析功能非常强大，也是应用最广泛的部分。Excel 主要有文本、统计、数学、逻辑、时间日期等九大类函数，它们可以单独使用或者与加、减等算术运算符组合嵌套使用，对工作表数值进行各种运算。对相关函数要有所了解，才能进行正确的计算和统计。

（1）数学函数 SUM()、AVERAGE()、MAX()、MIN()等函数的使用。

数学函数是计算中的常用函数，包括 SUM()求和函数、AVERAGE()求平均值函数、MAX()求最大值函数、MIN()求最小值函数。

（2）统计函数 COUNT()、COUNTIF 等函数的应用。

COUNT()函数用于统计给定区域中存在数字格式数据的单元格个数。

COUNTIF()函数用于统计给定区域中满足一定条件的单元格个数。

（3）利用数据库函数及已设置的条件区域，进行设置条件的统计。用到的函数有 DCOUNTA()、DGET()、DAVERAGE()、DMAX 等。

（4）高级筛选的操作。

（5）数据透视表和数据透视图的创建与使用。

3. 操作思路及实施步骤

先用相关函数进行计算，再进行筛选和数据透视图的操作。

步骤 1：打开“停车情况记录表”工作簿，在 Sheet4 中选中单元格 A1，单击“数据”→“数据工具”功能区中的“数据验证”按钮，在打开的下拉列表中选择“数据验证”命令，如图 10-29 所示。

步骤 2：在打开的“数据验证”对话框中，选择“设置”选项卡，设置“允许”为“文本长度”，“数据”为“等于”，在“长度”文本框中输入“5”，如图 10-30 所示。

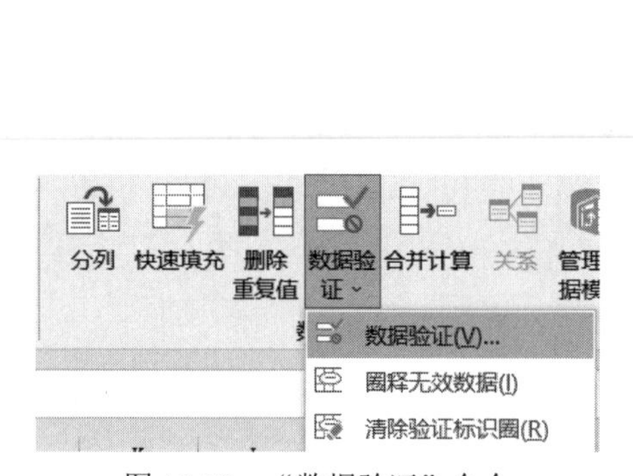

图 10-29 “数据验证”命令

图 10-30 “设置”选项卡

步骤 3：再选择“出错警告”选项卡，选择“样式”为“警告”，在“错误信息”文本框中输入“只能录入 5 位数字或文本”，如图 10-31 所示，单击“确定”按钮。

图 10-31 “出错警告”选项卡

步骤 4：在 Sheet4 的 B1 单元格中输入公式，输入公式：“=OR(AND(MOD(YEAR(TODAY()),4)=0,MOD(YEAR(TODAY()),100)<>0),MOD(YEAR(TODAY()),400)=0)”。

步骤 5：在 Sheet1 的单元格 C9 中，插入函数 HLOOKUP()，如图 10-32 所示。打开“函数参数”对话框，如图 10-33 所示。

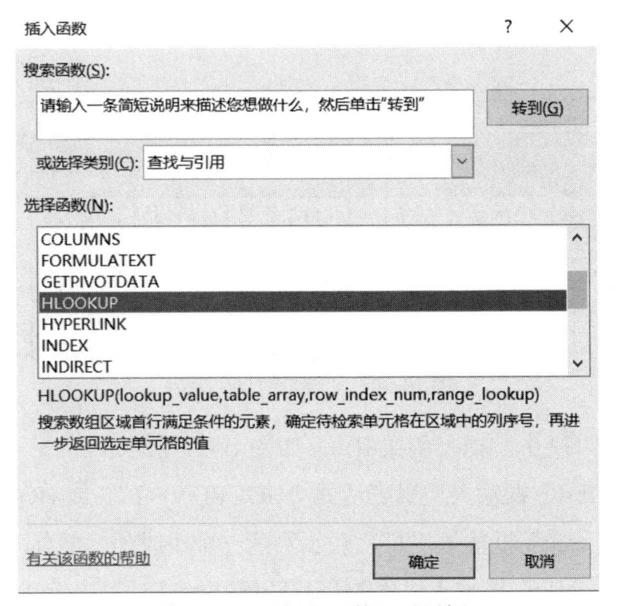

图 10-32　“插入函数”对话框

第一行“Lookup_value”框查找值为车型，输入 B9。

第二行“Table_array”框输入要搜索区域的 A2:C3，并使用绝对引用。

第三行“Row_index_num”框输入数字 2，用以确定找到的结果（即单格）位于搜索表的第 2 行。

第四行“Range_lookup”框输入查找精确匹配的逻辑值“FALSE”。

函数参数

HLOOKUP

Lookup_value　B9　= "小汽车"

Table_array　$A$2:$C$3　= {"小汽车","中客车","大客车";5,8,10}

Row_index_num　2　= 2

Range_lookup　FALSE　= FALSE

= 5

搜索数组区域首行满足条件的元素，确定待检索单元格在区域中的列序号，再进一步返回选定单元格的值

Range_lookup　逻辑值: 如果为 TRUE 或忽略，在第一行中查找最近似的匹配；如果为 FALSE，查找时精确匹配

计算结果 = 5

有关该函数的帮助(H)　确定　取消

图 10-33　HLOOKUP()“函数参数”对话框

步骤 6：用填充柄填充“单价”列。

步骤 7：先选中 F9:F38 单元格区域，再输入公式“=E9:E39-D9:D39”，然后同时按组合键 Ctrl+Shift+Enter，此时，公式编辑栏中显示“{=E9:E39-D9:D39}”，如图 10-34 所示。

F9 {=E9:E39-D9:D39}

	A	B	C	D	E	F	G
7	停车情况记录表						
8	车牌号	车型	单价	入库时间	出库时间	停放时间	应付金额
9	浙A12345	小汽车	5	8:12:25	11:15:35	3:03:10	
10	浙A32581	大客车	10	8:34:12	9:32:45	0:58:33	
11	浙A21584	中客车	8	9:00:36	15:06:14	6:05:38	
12	浙A66871	小汽车	5	9:30:49	15:13:48	5:42:59	
13	浙A51271	中客车	8	9:49:23	10:16:25	0:27:02	

图 10-34 “停放时间”计算

步骤 8：在单元格 G9 中，插入函数 IF()，如图 10-35 所示。

第一行“Logical_test”框输入逻辑表达式“HOUR(F9)<1”（或 HOUR(F9)=0）。

第二行“Value_if_true”框输入“1”，表示不满一个小时的，算作一个小时。

第三行“Value_if_false”框输入“IF(MINUTE(F9)>=15,HOUR(F9)+1,HOUR(F9))”，表示超过一小时又分成两种情况：若分钟数>15 的多加 1 小时，否则维持原小时数。

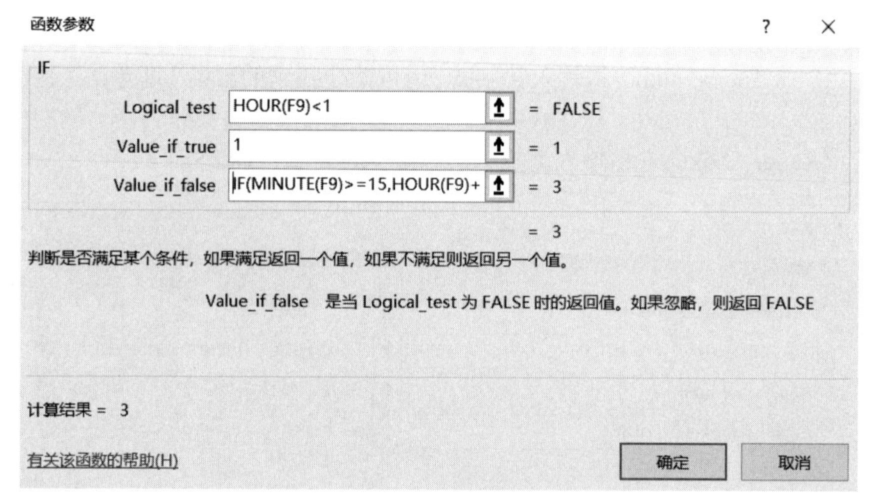

图 10-35 IF()“函数参数”对话框

单击“确定”按钮，在 G9 单元格中显示的是按计时要求的停车小时数。

在编辑栏中计算的停车小时数的表达式后输入“*C9”，即得到停车费。整个表达式为：“=IF(HOUR(F9)<1,1,IF(MINUTE(F9)>=15,HOUR(F9)+1,HOUR(F9)))*C9”。

注意：公式也可写为：=IF(HOUR(F9)=0,1,HOUR(F9)+(MINUTE(F9)>15))*C9。

步骤 9：用填充柄填充“应付金额”列。

步骤 10：在单元格 J8 中，插入 COUNTIF 函数，如图 10-36 所示。公式为“=COUNTIF(G9:G39,">=40")”。

函数参数
COUNTIF
Range
G9:G39
= {15;10;48;30;8;20;5;24;15;30;32;1
Criteria
">=40"
= ">=40"
= 4
计算某个区域中满足给定条件的单元格数目
Criteria　以数字、表达式或文本形式定义的条件
计算结果 = 4
有关该函数的帮助(H)
确定
取消

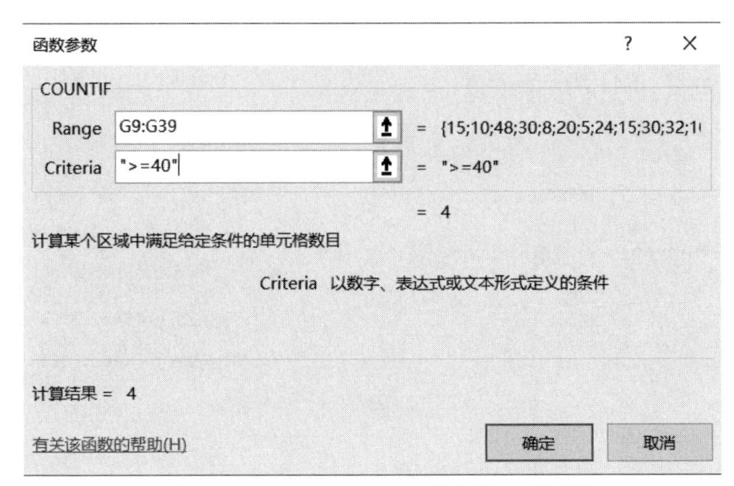

图 10-36　COUNTIF()“函数参数”对话框

步骤 11：在单元格 I9 中，插入 MAX 函数，如图 10-37 所示，公式为“=MAX(G9:G39)”。结果如图 10-38 所示。

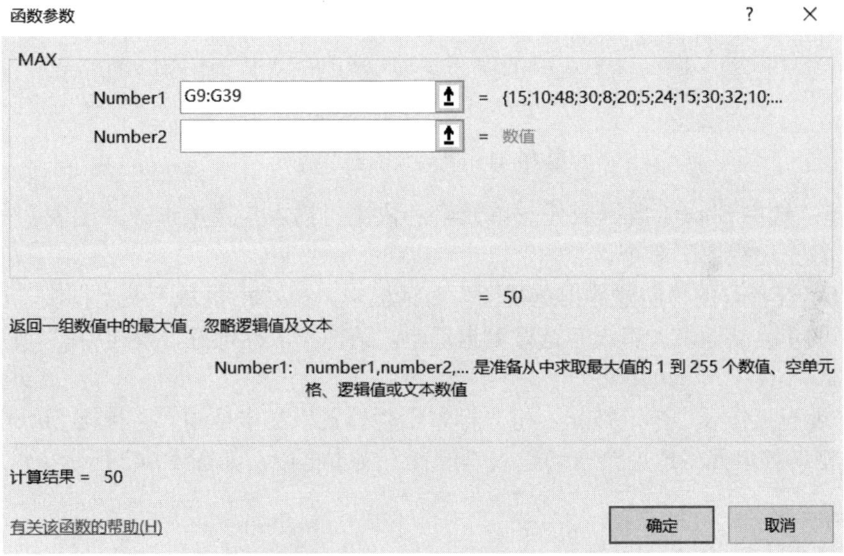

函数参数
MAX
Number1
G9:G39
= {15;10;48;30;8;20;5;24;15;30;32;10;...
Number2
= 数值
= 50
返回一组数值中的最大值，忽略逻辑值及文本
Number1:　number1,number2,... 是准备从中求取最大值的 1 到 255 个数值、空单元格、逻辑值或文本数值
计算结果 = 50
有关该函数的帮助(H)
确定
取消

图 10-37　MAX()“函数参数”对话框

统计情况	统计结果
停车费用大于等于40元的停车记录条数：	4
最高的停车费用：	50

图 10-38　统计结果

步骤 12：选择 Sheet1 表中的 A7:G39 单元格区域，右击，在弹出的快捷菜单中选择“复制”命令，选择 Sheet2 表中的 A1 单元格，空白区域创建筛选条件，右击，在弹出的快捷菜单中选择“选择性粘贴（值和数字格式）”命令。

步骤 13：在 Sheet2 中的空白区域（如 I2:J3）创建筛选条件，如图 10-39 所示。

步骤 14：单击 Sheet2 数据区域中的任一单元格，在“数据”→“排序和筛选”功能区中单击“高级”按钮，打开“高级筛选”对话框，如图 10-40 所示。选择并确认“列表区域”为

“$A$2:$G$33”，“条件区域”为“Sheet2!$B$35:$C$36”，单击“确定”按钮，筛选出符合条件的汽车（2 辆），如图 10-41 所示。

		车型	应付金额
35		车型	应付金额
36		小汽车	>=30

图 10-39　设置条件区域

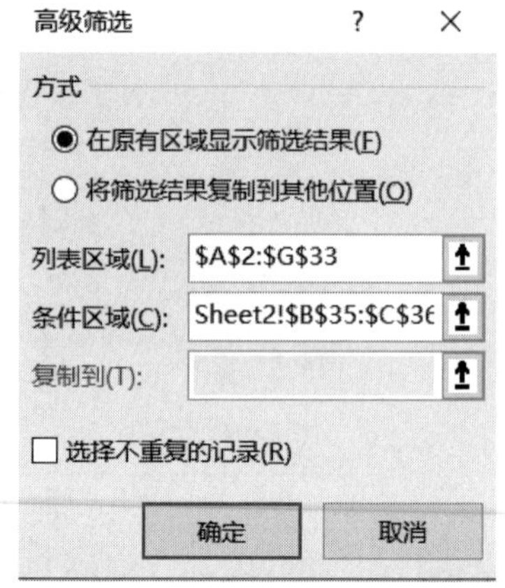

图 10-40　“高级筛选”对话框

	A	B	C	D	E	F	G
1	停车情况记录表						
2	车牌号	车型	单价	入库时间	出库时间	停放时间	应付金额
6	浙A66871	小汽车	5	9:30:49	15:13:48	5:42:59	30
19	浙A56587	小汽车	5	15:35:42	21:36:14	6:00:32	30

图 10-41　“高级筛选”结果

步骤 15：选中 Sheet1 数据表任一单元格，依次“插入”选项卡→“图表”→“数据透视图”→“数据透视图”命令。

步骤 16：在打开的“创建数据透视图”对话框中，在“表/区域”文本框中，已经自动填入光标所在的单元格区域（若没有选好数据清单，请拖拉鼠标选好，或利用键盘输入），如图 10-41 所示。

选中“现有工作表”单选按钮，将光标置于“位置”文本框中，再单击 Sheet3 工作表中的 A1 单元格，该单元格地址会自动填入“位置”文本框中，如图 10-42 所示。

图 10-41　“创建数据透视图”对话框

图 10-42　“创建数据透视图”对话框

步骤 17：单击“确定”按钮，打开“数据透视图字段”任务窗格。将字段“车型”拖至“轴（类别）”区域，将字段“应付金额”拖至“值”区域，如图 10-43 所示。结果如图 10-44 所示。

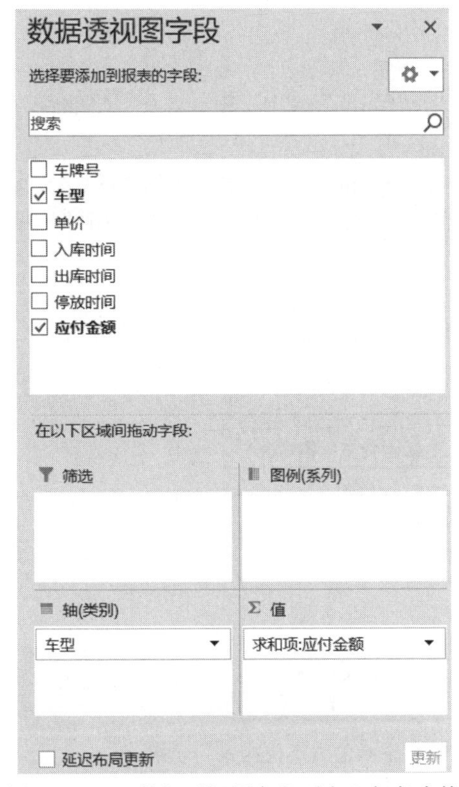

图 10-43　“数据透视图字段列表”任务窗格

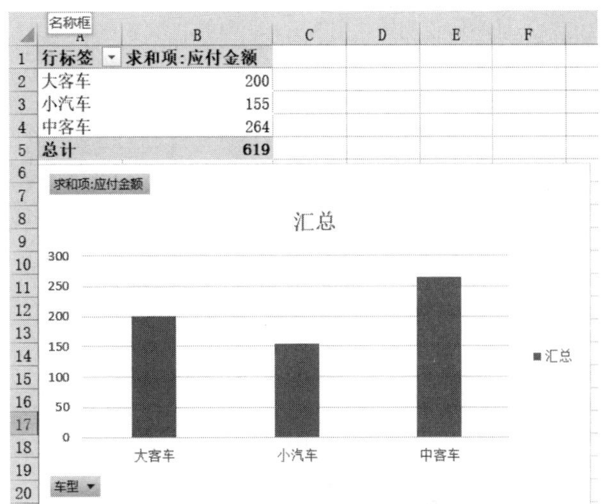

图 10-44　“数据透视图和数据透视表”结果

4. 任务总结

通过本任务的练习，从以下几个方面介绍了制作 Excel 工作表涉及的知识内容。

（1）有效性设置。设置输入提示信息和输入错误提示信息，既保证了数据的正确性，同时也提高了数据的录入效率。

（2）进一步掌握一些函数的使用，如 IF 函数，查找与引用 HLOOKUP 函数，时间函数 HOUR、MINUTE 函数，统计 COUNTIF 函数等 Excel 应用中几种很常用的函数。

这些函数的使用帮助人们从烦琐的数值计算中解脱出来，同时通过与填充柄等工具的结合，有力地提高了工作效率。

（3）高级筛选。在日常工作中，我们经常用到筛选。相对于自动筛选，高级筛选可以根据复杂条件进行筛选，而且还可以把筛选的结果复制到指定的地方，更方便进行对比。在高级筛选中，可以使用通配符作为筛选及查找和替换内容时的比较条件。在练习中，要领会高级筛选的一些技巧。

（4）数据透视表和数据透视图。分类汇总适合在分类的字段少、汇总的方式不多的情况下进行。如果分类的字段较多，则需使用数据透视表。使用数据透视表前，使用者务必清晰知道自己想要得到的汇总表格框架，根据框架的模式把相应的数据字段拉到合适的位置，即可得到符合条件的数据透视表。

补充知识：

统计图是统计资料整理结果的一种常用的表达方式。它是利用几何图形（点、线、面、形）或其他图形把所研究对象的特征、内部结构等相互关联的数量关系绘制成的简明的图形。统计图表示的数量关系形象、直观、明白，可以使人们一目了然地认识客观事物的状态、形成、发展趋势或在某地区上的分布状况等，故它在经济管理工作中使用非常广泛。

Excel 具有丰富多彩的制图功能，它可以将表中的数据用图形表示，使表、图、文字有机地结合起来。它提供的图形种类繁多，如条形图、饼图、圆环图、折线图、直方图等 100 多种基本图表类型。不同的统计数据需要借助不同的统计图来显示。

反映品质数据的统计图可用条形图、饼图和圆环图，反映分组数据的统计图可用直方图、折线图，反映时序数据的统计图可用线图，反映多元数据的统计图可用散点图、气泡图、雷达图，其他常见统计图还有 K 线图、洛伦茨曲线等。

下面举例说明雷达图在 Excel 中的制作方法。

素材文档见“实例素材文件\第 10 章\2016 年某地区城乡居民家庭平均每人生活消费支出构成.xlsx”。

步骤 1：打开工作表，如图 10-45 所示。

	A	B	C
1	**2016年某地区城乡居民家庭平均每人生活消费支出构成(%)**		
2	**项 目**	**城镇居民**	**农村居民**
3	食品	36.52	33.69
4	衣着	10.47	6.62
5	家庭设备用品及服务	10.02	22.04
6	医疗保健	6.42	5.83
7	交通通信	6.98	11.5
8	娱乐教育文化服务	13.72	9.72
9	居住	12.01	8.2
10	杂项商品与服务	3.87	2.4

图 10-45 “2016 年某地区城乡居民家庭平均每人生活消费支出构成”表格

步骤 2：用鼠标选定数据区域。

步骤 3：选择“插入”选项卡→“图表”→“其他图表”→“雷达图”选项。

步骤 4：单击“确定”按钮，结果如图 10-46 所示。

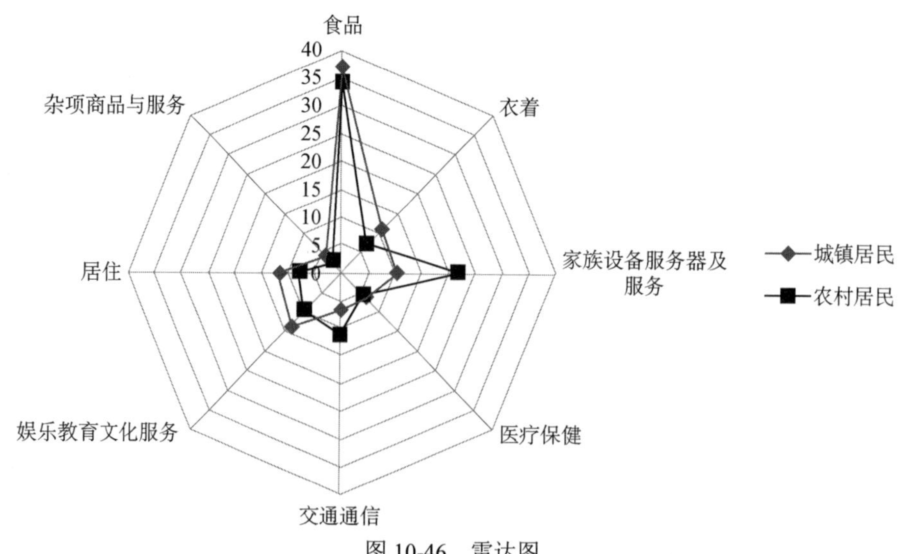

图 10-46 雷达图

本章小结

本章主要介绍 Excel 2019 图表的操作，包括创建和编辑图表、缩放及移动图表、改变图表类型和格式、创建数据透视表和数据透视图、利用数据透视表分析数据等。通过本章的学习，用户可进一步掌握并熟练运用图表分析数据的能力。

疑难解析（问与答）

问：创建数据透视表时对数据有什么要求吗？

答：（1）数据所对应的表格中最好不要有合并的单元格。

（2）尽量不要出现空格。

问：不同的图表类型所表现的数据重点有何不同？

答：表示数据的趋势变化常用折线图，柱形图能直观地表示同一属性的不同数据值的大小，表示总量为 1 的不同数据所占的比例选用饼图为好，三维图形能美观地表示立体效果。

操作题

1. 打开素材文件“操作题素材\第 10 章\图书流通表.xlsx”，如图 10-47 所示。按下列要求操作，结果存盘。

（1）将工作表 Sheet1 复制到 Sheet2，并将 Sheet2 更名为“流通表”。

（2）分别求出“流通表”中每个月各类图书出借的合计数和平均数（小数取 2 位）并填入相应单元格中。

	A	B	C	D	E	F	G	H
1	学校图书馆五月份图书流通表							
2	月份	文艺小说	教学参考	自然科学	社会科学	其他	合计	平均
3	一月	202	65	512	461	64		
4	二月	460	88	356	415	59		
5	三月	534	105	622	392	86		
6	四月	520	231	285	515	91		
7	五月	531	206	415	524	243		
8	六月	349	324	349	288	216		
9	七月	113	57	375	120	163		
10	八月	668	29	295	344	114		
11	九月	337	85	456	562	241		
12	十月	684	135	482	611	152		
13	十一月	661	264	595	249	79		
14	十二月	522	188	573	624	94		

图 10-47　图书流通表

（3）将“流通表”中每月所有信息按“平均”值升序排列，并将“平均”值为最高的 3 个月的所有内容字体颜色以“红色”表示。

（4）根据“流通表”平均值数据创建一个“饼图”，显示在区域 A16:H24，要求以“月份”为“图例项”，图例位于图表“底部”。

（5）在“流通表”的第 15 行的下方增加一行“畅销否”，在对应的 B15:E15 单元格中，利用公式给出结果：如果月平均销售量≥200 的，填上“畅销”，否则填上“不够畅销”（不包括引号）。

2. 打开素材文件“操作题素材\第 10 章\配送信息表.xlsx”，如图 10-48 所示。

（1）将工作表中第 1 行的相关单元格区域进行合并制作表头，然后为表格添加边框、调整行高，对第 12 行“合计”进行求和计算。

（2）根据表格中的数据，对四个项目“接单数”“箱数”“体积”“重量”分别创建饼图。

	A	B	C	D	E
1	上海浦东新区配送数据				
2	客户	接单数	箱数	体积	重量
3	项津	55	546	52	32
4	项益	45	545	89	32
5	项园	565	545	54	32
6	金红叶	2	54	54	4
7	花王	21	88	54	2
8	达虹	2	4564	545	412
9	爱之味	5256	245	25	3
10	味全	45	5457	2	3
11	黑松	54	885	5	32
12	合计				

图 10-48　配送信息表

3. 打开素材文件“操作题素材\第 10 章\油品销售表.xlsx”，如图 10-49 所示。

（1）对表格中金额进行计算，公式为金额=数量×单价。

（2）根据表格中的数据创建数据透视表，报表筛选：加油站；列标签：销售方式；行标签：油品名称；数值：数量。

	A	B	C	D	E	F
1	加油站	油品名称	数量	单价	金额	销售方式
2	中山路	70#汽油	68	￥ 2,178.00		零售
3	中山路	70#汽油	105	￥ 2,045.00		批发
4	韶山路	70#汽油	78	￥ 2,067.00		批发
5	韶山路	70#汽油	78	￥ 2,067.00		批发
6	中山路	90#汽油	105	￥ 2,045.00		零售
7	韶山路	90#汽油	100	￥ 2,178.00		零售
8	中山路	90#汽油	68	￥ 2,178.00		批发
9	中山路	90#汽油	105	￥ 2,045.00		批发

图 10-49　油品销售表

4. 打开素材文件“操作题素材\第 10 章\员工情况统计表.xlsx”，如图 10-50 所示。完成以下操作。

	A	B	C	D	E	F	G	H
1	姓 名	性 别	出生年月	年 龄	所在区域	原电话号码	升级后号码	是否>=40男性
2	王一	男	1967/6/15		西湖区	05716742801		
3	张二	女	1974/9/27		上城区	05716742802		
4	林三	男	1953/2/21		下城区	05716742803		
5	胡四	女	1986/3/30		拱墅区	05716742804		
6	吴五	男	1953/8/3		下城区	05716742805		
7	章六	女	1959/5/12		上城区	05716742806		
8	陆七	女	1972/11/4		拱墅区	05716742807		
9	苏八	男	1988/7/1		上城区	05716742808		
10	韩九	女	1973/4/17		西湖区	05716742809		
11	徐一	女	1954/10/3		下城区	05716742810		
12	项二	男	1964/3/31		江干区	05716742811		
13	贾三	男	1995/5/8		余杭区	05716742812		
14	孙四	女	1977/11/25		江干区	05716742813		
15	姚五	男	1981/9/16		拱墅区	05716742814		
16	周六	女	1993/5/4		上城区	05716742815		
17	金七	女	1966/4/20		江干区	05716742816		
18	赵八	男	1976/8/14		余杭区	05716742817		

图 10-50　员工情况统计表

（1）在 Sheet5 的 A1 单元格中设置为只能录入 5 位数字或文本。当录入位数错误时，提示错误原因，样式为“警告”，错误信息为“只能录入 5 位数字或文本”。

（2）在 Sheet5 的 B1 单元格中输入公式，判断当前年份是否为闰年，结果为 TRUE 或 FALSE。

闰年定义：年份能被 4 整除而不能被 100 整除，或者能被 400 整除的年份。

（3）使用时间函数，对 Sheet1 中用户的年龄进行计算。

要求：假设当前时间是“2013-5-1”，结合用户的出生年月，计算用户的年龄，并将其计算结果填充到“年龄”列当中。计算方法为两个时间年份之差。

（4）使用 REPLACE 函数，对 Sheet1 中用户的电话号码进行升级。

要求：对“原电话号码”列中的电话号码进行升级。升级方法是在区号（0571）后面加上“8”，并将其计算结果保存在“升级后号码”列的相应单元格中。

例如：电话号码“05716742808”，升级后为“057186742808”。

（5）使用逻辑函数，判断 Sheet1 中的“大于等于 40 岁的男性”，将结果保存在 Sheet1 的“是否>=40 男性”列中。

注意：如果是，保存结果为 TRUE；否则，保存结果为 FALSE。

（6）对 Sheet1 中的数据，根据以下条件，利用统计函数进行统计：

- 统计性别为“男”的用户人数，将结果填入 Sheet2 的 B2 单元格中。
- 统计年龄为“≥40”岁的用户人数，将结果填入 Sheet2 的 B3 单元格中。

（7）将 Sheet1 复制到 Sheet3，并对 Sheet3 进行高级筛选。

- 筛选条件为：“性别”—女、“所在区域”—西湖区。
- 将筛选结果保存在 Sheet3 中。

（8）根据 Sheet1 的结果，创建一数据透视图，保存在 Sheet4 中，要求：

- 显示每个区域所拥有的用户数量。
- x 坐标设置为“所在区域”。
- 计数项为“所在区域”。
- 将对应的数据透视表也保存在 Sheet4 中。

5. 打开素材文件“操作题素材\第 10 章\白炽灯采购情况表.xlsx”，如图 10-51 所示。完成以下操作。

采购情况表							
产品	瓦数	寿命（小时）	商标	单价	每盒数量	采购盒数	采购总额
白炽灯	200	3000	上海	4.50	4	3	
氖管	100	2000	上海	2.00	15	2	
日光灯	60	3000	上海	2.00	10	5	
其他	10	8000	北京	0.80	25	6	
白炽灯	80	1000	上海	0.20	40	3	
日光灯	100	未知	上海	1.25	10	4	
日光灯	200	3000	上海	2.50	15	0	
其他	25	未知	北京	0.50	10	3	
白炽灯	200	3000	北京	5.00	3	2	
氖管	100	2000	北京	1.80	20	5	
白炽灯	100	未知	北京	0.25	10	5	
白炽灯	10	800	上海	0.20	25	2	
白炽灯	60	1000	北京	0.15	25	0	
白炽灯	80	1000	北京	0.20	30	2	
白炽灯	100	2000	上海	0.80	10	5	
白炽灯	40	1000	上海	0.10	20	5	

条件区域1：		
商标	产品	瓦数
上海	白炽灯	<100

条件区域2：		
产品	瓦数	瓦数
白炽灯	>=80	<=100

情况	计算结果
商标为上海，瓦数小于100的白炽灯的平均单价：	
产品为白炽灯，其瓦数大于等于80且小于等于100的品种数：	

图 10-51　白炽灯采购数量表

（1）在 Sheet5 中设定 A 列中不能输入重复的数值。

（2）在 Sheet1 中，使用条件格式将“瓦数”列中数据小于 100 的单元格中字体颜色设置为红色、加粗显示。

（3）使用数组公式，计算 Sheet1“采购情况表”中的每种产品的采购总额，将结果保存到表中的“采购总额”列中。

计算方法为：采购总额=单价×每盒数量×采购盒数。

（4）在 Sheet1 中，利用数据库函数及已设置的条件区域，计算以下情况的结果，并将结果保存在相应的单元格中。

- 计算：商标为上海，瓦数小于 100W 的白炽灯的平均单价。
- 计算：产品为白炽灯，其瓦数大于等于 80W 且小于等于 100W 的品种数。

（5）某公司对各个部门员工吸烟情况进行统计，作为人力资源搭配的一个数据依据。对于调查对象，只能回答 Y（吸烟）或者 N（不吸烟）。根据调查情况，制作 Sheet2 中的“吸烟调查情况表”。请使用函数，统计符合以下条件的数值。

- 统计未登记的部门个数，将结果保存在 B14 单元格中。
- 统计在登记的部门中，吸烟的部门个数，将结果保存在 B15 单元格中。

（6）使用函数，对 Sheet2 的 B21 单元格中的内容进行判断，判断其是否为文本，如果是，结果为“TRUE”；如果不是，结果为“FALSE”，并将结果保存在 Sheet2 中的 B22 单元格当中。

（7）将 Sheet1 中的“采购情况表”复制到 Sheet3 中，对 Sheet3 进行高级筛选，要求：

- 筛选条件：“产品为白炽灯，商标为上海”。
- 将结果保存在 Sheet3 中。

（8）根据 Sheet1 中的“采购情况表”，在 Sheet4 中创建一张数据透视表，要求：

- 显示不同商标的不同产品的采购数量。
- 行区域设置为“产品”。
- 列区域设置为“商标”。
- 计数项为“采购盒数”。

6. 打开素材文件“操作题素材\第 10 章\服装采购表.xlsx”，如图 10-52 所示。完成以下操作。

	A	B	C	D	E	F	G	H	I	J	K
1	折扣表					价格表					
2	数量	折扣率				衣服	120				
3	1	0%				裤子	80				
4	100	6%				鞋子	150				
5	200	8%									
6	300	10%									
7											
8											
9			采购表								
10	项目	采购数量	采购时间	单价	折扣	合计				统计表	
11	衣服	20	2008/1/12						统计类别	总采购量	总采购金额
12	裤子	45	2008/1/12						衣服		
13	鞋子	70	2008/1/12						裤子		
14	衣服	125	2008/2/5						鞋子		
15	裤子	185	2008/2/5								
16	鞋子	140	2008/2/5								
17	衣服	225	2008/3/14								
18	裤子	210	2008/3/14								
19	鞋子	260	2008/3/14								
20	衣服	385	2008/4/30								
21	裤子	350	2008/4/30								
22	鞋子	315	2008/4/30								
23	衣服	25	2008/5/15								
24	裤子	120	2008/5/15								
25	鞋子	340	2008/5/15								

图 10-52 服装采购表

（1）在 Sheet5 中，使用函数，将 A1 单元格中的数四舍五入到整百，存放在 B1 单元格中。

（2）在 Sheet1 中，使用条件格式将“采购数量”列中数量小于 100 的单元格中字体颜色设置为红色、加粗显示。

（3）使用 VLOOKUP 函数，对 Sheet1 中“采购表”的“单价”列进行填充。

要求：根据“价格表”中的商品单价，利用 VLOOKUP 函数，将其单价自动填充到采购表的“单价”列中。

（4）使用逻辑函数，对 Sheet1 中的“折扣”列进行填充。

要求：根据“折扣表”中的商品折扣率，利用相应的函数，将折扣率自动填充到采购表的“折扣”列中。

（5）利用公式，对 Sheet1 中“采购表”的“合计”列进行计算。

要求：根据“采购数量”“单价”和“折扣”，计算采购的合计金额，将结果保存在“合计”列中。

计算公式：合计金额=单价×采购数×（1−折扣率）

（6）使用 SUMIF 函数，统计各种商品的采购总量和采购总金额，将结果保存在 Sheet1 中的“统计表”当中的相应位置。

（7）将 Sheet1 中的“采购表”复制到 Sheet2 中，并对 Sheet2 进行高级筛选。

- 筛选条件为“采购数量”>150，“折扣率”>0。
- 将筛选结果保存在 Sheet2 中。

（8）根据 Sheet1 中的“采购表”，新建一个数据透视图，保存在 Sheet3 中。要求：

- 该图显示每个采购时间点所采购的所有项目数量汇总情况。
- *X* 坐标设置为“采购时间”。
- 求和项为采购数量。
- 将对应的数据透视表也保存在 Sheet3 中。

7. 打开素材文件“操作题素材\第 10 章\员工资料表.xlsx”，如图 10-53 所示。完成以下操作。

	A	B	C	D	E	F	G	H	I	J	K
1	职务补贴率表			员工资料表							
2	职务	增幅百分比		姓　名	身份证号码	性　别	出生日期	职务	基本工资	职务补贴率	工资总额
3	高级工程师	80%		王一	330675196706154485	男		高级工程师	3000		
4	中级工程师	60%		张二	330675196708154432	女		中级工程师	3000		
5	工程师	40%		林三	330675195302215412	男		高级工程师	3000		
6	助理工程师	20%		胡四	330675198603301836	女		助理工程师	3000		
7				吴五	330675195308032859	男		高级工程师	3000		
8				章六	330675195905128755	女		高级工程师	3000		
9				陆七	330675197211045896	女		中级工程师	3000		
10				苏八	330675198807015258	男		工程师	3000		

图 10-53　员工资料表

（1）在 Sheet5 中，使用函数计算 A1:A10 中奇数的个数，结果存放在 A12 单元格中。

（2）在 Sheet5 中，使用函数，将 B1 单元格中的数四舍五入到整百，结果存放在 C1 单元格中。

（3）仅使用文本函数 MID 函数和 CONCATENATE 函数，对 Sheet1 中的“出生日期”列进行自动填充。要求：

① 填充的内容根据“身份证号码”列的内容来确定：

➢ 身份证号码中的第 7 位～第 10 位表示出生年份。

➢ 身份证号码中的第 11 位～第 12 位表示出生月份。

➢ 身份证号码中的第 13 位～第 14 位表示出生日。

② 填充结果的格式为：××××年××月××日（注意：不使用单元格格式进行设置）。

（4）根据 Sheet1 中“职务补贴率表”的数据，使用 VLOOKUP 函数，对“员工资料表”中的“职务补贴率”列进行自动填充。

（5）使用数组公式，在 Sheet1 中“员工资料表”的“工资总额”列进行计算，并将计算结果保存在“工资总额”列。

计算方法：工资总额=基本工资×（1+职务补贴率）

（6）在 Sheet2 中，根据“固定资产情况表”，利用财务函数，对以下条件进行计算。

- 计算“每天折旧值”，并将结果填入到 E2 单元格中。
- 计算“每月折旧值”，并将结果填入到 E3 单元格中。
- 计算“每年折旧值”，并将结果填入到 E4 单元格中。

（7）将 Sheet1 中的“员工资料表”复制到 Sheet3，并对 Sheet3 进行高级筛选，要求：

- 筛选条件为：“性别”—女、“职务”—高级工程师。
- 将筛选结果保存在 Sheet3 中。

注意：

- 无须考虑是否删除或移动筛选条件。
- 复制过程中，将标题项“员工资料表”连同数据一同复制。
- 数据表必须顶格放置。

（8）根据 Sheet1 中的“员工资料表”，在 Sheet4 中新建一数据透视表。要求：

- 显示每种性别的不同职务的人数汇总情况。
- 行区域设置为“性别”。
- 列区域设置为“职务”。
- 数据区域设置为“职务”。
- 计数项为职务。

8. 打开素材文件“操作题素材\第 10 章\教材订购情况表.xlsx”，如图 10-54 所示。完成以下操作。

	A	B	C	D	E	F	G	H	I	J	K
1	教材订购情况表										统计情况
2	客户	ISSN	教材名称	出版社	版次	作者	订数	单价	金额		出版社名称为“高等教育出版社”的书的种类
3	c1	7-5600-5710-6	新编大学英语快速阅读3	外语教学与研究出版社	一版	史宝辉	9855	23			订购数量大于110，且小于850的书的种类数：
4	c1	7-04-513245-8	高等数学 下册	高等教育出版社	六版	同济大学	3700	25			
5	c1	7-04-813245-9	高等数学 上册	高等教育出版社	六版	同济大学	3500	24			
6	c1	7-04-414587-1	概率论与数理统计教程	高等教育出版社	四版	沈恒范	1592	31			用户支付情况表
7	c1	7-5341-1401-2	Visual Basic 程序设计教程	浙江科技出版社	一版	陈庆章	1504	27			用户
8	c1	7-03-027426-7	大学信息技术基础	科学出版社	二版	胡同森	1249	18			c1
9	c1	7-03-012345-6	化工原理（下）	科学出版社	一版	何潮洪	924	40			c2
10	c1	7-04-345678-0	电路	高等教育出版社	五版	邱关源	869	35			c3
11	c1	7-03-012346-8	化工原理(上)	科学出版社	一版	何潮洪 冯霄	767	38			c4
12	c1	7-300-05679-2	管理学（第七版中文）	中国人民大学出版社	一版	斯蒂芬.P.罗宾	585	55			

图 10-54　教材订购情况表

（1）在 Sheet5 的 A1 单元格中设置为只能录入 5 位数字或文本。当录入位数错误时，提示错误原因，样式为“警告”，错误信息为“只能录入 5 位数字或文本”。

（2）在 Sheet5 的 B1 单元格中输入分数 1/3。

（3）使用数组公式，计算 Sheet1 中的订购金额，将结果保存到表中的“金额”列当中。

（4）使用统计函数，对 Sheet1 中的结果按以下条件进行统计，并将结果保存在 Sheet1 中的相应位置，要求：

- 统计“出版社”名称为“高等教育出版社”的书的种类数。
- 统计“订数”大于 110 且小于 850 的书的种类数。

（5）使用函数计算，每个用户所订购图书所需支付的金额总数，将结果保存在 Sheet1 中的相应位置。

（6）使用函数，判断 Sheet2 中的年份是否为闰年，如果是，结果保存“闰年”，如果不是，则结果保存“平年”，并将结果保存在“是否为闰年”列中。

说明：闰年定义：年数能被 4 整除而不能被 100 整除，或者能被 400 整除的年份。

（7）将 Sheet1 复制到 Sheet3 中，对 Sheet3 进行高级筛选，要求：

- 筛选条件为“订数>=500，且金额<=30000”。
- 将结果保存到 Sheet3 中。

（8）根据 Sheet1 中的结果，在 Sheet4 中新建一张数据透视表，要求：

- 显示每个客户在每个出版社所订的教材数目。
- 行区域设置为：“出版社”。
- 列区域设置为：“客户”。
- 计数项为订数。

9. 打开素材文件“操作题素材\第 10 章\中国跨境电商的交易规模和进出口规模.xlsx”，根据进出口交易总规模、跨境电商交易规模的数据，计算跨境电商占进出口总规模比例、跨境电商交易规模增长率，绘制如图 10-55 所示的直方图。

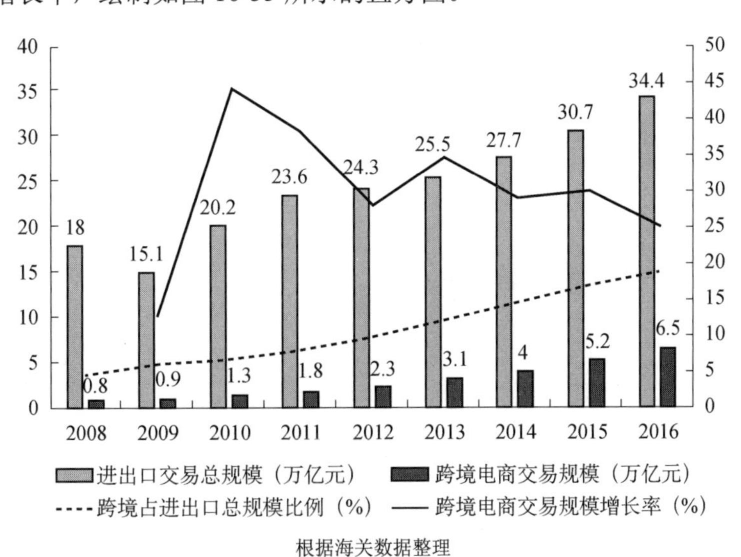

图 10-55　中国跨境电商的交易规模和进出口规模

10. 打开素材文件“操作题素材\第 10 章\练习 10.xlsx”，数据如图 10-56 所示，完成如图

10-57 所示的双饼图。

城市	城市销量	经销商	商家销量
A	450	A1	100
		A2	150
		A3	200
B	270	B1	110
		B2	160
C	380	C1	80
		C2	90
		C3	100
		C4	110

图 10-56 练习 10 数据

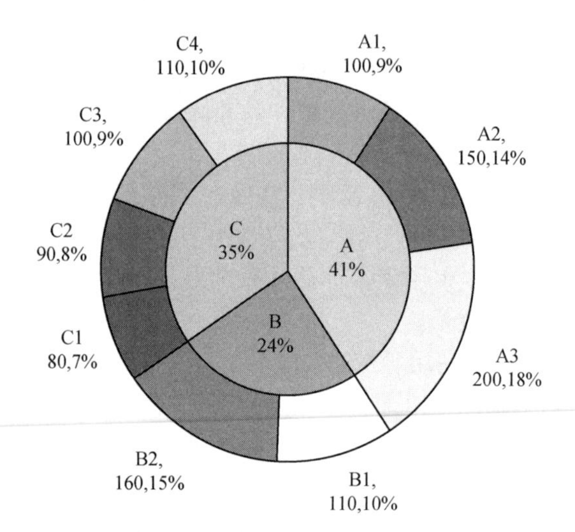

图 10-57 练习 10 双饼图效果图

第3篇　PowerPoint 高级应用

PowerPoint 作为 Office 的三大核心组件之一，主要用于幻灯片的制作和播放，它帮助用户快速制作出图文并茂、富有动感的演示文稿，并且还可以通过图示、视频和动画等形式表示复杂的内容，从而使观众更容易理解。

提示：

一份出色的 PPT 往往是给他人留下一个良好第一印象的关键。

1. 做事要有一个良好的基础。只有先把 PPT 内的文字内容充实，这个 PPT 才有可能出色。

2. 做 PPT 时要不断思考，结合真正上台时演示可能遇到的困难与可能出现的亮点，都要意识到之后才会将它们添加到 PPT 中。

3. 做一个 PPT 要反复琢磨，更要实际模拟演说，不然一些问题永远发现不了。

第 11 章　PowerPoint 2019 基本操作

本章要点

- 熟练掌握演示文稿的新建、保存、打开与关闭等基本操作。
- 熟练掌握幻灯片的插入、删除、选定、复制、移动等操作。
- 熟练掌握幻灯片版式设计，以及设置主题模板和主题颜色等操作。
- 熟练掌握 PowerPoint 2019 母版的操作。
- 熟练掌握幻灯片中文本的输入，以及格式的设置。

基本知识讲解

PowerPoint 2019 概述

PowerPoint 提供了强大的幻灯片制作功能，可以让用户轻松地制作出各种类型的演示文稿，并通过计算机或者投影仪进行放映。相比较以前的版本，PowerPoint 2019 在用户界面和命令功能上都有了非常大的飞跃，它更注重与他人共同协作创建、使用演示文稿，切换效果和动画运行起来比以往更为平滑和丰富，同时还有许多新增的 SmartArt 图形版式。PowerPoint 2019 增列了“绘图”选项卡，方便幻灯片的操作。

PowerPoint 2019 工作界面与 Word、Excel 有很多相似之处，也有自己独特的地方，包括选项卡、快速访问工具栏、功能区和幻灯片/大纲窗格、编辑区、备注栏等。如图 11-1 所示，PowerPoint 窗口较为简单，与 Word 窗口风格一致，许多菜单命令、工具栏按钮的组成和功能都与 Word 类似。

1. PowerPoint 视图

在演示文稿制作的不同阶段，PowerPoint 提供了不同的工作环境，称为视图。在 PowerPoint 2019 中，一共有 6 种视图，分别是普通视图、幻灯片浏览视图、幻灯片放映视图、阅读视图、备注页视图和母版视图（包括幻灯片母版、讲义母版和备注母版）。各种视图提供不同的观察侧面和功能。用户可以通过“视图”选项卡，在不同视图中进行切换，从各种角度来管理演示文稿。图 11-1 所示为普通视图下的窗口。

2. 占位符

占位符是幻灯片中的容器，可容纳如文本（包括正文、项目符号列表和标题）、表格、图表、SmartArt 图形、影片、声音、图片等内容。占位符包括标题占位符、内容占位符、幻灯片编号占位符、日期占位符和页脚占位符等，其作用是规划幻灯片结构。占位符用于幻灯片上，表现为一个虚框，虚框内部往往有“单击此处添加标题”之类的提示语，一旦用户输入内容，提示语会自动消失。占位符中的文本会出现在普通视图的大纲窗格中。

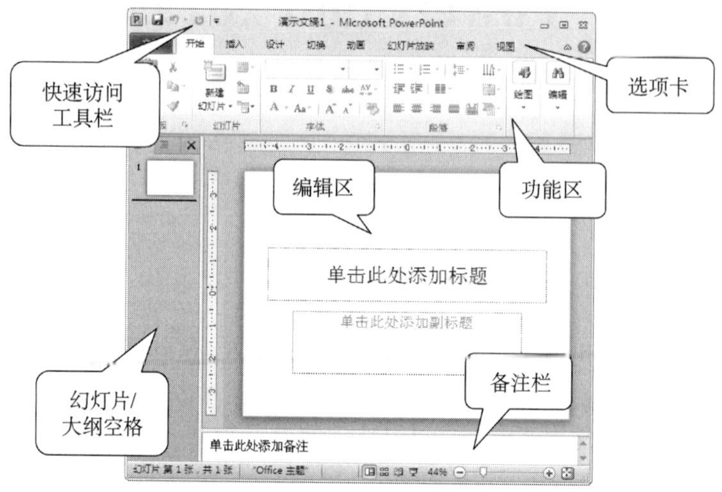

图 11-1　PowerPoint 2019 窗口

3. 幻灯片版式

幻灯片版式是内容在幻灯片上的排列方式，通过幻灯片版式的应用可以对文字、图片等对象进行更加合理地布局。幻灯片版式主要由占位符组成。PowerPoint 2019 中包含十余种内置幻灯片版式，用户也可以创建满足特定需求的自定义版式。根据幻灯片的主题（颜色、字体、效果和背景）不同，相同版式显示效果也会不同。

4. 主题

使用 PowerPoint 2019 创建演示文稿时，可以通过使用主题功能来快速地美化和统一每一张幻灯片的风格。如果对主题效果的某一部分元素不够满意，可以对颜色、字体或者效果进行修改。若对自己修改的主题效果满意的话，还可以将其保存下来，以供以后使用。

5. 幻灯片母版

幻灯片母版用于设置幻灯片的样式，它存储有关演示文稿的主题和幻灯片版式的所有信息，包括背景、颜色、字体、效果、占位符大小和位置等。使用幻灯片母版的主要好处是，可以对演示文稿中的每张幻灯片进行统一的样式更改，包括对以后添加到演示文稿中的幻灯片的样式更改。当演示文稿包括大量幻灯片时，幻灯片母版优势尤为明显。用户可以通过“视图”选项卡，切换到“幻灯片母版”视图中对母版进行设置。

案例和任务

案例 1　创建“项目分析”演示文稿

在完成一个项目的期初、中期和结束，都需要做相关的项目状态报告。首先要对项目做分析，开发人员经过深入细致的调研和分析，准确理解用户和项目的功能、性能、可靠性等具体要求，进行可行性分析（技术可行性、操作可行性、经济可行性、社会可行性等），并将用户的需求表述转化为完整的需求定义，从而确定系统必须做什么。

利用演示文稿来展示项目的需求分析、工作安排、进展情况、成果等内容尤为方便。本案例利用模板创建一个“项目分析”演示文稿，并进行修改。最终效果如图 11-2 所示。

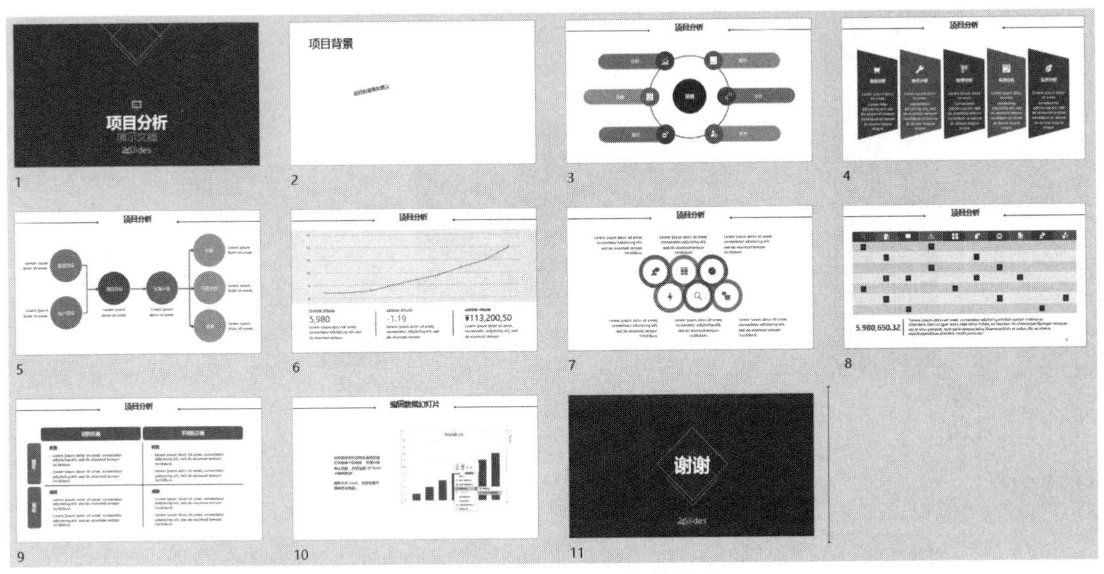

图 11-2　“项目分析”最终效果

1. 利用样本模板创建演示文稿

在启动 PowerPoint 2019 后，可以新建空白演示文稿或新建基于模板的演示文稿。下面利用模板创建一个演示文稿，其操作步骤如下。

步骤 1：选择“新建”命令，显示如图 11-3 所示的界面。在“建议的搜索：”中选择“业务”选项，找到“项目分析”模板，并单击，显示如图 11-4 所示的对话框（也可在搜索框输入“项目分析”进行搜索）。

图 11-3　新建演示文稿

图 11-4　利用模板创建演示文稿

步骤 2：单击“创建”按钮，创建一个新的演示文稿，如图 11-5 所示。该演示文稿包含 11 张幻灯片。

图 11-5　利用“项目分析”模板创建的演示文稿

2. 保存、关闭与打开演示文稿

PowerPoint 保存、关闭和打开的操作与 Word 和 Excel 对文档的操作较为类似。

（1）保存：通过“文件”选项卡中的“保存”命令或单击快速访问工具栏中的“保存”按钮，都可以将当前演示文稿进行保存。若第一次保存演示文稿，需要设置文件名、选择路径和文件类型（默认扩展名为*.pptx）。

（2）关闭：选择“文件”选项卡中的“退出”命令或单击窗口的“关闭”按钮，可以关闭当前演示文稿窗口。若当前演示文稿尚未保存，则会给出相应提示，由用户来选择是否保存，或者取消关闭的操作。

（3）打开：双击演示文稿对应的文件可以将其打开。若已经打开 PowerPoint 2019 应用软件，则可以通过“文件”选项卡中的“打开”命令，选择对应的文件来打开演示文稿。

3. 幻灯片的基本操作

一个演示文稿一般由若干张幻灯片组成，可以对幻灯片进行选择、删除、新建、移动、复制等操作。打开上面刚刚创建的演示文稿，其文件名为“项目分析.pptx”。在“普通视图”的“幻灯片窗格”或者“幻灯片浏览视图”中，可以方便地查看该演示文稿的所有幻灯片或单击选择某张幻灯片。右击“幻灯片窗格”中的幻灯片，通过快捷菜单中的命令可以对幻灯片进行基本的操作（用户也可以在“开始”选项卡的“剪贴板”功能区中，通过相关的按钮完成类似的操作）。

1）删除

演示文稿的第 9、11 张幻灯片内容都是“项目风险分析”，现要将第 9 张幻灯片删除。

步骤 1：在“普通视图”的“幻灯片窗格”中，单击选择第 9 张幻灯片。

步骤 2：单击键盘上的 Delete 键，将其进行删除。

或者在选中的幻灯片上右击，如图 11-6 所示，在弹出的快捷菜单中选择“删除幻灯片”命令。

提示：选择不连续的多张幻灯片，需要配合 Ctrl 键。若是选择连续多张幻灯片，可以单击第一张幻灯片，然后按住键盘上 Shift 键的同时，选择最后一张幻灯片。

2）复制和移动

将最后一张幻灯片，移动到第 9 张幻灯片（“谢谢”幻灯片）之前。

使用鼠标将最后一张幻灯片拖动到第 9 张幻灯片之前，使之成为第 9 张幻灯片，如图 11-7 所示。该操作若在“幻灯片浏览视图”中完成，更加方便。

提示：也可以通过“复制—粘贴”“剪切—粘贴”等操作来实现幻灯片的复制和移动。

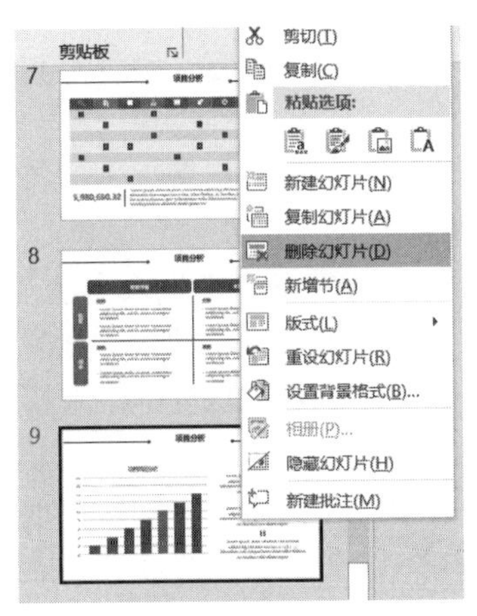

图 11-6　删除幻灯片

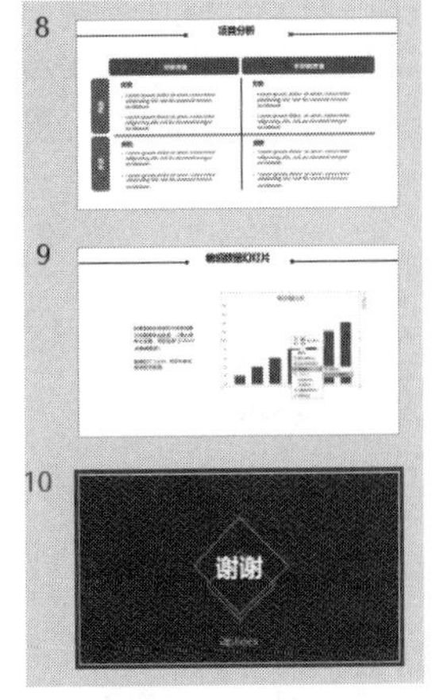

图 11-7　移动幻灯片

3）新建

选择适当的幻灯片版式，在第 1 张幻灯片之后新建一张幻灯片。

步骤 1：在“幻灯片窗格”中，将光标定位于第一张幻灯片之后。在“开始”选项卡的“幻灯片”功能区中，单击“新建幻灯片”按钮的下半部分，弹出如图 11-8 所示的菜单。

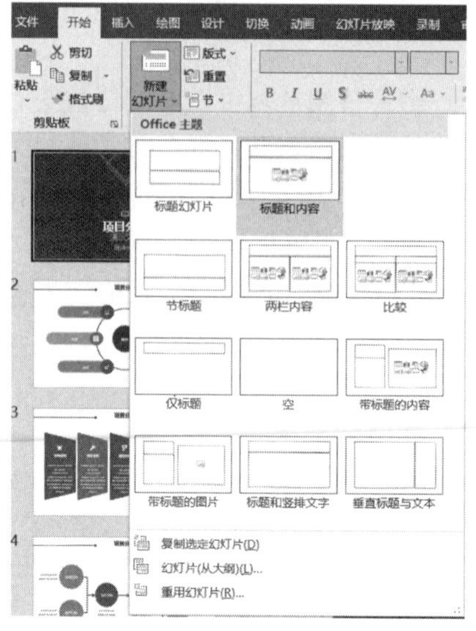

图 11-8　选择幻灯片版式

提示： 若单击“新建幻灯片”按钮的上半部分，将根据幻灯片的位置，选择一种默认的版式来新建幻灯片。

步骤 2：在其中选择“仅标题”版式，新建了一张幻灯片。

提示： 新建幻灯片后，可以在“开始”选项卡的“幻灯片”功能区中，通过“版式”按钮查看或修改幻灯片版式。

---

4. 幻灯片中文本的输入

幻灯片内部不能随意输入文本，文本内容必须输入特定的占位符中。如上面新建的幻灯片中，只可以在“单击此处添加标题”占位符中输入文本内容。若要在幻灯片其他部分添加文本，必须插入文本框等对象，才能进行文本输入。

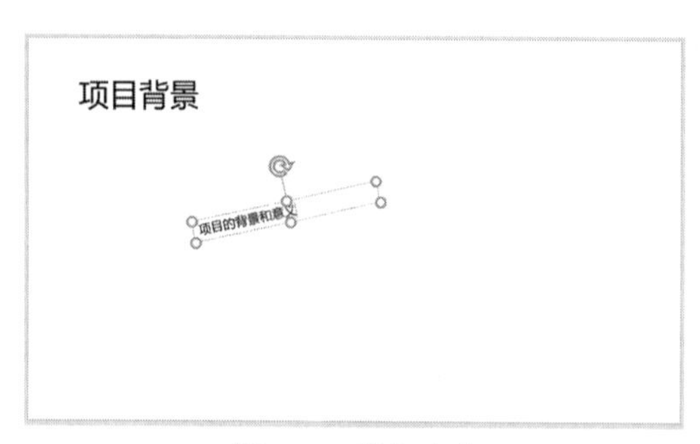

图 11-9　输入文本

步骤 1：单击“标题”占位符，输入文本“项目背景”。

步骤 2：在“插入”选项卡的“文本”功能区中，单击“文本框”按钮。此时，光标变成十字形。在幻灯片空白处拖动鼠标，插入一个文本框。

步骤 3：在文本框中输入“项目背景和意义”。如图 11-9 所示，通过文本框四周 6 个白色控制点可以改变文本框的大小，上部一个绿色圆形的旋转工具，鼠标拖动该旋转工具可以调整其角度。保存后退出。

提示： 幻灯片中插入的对象，若有这些控制点和旋转工具，都可以进行类似的大小调节和角度设置。

案例 2　编辑“电子通知”演示文稿

通知一般采用的是 Word 文档的形式，方便排版和打印。若只需发送电子版通知，我们也可使用 PowerPoint 来制作，使其更加美观，按内容分页，调理清晰。请打开素材中的文件“电子通知.pptx”。对其进行编辑，最终效果如图 11-10 所示。

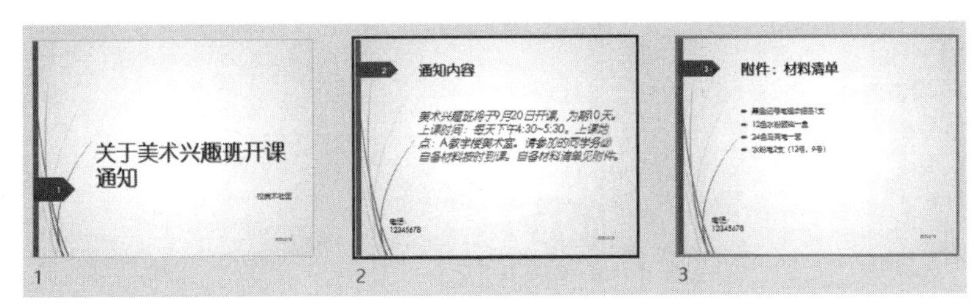

图 11-10　“电子通知”最终效果

1. 设计演示文稿主题风格

一般来说，同一个演示文稿中的幻灯片都保持相对一致的风格。这就需要为演示文稿确定一个主题。打开素材后，查看到该演示文稿包含 3 张幻灯片。

步骤 1：选择主题模板。选择“设计”选项卡，在“主题”功能区中，将鼠标指针移动到某个主题模板上，可以在当前幻灯片上看到该主题的预览效果，便于用户选择。单击主题模板右下侧的“其他”下三角按钮，可以展开所有可用的主题模板，如图 11-11 所示。在此，我们选择 “丝状”主题模板。

提示： 同一个演示文稿内部也可以设置不同的主题模板，选择指定的多张幻灯片进行设置即可。也可以通过右击主题模板，在弹出的快捷菜单中选择相关命令来查看该主题的其他应用方式。

图 11-11　选择主题模板

提示： 可以在“设计”选项卡的“自定义”功能区中设置背景格式。

---

2. 利用母版进行布局

利用母版，可以从整体上对演示文稿进行布局和调整，对每张幻灯片进行统一的样式更改。

步骤 1：选择“视图”选项卡，在“母版视图”功能区中，单击“幻灯片母版”按钮。即可显示幻灯片母版视图，同时出现“幻灯片母版”选项卡，如图 11-12 所示。

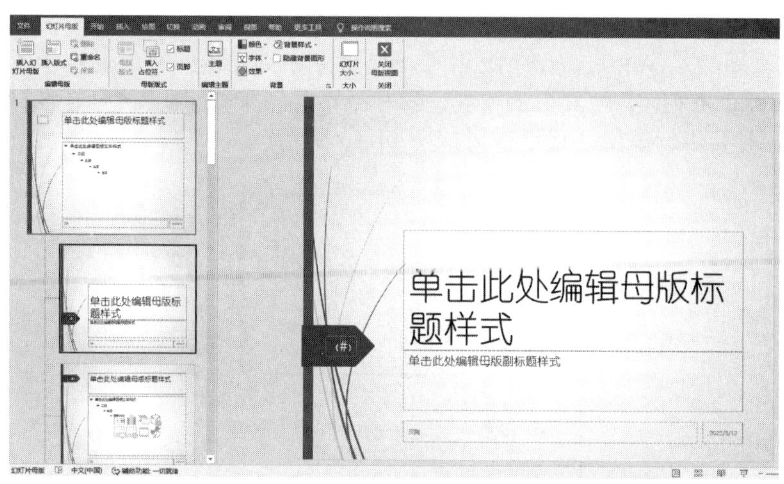

图 11-12　幻灯片母版视图

提示： 左侧显示一个带编号 1 的幻灯片母版，以及其下多张较小的对应各个版式的幻灯片母版，是代表“丝状”主题的一套母版。将鼠标指针移动到母版上可以显示当前母版由哪几张幻灯片使用。可以发现，“标题幻灯片”版式由幻灯片 1 使用，“标题和内容”版式由幻灯片 2-3 使用，“节标题”版式及其后的所有版式任何幻灯片都不使用。若演示文稿使用了多个主题，则会有多套幻灯片母版。

步骤 2：将幻灯片标题加粗。选择左侧的“丝状”幻灯片母版，然后在右侧选择“单击此处编辑母版标题样式”占位符，将其文字内容加粗，如图 11-13 所示。

提示： 加粗的操作也可以通过“开始”选项卡或快捷菜单完成。

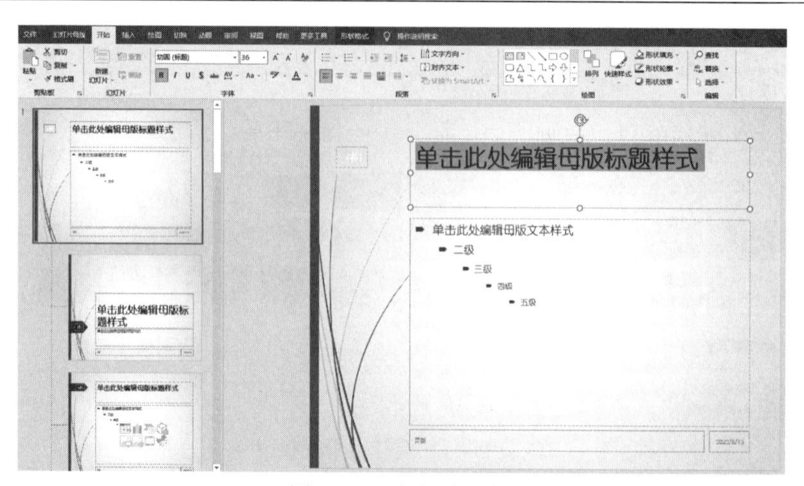

图 11-13　幻灯片母版

步骤 3：也可以单独设置和某个版式对应的幻灯片母版，如在第 2、3 幻灯片对应的母版中，添加联系方式。选择左侧的“标题和内容版式”幻灯片母版。在右侧幻灯片的左下角插入一个文本框，并添加文字“电话：12345678”，如图 11-14 所示。

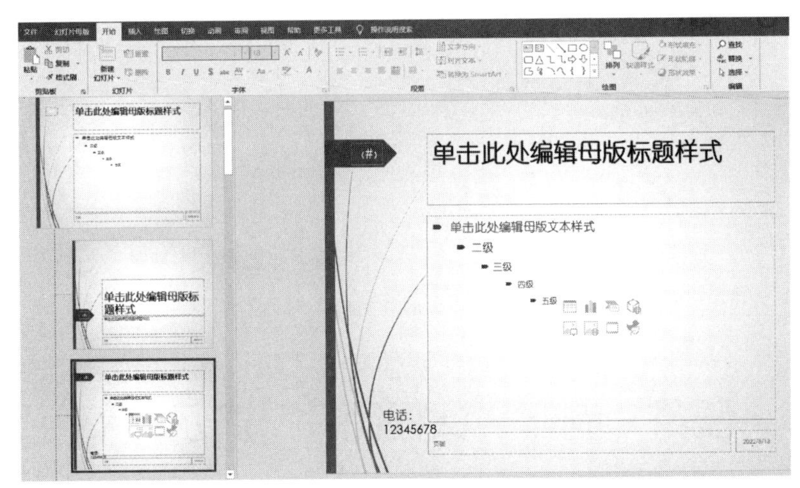

图 11-14　“标题和内容”版式幻灯片母版

步骤 4：在“幻灯片母版”选项卡中，单击“关闭母版视图”按钮，回到默认的普通视图。可以看到，所有幻灯片的标题都加粗了，而电话号码只出现在第 2、3 两张幻灯片中。

3. 设置幻灯片文本格式

整体布局完成后，我们可以对各个幻灯片进行一些格式细节的修改。

步骤 1：选择第 1 张幻灯片，在“开始”选项卡的“段落”功能区中，将副标题设为“校美术社团”，并设置为右对齐。

步骤 2：选择第 2 张幻灯片，在“开始”选项卡的“段落”功能区中，取消通知具体内容的项目符号；在“字体”栏，将其格式设置为斜体，字号为 28。

提示：幻灯片内部字体和段落格式的设置与 Word 操作基本类似。

4. 设置幻灯片的页眉和页脚

可以对幻灯片进行页眉和页脚设置，使其内容更加丰富。

步骤 1：选择“插入”选项卡，在“文本”功能区中，单击“页眉和页脚”按钮，弹出如图 11-15 所示的对话框。

步骤 2：在此，我们将“日期和时间”与“幻灯片编号”两个复选框进行勾选。日期和时间选择“自动更新”。单击“全部应用”按钮，保存后退出。

提示：“全部应用”按钮会将设置应用到该演示文稿的所有幻灯片，“应用”按钮只将设置应用到所选幻灯片。

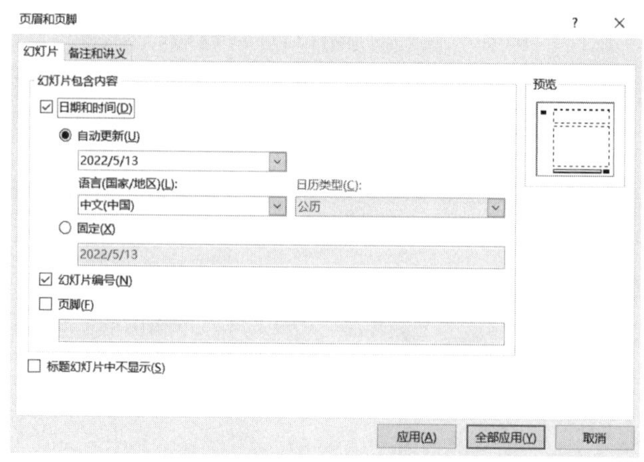

图 11-15 “页眉和页脚”对话框

任务 制作“课程简介”演示文稿

学生在选课时，先要通过课程简介对该课程进行了解。利用演示文稿制作的课程简介，幻灯片分页显示的方式简单明了，可以快速地让师生了解该课程的主要内容和特点，方便进行课程选择。

1. 学习任务

创建一个演示文稿，为“VB 程序设计”课程做一个简介，包括课程基本情况和课程主要内容等。最终效果如图 11-16 所示。

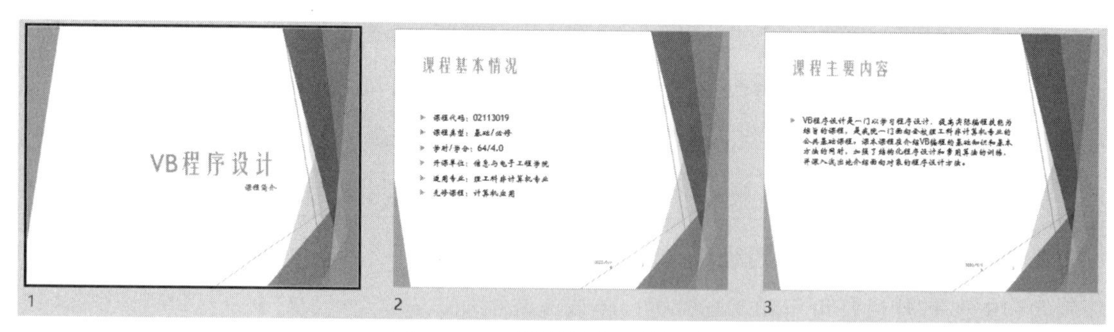

图 11-16 “课程简介”最终效果

2. 知识点（目标）

（1）创建演示文稿，添加已知内容。

（2）设置幻灯片内部文本的格式。

（3）应用主题模板。

（4）设置页眉和页脚。

3. 操作思路及实施步骤

创建一个演示文稿，将素材内容添加进去，再对其进行格式美化。课程的有关内容都在

“课程简介素材.docx”中，实施步骤如下。

步骤 1：新建一个演示文稿。打开 PowerPoint 2019 自动创建一个包含一张空白标题幻灯片的演示文稿。在左侧的“幻灯片”窗格中，将该幻灯片删除。保存演示文稿文件名为“课程简介.pptx”。

步骤 2：在“开始”→“幻灯片”功能区中，单击“新建幻灯片”按钮的下半部分。在弹出的菜单中选择“幻灯片（从大纲）”命令，在弹出的对话框中选择素材中的文件“课程简介素材.docx”。单击“插入”按钮，根据素材内容及格式，在演示文稿中插入了三张幻灯片。

步骤 3：选择第 1 张幻灯片，单击“开始”→“幻灯片”功能区中的“版式”按钮，将其版式改为“标题幻灯片”。

步骤 4：选中所有幻灯片，在“开始”→“幻灯片”功能区中，单击“重设”按钮，将幻灯片中占位符的位置、大小、格式设为默认值。

步骤 5：选择“设计”选项卡，应用“平面”主题模板。

步骤 6：选择第 1 张幻灯片，在副标题中输入“课程简介”。

步骤 7：选择“插入”选项卡，单击“页眉和页脚”按钮，选择在幻灯片中插入日期和时间，以及幻灯片编号。

要求：日期和时间自动更新，标题幻灯片中不显示页眉和页脚。保存后退出。

4. 任务总结

本任务制作的演示文稿是根据素材内容导入的，要注意素材中内容的大纲级别。制作演示文稿的过程，一般来说，是先指定整个演示文稿的内容提纲，再确定其风格，包括主题模板、主题颜色等，然后对内容进行添加和修改，最后对幻灯片的格式进行微调。

本章小结

本章主要介绍 PowerPoint 2019 的基本操作，包括演示文稿的新建、保存、打开与关闭，幻灯片的插入、删除、选定、复制、移动，幻灯片版式的设计，幻灯片主题的设置，母版的操作，幻灯片中文本的输入，格式的设置等知识。对于本章的基本操作，应熟练掌握。

疑难解析（问与答）

问：能否直接在幻灯片上输入文字？

答：不能。文字需输入到已有的占位符中，可以先在幻灯片上插入文本框或可编辑文字的图形，再将文字输入到文本框或图形中。

问：一个演示文稿中可否包含不同的主题？

答：可以。注意在应用设计主题时，选择相应的幻灯片，右击主题模板，在弹出的快捷菜单中选择“应用于选定幻灯片”命令即可。

问：在幻灯片母版视图中，为什么幻灯片母版会有很多张？

答：除了幻灯片母版本身，其下还有与其关联的多个幻灯片版式，称为一套母版。若演示文稿包含多种主题模板，每个主题都有一套母版。

操作题

1. 利用“宣传手册”样本模板创建一个演示文稿。在首张标题幻灯片的副标题中添加姓名和电话作为作者信息，并将所有幻灯片的背景样式改为“样式 9”。保存并关闭。

2. 新建一个演示文稿。在默认包含的标题幻灯片中，输入标题“自我介绍”，副标题为自己姓名。应用“环保”主题模板。新建两张幻灯片，其版式分别为“标题和内容”和“空白”。第 2 张幻灯片中输入自我介绍的具体内容。第 3 张幻灯片中插入一个文本框，输入“谢谢大家”，并设置字体。最终效果如图 11-17 所示，保存并关闭。

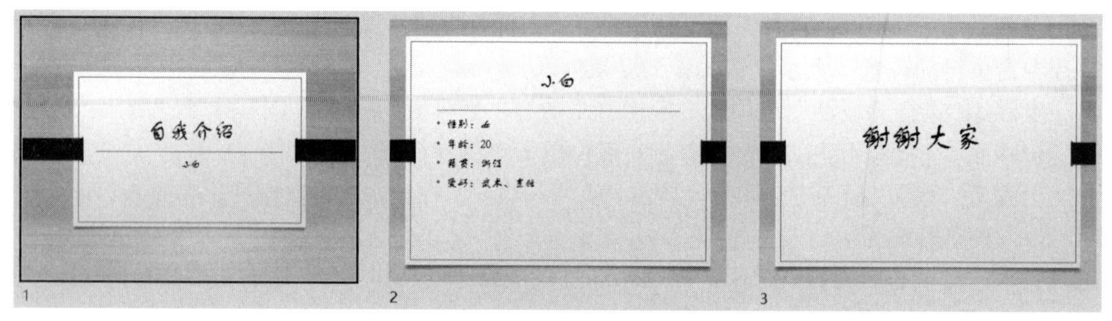

图 11-17　“自我介绍”最终效果

3. 制作一张迎新晚会的请帖。设置被邀请人、说明晚会名称、时间地点，以及发起人等。具体内容自定。

第 12 章　形式多样的幻灯片

本章要点

- 熟练掌握在幻灯片中插入图片、组织结构图、图表、表格等操作。
- 熟练掌握在幻灯片中插入音频、视频等操作。
- 熟练掌握在幻灯片中嵌入对象的操作。

基本知识讲解

嵌入对象和 SmartArt 图形

将各种元素（包括图片、图形、图表、表格、音频、视频及嵌入对象）和文字配合在一起，不但可以正确表示演示文稿的内容，而且可以大大增强其渲染能力，增强演示效果。

1. 嵌入对象

嵌入对象是包含在源文件中并且插入目标文件中的信息（对象）。一旦被嵌入，该对象成为目标文件的一部分。对嵌入对象所做的更改反映在目标文件中。对象被嵌入后，即使更改了源文件，目标文件中的信息也不会改变。

2. SmartArt 图形

SmartArt 图形是信息和观点的视觉表示形式。可以通过从多种不同布局中进行选择来创建 SmartArt 图形，从而快速、轻松、有效地传达信息。

案例和任务

案例 1　编辑“公司会议”演示文稿

公司在召开会议时，会议主持人员的讲述可以配合演示文稿进行开展。幻灯片中的图片、表格、组织结构、图表等各种形式的内容，使得其阐述可以更加清晰明了，形象生动。请打开素材中的文件“公司会议.pptx”，对其进行编辑，最终效果如图 12-1 所示。

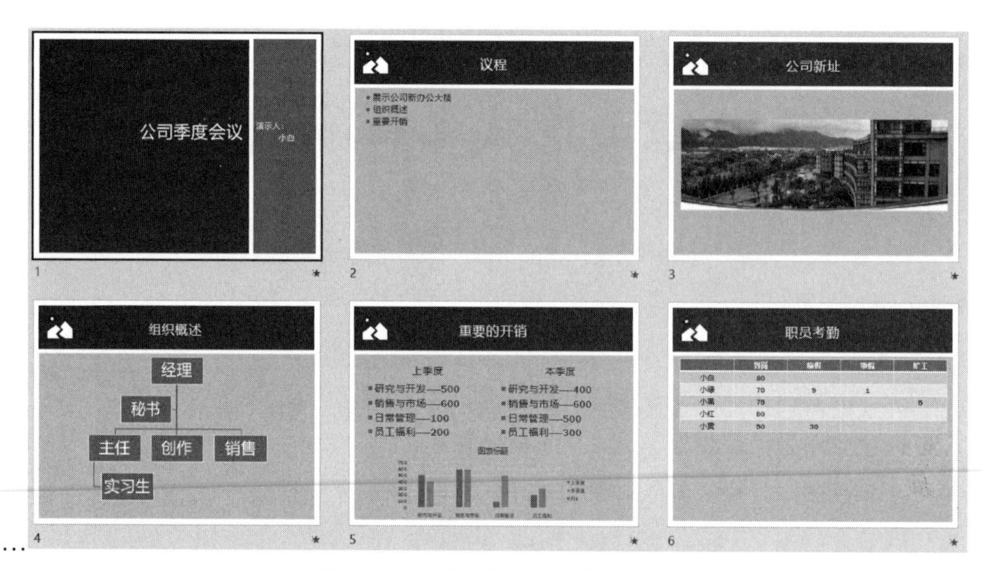

…

图 12-1 “公司会议”最终效果

1. 插入图片

在幻灯片中的适当位置插入图片，可以使得画面更加美观，效果更加突出。在下面的步骤中，我们插入一张公司新址的图片，然后利用母版给多张幻灯片插入同一个图标。

步骤 1：选择第 3 张幻灯片“公司新址”，该幻灯片的版式是“标题和内容”。其内容部分还没有输入，如图 12-2 所示，幻灯片内容的中心部分有 6 个按钮，分别用于插入表格、图表、SmartArt 图形、来自文件的图片，以及媒体剪辑。单击“图片”按钮，选择素材中的“公司会议.jpg”文件，将图片插入到幻灯片中。

提示 1：只要幻灯片版式中包含“内容”部分，并且尚未输入内容，就会有这 6 个按钮，方便用户快速插入各种对象。

提示 2：若幻灯片对应的版式中没有这 6 个按钮，可以在“插入”选项卡中完成相应的操作。

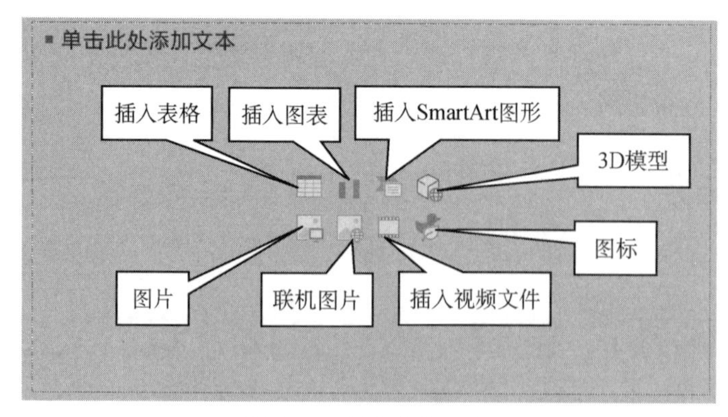

图 12-2 插入各种对象

步骤 2：选择“视图”选项卡，在“母版视图”功能区中单击“幻灯片母版”按钮，显示幻灯片母版视图。选择左侧顶上的幻灯片母版。在“插入”选项卡的“插图”功能区中，单击“图标”按钮，打开“插入图标”对话框，如图 12-3 所示。

步骤 3：选择“风景”选项中的一种，单击“插入”按钮，将其插入到幻灯片母版中，调节占位符和如图 12-4 所示的位置（可在图标上右击，在弹出的快捷菜单中选择“设置图形格式”命令，在打开的对话框中设置图标的颜色）。观察左侧幻灯片版式的母板，可以发现大部分母版都自动带上了这个图标。

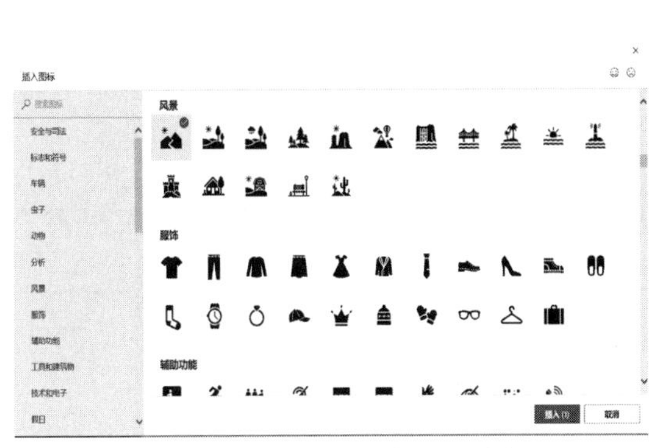

图 12-3　“插入图标”对话框

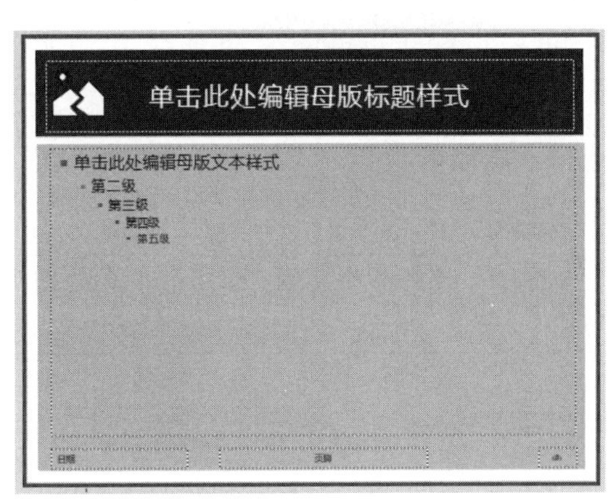

图 12-4　幻灯片母版

步骤 4：在“幻灯片母版”选项卡中，关闭母版视图。除标题幻灯片，其他幻灯片都带上了“风景”图标。

2. 插入组织结构图

一个企业想要有好的发展，就必须要有健全畅通的组织结构。SmartArt 图形工具是制作组织结构图的最好工具。

步骤 1：选择第 4 张幻灯片“组织概述”，参看图 12-1，单击“插入 SmartArt 图形”按钮，显示“选择 SmartArt 图形”对话框，如图 12-5 所示。

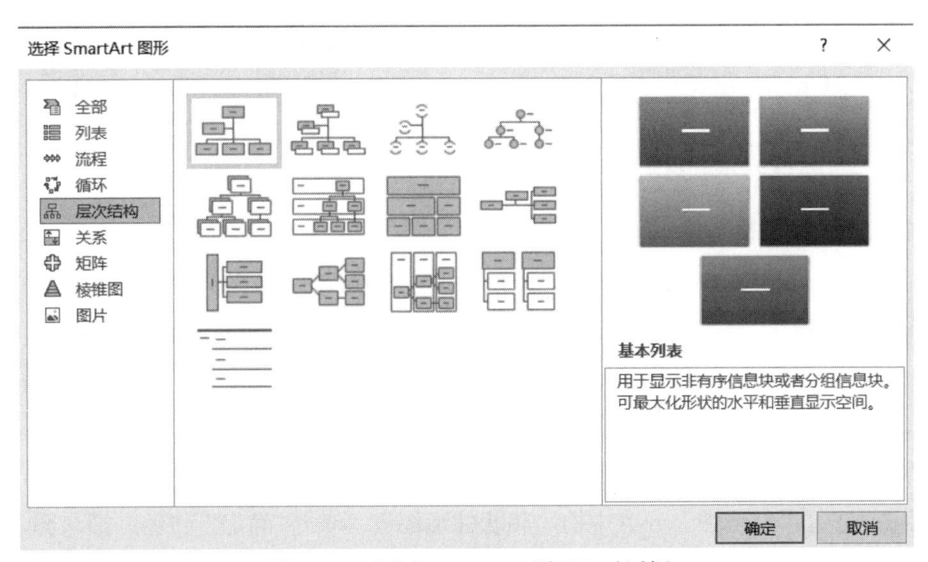

图 12-5　“选择 SmartArt 图形”对话框

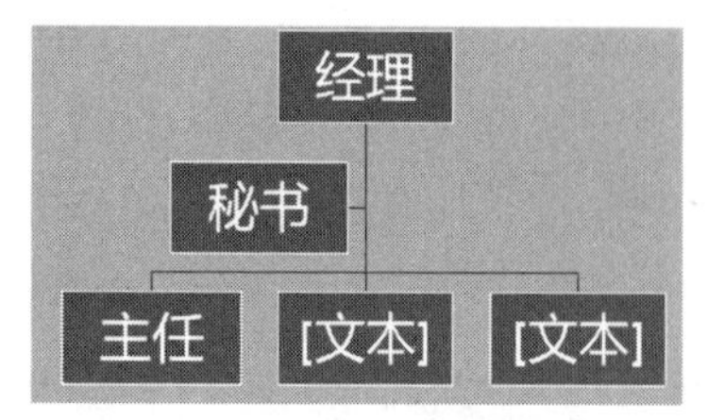

图 12-6　输入组织结构图内容

步骤 2：选择“层次结构”分类中的“组织结构图”，单击“确定”按钮，在幻灯片中插入图形。如图 12-6 所示，可以直接在图形中输入文字，也可以在左侧显示的对话框中完成输入。

步骤 3：“主任”还管理一位“实习生”，需修改图形。如图 12-7 所示，右击“主任”图形，在弹出的快捷菜单中选择“添加形状”→“在下方添加形状”命令。输入相应的文本后，最终组织结构图如图 12-8 所示。

提示：若要添加类似“秘书”位置的图形，则要在快捷菜单中选择“添加形状”→“添加助理”。

图 12-7　添加形状

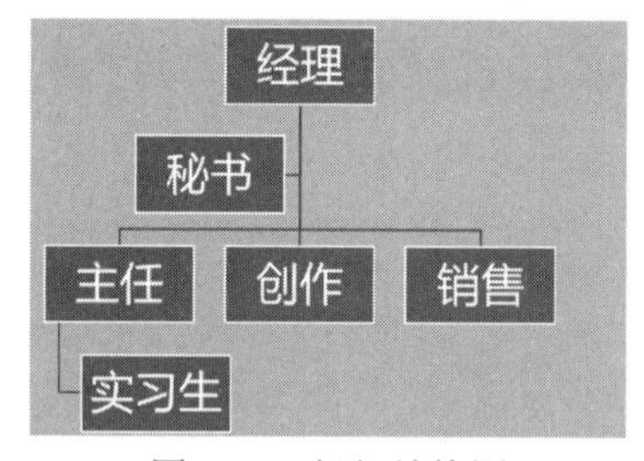

图 12-8　组织结构图

3. 插入图表和表格

利用柱形图、饼图、曲线图等图表，可以更加直观地反映数据。当数据量比较大时，可使用表格来展示数据。

步骤 1：选择第 5 张幻灯片“重要的开销”，在空白处插入关于近两季度开销的柱状图。在“插入”选项卡的“插图”功能区中，单击“图表”按钮。打开“插入图表”对话框，如图 12-9 所示，此时，出现“图表工具”选项卡。

步骤 2：选择“柱形图”分类中的“簇状柱形图”，单击“确定”按钮，插入图表。此时弹出 Excel 窗口，其中包含图表的默认数据。

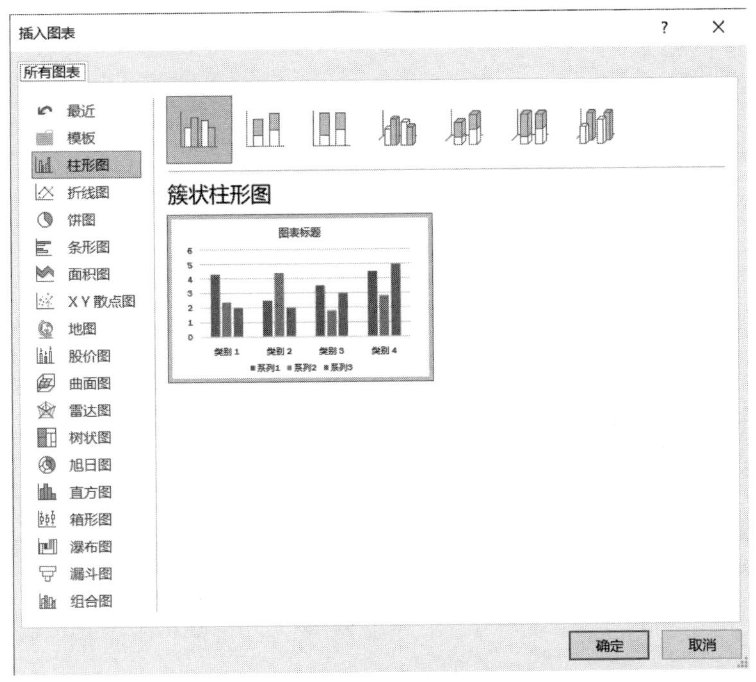

图 12-9　“插入图表”对话框

步骤 3：将 Excel 数据修改为如图 12-10 所示的内容，注意保持框中刚好包含内容区域。关闭 Excel 窗口，并参照图 12-11 所示调整图表的位置和大小。

	A	B	C
1		上季度	本季度
2	研究与开发	500	400
3	销售与市场	600	600
4	日常管理	100	500
5	员工福利	200	300

图 12-10　图表数据

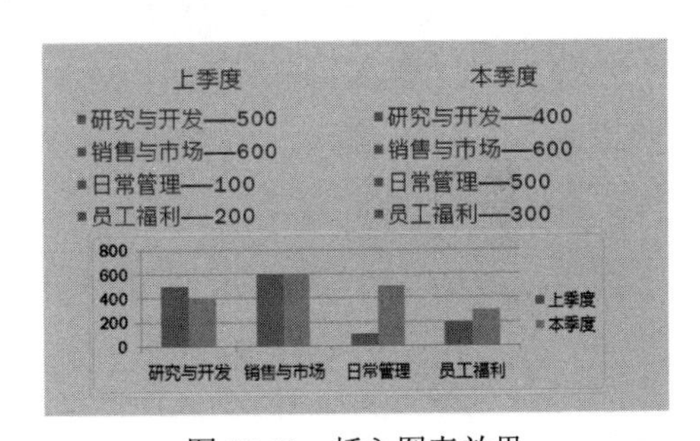

图 12-11　插入图表效果

步骤 4：选择第 6 张幻灯片“职员考勤”，在“插入”选项卡中，单击“表格”按钮。插入一个 6 行 5 列的表格。此时，出现“表格工具”选项卡，可对表格进行修改。在表格中输入如图 12-12 所示的内容。保存后退出。

	到岗	病假	事假	旷工
小白	80			
小绿	70	9	1	
小黑	75			5
小红	80			
小黄	50	30		

图 12-12　插入表格

案例 2　制作“生日贺卡”演示文稿

“生日贺卡”演示文稿最终效果如图 12-13 所示。

图 12-13　“生日贺卡”最终效果

1. 插入 gif 动态文件和艺术字

gif 动态文件，因其体积小而成像相对清晰，广泛应用于网络中。幻灯片中插入 gif 动态文件，可以方便显示动态效果。而艺术字则从文本入手，达到美化幻灯片的效果。

步骤 1：打开 PowerPoint 2019，自动创建一个包含一张空白标题幻灯片的演示文稿。保存演示文稿文件名为“生日贺卡.pptx”。

步骤 2：单击“开始”选项卡的“幻灯片”功能区中的“版式”按钮，将幻灯片的版式改为“空白”。通过“设计”选项卡中的“主题”栏，将演示文稿的主题模板设为“回顾”。

步骤 3：在“插入”选项卡的“图像”功能区中，单击“图片”按钮，选择插入图片来自“此设备”。将素材中的图片文件“生日贺卡.gif”插入到幻灯片中，并调整到右上方位置。

步骤 4：在“插入”选项卡的“文本”功能区中，单击“艺术字”按钮，如图 12-14 所示，在弹出的下拉列表中，选择“图案填充-深红色，50%”。输入文字“生日快乐”，并调整到左上方位置。

提示： 单击状态栏中的“幻灯片放映”按钮，位置可参看图 12-15，可以切换到幻灯片放映视图。

图 12-14　艺术字类型

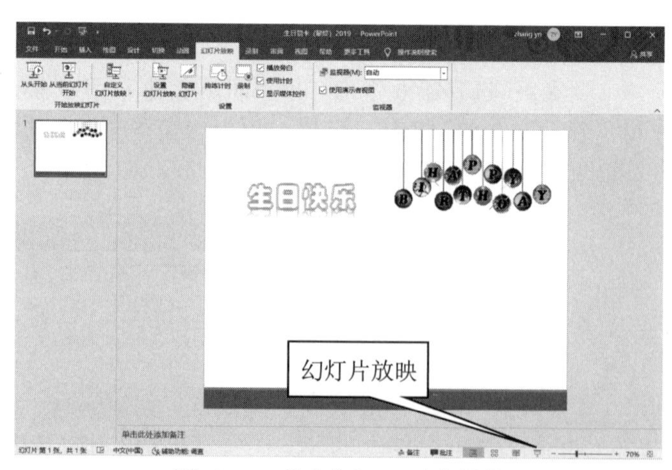

图 12-15　艺术字和 gif 动态图片

2. 插入声音和视频

在幻灯片中插入声音后，可以将贺卡升级为音乐贺卡。比 gif 动态文件更复杂的动画文件和拍摄的视频也可以插入到幻灯片中。

步骤 1：选择“插入”选项卡，在“媒体”功能区中，单击“音频”按钮，弹出如图 12-16 所示的菜单，根据自己的需要进行选择，这里选择“PC 上的音频”命令。

步骤 2：在打开的对话框中选择一种音乐并插入后，在幻灯片中插入了音频，如图 12-17 所示。

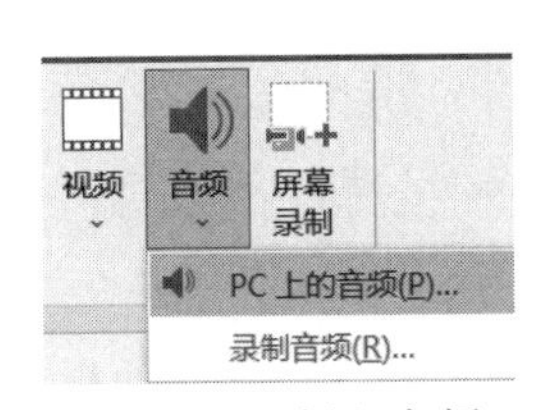

图 12-16　插入音频

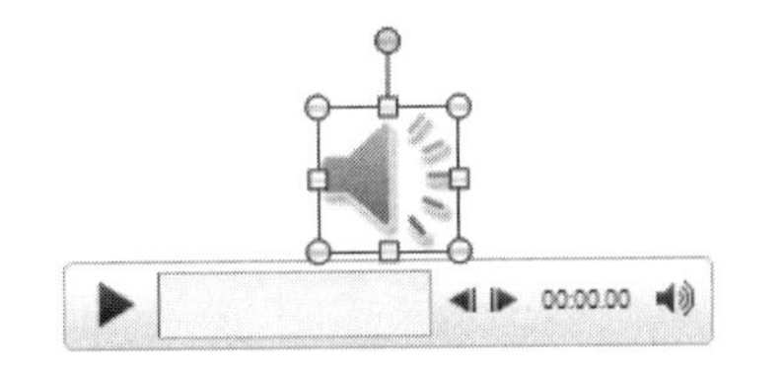

图 12-17　插入的音频

步骤 3：单击“喇叭”图案，选择该音频，出现“音频工具”选项卡。在“播放”标签中的“音频选项”功能区中，如图 12-18 所示，“开始”选择“自动”，勾选“循环播放，直到停止”和“放映时隐藏”选项。放映演示文稿，查看效果。

步骤 4：在“插入”选项卡的“媒体”功能区中，单击“视频”按钮，弹出如图 12-19 所示的菜单，选择“此设备”命令。在素材中选择“生日贺卡.wmv”文件，将其插入到幻灯片中。

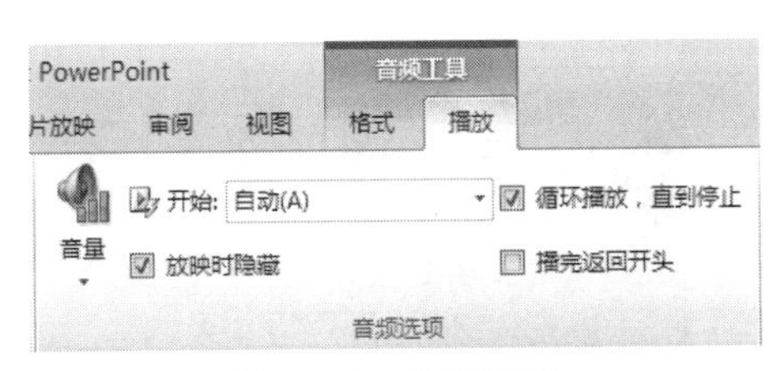

图 12-18　音频选项

图 12-19　插入视频

提示：PowerPoint 2019 支持多种视频文件，也支持 Flash 文件。

步骤 5：放映演示文稿，单击视频开始播放。发现音频文件和视频的声音重叠了。在此，选中视频对象，按键盘上的 Delete 键，将其进行删除。

3. 插入嵌入对象

在幻灯片中，可以插入公式、其他 Office 文档、写字板文档等嵌入对象，丰富幻灯片内容。下面的步骤中，在幻灯片内部插入另一个演示文稿。

步骤 1：在“插入”选项卡的“文本”功能区中，单击“对象”按钮，弹出如图 12-20 所示的“插入对象”对话框。选择“新建”一个对象，类型为“Microsoft PowerPoint Slide”，单击“确定”按钮，在幻灯片中插入一个嵌入的演示文稿。此时为嵌入对象的编辑状态，可以在嵌入演示文稿中添加需要的内容。

步骤 2：单击“插入”选项卡的“视频”按钮，在素材文件中选择“生日贺卡.wmv”文件插入到嵌入的演示文稿中。如图 12-21 所示，调节视频的大小和位置，设置自动播放。单击嵌入对象以外的位置，退出嵌入对象的编辑状态。

提示：若还未完成操作，就退出了嵌入对象的编辑状态，通过双击嵌入对象，可以再次进入其编辑状态。

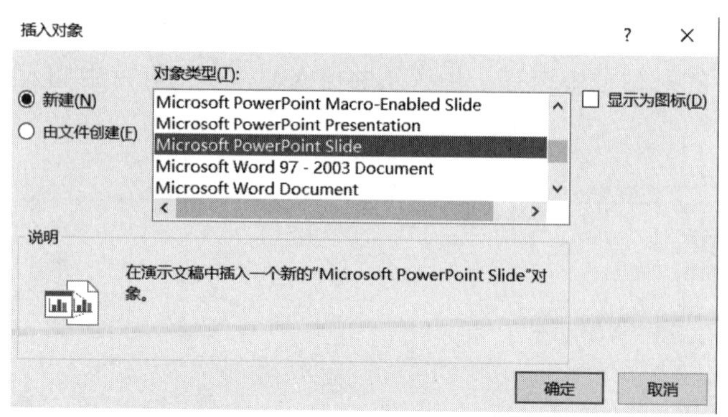

图 12-20 “插入对象”对话框

步骤 3：如图 12-22 所示，将嵌入的对象移动到幻灯片右下方位置。在右侧插入一个文本框，输入祝福的语句，注意每个段落的对齐方式。至此，“生日贺卡”制作完成。

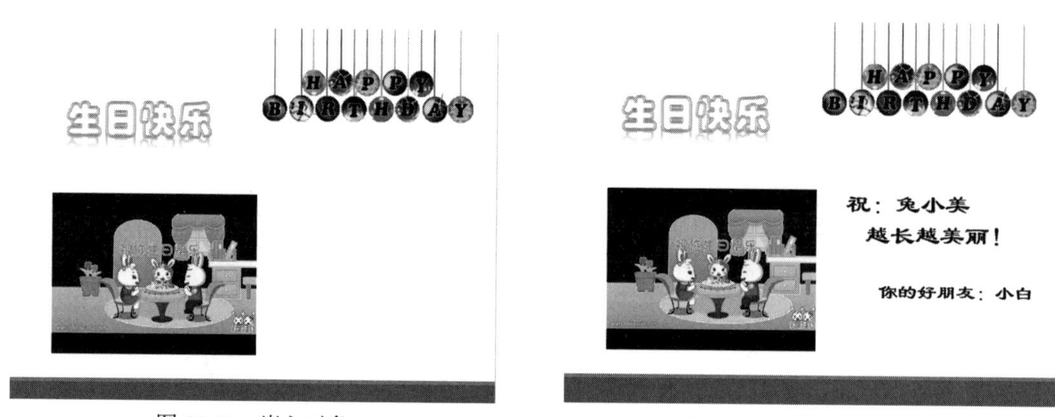

图 12-21 嵌入对象

图 12-22 输入祝福语句

放映“生日贺卡”演示文稿，查看效果。单击嵌入的对象，全屏后单击视频，开始播放视频。单击空白处，回到“生日贺卡”。保存后退出。

任务 制作“活动汇报”演示文稿

无论是在学校还是在社会中，我们都会参与甚至主持各类活动。当活动结束后，需要做一个活动的开展情况汇报，有利于我们回顾活动内容，总结工作经验。

1. 学习任务

创建一个演示文稿，对“校园新闻网”的宣传活动进行汇报。活动资料见素材“活动汇报素材.docx”。最终效果如图 12-23 所示。

图 12-23　“活动汇报”最终效果

2. 知识点（目标）

（1）选择版式创建幻灯片。

（2）在幻灯片中插入图片。

（3）在幻灯片中插入视频。

（4）在幻灯片中插入嵌入对象，并嵌入对象进行编辑。

3. 操作思路及实施步骤

制作“活动汇报”演示文稿操作过程视频

创建一个演示文稿，输入内容，添加各种对象，并进行必要的格式美化，具体实施步骤如下。

步骤 1：新建一个演示文稿。打开 PowerPoint 2019 自动创建一个包含一张空白标题幻灯片的演示文稿。保存演示文稿文件名为“活动汇报.pptx”。

步骤 2：在标题和副标题处分别输入“《校园新闻网》宣传”和“活动汇报”。选择“设计”选项卡，在“背景”功能区的“背景样式”中，选择“样式 7”。

步骤 3：新建一张“标题和内容”版式的幻灯片。标题为“汇报内容”，将文件“活动汇报素材.docx”中的相应文本复制到幻灯片中。

步骤 4：再新建一张“标题和内容”版式的幻灯片。标题为“网站截图展示”，并将素材中的“活动汇报 0.jpg”插入到幻灯片中。

步骤 5：新建一张“仅标题”版式的幻灯片，标题为“活动期间图片集合”。在标题下方插入 4 个嵌入对象，“对象类型”都为“MicrosoftPowerPoint Slide”。分别将素材中的“活动汇报 1.jpg”“活动汇报 2.jpg”“活动汇报 3.jpg”“活动汇报 4.jpg” 4 张图片插入到 4 个嵌入演示文稿中。

提示： 放映时，单击任意一张图片可以全屏观看。

步骤 6：新建一张“内容与标题”版式的幻灯片，标题为“近期新闻视频”，并将文件“活动汇报素材.docx”中的相应文本复制到幻灯片左侧。在右侧插入视频文件“活动汇报.wmv”。

步骤 7：新建一张“空白”版式的幻灯片。插入艺术字，选择“填充-白色，投影”，输入两行文字“汇报完毕”“谢谢大家”。

步骤 8：放映幻灯片，查看效果，保存后退出。

4. 任务总结

本任务制作的演示文稿中，根据不同内容和形式，选择新建了各种版式的幻灯片。插入的对象也包括图片、视频、嵌入对象等。本案例中插入的嵌入对象是嵌入演示文稿。它作为一个独立对象，也可以对其进行编辑操作，如输入文本、插入对象、新建幻灯片等。

本章小结

本章主要介绍 PowerPoint 2019 的幻灯片中插入各种对象的操作，包括插入图片、组织结构图、图表、表格的操作、插入音频、视频的操作、嵌入对象的操作等。对于本章的操作，应熟练掌握。

疑难解析（问与答）

问：在幻灯片中插入的图表，其对应的数据是随机的吗？

答：不是。插入图表后，会弹出 Excel 表格，其中可以调整图表的数据内容。对于已存在的图表，右击图表，在弹出的快捷菜单中选择“编辑数据”命令也可以把对应的 Excel 数据表格显示出来。

问：在幻灯片中插入的嵌入对象一定是新建的内容吗？

答：不是，可以把已经存在的文件创建一个对象，作为嵌入对象插入到幻灯片中。

操作题

1. 修改上一章操作题中的自我介绍演示文稿，插入幻灯片，添加照片、履历表等内容，使得自我介绍进一步完整。

2. 制作一个本月账单演示文稿，要求有三张幻灯片。第 1 张幻灯片为标题，第 2 张幻灯片使用表格列出本月的各项支出（包括餐费、购买学习资料、生活用品等），第 3 张幻灯片使用饼图展示各类支出的比例。

3. 制作视频音乐集锦，要求有三张幻灯片。第 1 张幻灯片为标题，第 2 张幻灯片放置 4 个视频文件，要求单击某个视频可以放大播放，第 3 张幻灯片放置多个音乐文件，由用户选择播放。

第 13 章　演示文稿的动态效果与放映输出

本章要点

- 熟练掌握在幻灯片中添加动画效果的方法。
- 熟练掌握如何设置交互式效果。
- 熟练掌握演示文稿的放映方法。
- 掌握演示文稿的输出方法。

基本知识讲解

设置动态效果

动态效果在演示文稿的设计中，有着极其重要的地位。好的动态效果可以明确主题、渲染气氛，产生特殊的视觉效果。PowerPoint 2019 中的动态效果主要包括：动画效果、幻灯片切换、幻灯片的链接等，再配以合理的放映输出设置，可以达到预期的要求。

1. 动画效果

在 PowerPoint 中，可以为幻灯片内部的各个元素（文本、图形、声音、图像和其他对象）设置动画效果。动画类型分为进入、强调、退出、动作路径 4 类，同时可以配以速度、声音，以及触发器的设置。

2. 动画刷

在 PowerPoint 2019 中新增一个“动画刷”工具，其功能有点类似于以前我们知道的格式刷，但是动画刷主要用于动画格式的复制应用，我们可以利用它快速设置动画效果，大大方便为对象（图像、文字等）设置相同的动画效果/动作方式的工作。

3. 幻灯片的链接

幻灯片的链接就是根据需要，确定好幻灯片的放映次序、动作的跳转等。可以建立一些动作按钮，如“上一步”“下一步”“帮助”“播放声音”和“播放影片”文字按钮或图形按钮等。放映时单击这些按钮，就能跳转到其他幻灯片或激活另一个程序、播放声音、播放影片、实现选择题的反馈、打开网络资源等，实现交互功能。

4. 幻灯片切换

幻灯片切换效果是在“幻灯片放映”视图中从一个幻灯片移到下一个幻灯片时出现的类

似动画的效果。可以控制每个幻灯片切换效果的速度，还可以添加声音。

案例和任务

制作“学唐诗”演示文稿操作过程视频

案例1 制作“学唐诗”演示文稿

随着电子设备的普及，利用其声音、画面、交互等特点进行儿童教育也越来越流行。请打开素材中的文件“学唐诗.pptx”，对其进行编辑，最终效果如图 13-1 所示。

图 13-1 “学唐诗”最终效果

1. 设置对象动画效果

步骤 1：选择第 2 张没有文字的幻灯片。插入 4 个文本框分别输入 4 句诗句，设置字体为“隶书”，字号为 44。

步骤 2：选中“鹅鹅鹅”文本框，在“动画”选项卡→“动画”功能区中，将鼠标指针移动到某个动画效果上，可以在幻灯片上看到该动画的预览效果，便于用户选择。在此，选择“擦除”动画效果。

步骤 3：如图 13-2 所示，在“动画”选项卡中，单击“效果选项”按钮，将方向改为“自左侧”。在“计时”栏中，将“持续时间”改为 4 秒。

提示：时间的单位为秒。

步骤 4：保持“鹅鹅鹅”文本框的选中状态，在“动画”选项卡的“高级动画”功能区中，双击“动画刷”按钮。当鼠标指针带有“刷子”时，分别去选择其余三句诗句，将同一个动画效果应用到这几个文本框上。此时，带动画效果的对象自动带有先后次序的编号，如图 13-3 所示。

提示：在应用动画效果时，会自动预览该动画，持续若干秒。因此，再次使用动画刷时，需等待一定时间。

步骤 5：放映幻灯片，观察动画效果。单击一次鼠标，出现一句诗句。按 Esc 键回到普通视图。

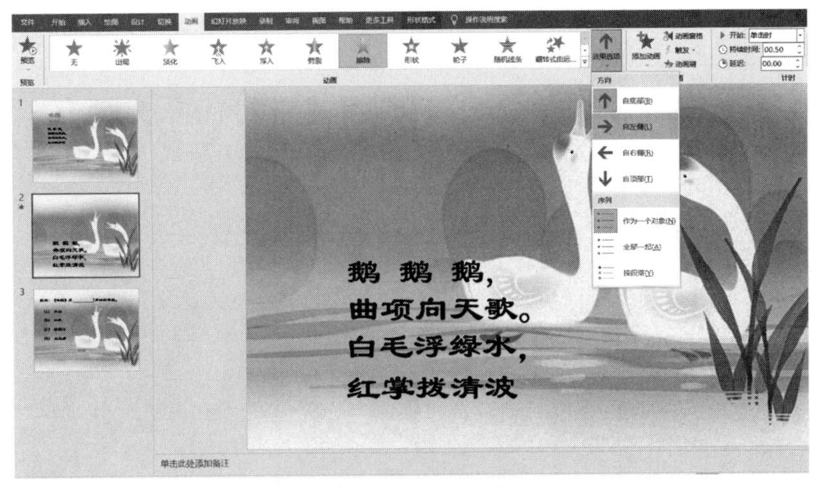

图 13-2　设置动画效果

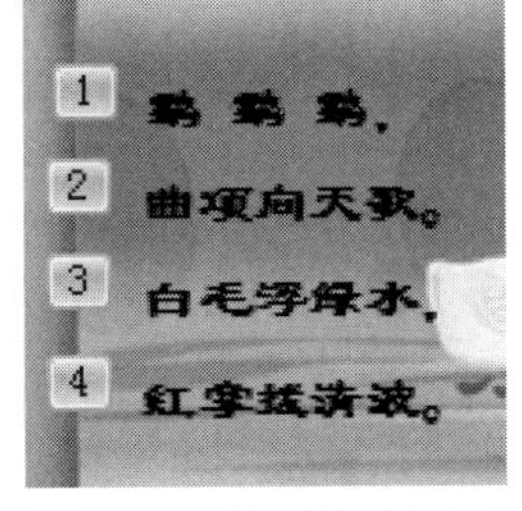

图 13-3　动画效果编号

2. 设置动画效果选项

步骤 1：当动画效果较多时，在“动画”选项卡的“高级动画”功能区中，单击“动画窗格”按钮。在右侧显示如图 13-4 所示的动画窗格中，可以看到目前有 4 个动画效果。选择某一个动画效果，利用下方的上下箭头，可以方便地调整顺序。

提示： 各个动画效果右侧的矩形表示时间片的分布。

步骤 2：选择第一个动画效果，按住 Shift 键，再选择最后一个动画效果，选中所有动画效果（也可使用 Ctrl+A 组合键进行全选）。右击或单击动画效果右侧的下拉箭头，在弹出的快捷菜单中选择“效果选项”命令，打开如图 13-5 所示的“擦除”对话框。

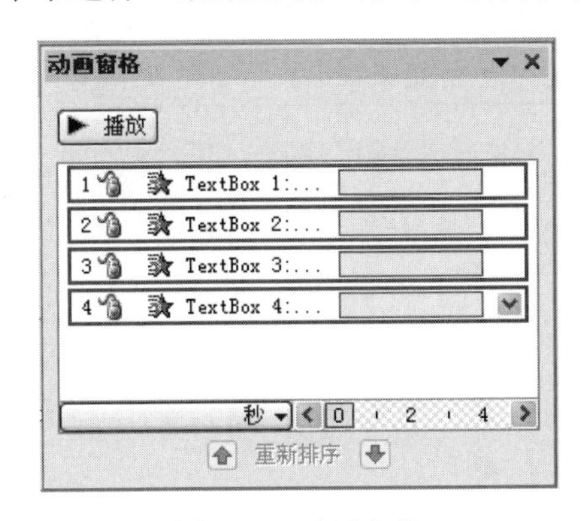

图 13-4　动画窗格

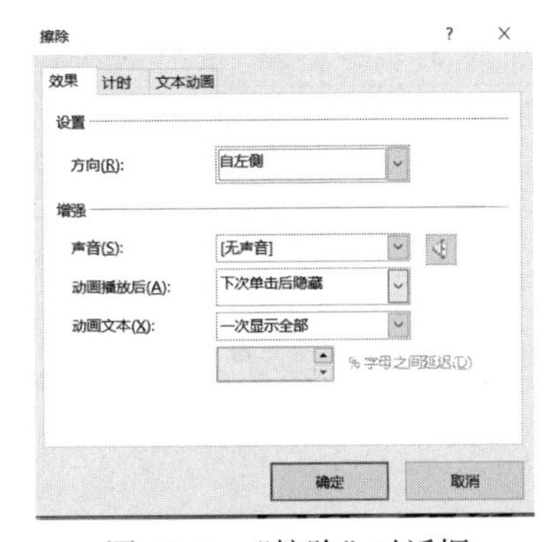

图 13-5　“擦除”对话框

步骤 3：在“效果”选项卡中，“增强”选项组的“动画播放后”选择“下次单击后隐藏”。在“计时”选项卡中，“开始”选择“上一动画之后”，如图 13-6 所示，单击“确定”按钮。

提示 1：“下次单击后隐藏”表示，下一个动画效果开始时，本对象就隐藏。“上一动画之后”开始，表示上一个动画效果结束，本动画效果马上开始。

提示 2： 如图 13-6 所示，该对话框还有一“文本动画”选项卡，用于设置作为一个对象整体展示动画，还是分部分展示动画。若对象是图表，则会有一“图表动画”选项卡，可以进行类似的设置。

步骤 4：将 4 句诗句重叠到一起放置到幻灯片的左下方，如图 13-7 所示。放映幻灯片，观察动画效果。

图 13-6 “计时”选项卡

图 13-7 诗句位置

3. 添加不同类型的动画效果

步骤 1：在第 2 张幻灯片中，插入素材中的图片“鹅.gif”，将其移动到幻灯片左侧位置，在文字的上方。

步骤 2：选中“鹅”图片，在“动画”选项卡的“动画”功能区中，单击右下侧的“其他”下三角按钮，可以展开所有可用的动画效果。

提示：如图 13-8 所示，动画效果分为“进入”“退出”“强调”和“动作路径”4 种类型。其中“进入”表示从无到有，“退出”表示从有到无，其他两种类型则不会使得对象出现或消失。接下来的步骤要为“鹅”图片添加 4 种不同类型的动画效果。

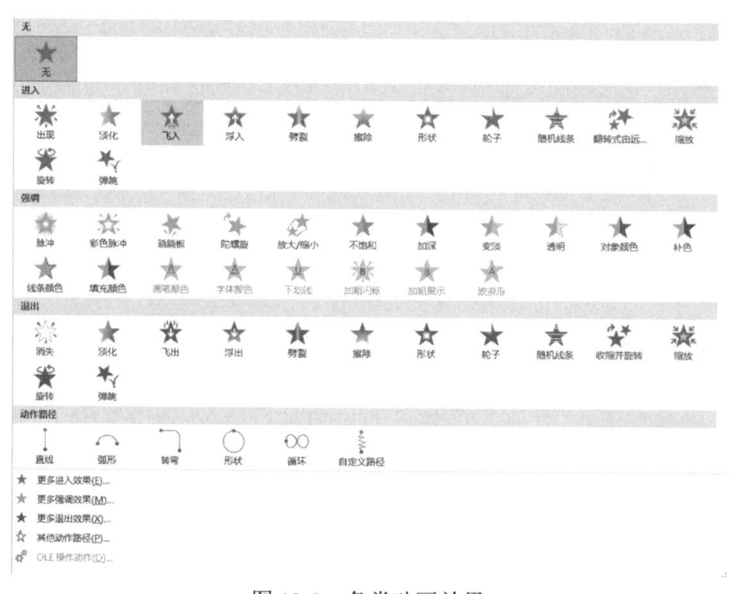

图 13-8 各类动画效果

步骤 3：首先在“进入”类别中选择“飞入”。此时，观察动画窗格又增添了一个动画效果。在“动画”选项卡中，单击“效果选项”按钮，将方向改为“自左侧”。

步骤 4：接下来为“鹅”图片添加第二个动画效果。保持图片选中状态，在“动画”选项卡的“高级动画”功能区中，单击“添加动画”按钮，展开类似图 13-8 所示的内容。在“强调”类别中选择“跷跷板”。

提示：为同一个对象添加多个动画效果时，不能直接在“动画”选项卡的“动画”功能区中操作，否则会取消原来的动画效果。

步骤 5：类似地，为图片添加“动作路径”类别中的“弧形”动画效果，效果选项默认向下。如图 13-9 所示，幻灯片中出现一条路径，路径中绿色的为起点，红色的为终点。选择图片，为其添加“退出”类别中的“飞出”动画效果，效果选项改为“到右侧”。

图 13-9　动作路径

提示：动作路径的起点，尽量不要移动，它是图片原始位置。可以将路径宽度增加些，改变终点位置。

步骤 6：放映幻灯片，诗句动画效果结束后，单击鼠标 4 次，观察动画效果。按 Esc 键回到普通视图。

4. 合理安排多种动画效果

从如图 13-10 所示的动画窗格中可以看到，该幻灯片已包含 8 个动画效果。下面的步骤中，我们将重新安排各个动画效果的次序和开始方式，使得诗句和“鹅”图片的动画同时进行，图片的 4 种不同类型的动画效果刚好对应 4 句古诗。

步骤 1：在动画窗格中，选择图片的“飞入”效果，单击下方的向上箭头，将其移动到第 2 个动画效果的位置。在“动画”选项卡的“计时”功能区中，设置其“与上一动画同时”开始，“持续时间”设为 4 秒，以配合诗句的动画时间。

提示：在改变动画效果次序时，可以直接拖动动画效果到指定的位置，来重新排序。

步骤 2：将图片的“跷跷板”效果，移动到第 4 个位置，设置其“与上一动画同时”开始，“持续时间”设为 4 秒。

步骤 3：将图片的“向下弧线”效果，移动到第 6 个位置，设置其“与上一动画同时”开始，“持续时间”设为 4 秒。

步骤 4：设置图片的“飞出”效果，再设置其“与上一动画同时”开始，“持续时间”为 4 秒。调整次序后的动画窗格如图 13-11 所示，调整其宽度后，可以看到各动画效果的时间片分布。

图 13-10　动画窗格（1）

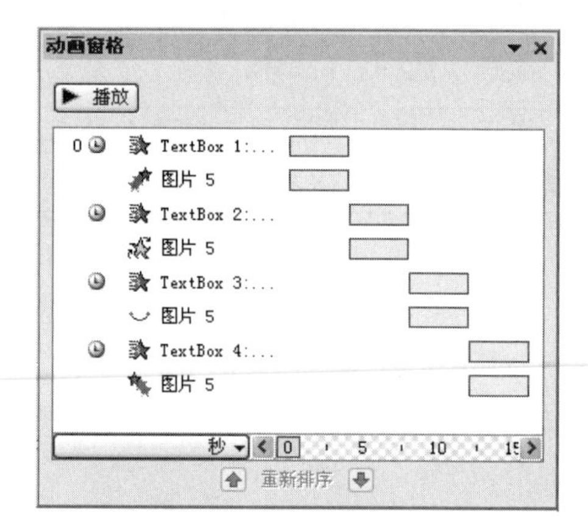

图 13-11　动画窗格（2）

提示：有兴趣的读者，可以在幻灯片中添加素材中的音频，并配合音频调节每组动画效果的持续时间。

---

5. 创建交互式效果

步骤 1：选择第 3 张幻灯片，在“插入”选项卡的“插图”功能区中，单击“形状”按钮，展开如图 13-12 所示的内容。在“标注”一栏中，选择“云形标注”。如图 13-13 所示，在幻灯片中插入 4 个“思想气泡-云”，并在其中输入“正确”或“错误”。

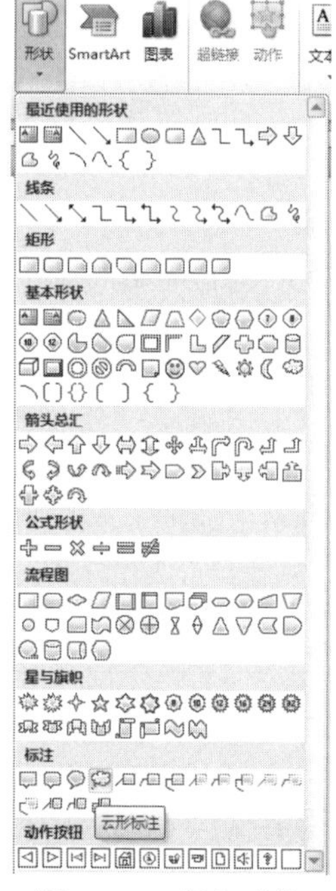

图 13-12　插入形状

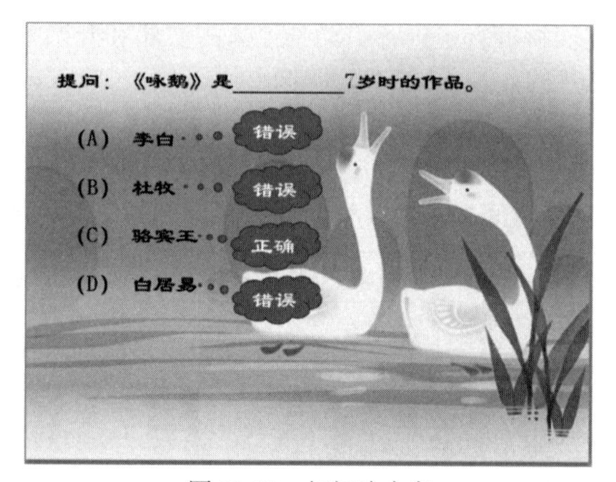

图 13-13　幻灯片内容

步骤 2：选择第 1 个“错误”云形标注。在“动画”选项卡中，为其设置“淡出”的进入动画效果。在动画窗格中，右击或单击动画效果右侧的下拉箭头，在弹出的快捷菜单中选择“计时”命令，打开如图 13-14 所示的“淡出”对话框。

步骤 3：单击“触发器”按钮，选中“单击下列对象时启动，动画效果”，并在右侧的下拉列表中选择“TextBox2：（A）李白”。单击“确定”按钮。同理，对其他三个云形标注，做对应的设置。完成后，动画窗格如图 13-15 所示。放映幻灯片，观察效果。

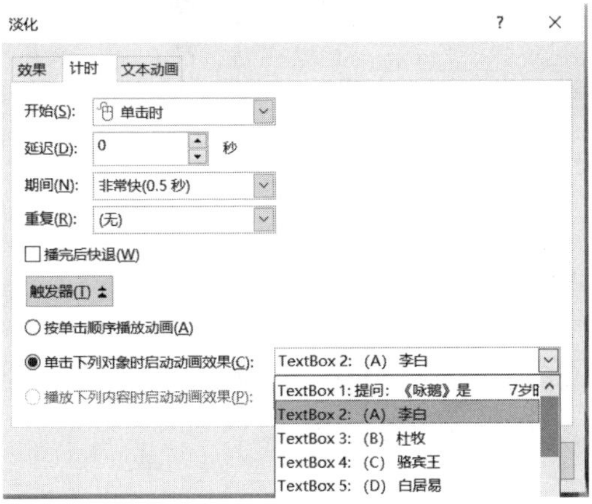

图 13-14　“淡出”对话框

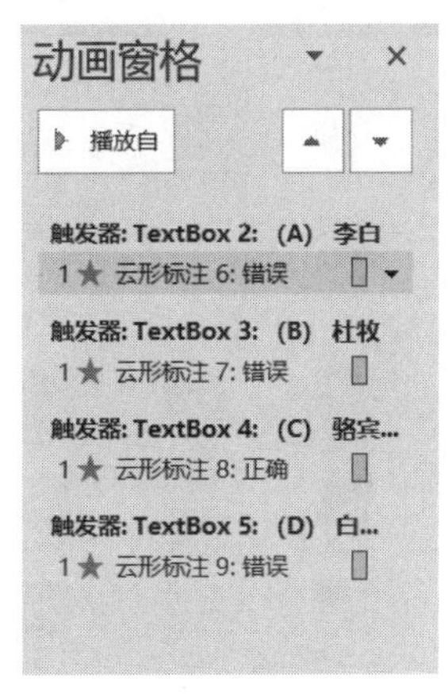

图 13-15　动画窗格（3）

步骤 4：选择“插入”选项卡中的“形状”按钮，在展开内容的“动作按钮”一栏中，选择“动作按钮：第一张”。在幻灯片左下角放置一个动作按钮，自动弹出“动作设置”对话框，按默认设置，单击“确定”按钮。放映幻灯片，观察效果。保存后退出。

案例 2　编辑“电子相册”演示文稿

请打开素材中的文件“电子相册.pptx”。对其进行编辑，最终效果如图 13-16 所示。

图 13-16　“电子相册”最终效果

1. 设置幻灯片切换效果

幻灯片之间可设置切换效果。为统一风格，将所有幻灯片设置同样的切换效果。

步骤 1：在“切换”选项卡的“切换到此幻灯片”功能区中，选择需要的切换效果，单击右下侧的“其他”下三角按钮，可以展开所有可用的切换效果，如图 13-17 所示。此处，我们选择“华丽”分类下的“溶解”效果。

图 13-17　幻灯片切换效果

步骤 2：在“切换”选项卡的“计时”功能区中，设置“持续时间”为 0.5 秒，勾选“设置自动换片时间”，并设置为 2 秒，最后单击“应用到全部”按钮。放映幻灯片，观察效果。

提示：若没有单击“应用到全部”按钮，设置只对当前幻灯片有效。

---

2. 排练计时和录制旁白

根据各个幻灯片重要程度不同，可给予不同的换片时间。若时间不容易确定，可以使用排练计时。同时，也可针对幻灯片添加旁白。

步骤 1：选择“幻灯片放映”选项卡，在“设置”功能区中，单击“排练计时”按钮，进入排练放映状态。左上方会出现录制时需要的工具，如图 13-18 所示。

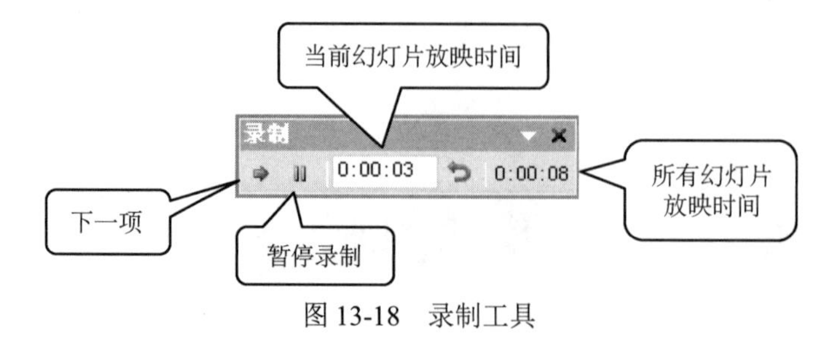

图 13-18　录制工具

步骤 2：根据需要，在合适的时间点单击“下一项”按钮或在幻灯片上单击鼠标，来切换幻灯片。放映结束后，弹出如图 13-19 所示的对话框。单击“是”按钮保存排练时间。此时，原先在幻灯片切换中设置的自动换片时间 2 秒，已被修改。

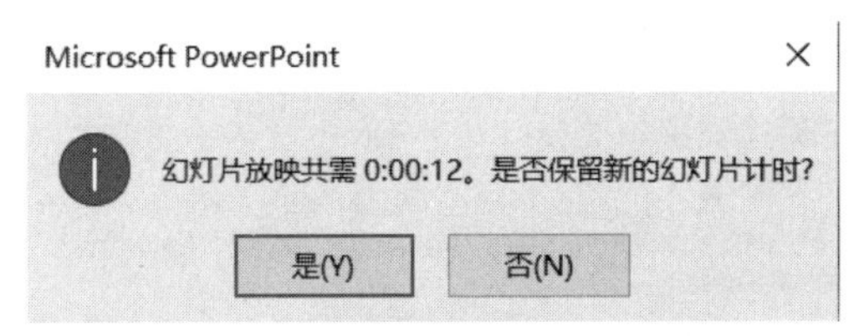

图 13-19　确认排练时间对话框

步骤 3：默认回到“幻灯片浏览”视图，如图 13-20 所示。每张幻灯片下方带有放映时间。双击某张幻灯片或单击下方状态栏中的视图按钮，可切换到“普通视图”。放映幻灯片，观察效果。

图 13-20　幻灯片浏览

步骤 4：“录制旁白”的方法和“排练计时”较为类似。除了设置各幻灯片的放映时间，“录制旁白”还可以将放映时激光笔的动态效果，以及录制的音频保留下来。读者可以自行操作，并放映幻灯片，观察效果。

提示 1： 放映时，按住键盘上的 Ctrl 键，拖动鼠标，可以显示激光笔效果。

提示 2： 放映时，在幻灯片上右击，在弹出的快捷菜单中，选择“指针选项”→“笔”命令，可将鼠标指针改为画笔类，可以在幻灯片上留下笔迹。

---

3. 设置幻灯片放映方式

步骤 1：在“幻灯片放映”选项卡中，单击“设置幻灯片放映”按钮，弹出如图 13-21 所示的“设置放映方式”对话框。

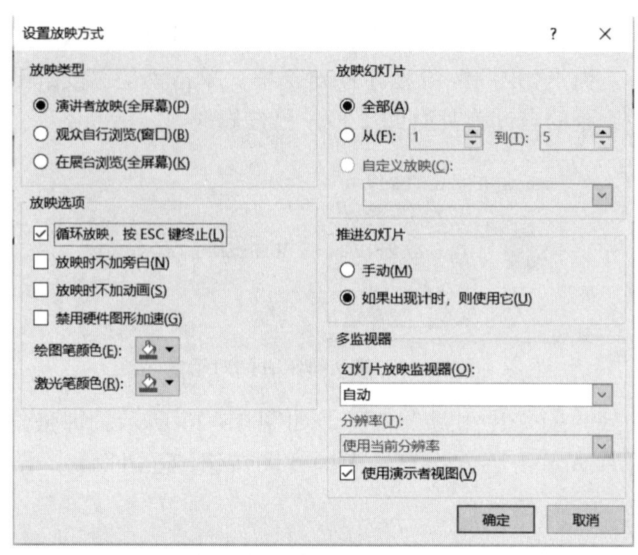

图 13-21　“设置放映方式”对话框

步骤 2：“放映类型”保持默认选项“演讲者放映（全屏幕）”。“放映选项”勾选“循环放映，按 ESC 键终止”。其他都保持默认。单击“确定”按钮。放映幻灯片，观察效果。

提示：若“推进幻灯片”选择“手动”，则前面设置的“自动换片时间”“排练时间”都无效。

步骤 3：在上一步的“设置放映方式”对话框的“放映幻灯片”栏中，有一种方式为“自定义放映”，但是不可用，原因是还未创建自定义放映。在“幻灯片放映”选项卡中单击“自定义幻灯片放映”按钮，则在此可以选择“自定义放映”。弹出如图 13-22 所示的“自定义放映”对话框。目前尚未创建任何自定义放映。

步骤 4：单击“新建”按钮，弹出如图 13-23 所示的“定义自定义放映”对话框。“幻灯片放映名称”设为“我的放映”。选择左边的幻灯片，单击“添加”按钮，将其添加到右边的放映类表中，单击“确定”按钮创建自定义放映。放映幻灯片，观察效果，保存文件。

图 13-22　“自定义放映”对话框

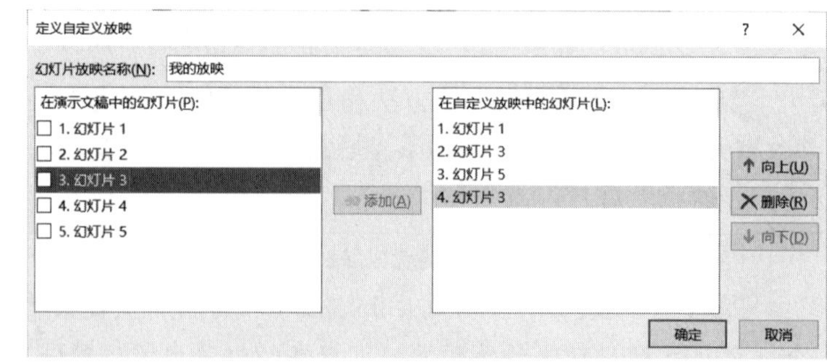

图 13-23　“定义自定义放映”对话框

提示：若仅仅让某些幻灯片在放映中不显示，可选择该幻灯片，在“幻灯片放映”选项卡中，单击“隐藏幻灯片”按钮。

---

4. 输出演示文稿

步骤 1：在“文件”选项卡中选择“另存为”命令，在打开的对话框中选择保存的路径，输入文件名，在“保存类型”栏中，有多种选项可以选择，在此我们选择“MPEG-4 视频”选项，如图 13-24 所示。

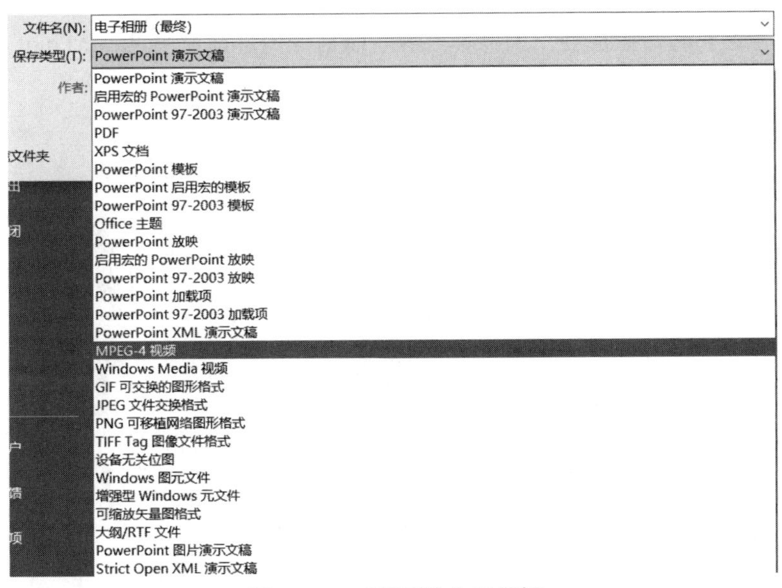

图 13-24 “另存为”对话框

步骤 2：单击“保存”按钮，以 MP4 格式保存视频。

步骤 3：若要以纸质形式将幻灯片进行输出，可在“文件”选项卡中选择“打印”命令，显示如图 13-25 所示的界面。进行必要的设置后，单击“打印”按钮，保存后退出。

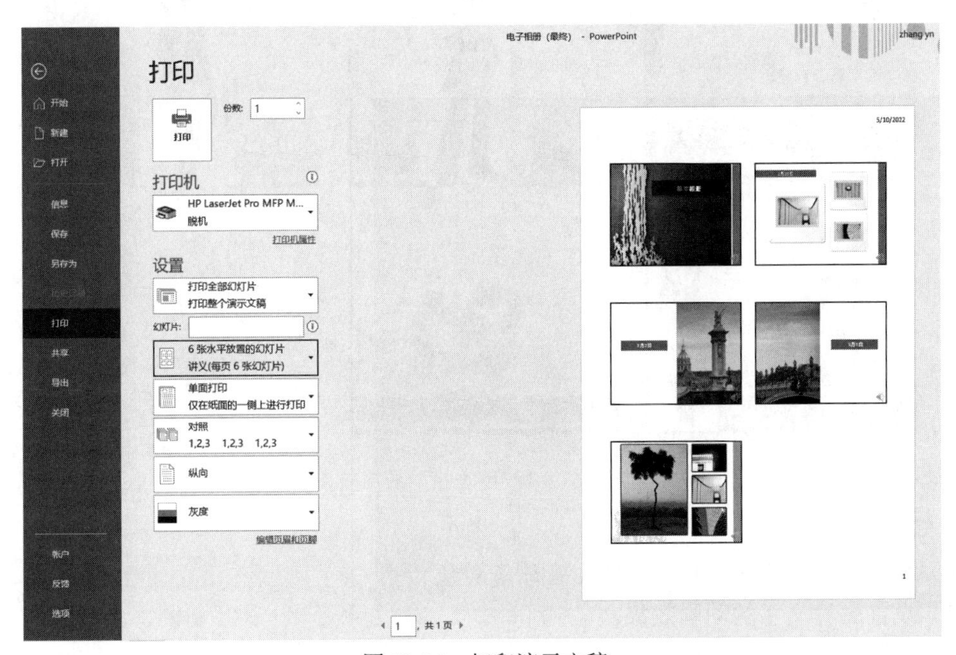

图 13-25 打印演示文稿

任务1 制作“浪漫婚礼”演示文稿

人们在举行婚礼时，往往会在大屏幕上展示照片等内容，使用 PowerPoint 演示文稿来实现，是较为方便可行的。

1. 学习任务

创建一个演示文稿，用于在婚礼上展示。最终效果如图 13-26 所示。

图 13-26 “浪漫婚礼”最终效果

2. 知识点（目标）

（1）在幻灯片中插入图片、文字、音乐等对象。

（2）设置图片文字的动画效果。

（3）设置幻灯片切换效果。

（4）设置演示文稿放映方式。

3. 操作思路及实施步骤

创建一个演示文稿，输入内容，插入图片，设置动画和切换等效果，便于自动播放，具体实施步骤如下。

步骤 1：新建一个演示文稿。打开 PowerPoint 2019 自动创建一个包含一张空白标题幻灯片的演示文稿。保存演示文稿文件名为“浪漫婚礼.pptx”。

步骤 2：在“设计”选项卡中，应用“积分”主题模板。选择“插入”选项卡，单击“音频”按钮，插入素材中的“浪漫婚礼.mp3”。在“音频工具”选项卡的“播放”标签，设置“跨幻灯片播放”，勾选“循环播放，直到停止”和“放映时隐藏”。

步骤 3：新建一张“空白”版式的幻灯片。在其左上方插入一个文本框，在其中输入“他”，并设置字体为宋体，字号为 80，加粗。在“动画”选项卡中，设置文本框的进入动画效果为“缩放”，设置为“上一动画之后”开始。

步骤 4：插入素材中的图片“男 1.jpg”。在“动画”选项卡中，设置图片进入动画效果为“淡出”，再给该图片添加一个“脉冲”的强调动画效果、一个“淡出”的退出动画效果，三个动画效果都设置为“上一动画之后”开始，“持续时间”为 1 秒。

步骤 5：插入素材中的图片“男 2.jpg”和“男 3.jpg”。使用动画刷将第 1 张图片的动画效果应用到第 2、3 两张图片。在动画窗格中删除最后一个动画效果，使其不要消失。设置完毕后，将三张图片重叠在一起放到幻灯片中央。

步骤 6：参照步骤 3、4、5，建立女生幻灯片，文字内容为“她”，图片为素材中的“女 1.jpg”“女 2.jpg”和“女 3.jpg”。

步骤 7：新建一张“空白”版式的幻灯片。插入素材中的图片“男 3.jpg”和“女 3.jpg”，分别放置在幻灯片的左右两侧。设置左侧图片“动作路径”动画效果为“直线”，方向向右，设置为“上一动画之后”开始。设置左侧图片“动作路径”动画效果为“直线”，方向向左，设置“与上一动画同时”开始。

步骤 8：新建一张“空白”版式的幻灯片。插入素材中的图片“婚礼.jpg”，设置图片强调动画效果为“放大/缩小”，设置为“上一动画之后”开始。在“放大/缩小”效果选项对话框中，勾选“自动翻转”，并设置重复 2 次。

步骤 9：在“切换”选项卡中，为幻灯片选择切换效果为“华丽”类别下的“涟漪”，并设置全部应用。

步骤 10：选择“幻灯片放映”选项卡中的“排练计时”，为每张幻灯片分配合理的时间。

步骤 11：设置幻灯片放映方式，“放映类型”设为“在展台浏览（全屏幕）”，单击“确定”按钮。

步骤 12：放映演示文稿，查看效果，保存后关闭。

4. 任务总结

本任务制作的演示文稿中，涉及多个对象的动画效果，以及同个对象的多个动画效果。这些动画效果需要相互配合，以达到所需的要求。

任务 2　制作“微课件”演示文稿

微课是记录教师在教学过程中围绕某个知识点或教学环节而开展的教与学活动全过程。而课件是教学活动中必不可少的一个元素，它可以用于教师上课，也可以用于学生自学。现在我们把“C 语言程序设计”课程中的“冒泡排序法”内容单独设计成一个微课件。

1. 学习任务

创建一个演示文稿，内容是关于“C 语言程序设计”课程中“冒泡排序法”这一知识点的课件。最终效果如图 13-27 所示。

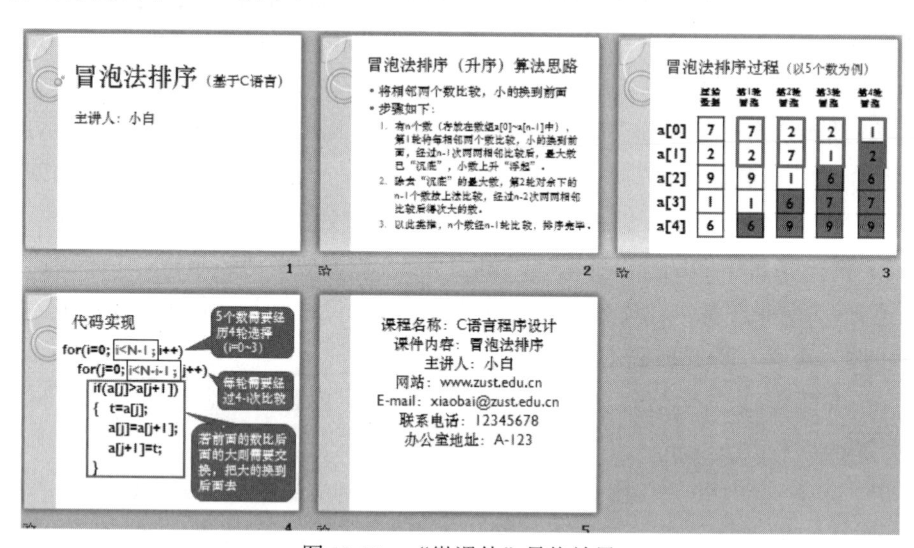

图 13-27　“微课件”最终效果

制作“微课件”演示文稿操作过程视频

2. 知识点（目标）

（1）组织幻灯片内容。

（2）在幻灯片中插入文字、表格、形状等。

（3）设置各种对象的动画效果。

3. 操作思路及实施步骤

创建一个演示文稿，添加内容，插入文本框、表格、形状等对象，设置动画效果，并使其相互配合。制作课件所需文本都存于文件“微课件素材.txt”中。具体实施步骤如下。

步骤 1：新建一个演示文稿。打开 PowerPoint 2019 自动创建一个包含一张空白标题幻灯片的演示文稿。保存演示文稿文件名为“微课件.pptx”。

步骤 2：在“设计”选项卡中，应用“夏至”主题模板。为幻灯片添加标题“冒泡法排序（基于 C 语言）”，副标题“主讲人：小白”。将标题中“冒泡法排序”这几个字的字号设置为 66，“（基于 C 语言）”和“主讲人：小白”的字号设置为 36。

步骤 3：新建一张“标题和内容”版式的幻灯片。将素材中的冒泡法排序算法思路添加到幻灯片中。默认内容中的五段文字都是带项目符号的一级文本。选中后三段文字，在“开始”选项卡的“段落”功能区中，单击“提高列表级别”按钮，将它们设置为二级文本，单击“编号”按钮，为其添加编号。

步骤 4：在“动画”选项卡中，为该幻灯片的内容设置进入动画效果为“擦除”。放映幻灯片，查看效果。打开动画窗格，在其中右击该动画，在弹出的快捷菜单中选择“效果选项”。在弹出的“擦除”对话框中，选择“文本动画”选项卡，将组合文本改为“按第二级段落”。再次放映幻灯片，查看效果。

步骤 5：新建一张“仅标题”版式的幻灯片。将标题设置为“冒泡法排序过程（以 5 个数为例）”。将“（以 5 个数为例）”字号设置为 32。

步骤 6：在该幻灯片中，插入 5 个文本框，分别输入“原始数据”“第 1 轮冒泡”“第 2 轮冒泡”“第 3 轮冒泡”“第 4 轮冒泡”，字号设置为 24，并加粗。

步骤 7：插入 6 个 5 行 1 列的表格。参考图 13-28，调整表格的大小，并输入内容。选中表格后，在“表格工具”的“设计”选项卡中，对表格进行修改。第一个表格保持默认无边框，其他表格设置所有框线为 4.5 磅的实线。设置所有表格的底纹为“无填充颜色”。选择个别单元格（如图 13-28 所示），设置底纹为“水绿色，个性色 1”。

步骤 8：再插入 5 个文本框，分别输入 7、2、9、1、6，并调整位置，使它们正好处于第 3 个表格的各个单元格中。插入一个矩形，在“绘图工具”的“格式”选项卡中，设置“形状填充”为“无填充颜色”，“形状轮廓”为粗细 6 磅的红色。调整红框矩形的大小，使其刚好为表格两个单元格的大小。为方便接下来的动画设计，先将其放置在第 4 个表格的前两个单元格的位置处，如图 13-29 所示。

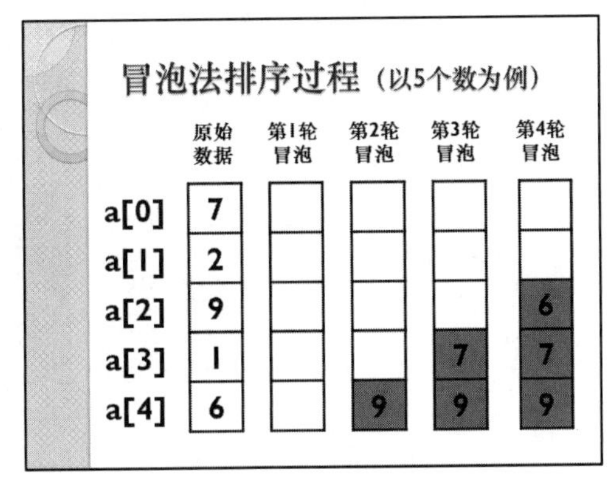

图 13-28　排序过程（1）

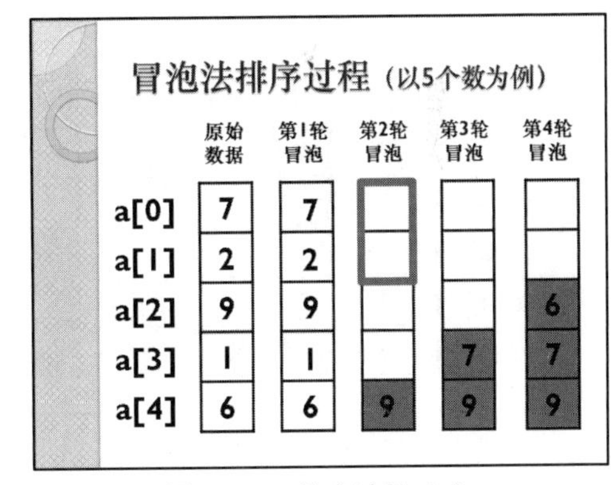

图 13-29　排序过程（2）

步骤 9：依次设置动画，在设置过程中，可以随时放映幻灯片，查看效果。拖动鼠标框选第 3 个表格（注：表格会连同 5 个数字文本框一起选中）。设置它们的进入动画效果为“切入”，方向为“自左侧”。此时，6 个对象的动画效果同时进行。设置红框矩形的进入动画效果为“切入”，方向为“自顶部”。

步骤 10：设置将“7”和“2”两个数字文本框位置交换的动画效果。逐个为它们添加“直线”的动作路径动画效果，方向分别为“下”和“上”。调整路径的终点（为使路径保持垂直，可以同时按住 Shift 键），使两个文本框正好取代对方的位置。将这两个动作路径动画效果设置为同时进行。

步骤 11：为红框矩形添加“直线”的动作路径动画效果，调整路径的终点，使矩形恰好移动一个单元格的位置。再次为红框矩形添加“直线”的动作路径动画效果，调整路径的起点，让它与刚才设置路径的终点重合；调整路径的终点，使矩形恰好在移动一个单元格的位置。

步骤 12：设置将“9”和“1”两个数字文本框位置交换的动画效果。方法同步骤 10。

步骤 13：参考步骤 11，设置动画效果使红框矩形再下移一个单元格的位置。

步骤 14：将数字文本框“9”再次下移一个单元格位置。要注意的是，路径的起点和上次路径的终点需要重合。将数字文本框“6”上移一个单元格位置。

步骤 15：为红框矩形添加“飞出”的退出动画效果。选中红框矩形，调整其位置，移动到第 3 个表格的两个单元格的位置处（将其放置旁边，防止各个动作路径重叠，难以设置）。

步骤 16：插入一个矩形，保持默认“形状填充”为“水绿色，强调文字颜色 1”。将其大小调整为一个单元格大小。设置进入动画效果为“淡出”，再设置“上一动画之后”开始播放动画。右击该矩形，在弹出的快捷菜单中选择“置于底层”命令，并移动到第 3 个表格的最后一个单元格位置。此时幻灯片如图 13-30 所示。

步骤 17：由放映幻灯片可知，两两比较，大的数往下换，小的数往上换，最大的数“9”已沉到底部，无须再移动，剩下 4 个数进行第 2 轮冒泡。插入 4 个文本框，分别输入 2、7、1、6，并调整位置，使它们正好处于第 4 个表格的各个单元格中。类似地，参照步骤 8～步骤 16，将剩下 3 个表格设置完毕，如图 13-31 所示。

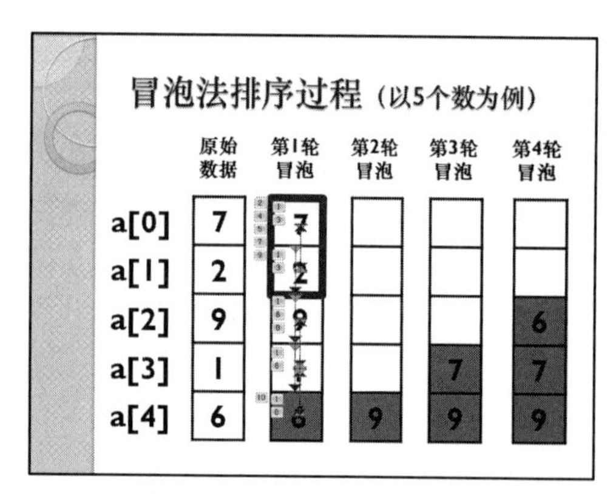

图 13-30　排序过程（3）

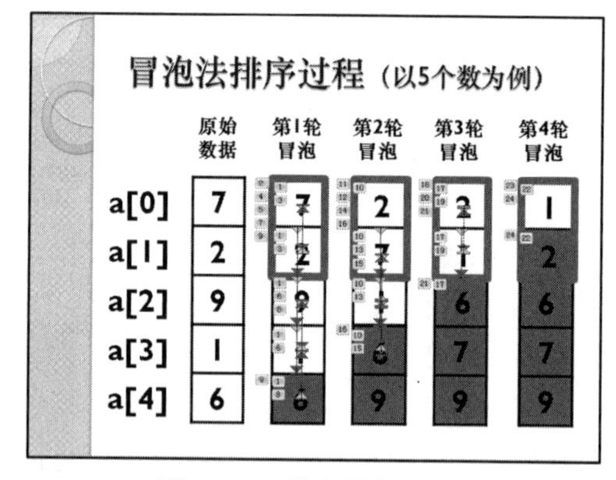

图 13-31　排序过程（4）

步骤 18：新建一张“标题和内容”版式的幻灯片。添加标题为“代码实现”。文本内容为素材中的代码。取消代码的项目符号，并设置字号为 36，加粗。

步骤 19：插入一个矩形，在“绘图工具”的“格式”选项卡中，设置“形状填充”为“无填充颜色”，“形状轮廓”为粗细 6 磅的红色。插入 3 个“圆角矩形标注”（在“插入”选项卡的“插图”功能区中，单击“形状”按钮，在弹出的选项中，选择“圆角矩形标注”），分别添加素材中代码后的 3 句文字，并设置字号为 32，对齐方式为左对齐。调整各对象的位置与大小到合适的布局，如图 13-32 所示。

步骤 20：设置红框矩形的进入动画效果为“轮子”。设置 3 个标注的进入动画效果为“擦除”，方向为“自左侧”。

步骤 21：插入两个文本框，分别输入“i<N−1；”和“i<N−i−1；”。设置“形状填充”为“白色，背景 1”，“形状轮廓”为“黑色，文字 1”，字体颜色为红色，字号为 36，并加粗。调整它们的位置与大小到合适的布局，如图 13-33 所示。

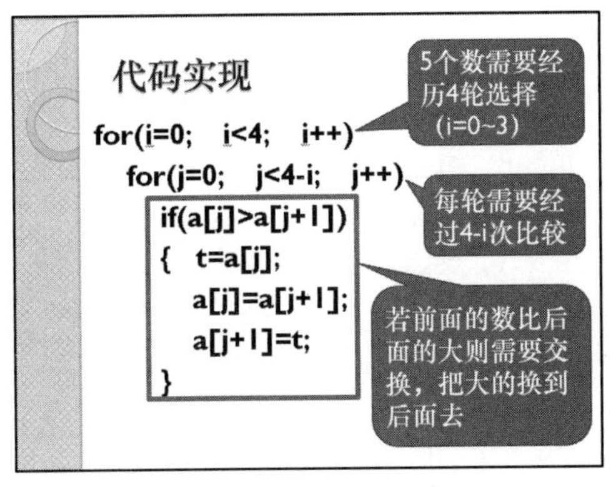

图 13-32　代码实现（1）

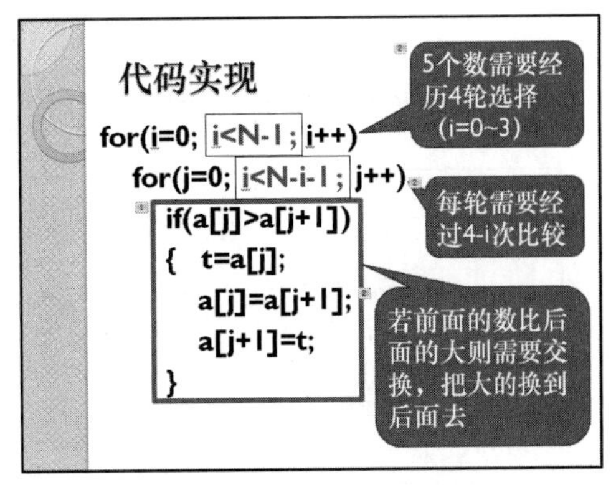

图 13-33　代码实现（2）

步骤 22：通过框选或者配合 Shift 键选择，同时选中步骤 21 中插入的两个文本框，并在其边框上右击，在弹出的快捷菜单中选择“组合”子菜单中的“组合”命令，为该组合设置进入动画效果为“劈裂”。

步骤 23：新建一张“空白”版式的幻灯片。插入一个文本框，添加素材中最后的文字。设置字号为 40，对齐方式为“居中”。设置文本框的进入动画效果为“字幕式”，并设置该动画的效果选项。设置“开始”为“上一动画之后”，设置“重复”为“直到下一次单击”。

步骤 24：放映演示文稿，查看效果，保存后关闭。

4. 任务总结

本任务制作的演示文稿，包含较多的动画效果。其中第 3 张幻灯片涉及多个对象的动作路径动画，相互配合。除了各个对象的本身的位置要设置正确，路径的位置和长短也需要进行调整。由于路径有时会有重叠，在制作过程中，需要认真仔细。

本章小结

本章主要介绍 PowerPoint 2019 中动画效果的设置、幻灯片切换设置和幻灯片放映设置，其中动画效果又包含进入效果、强调效果、退出效果、动作路径，以及它们的开始方式、速度、重复次数等效果设置。对于本章的操作，应熟练掌握。

疑难解析（问与答）

问：一个对象只能设计一个动画效果吗？

答：不是。在一张幻灯片中，一个对象可以设置多个动画效果。选中对象后，选择“添加动画”即可。

问：演示文稿中的幻灯片是否一定按从头到尾的顺序放映？

答：不是。可以通过多种方法实现自定义的放映顺序，如定义“自定义放映”、设置动作按钮和超链接、隐藏某些幻灯片等。

 操作题

1. 制作歌曲《小毛驴》的 MTV。要求：歌词出现时要配合音乐，所有内容在一张幻灯片中完成。类似效果如图 13-34 所示，也可参照素材中的文件“习题——小毛驴.ppsx”。

图 13-34 “小毛驴”效果图

2. 制作“美食游记”演示文稿，要求三张幻灯片以上，插入美食图片及介绍文字，也可以配以音乐和视频（素材请自行到网络搜索下载），设置幻灯片切换效果。为该演示文稿“录制旁白”，并使其自动循环全屏播放。最后保存并输出成 PowerPoint 放映形式（*.ppsx 文件）。

3. 毕业生完成学业需要进行毕业答辩，设想一个毕业设计的主题，并根据主题内容，制作一个答辩使用的演示文稿。

第 4 篇　综合应用案例

Office 办公套装软件，可以进行各种文档的撰写、数据的处理、演示文稿的制作，其中 Excel 可以进行各种数据的处理、统计、分析等操作，广泛应用于管理、财经、金融等众多领域。

下面以 Excel 在财务工作中的具体应用为主线，通过典型应用案例，介绍如何应用 Office 软件解决企业在会计核算、财务管理和管理会计中发生的问题，内容涵盖 Excel 电子表格软件在工资管理、账务处理、报表编制、财务分析、资金筹集管理、投资管理及本量利分析等方面的应用，以及对年终工作总结制作 Word 文档、通过 PowerPoint 制作演示文稿等，从而激发学生学习 Office 办公软件及其应用的兴趣，增强学生的实践能力（数据分析、撰写案例报告、陈述与答辩等方面能力），为互联网+学生课外科技活动、大学生财会信息化竞赛等方面提供启示和帮助。

通过财务案例的学习，提高学生使用 Excel 处理会计数据的正确性和规范性。要求遵循会计职业道德，努力提高自身业务水平，在实际工作中探索会计电算化的发展意义。

第 14 章　Office 在财务中的应用

本章要点

- 利用 Excel 公式制作员工工资表。
- 利用 Excel 公式完成财务报表相关项目的计算。
- 了解财务报表的制作。
- 理解基本财务函数的应用，如 PMT、IPMT。
- 理解并学会单变量和双变量模拟运算表的构造。
- 理解规划求解，盈亏平衡分析，本量利分析。
- 理解财务分析与评价。
- 根据计算结果，制作 Word 分析报告、PPT 演示报告。

案例列表

案例 1　制作员工工资表
案例 2　制作财务报表
案例 3　制作公司贷款及预算表
案例 4　制作投资项目利润分析表
案例 5　制作盈亏平衡分析表
案例 6　财务分析与评价

基本知识讲解

1. 应用 Excel 处理财务业务的步骤

应用 Excel 处理财务业务应该按照以下步骤进行。

（1）明确要处理的业务和达到的目标，也就是首先明确设计的 Excel 模型要解决什么问题，要达到什么要求。

（2）根据相关的理论，确定需采用的方法，以及该方法在 Excel 中如何实现。

（3）利用 Excel 工具建立模型。要建立的模型一般包括原始数据、业务处理的数学公式、模型的约束条件等。

（4）利用 Excel 工具自动完成模型求解。

（5）把模型的计算结果用适当的形式表示出来，对计算结果进行分析、评价，给出业务处理的结果和建议，并将业务处理结果和建议用 Word 写成报告，进行呈交和汇报。若要对项目进行评审和汇报，用 PowerPoint 做成演示报告。

2. 业财一体信息化应用

财务管理是企业管理的基础，既是企业内部管理的中枢，也是企业内部与外部交往的桥梁。随着数智经济的快速发展和人工智能技术对行业的深度渗透，会计行业正面临着重大变革。新一代信息技术为财务管理带来有力支撑的同时，也对传统的财务理念、财务处理系统、财务管理模式等提出了更高的要求。

我们在学习基本专业知识的同时，需要学习新技术，赋能教育，并应用到实践中去。有效应用智能技术，发挥数据的价值，探索人工智能时代的财务管理新模式、新应用。从业人员要选择主流的新技术、新模式和新系统，进行合理合规的应用，提升财务管理效率和服务效果，促进企业财务转型和战略目标的达成。

拓展：机器人流程自动化（RPA）在财务中的应用。

RPA 作为软件机器人，在员工费用智能审核、预算编制和管理、财务分析与评价、智能票据识别验证、财务系统间数据互通、智能报税等方面有着广泛的应用前景。国内公司开发了一些产品，在市场上得到了部分应用。鉴于篇幅限制，这里不做详细介绍，抛砖引玉，如需具体使用，请针对性搜索资料学习。

案例和任务

案例1　制作员工工资表

案例分析

制作员工工资表是每个企业每个月都必须要做的一项重要工作，制作员工工资表涉及多个部门、多方面的因素，如工资标准、出勤情况、加班情况、代缴保险、代扣个人所得税等就需要人力资源部门或其他行政部门提供基础数据，财务部门根据人力资源部门或其他部门提供的基础数据制作工资表并实施工资发放。因此，制作员工工资表需要在不同的表格中进行计算，需要正确处理多个工作表之间的关系。

案例所制作的工作表效果如图 14-1 所示。

知识点（目标）

通过本项目的学习，要求学会制作员工工资表的基本方法以及相关操作技巧，在表格的制作过程中还将学习以下 Excel 的应用技能。

- 公式的使用。
- IF 函数的使用。
- SUM 函数的使用。
- VLOOKUP 函数的使用。
- ROUND 函数的使用。

	A	B	C	D	E	F	G	H	I	J	K	L	M	N	O	P	Q
1	编号	姓名	部门	岗位工资	绩效工资	交通津贴	加班费	扣发工资	应发工资	养老保险	失业保险	医疗保险	住房公积金	代缴保险合计	应纳税所得额	应扣税额	实发工资
2	LB001	吴刚	行政部	8200	4100	2100	0	0	14400	1152	288	72	1728	3240	6160	406.00	10754.00
3	LB002	邢昊	行政部	7600	3800	1850	786	0	14036	1122.9	280.7	70.18	1684.32	3158.1	5877.9	377.79	10500.11
4	LB003	孙艳	行政部	6200	3100	1500	214	285	10729	858.32	214.6	53.65	1287.48	2414.03	3315	121.50	8193.48
5	LB004	杨梦瑶	人力资源部	8900	4450	2100	0	0	15450	1236	309	77.25	1854	3476.25	6973.8	487.38	11486.38
6	LB005	曾辉	人力资源部	6200	3100	1550	0	0	10850	868	217	54.25	1302	2441.25	3408.8	130.88	8277.88
7	LB006	付叶青	财务部	8600	4300	2100	0	0	15000	1200	300	75	1800	3375	6625	452.50	11172.50
8	LB007	胡奇	财务部	6800	3400	1500	469	0	12169	973.52	243.4	60.85	1460.28	2738.03	4431	233.10	9197.88
9	LB008	陈飞飞	市场部	8100	4050	2200	1769	0	16119	1289.5	322.4	80.6	1934.28	3626.78	7492.2	539.22	11953.00
10	LB009	张 幸	市场部	6600	3300	1950	986	0	12836	1026.9	256.7	64.18	1540.32	2888.1	4947.9	284.79	9663.11
11	LB010	吕品高	市场部	5600	2800	1600	805	772	10033	802.64	200.7	50.17	1203.96	2257.43	2775.6	83.27	7692.31
12	LB011	孙梦琴	技术发展部	8900	4450	2100	921	409	15962	1277	319.2	79.81	1915.44	3591.45	7370.6	527.06	11843.50
13	LB012	张 淼	技术发展部	7200	3600	1850	1490	0	14140	1131.2	282.8	70.7	1696.8	3181.5	5958.5	385.85	10572.65
14	LB013	张政	技术发展部	5600	2800	1500	579	515	9964	797.12	199.3	49.82	1195.68	2241.9	2722.1	81.66	7640.44
15	LB014	刘 兵	物流部	7800	3900	1850	336	0	13886	1110.9	277.7	69.43	1666.32	3124.35	5761.7	366.17	10395.49
16	LB015	杨书情	物流部	5900	2950	1500	254	109	10495	839.6	209.9	52.48	1259.4	2361.38	3133.6	103.36	8030.26
17	LB016	黄 超	培训部	7300	3650	1850	503	0	13303	1064.2	266.1	66.52	1596.36	2993.18	5309.8	320.98	9988.84
18																	

员工工资表 | 员工工资档案 | 交通等津贴 | 加班费 | 考勤扣除 | 个税税率 | Sheet2

图 14-1　员工工资表

基本知识讲解

工资表的制作主要涉及下面 2 个方面的计算。

1. 计算代缴保险

根据有关规定，五险一金标准如表 14-1 所示。

表 14-1　五险一金标准

五险一金	单位	个人
养老保险	16%	8%
医疗保险	8%	2%
失业保险	2%	0.5%
工伤保险	0.2%	
生育保险	0.8%	
住房公积金	12%	12%

说明：五险一金（四险一金）若有调整，请查阅相关文件。

2. 个税税率工作表

个人所得税税率表如表 14-2 所示。

表 14-2 个人所得税税率表　　单位：元

全月应纳税所得额	税率	速算扣除数
全月应纳税所得额不超过 3000 元	3%	0
全月应纳税所得额超过 3000 元至 12000 元	10%	210
全月应纳税所得额超过 12000 元至 25000 元	20%	1410

续表

全月应纳税所得额	税率	速算扣除数
全月应纳税所得额超过 25000 元至 35000 元	25%	2660
全月应纳税所得额超过 35000 元至 55000 元	30%	4410
全月应纳税所得额超过 55000 元至 80000 元	35%	7160
全月应纳税所得额超过 80000 元	45%	15160

说明：2019 年的个人所得税税率表仍然划分为七级，个人的工资收入所得税是采用累计预扣法计算预扣税款，并按月办理扣缴申报，超额累进税率进行征收的。有关专项附加扣除、累计个税计算，请查阅有关文件。

操作思路及实施步骤

1. 制作员工工资工作表

步骤 1：启动 Excel 2019 应用程序，新建一个空白工作簿。

步骤 2：将空白工作簿另存为“员工工资表.xlsx”。

步骤 3：将 Sheet1 工作表标签重命名为“员工工资表”。

步骤 4：输入图 14-2 中的内容。

说明：本例请打开素材文件“员工工资表.xlsx”，从“员工工资档案”工作表，使用 VLOOKUP()函数导入，选择 D2 单元格，输入计算公式“=VLOOKUP(A2,员工工资档案!$A$2:$J$17,8,TRUE),”，然后向下填充。

	A	B	C	D	E	F	G	H	I
1	编号	姓名	部门	岗位工资	绩效工资	交通津贴	加班费	扣发工资	应发工资
2	LB001	吴刚	行政部	8200	4100				
3	LB002	邢昊	行政部	7600	3800				
4	LB003	孙艳	行政部	6200	3100				
5	LB004	杨梦瑶	人力资源部	8900	4450				
6	LB005	曾辉	人力资源部	6200	3100				
7	LB006	付叶青	财务部	8600	4300				
8	LB007	胡奇	财务部	6800	3400				
9	LB008	陈飞飞	市场部	8100	4050				
10	LB009	张 幸	市场部	6600	3300				
11	LB010	吕品高	市场部	5600	2800				
12	LB011	孙梦琴	技术发展部	8900	4450				
13	LB012	张 淼	技术发展部	7200	3600				
14	LB013	张政	技术发展部	5600	2800				
15	LB014	刘 兵	物流部	7800	3900				
16	LB015	杨书情	物流部	5900	2950				
17	LB016	黄 超	培训部	7300	3650				

图 14-2　员工基本工资

2. 制作交通等津贴

步骤 1：制作“交通等津贴”工作表，如图 14-3 所示。

步骤 2：计算“补贴合计”。选择 I2 单元格，输入计算公式“=SUM(C2:H2)”，然后向下填充。

步骤 3：“员工工资表”中的“交通津贴”数据从“补贴合计”，使用 VLOOKUP()函数导入。F2 单元格公式为“=VLOOKUP(A2,交通等津贴!A2:I17,9)”。

	A	B	C	D	E	F	G	H	I
1	编号	姓名	交通费	通讯费	餐补	高温费	节庆福利	生日慰问	补贴合计
2	LB001	吴刚	1000	200	400		500		2100
3	LB002	邢昊	800	150	400		500		1850
4	LB003	孙艳	500	100	400		500		1500
5	LB004	杨梦瑶	1000	200	400		500		2100
6	LB005	曾辉	500	150	400		500		1550
7	LB006	付叶青	1000	200	400		500		2100
8	LB007	胡奇	500	100	400		500		1500
9	LB008	陈飞飞	1000	300	400		500		2200
10	LB009	张 幸	800	250	400		500		1950
11	LB010	吕品高	500	200	400		500		1600
12	LB011	孙梦琴	1000	200	400		500		2100
13	LB012	张 淼	800	150	400		500		1850
14	LB013	张政	500	100	400		500		1500
15	LB014	刘 兵	800	150	400		500		1850
16	LB015	杨书情	500	100	400		500		1500
17	LB016	黄 超	800	150	400		500		1850

图 14-3　交通等津贴表

3. 制作加班费工作表

一般情况下，企业员工加班的性质可分为以下三类：工作日加班、休息日加班及节假日加班，按照现行劳动法的规定，加班费的计发标准如下：

工作日加班工资=加班工资的计算基数÷21.75×150%

休息日加班工资=加班工资的计算基数÷21.75×200%

节假日加班工资=加班工资的计算基数÷21.75×300%

其中 21.75 为一个月的平均有效出勤天数，如果加班是以小时计算的，则在计算加班费时要把日工资除以 8，折算为小时工资，本例中加班费按小时计算，加班工资的计算基数为岗位工资（实际应用中应包含其他项）。

步骤 1：制作“加班费”工作表。根据员工的加班性质在相应位置输入员工的加班小时数（每天按 8 小时计，具体的输入内容可自己确定）如图 14-4 所示。

步骤 2：计算加班费。根据上述的加班费计费标准计算加班费，选择 G2 单元格，输入计算公式“=ROUND(C2/21.75/8*(D2*1.5+E2*2+F2*3),0)”，然后向下填充。

步骤 3：“员工工资表”中的“加班费”从“加班费合计”，使用 VLOOKUP()函数导入。G2 单元格公式为“=VLOOKUP(A2,加班费!$A$2:$G$17,7,TRUE)”。

	A	B	C	D	E	F	G
1	编号	姓名	岗位工资	工作日加班小时数	休息日加班小时数	节假日加班小时数	加班费合计
2	LB001	吴刚	8200				0
3	LB002	邢昊	7600	4	6		786
4	LB003	孙艳	6200	4			214
5	LB004	杨梦瑶	8900				0
6	LB005	曾辉	6200				0
7	LB006	付叶青	8600				0
8	LB007	胡奇	6800		6		469
9	LB008	陈飞飞	8100		10	6	1769
10	LB009	张 幸	6600		10	2	986
11	LB010	吕品高	5600		8	3	805
12	LB011	孙梦琴	8900	4	6		921
13	LB012	张 淼	7200	4	6	6	1490
14	LB013	张政	5600	4		4	579
15	LB014	刘 兵	7800	5			336
16	LB015	杨书情	5900	5			254
17	LB016	黄 超	7300		6		503

图 14-4　加班费工作表

4. 制作考勤扣除工作表

在制作员工工资表时，我们还需要根据员工的实际出勤情况扣除员工病、事假期间的工资，假设企业规定：员工在一个月中病假 3 天及以下的不扣工资，超过 3 天的扣发岗位工资的 40%；事假按实际天数扣发相应天数的岗位工资，计算中每月的应出勤天数按 21.75 天计算。

步骤 1：制作“考勤扣除”工作表。输入“病假天数”“事假天数”，如图 14-5 所示。

步骤 2：计算病假扣款、事假扣款、扣款合计。选择 E2 单元格，输入计算公式“=IF(D2<=3, 0,ROUND(C2/21.75*(D2-3)*0.4,0))”，然后向下填充；选择 G2 单元格，输入计算公式“=ROUND(C2/21.75*F2,0)”，然后向下填充。

步骤 3：“员工工资表”中的“扣发工资”从“扣款合计”，使用 VLOOKUP()函数导入。H2 单元格公式为“=VLOOKUP(A2,考勤扣除!$A$2:$H$17,8,TRUE)”。

	A	B	C	D	E	F	G	H
1	编号	姓名	岗位工资	病假天数	病假扣款	事假天数	事假扣款	扣款合计
2	LB001	吴刚	8200		0		0	0
3	LB002	邢昊	7600		0		0	0
4	LB003	孙艳	6200		0	1	285	285
5	LB004	杨梦瑶	8900		0		0	0
6	LB005	曾辉	6200	1	0		0	0
7	LB006	付叶青	8600		0		0	0
8	LB007	胡奇	6800		0		0	0
9	LB008	陈飞飞	8100		0		0	0
10	LB009	张 幸	6600		0		0	0
11	LB010	吕品高	5600		0	3	772	772
12	LB011	孙梦琴	8900		0	1	409	409
13	LB012	张 淼	7200		0		0	0
14	LB013	张政	5600		0	2	515	515
15	LB014	刘 兵	7800		0		0	0
16	LB015	杨书情	5900	4	109		0	109
17	LB016	黄 超	7300		0		0	0

图 14-5　考勤扣除工作表

5. 计算应发工资

计算“应发工资”。选择 I2 单元格，在 I2 单元格中输入公式“=SUM(D2:G2)−H2”或输入公式“=D2++E2+F2+G2−H2”，并向下填充至 I17。

6. 计算“三险一金”

按照“表 14-1 五险一金标准表”的比例，计算个人要缴纳的养老保险、医疗保险、失业保险、住房公积金，再计算“代缴保险合计”。

7. 计算应纳税所得额

计算“应纳税所得额”时，起征标准为 5000 元。在 O2 单元格中输入公式“=I2−N2−5000”，并向下填充至 O17。

8. 计算应纳税额

在 P2 单元格中输入计算公式“=IF(O2<0,0,IF(O2<3000,O2*3%,IF(O2<12000,O2*10%-210,IF(O2<25000,O2*20%−1410,IF(O2<35000,O2*25%−2660,IF(O2<55000,O2*30%−4410,IF(O2<80000,O2*35%−7160,O2*45%−15160)))))))”，并向下填充到 N17 单元格。

提示：上面用 IF 嵌套函数计算个税，也可以用 IF 结合 AND 函数的运用，或 VLOOKUP 函数计算个税，或 MAX 函数计算个税，请读者自行学习练习。

9. 计算实发工资

在 Q2 单元格中输入计算公式“=I2−N2−P2”，并向下填充到 Q17 单元格。

制作完成后的工资表如图 14-1 所示。

🕮 拓展训练

请用前面学过的知识，计算汇总各部门的应发工资，制作柱形图，完成后的效果如图 14-6 所示。

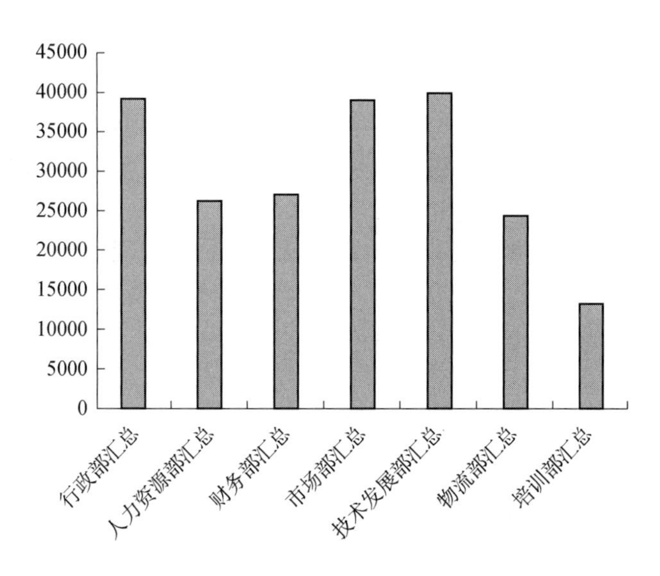

图 14-6　各部门的应发工资柱形图

🕮 案例小结

案例以制作员工工资表为例，详细介绍了员工工资表的制作方法，创建了员工工资表工作簿，制作了员工工资档案、个税税率、考勤扣除、加班费、工资表。学习了在函数参数设置对话框的参数中插入函数的方法以及 SUM、VLOOKUP、ROUND 函数的使用方法。

IF 函数的使用是本案例的学习重点，它的含义、构造、结果等都应该在使用者清醒地控制下完成，这里需要一些逻辑思维的能力。而除了有单纯的 IF 函数之外，Excel 还提供了如 AND、NOT 等逻辑函数，如 COUNTIF 等统计函数，使用者需要仔细理解它们的含义后灵活地使用，以更好地实现 Excel 强大的功能。

提示：

1. 遵守国家法律法规，遵守职业道德、依法办事、保守秘密。
2. 树立精益求精、严谨务实的工作作风，严格遵守公司内部章程。

案例 2　制作财务报表

📖 案例分析

财务报表是反映企业财务状况和经营成果的书面文件。狭义的财务报表指定期编制的对外会计报表及报表附注，包括资产负债表、利润表、现金流量表、附表及财务报表附注和财务状况说明书。广义的财务报表指的是除上述之外的、因企业管理的需要而编制的内部使用的报告。

编制财务报表的目的是向会计报表的使用者提供其在经济决策中的有用信息，包括企业的财务状况、经营业绩及现金流量的资料。在本节，介绍 Excel 在狭义的财务报表编制和分析中的应用。

根据会计业务中的总分类账所提供的核算资料，应用 Excel 处理数据的方法，编制基于企业业务在自身会计核算资料上的资产负债表、利润表和现金流量表。

制作企业的资产负债表、利润表、现金流量表，效果如图 14-7、图 14-8、图 14-9 所示。

	A	B	C	D	E	F	G	H
1	资产负债表							
2	编制单位：银诚公司			2021-12-31				单位：元
3	资产	行次	期末余额	年初余额	负债和所有者（或股东）权益	行次	期末余额	年初余额
4	流动资产：				流动负债：			
5	货币资金	1	1,056,000.00	800000	短期借款	31	100000	
6	短期投资	2	200000		应付票据	32		
7	应收票据	3			应付账款	33	600,000.00	1,000,000.00
8	应收账款	4	584,000.00	700000	预收账款	34	624075	900,000.00
9	预付账款	5	300,000.00	500000	应付职工薪酬	35		
10	应收股利	6			应交税费	36	10,000.00	6,000.00
11	应收利息	7			应付利息	37		
12	其他应收款	8	300,000.00	400000	应付利润	38		
13	存货	9	800,000.00	600,000.00	其他应付款	39	200,000.00	776,000.00
14	其中：原材料	10	200000	150000	其他流动负债	40		
15	在产品	11	120000	90000	流动负债合计：	41	1,534,075.00	2,682,000.00
16	库存商品	12	480,000.00	360000	非流动负债：			
17	周转材料	13			长期借款	42		
18	其他流动资产	14			长期应付款	43	50000	61,000.00
19	流动资产合计	15	3,240,000.00	3,000,000.00	递延收益	44		
20	非流动资产：				其他非流动负债	45		
21	长期债券投资	16			非流动负债合计	46	50000	61,000.00
22	长期股权投资	17	300,000.00		负债合计	47	1,584,075.00	2,743,000.00
23	固定资产原价	18	880,000.00	750000				
24	减：累计折旧	19	660,000.00	490000				
25	固定资产账面价值	20	220,000.00	260,000.00				
26	在建工程	21						
27	工程物资	22						
28	固定资产清理	23						
29	生产性生物资产	24			所有者权益（或股东权益）：			
30	无形资产	25			实收资本（或股本）	48	1,500,000.00	1500000
31	开发支出	26			资本公积	49		
32	长期待摊费用	27			盈余公积	50		
33	其他非流动资产	28			未分配利润	51	675,925.00	400000
34	非流动资产合计	29	520,000.00	260,000.00	所有者权益（或股东权益）	52	2,175,925.00	517000
35	资产总计	30	3,760,000.00	3,260,000.00	负债和所有者权益（或股东	53	3,760,000.00	3,260,000.00

图 14-7　资产负债表

	A	B	C	D
1	利润表			
2	编制单位：银诚公司	2021年12期		单位：元
3	项目	行次	本年累计金额	本月金额
4	一、营业收入	1	2,800,000.00	560,000.00
5	减：营业成本	2	2,240,000.00	430,000.00
6	税金及附加	3	14,000.00	2,800.00
7	其中：消费税	4		
8	城市维护建设税	6	7,600.00	1,500.00
9	资源税	7		
10	土地增值税	8		
11	城镇土地使用税、房产税、车船税、印花税	9	930.00	200.00
12	教育费附加、矿产资源补偿税、排污费	10	3,200.00	650.00
13	销售费用	11	138,000.00	28,000.00
14	其中：商品维修费	12	21,500.00	5,000.00
15	广告费和业务宣传费	13	39,700.00	6,000.00
16	管理费用	14	130,000.00	30,000.00
17	其中：开办费	15		
18	业务招待费	16	20,000.00	6,000.00
19	研究费用	17		
20	财务费用	18	10,000.00	1,000.00
21	其中：利息费用（收入以“-”号填列）	19	4,250.00	500.00
22	加：投资收益（损失以“-”号填列）	20	10,000.00	
23	二、营业利润（亏损以“-”号填列）	21	278,000.00	68,200.00
24	加：营业外收入	22	10,000.00	
25	其中：政府补助	23	10,000.00	
26	减：营业外支出	24	5,000.00	
27	其中：坏账损失	25	3,000.00	
28	无法收回的长期债券投资损失	26		
29	无法收回的长期股权投资损失	27		
30	自然灾害等不可抗力因素造成的损失	28		
31	税收滞纳金	29		
32	三、利润总额（亏损总额以“-”号填列）	30	283,000.00	68,200.00
33	减：所得税费用	31	7,075.00	1,705.00
34	四：净利润（净亏损以“-”号填列）	32	275,925.00	66,495.00

图 14-8　利润表

	A	B	C	D
1	现金流量表			
2	编制单位：银诚公司	2021年12期		单位：元
3	项目	行次	本年累计金额	本月金额
4	一、经营活动产生的现金流量：			
5	销售产成品、商品、提供劳务收到的现金	1	3,800,000.00	600,000.00
6	收到其他与经营活动有关的现金	2	1,000,000.00	212,000.00
7	购买原材料、商品、接受劳务支付的现金	3	2,100,000.00	400,000.00
8	支付的职工薪酬	4	1,600,000.00	200,000.00
9	支付的税费	5	110,000.00	6,000.00
10	支付其他与经营活动有关的现金	6	209,750.00	100,000.00
11	经营活动产生的现金流量净额	7	780,250.00	106,000.00
12	二、投资活动产生的现金流量：			
13	收回短期投资、长期债券投资和长期股权投资收到的现金	8		
14	取得投资收益收到的现金	9	10000	
15	处置固定资产、无形资产和其他非流动资产收回的现金净额	10		
16	短期投资、长期债券投资和长期股权投资支付的现金	11	500,000.00	
17	购建固定资产、无形资产和其他非流动资产支付的现金	12	130000	
18	投资活动产生的现金流量净额	13	-620,000.00	
19	三、筹资活动产生的现金流量：			
20	取得借款收到的现金	14	100000	
21	吸收投资者投资收到的现金	15		
22	偿还借款本金支付的现金	16		
23	偿还借款利息支付的现金	17	4,250.00	
24	分配利润支付的现金	18		
25	筹资活动产生的现金流量净额	19	95,750.00	
26	四、现金净增加额	20	256,000.00	106,000.00
27	加：期初现金余额	21	800,000.00	950,000.00
28	五、期末现金余额	22	1,056,000.00	1,056,000.00

图 14-9　现金流量表

🕮 知识点（目标）

- 学习编制资产负债表。
- 学习编制利润表。
- 学习编制现金流量表。

🕮 基本知识讲解

基于 Excel 的电算化账务处理流程为：建立会计凭证表→生成科目汇总表、科目余额表→生成账簿→编制会计报表。

1. 总分类账

（1）总分类账与会计报表

总分类账是用来登记全部经济业务，进行总分类核算，提供包括核算资料的分类账簿。总分类账所提供的核算资料，是编制会计报表的主要依据，总分类账为一级账目。

会计报表是对企业财务状况、经营成果和现金流量的结构性表述。会计报表包括资产负债表、利润表（损益表）、现金流量表。把时序记录和总分类记录结合在一起的联合账簿，称为日记总账。

对于各种会计报表的数据，利用 Excel 处理数据的方法，只要把基本数据填写了，将自动生成汇总数据和相关数据，最大限度地减少财务制表工作量。

利用 Excel 进行会计核算的流程如图 14-10 所示。

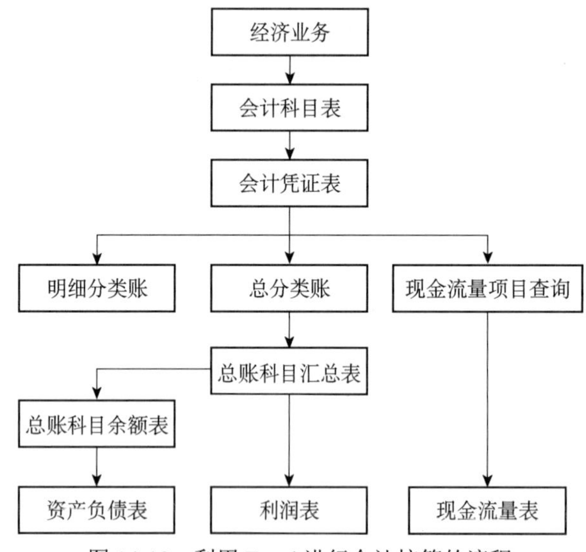

图 14-10　利用 Excel 进行会计核算的流程

（2）建立和维护会计总分类账

建立会计总分类账有直接输入的方法和“记录单”的方式。由于企业会计科目设置后，会对已使用的会计科目进行相应的修改、补充或删除。采用记录单的方式便于新建、删除和查找会计科目。

（3）编制总分类账

在 Excel 中建立总分类账，建立起会计科目表后，按照手工会计账务处理程序，应该将企业日常发生的经济业务填写在对应的科目中。由于涉及内容较多，这里步骤省略。

2. 资产负债表

资产负债表是企业的三大对外报送报表之一，指标均为时点指标，可反映企业某一时点上资产和负债的分布，是反映拥有资产和承担负担的统计表。

资产负债表是反映企业某一特定日期财务状况的会计报表，它是根据资产、负债和所有者权益三者之间的相互关系，按照一定的分类标准和一定的顺序，把企业在一定时期的资产、负债、所有者权益各项目予以适当排列，并对日常工作中形成的大量数据进行高度浓缩后编制而成的。它表明企业在某一特定日期所拥有的或控制的经济资源、所承担的现有义务和所有者对净资产的要求权。

3. 利润表

利润表（又称损益表）是反映企业一定期间生产经营成果的会计报表。

利润是企业经营业绩的综合体现，又是进行利润分配的主要依据，利润表也是企业会计报表中的重要报表，可以通过利润表反映收入和费用等情况，利润表把一定时期内的营业收入与其同一会计期间相关的营业费用进行配比，计算出企业一定时期的净利润，能够反映企业生产经营的收入情况及费用耗费情况。

编制利润表能够使企业在经营中定期地了解企业的资产、负债及所有者权益的情况。

利润表中各项目的计算公式方法。

（1）设置主营业务利润计算公式

主营业务利润=主营业务收入−主营业务成本−主营业务税金及附加

（2）设置营业利润计算公式

营业利润=主营业务利润+其他业务收入−其他业务支出−营业费用−管理费用−财务费用

（3）设置利润总额计算公式

利润总额=营业利润+投资收益+补贴收入+营业外收入−营业外支出

（4）设置净利润计算公式

净利润=利润总额−所得税费用

4. 现金流量表

现金流量表是以现金为基础的财务状况变动表。

现金流量表分为经营活动产生的现金流量表、投资活动产生的现金流量表和筹资活动产生的现金流量表 3 类。

由于财务报表涉及的内容较多，知识比较专业，本书中未将其详细说明，读者可参考其他相关书籍。

📖 操作思路及实施步骤

提示： 限于篇幅，本章不对账套、总分类账部分展开描述，下面讲解的资产负债表、利润表、现金流量表中的相关数据，要建立与科目余额表的链接，以便进行数据的调用。采用

SUMIF()和 VLOOKUP()函数间接调用总分类表中相关科目数据进行报表的编制。在这里直接引用数据，制作财务报表，以便为后面的财务分析提供支撑。

（一）资产负债表

1. 建立资产负债表的基本内容及项目的填制

步骤 1：启动 Excel 2019，新建一份工作簿，以“资产负债表”为名保存在“E:\公司文档\财务部”文件夹中。

步骤 2：重命名工作表。将 Sheet1 工作表重命名为“资产负债表”。

步骤 3：按照图 14-7 所示的样式输入表格各个字段标题。

步骤 4：从相关表格导入年初数和期末数的相关数据（非阴影部分的数据）。

说明：本例请打开素材文件“资产负债表.xlsx”，输入相关公式直接进行计算。

2. 资产负债表中公式的输入

步骤 1：单击相应单元格，输入公式。定义公式如表 14-3 所示。

表 14-3　计算公式

单元格	公式	说明
C13	=SUM(C14:C17)	存货
C19	=SUM(C5:C13)+C18	流动资产合计
C25	=C23-C24	固定资产账面价值
C34	=SUM(C21:C33)-C23-C24	非流动资产合计
C35	=C19+C34	资产总计
G15	=SUM(G5:G14)	流动负债合计
G21	=SUM(G17:G20)	非流动负债合计
G22	=G15+G21	负债合计
G34	=SUM(G30:G33)	所有者权益（或股东权益）合计
G35	=G22+G34	负债和所有者权益（或股东权益）总计

步骤 2：使用填充柄将 C 列的公式复制到 D 列相应的单元格，将 G 列的公式复制到 H 列相应的单元格。

结果如图 14-7 所示。

提示： 由于表格内容很规范，可保存为模板，为今后的具体计算提供方便。

（二）编制利润表

1. 建立利润表的基本内容及项目的填制

步骤 1：启动 Excel 2019，新建一份工作簿，以“利润表”为名保存在“E:\公司文档\财务部”文件夹中。

步骤 2：重命名工作表。将 Sheet1 工作表重命名为“利润表”。

步骤 3：按照图 14-8 所示的样式输入表格各个字段标题。

步骤 4：从相关表格导入本年累计金额和本月金额的相关数据（非阴影部分的数据）。

说明：本例请打开素材文件“利润表.xlsx”，输入下面的公式进行计算。

2. 利润表中公式的输入

步骤 1：单击相应单元格，输入公式。定义公式如表 14-4 所示。

表 14-4 计算公式

单元格	公式	说明
C23	=C4-C5-C6-C13-C16-C20+C22	营业利润
C32	=C23+C24-C26	利润总额
C34	=C32-C33	净利润

步骤 2：使用填充柄将 C 列的公式复制到 D 列相应的单元格。

结果如图 14-8 所示。

（三）编制现金流量表表

1. 建立现金流量表的基本内容及项目的填制

步骤 1：启动 Excel 2019，新建一份工作簿，以“现金流量表”为名保存在“E:\公司文档\财务部”文件夹中。

步骤 2：重命名工作表。将 Sheet1 工作表重命名为“现金流量表”。

步骤 3：按照图 14-9 所示的样式输入表格各个字段标题

步骤 4：从相关表格导入本年累计金额和本月金额的相关数据（非阴影部分的数据）。

说明：本例请打开素材文件“现金流量表.xlsx”，输入下面的公式进行计算。

2. 现金流量表中公式的输入

步骤 1：单击相应单元格，输入公式。定义公式如表 14-5 所示。

表 14-5 计算公式

单元格	公式	说明
C11	=C5+C6-C7-C8-C9-C10	经营活动产生的现金流量净额
C18	=C13+C14-C15-C16-C17	投资活动产生的现金流量净额
C25	=C20+C21-C22-C23-C24	筹资活动产生的现金流量净额
C26	=C11+C18+C25	四、现金净增加额
C28	=C26+C27	五、期末现金余额

步骤 2：使用填充柄将 C 列的公式复制到 D 列相应的单元格。

结果如图 14-9 所示。

拓展案例

根据银诚公司 2021 年 12 月的资产负债表，对流动资产构成进行结构百分比分析。

说明：结构百分比分析法，是指同一时期财务报表中不同项目间的比较与分析方法，主要通过编制百分比报表进行分析。即将财务报表中的某一重要项目（如资产负债表中的资产总额或权益总额等）的数据作为100%，将分项以百分比的形式显示，直观反映该项目内各组成部分的比例关系。

1. 获取数据

	A	B
1	资产	期末余额
2	货币资金	1,056,000.00
3	短期投资	200000
4	应收账款	584,000.00
5	预付账款	300,000.00
6	其他应收款	300,000.00
7	存货	800,000.00

图 14-11　整理后的流动资产数据

步骤 1：增加一张工作簿，将其命名为“结构百分比”，Sheet 表改为“流动资产”。

步骤 2：把“资产负债表”中的流动资产部分数据复制过来。

2. 数据整理

删除期末数为空白的记录。整理完成后如图 14-11 所示。

3. 绘制饼图

步骤 1：选择 A2:B7 单元格区域，单击“插入”→“图表”→“二维饼图”按钮，生成默认的饼图。

步骤 2：选中图表标题，将其修改为“流动资产结构比”。

步骤 3：单击饼图，选择“图表工具”→“图表设计”→“添加图表元素”→“数据标签”→“其他数据标签选项”命令，打开“设置数据标签格式”对话框。

步骤 4：选中“百分比”复选框和“数据标签外”选项。

步骤 2：单击“资产负债表”制作饼图，分析流动资产中各个项目的占比。

完成后的饼图如图 14-12 所示。

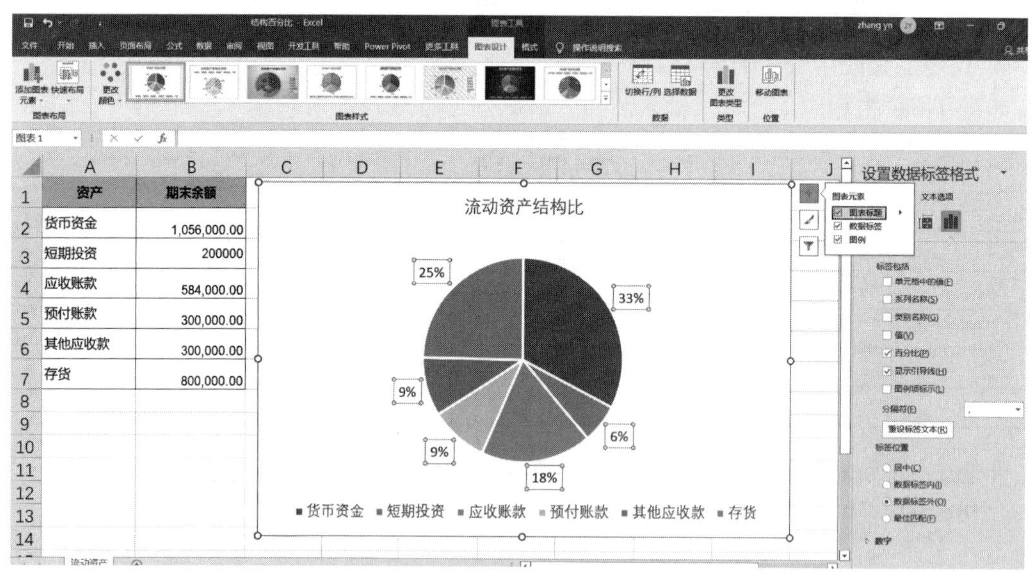

图 14-12　流动资产结构比饼图

案例小结

各行业企业财务报表，可利用 Excel 2019 提供的模板来制作，也可以自行设计制作。

通过制作公司的资产负债表、利润表、现金流量表，学会了利用公式和函数等方法来协助制作表格。在 Excel 中，除了直接输入之外，还可以利用模板来生成所在行业企业的各类标准报表，再根据各个企业的自身特点进行修改和完善。

提示：

1. 保持严肃认真的工作态度，培养爱岗敬业、诚实守信、客观公正的会计工作职业道德，认真处理企业各项账务，规范编制各项会计报表。

2. 严格遵守财经法规，切实贯彻会计制度。编制的会计报表要做到数据真实、内容完整、计算准确和报送及时。

3.利用经济数据发现问题、解决问题，反映企业真实经营状况。

案例 3　制作公司贷款及预算表

🕮 案例分析

企业的发展离不开资金的支持，合理、有效地使用借贷资金是企业发展过程中必不可少的环节，这就需要企业的管理者对每一个项目的贷款成本做出分析，以便快速分析并得出投资项目的可行性。

财务部门在对投资项目的贷款分析时，可利用 Excel 的函数来预算项目的投资期、偿还金额等指标。本项目通过制作“公司贷款分析”来介绍 Excel 模拟运算表在财务预算和分析方面的应用。

假设企业需要投资兴建一条生产线，需要投入资金 100 万元人民币，现在企业资金不足，需要向银行借贷部分资金，考虑到企业资金负担及成本等因素，需要对贷款的不同额度、不同周期、不同利率等多种情况进行分析，得出相应的每月还款金额。

本项目介绍制作“固定利率贷款分析表”“不同贷款利率贷款分析表”以及“不同贷款利率及不同还款期限贷款分析表”的制作方法。

项目实施完成后的效果如图 14-13、图 14-14、图 14-15 所示。

	A	B	C	D	E	F	G	H
1	贷款金额	900000						
2	年利率	5.20%						
3	期限	5						
4	年还款期数	12						
5	总还款期数	60						
6	每月还款金额	¥-17,066.70						
7								
8	每月还款金额	¥-17,066.70	60	72	84	96	108	120
9	贷款金额	900000	¥-17,066.70	¥-14,578.08	¥-12,805.27	¥-11,479.82	¥-10,452.60	¥-9,634.12
10		800000	¥-15,170.40	¥-12,958.29	¥-11,382.46	¥-10,204.28	¥-9,291.20	¥-8,563.66
11		700000	¥-13,274.10	¥-11,338.51	¥-9,959.65	¥-8,928.75	¥-8,129.80	¥-7,493.21
12		600000	¥-11,377.80	¥-9,718.72	¥-8,536.85	¥-7,653.21	¥-6,968.40	¥-6,422.75
13		500000	¥-9,481.50	¥-8,098.93	¥-7,114.04	¥-6,377.68	¥-5,807.00	¥-5,352.29
14		400000	¥-7,585.20	¥-6,479.15	¥-5,691.23	¥-5,102.14	¥-4,645.60	¥-4,281.83

图 14-13　固定利率贷款分析表

	A	B	C	D	E
1	贷款金额	900000		年利率	每月还款金额
2	年利率	5.20%		5.20%	¥-17,066.70
3	期限	5		5.00%	¥-16,984.11
4	年还款期数	12		4.80%	¥-16,901.77
5	总还款期数	60		4.60%	¥-16,819.67
6	每月还款金额	¥-17,066.70		4.40%	¥-16,737.82
7				4.20%	¥-16,656.22

图 14-14 不同贷款利率贷款分析表

	A	B	C	D	E	F	G	H
1	贷款金额	900000						
2	年利率	5.20%						
3	期限	5						
4	年还款期数	12						
5	总还款期数	60						
6	每月还款金额	¥-17,066.70						
7								
8	总还款期数	¥-17,066.70	60	72	84	96	108	120
9	年利率/每月还款金额	5.20%	¥-17,066.70	¥-14,578.08	¥-12,805.27	¥-11,479.82	¥-10,452.60	¥-9,634.12
10		5.00%	¥-16,984.11	¥-14,494.44	¥-12,720.52	¥-11,393.93	¥-10,365.55	¥-9,545.90
11		4.80%	¥-16,901.77	¥-14,411.09	¥-12,636.11	¥-11,308.43	¥-10,278.93	¥-9,458.16
12		4.60%	¥-16,819.67	¥-14,328.04	¥-12,552.05	¥-11,223.32	¥-10,192.76	¥-9,370.90
13		4.40%	¥-16,737.82	¥-14,245.29	¥-12,468.33	¥-11,138.60	¥-10,107.02	¥-9,284.13
14		4.20%	¥-16,656.22	¥-14,162.83	¥-12,384.95	¥-11,054.28	¥-10,021.73	¥-9,197.85

图 14-15　不同贷款利率及不同还款期限贷款分析表

🕮 学习目标

通过本项目的学习，要求学会制作投资贷款分析表的基本方法以及相关操作技巧，在表格的制作过程中还将学习以下 Excel 的应用技能：

- PMT 函数的使用。
- 模拟运算表的使用。

🕮 基本知识讲解

1. 模拟运算表

Excel 模拟运算表工具是一种只需一步操作就能计算出所有变化的模拟分析工具。它可以显示公式中某些值的变化对计算结果的影响，为同时求解某一运算中所有可能的变化值组合提供了捷径。并且，模拟运算表还可以将所有不同的计算结果同时显示在工作表中，便于查看和比较。

Excel 有两种类型的模拟运算表：单变量模拟运算表和双变量模拟运算表。

2. PMT 函数的使用说明

PMT(Rate, Nper, Pv, Fv, Type)

参数中，Rate 为各期利率（图 14-13 中，B2 为年利率，除以 12 为每期利率），Nper 为还款总期数，Pv 为贷款总额，Fv 省略表示最后一次还款后现金余额为 0，Type 省略表示还款时间为期末还款。

🕮 操作思路及实施步骤

1. 制作固定利率贷款分析表

按照以下要求制作贷款分析表：

年利率假设为 5.2%，采取每月等额还款的方式。现需要分析不同贷款数额（90 万、80 万、70 万、60 万、50 万以及 40 万元），不同还款期限（5 年、6 年、7 年、8 年、9 年及 10 年）下对应的每月应还贷款金额。效果如图 14-13 所示。

步骤 1：启动 Excel 2019 应用程序，新建一个空白工作簿。

步骤 2：按 Ctrl+S 组合键将新建的工作簿保存为“企业投资贷款分析表.xlsx”。

步骤 3：将 Sheet1 工作表重命名为“固定利率贷款分析表”。

步骤 4：创建贷款数额为 90 万元、还款期限为 5 年的贷款分析表框架，如图 14-16 所示。

① 选择 B6 单元格，单击“公式”选项卡“函数库”组中的“插入函数”按钮，在弹出的“插入函数”对话框中选择“财务”类别下的 PMT 函数。

② 单击“确定”按钮，弹出“PMT 函数参数”对话框，在弹出的对话框中设置相应的参数，如图 14-17 所示。

	A	B
1	贷款金额	900000
2	年利率	5.20%
3	期限	5
4	年还款期数	12
5	总还款期数	60
6	每月还款金额	

图 14-16　贷款分析表框架

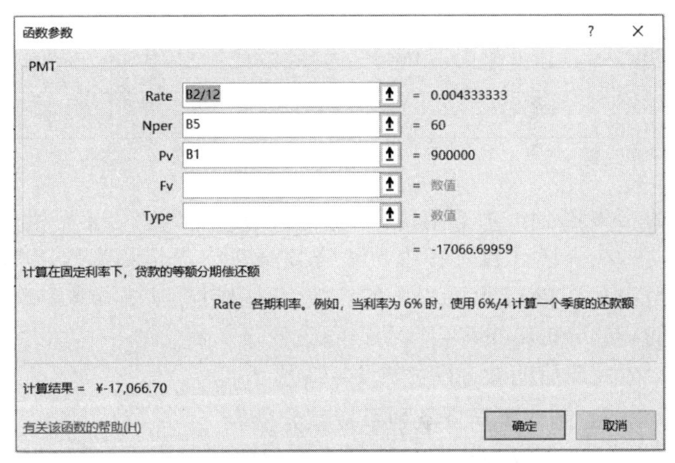

图 14-17　PMT 函数参数的设置

③ 单击“确定”按钮，计算出“每月还款金额”，如图 14-18 所示。

步骤 7：在表格的下面创建不同贷款金额及不同贷款期限的贷款分析表框架，如图 14-19 所示。

	A	B
1	贷款金额	900000
2	年利率	5.20%
3	期限	5
4	年还款期数	12
5	总还款期数	60
6	每月还款金额	¥-17,066.70

图 14-18　每月还款金额

	A	B	C	D	E	F	G	H
8	每月还款金额		60	72	84	96	108	120
9	贷款金额	900000						
10		800000						
11		700000						
12		600000						
13		500000						
14		400000						

图 14-19　不同贷款金额及不同贷款期限的贷款分析表框架

步骤 8：选择 B8 单元格，单击“公式”选项卡“函数库”组中的“插入函数”按钮，在 B8 单元格中插入 PMT 函数，参数的设置如图 14-17 所示。

步骤 9：选择 B8:H14 单元格区域。

步骤 10：选择“数据”选项卡，单击“预测”功能区中的“模拟分析”按钮，在弹出的菜单中选择“模拟运算表”命令。

步骤 11：选择“模拟运算表”命令后弹出“模拟运算表”对话框，如图 14-20 所示。

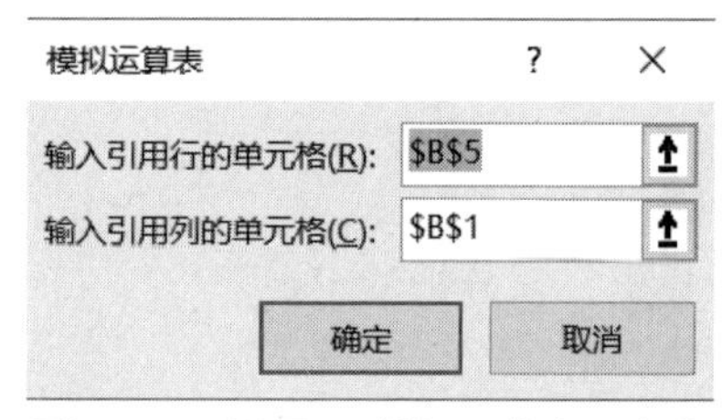

图 14-20　设置“模拟运算表”参数

步骤 12：单击“输入引用行的单元格”后面的文本框，然后再单击 B5 单元格（因为在选中的表格区域中，行为总还款期数，所以选择单元格“B5”，这时在选定文本框中将自动显示为绝对引用地址“$B$5”，单击“输入引用列的单元格”后面的文本框，然后单击 B1 单元格（因为在选中的表格区域中，列为贷款金额，所以选单元格 B1），这时在选定的文本框中将自动显示为绝对引用地址$B$1，如图 14-20 所示。

步骤 13：单击（确定）按钮，此时以“贷款金额”及“总还款期数”为参数的“每月还款金额”模拟运算结果就计算出来了，如图 14-21 所示。

8	每月还款金额	¥-17,066.70	60	72	84	96	108	120
9	贷款金额	900000	-17066.69959	-14578.08168	-12805.20890	11479.01002	-10452.59849	-9634.121294
10		800000	-15170.39963	-12958.29482	-11382.46129	-10204.28438	-9291.198657	-8563.663373
11		700000	-13274.09968	-11338.50797	-9959.653632	-8928.748829	-8129.798825	-7493.205451
12		600000	-11377.79972	-9718.721118	-8536.845971	-7653.213282	-6968.398993	-6422.747529
13		500000	-9481.49977	-8098.934265	-7114.038309	-6377.677735	-5806.999161	-5352.289608
14		400000	-7585.199816	-6479.147412	-5691.230647	-5102.142188	-4645.599329	-4281.831686

图 14-21　每月还款金额

步骤 14：把 C9:H14 单元格区域设置为“货币”格式并保留两位小数。

在上述计算过程中，“贷款金额”“年利率”“期限”“年还款期数”及“总还款期数”都是 PMT 函数引用的参数，应用中可以根据需要改变其中的某些参数，参数改变后各项的贷款分析结果将会自动跟随改变。

完成后的效果图如图 14-13 所示。

2. 制作不同贷款利率贷款分析表

假设贷款金额为 90 万元，还款期限为 5 年，贷款年利率分别为 5.2%、5.0%、4.8%、4.6%、4.4%、4.2%，计算“每月还款金额”。

步骤 1：复制“固定利率贷款分析表”工作表，并将复制出的工作表重命名为“不同贷款利率贷款分析表”。

步骤 2：删除第 8 行到 14 行内容，在 D1 单元格中输入“年利率”，在 E1 单元格中输入“每月还款金额”。

步骤 3：把 D2:D7 单元格区域的单元格属性设置为百分比，然后分别在 D2、D3、D4、D5、D6、D7 单元格中输入年利率 5.2、5.0、4.8、4.6、4.4、4.2。

步骤 4：设置表格边框，结果如图 14-22 所示。

	A	B	C	D	E
1	贷款金额	900000		年利率	每月还款金额
2	年利率	5.20%		5.20%	
3	期限	5		5.00%	
4	年还款期数	12		4.80%	
5	总还款期数	60		4.60%	
6	每月还款金额	¥-17,066.70		4.40%	
7				4.20%	

图 14-22　不同年利率贷款分析框架

步骤 5：选择 E2 单元格，在 E2 单元格中插入 PMT 函数，函数参数的设置请参见前面的

图 14-17，插入 PMT 函数后的计算结果如图 14-23 所示。

	A	B	C	D	E
1	贷款金额	900000		年利率	每月还款金额
2	年利率	5.20%		5.20%	¥-17,066.70
3	期限	5		5.00%	
4	年还款期数	12		4.80%	
5	总还款期数	60		4.60%	
6	每月还款金额	¥-17,066.70		4.40%	
7				4.20%	

图 14-23　计算 5.2%时的每月还款金额

步骤 6：选择 D2:E7 单元格区域，单击“数据”选项卡“预测”功能区中的“模拟分析”按钮，在弹出的菜单中选择“模拟运算表”命令，弹出“模拟运算表”对话框。单击“输入引用列的单元格”后面的文本框，然后单击 B2 单元格，在文本框中将自动显示为绝对引用地址“$B$2”，由于这里计算的是单个模拟运算变量，所以“输入引用行的单元格”参数不需要设置，如图 14-24 所示。

步骤 7：单击“确定”按钮，模拟运算结果如图 14-25 所示。

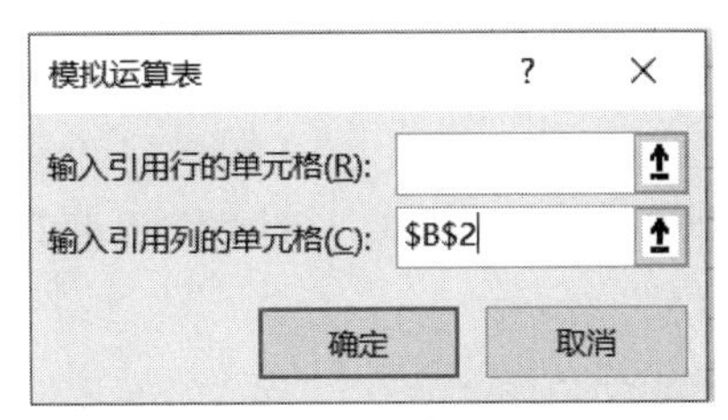

图 14-24　设置“模拟运算表”参数

	A	B	C	D	E
1	贷款金额	900000		年利率	每月还款金额
2	年利率	5.20%		5.20%	¥-17,066.70
3	期限	5		5.00%	-16984.11028
4	年还款期数	12		4.80%	-16901.76781
5	总还款期数	60		4.60%	-16819.67236
6	每月还款金额	¥-17,066.70		4.40%	-16737.8241
7				4.20%	-16656.22321

图 14-25　不同年利率的每月还款金额

步骤 8：选择 E3:E7 单元格区域，设置单元格格式为“货币”“2 位小数”“人民币”“¥-1234.10”。

步骤 9：单击“确定”按钮。完成后的效果图如图 14-14 所示。

3. 制作不同贷款利率及不同还款期限贷款分析表

假设贷款金额为 90 万元，贷款年利率分别为 5.2%、5.0%、4.8%、4.6%、4.4%、4.2%，总还款期数分别为 60、72、84、96、108、120，计算“每月还款金额”。

步骤 1：复制“固定利率贷款分析表”工作表，并重命名工作表名称为“不同贷款利率及不同还款期限贷款分析表”。

步骤 2：在复制出的工作表上进行修改，建立“不同贷款利率及不同还款期限贷款分析表”框架，如图 14-26 所示。

	A	B	C	D	E	F	G	H
1	贷款金额	900000						
2	年利率	5.20%						
3	期限	5						
4	年还款期数	12						
5	总还款期数	60						
6	每月还款金额	¥-17,066.70						
7								
8	总还款期数		60	72	84	96	108	120
9	年利率/每月还款金额	5.20%						
10		5.00%						
11		4.80%						
12		4.60%						
13		4.40%						
14		4.20%						

图 14-26　不同贷款利率及不同还款期限贷款分析表框架

步骤 3：选择 B8 单元格，然后插入 PMT 函数，并设置 PMT 函数参数，请参看图 14-17。

步骤 4：单击“确定”按钮，计算出年利率为 5.2%时的每期还款额，如图 14-27 所示。

	A	B	C	D	E	F	G	H
1	贷款金额	900000						
2	年利率	5.20%						
3	期限	5						
4	年还款期数	12						
5	总还款期数	60						
6	每月还款金额	¥-17,066.70						
7								
8	总还款期数	¥-17,066.70	60	72	84	96	108	120
9	年利率/每月还款金额	5.20%						
10		5.00%						
11		4.80%						
12		4.60%						
13		4.40%						
14		4.20%						

图 14-27 年利率为 5.2%时的每期还款额

步骤 5：选择 B8:H14 单元格区域。

步骤 6：选择“数据”选项卡，单击“数据工具”功能区中的“模拟分析”按钮，在弹出的菜单中选择“模拟运算表”命令，弹出“模拟运算表”对话框。单击“输入引用行的单元格”后面的文本框，然后再单击 B5 单元格，单击“输入引用列的单元格”后面的文本框，然后单击 B2 单元格，如图 14-28 所示。

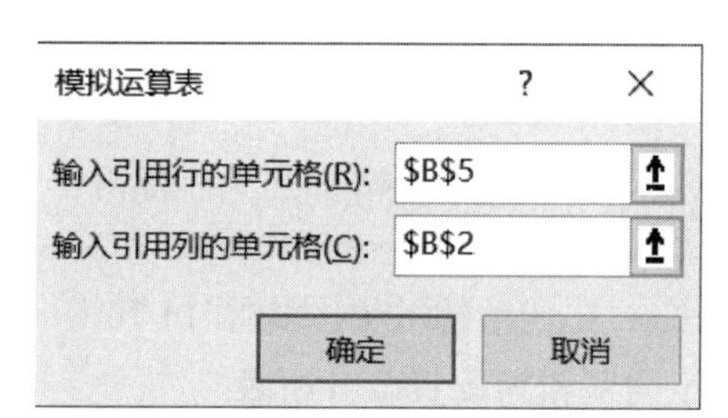

图 14-28 设置不同贷款利率及不同还款期限时的“模拟运算表”参数

步骤 7：单击“确定”按钮，计算结果如图 14-29 所示。

8	总还款期数	¥-17,066.70	60	72	84	96	108	120
9	年利率/每月还款金额	5.20%	-17066.69959	-14578.08168	-12805.26896	-11479.81992	-10452.59849	-9634.121294
10		5.00%	-16984.11028	-14494.4394	-12720.51816	-11393.92801	-10365.54585	-9545.896372
11		4.80%	-16901.76781	-14411.09253	-12636.11094	-11308.42729	-10278.93146	-9458.156114
12		4.60%	-16819.67236	-14328.04137	-12552.04768	-11223.31835	-10192.75613	-9370.901584
13		4.40%	-16737.8241	-14245.28618	-12468.3288	-11138.60176	-10107.02062	-9284.133806
14		4.20%	-16656.22321	-14162.82723	-12384.95468	-11054.27806	-10021.72567	-9197.853772

图 14-29 使用模拟运算表计算出不同贷款利率及不同还款期限时的月还款额

步骤 8：把 C9:H14 单元格区域设置为“货币”格式并保留两位小数。

完成后的效果图如图 14-15 所示。

🕮 拓展案例

目前，在现实的经济生活中，贷款消费已经成为人们个人理财的重要内容。例如，助学贷款、购房贷款、购车贷款以及装修贷款等方面。针对人们的不同贷款需求，各金融机构推出了不同种类的贷款业务，人们如何根据自己的还款能力，和金融机构贷款业务的政策，以及需求情况来优选贷款方案，是本节要解决的问题。

银行贷款的还款方式主要包括等额本金还款和等额本息还款。

1. 等额本金

等额本金是指一种贷款的还款方式，是在还款期内把贷款数总额等分，每月偿还同等数额的本金和剩余贷款在该月所产生的利息。

2. 等额本息

把贷款的本金总额与利息总额相加，然后平均分摊到还款期限的每个月中。

前面讲了等额本息的计算方法，下面讲解等额本金分期还款计算。

【案例要求】小张购房向银行贷款 20 万元，贷款利率为 6%，还款期限为 5 年，还款方式为等额本金，小张在贷款期间的期初余额、还款本金、利息、本金余额、每月还款数各是多少。分析题意可以得到期数（Nper=5×12），现值（Pv=200000），利率（Rate=6%），根据以上条件求期初余额、还款本金、利息、本金余额、每月还款数。

1. 等额本金分期还款计算

步骤 1：打开“案例 4 贷款-素材 2.xlsx”，如图 14-30 所示。

	A	B	C	D	E	F	G
1	贷款本金	贷款利率	还款期限				
2	¥200,000.00	6%	5				
3							
4	还款期限	期初余额	还款本金	利息	累计利息	每月还款数	本金余额
5	1	¥200,000.00					
6	2						
7	3						
8	4						
60	56						
61	57						
62	58						
63	59						
64	60						

图 14-30　等额本金分期还款表

步骤 2：单击相应单元格，输入公式。定义公式如表 14-6 所示。

表 14-6　等额本金分期还款表

单元格	公式	说明
C5	=$B$5/60	还款本金
D5	=B5*$B$2/12	利息
E5	=D5	累计利息
F5	=C5+D5	每月还款额
G5	=B5-C5	本金余额
B6	=G5	期初余额
E6	=D6+E5	累计利息

步骤 3：拖拉相应单元格填充柄到 64 行，计算结果如图 14-31 所示。

	A	B	C	D	E	F	G
1	贷款本金	贷款利率	还款期限				
2	¥200, 000. 00	6%	5				
3							
4	还款期限	期初余额	还款本金	利息	累计利息	每月还款数	本金余额
5	1	¥200, 000. 00	¥3, 333. 33	¥1, 000. 00	¥1, 000. 00	¥4, 333. 33	¥196, 666. 67
6	2	¥196, 666. 67	¥3, 333. 33	¥983. 33	¥1, 983. 33	¥4, 316. 67	¥193, 333. 33
7	3	¥193, 333. 33	¥3, 333. 33	¥966. 67	¥2, 950. 00	¥4, 300. 00	¥190, 000. 00
8	4	¥190, 000. 00	¥3, 333. 33	¥950. 00	¥3, 900. 00	¥4, 283. 33	¥186, 666. 67
60	56	¥16, 666. 67	¥3, 333. 33	¥83. 33	¥30, 333. 33	¥3, 416. 67	¥13, 333. 33
61	57	¥13, 333. 33	¥3, 333. 33	¥66. 67	¥30, 400. 00	¥3, 400. 00	¥10, 000. 00
62	58	¥10, 000. 00	¥3, 333. 33	¥50. 00	¥30, 450. 00	¥3, 383. 33	¥6, 666. 67
63	59	¥6, 666. 67	¥3, 333. 33	¥33. 33	¥30, 483. 33	¥3, 366. 67	¥3, 333. 33
64	60	¥3, 333. 33	¥3, 333. 33	¥16. 67	¥30, 500. 00	¥3, 350. 00	(¥0. 00)

图 14-31　等额本金分期还款结果

2. 使用 IPMT 函数利息

下面使用 IMPT 函数利息计算 1～60 个月每个月应还的贷款利息。

步骤 1：在 B6 单元格中输入公式“=IPMT($B$2/12,A6,$C$2*12,$A$2)”，并确定，如图 14-32 所示。

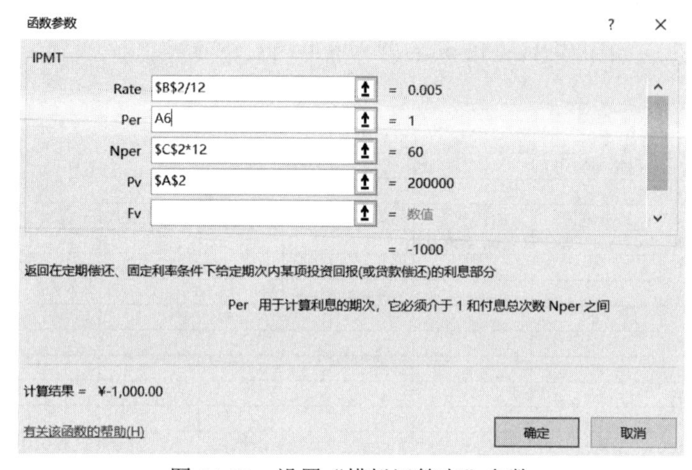

图 14-32　设置“模拟运算表”参数

步骤 2：选择“模拟运算表”命令，结果如图 14-33 所示。

	A	B	C
1	贷款本金	贷款利率	还款期限
2	¥200, 000. 00	6%	5
3			
4	每月利息情况		
5	月份	贷款利息金额	
6	1	¥-1, 000. 00	
7	2	¥-985. 67	
8	3	¥-971. 26	
9	4	¥-956. 79	
61	56	¥-95. 23	
62	57	¥-76. 37	
63	58	¥-57. 42	
64	59	¥-38. 38	
65	60	¥-19. 24	

图 14-33　每个月应还的贷款利息

📖 案例小结

本案例以制作企业投资贷款分析表为例，详细介绍了企业投资贷款分析表的制作方法，介绍了在 Excel 中的财务函数 PMT、模拟运算表、单变量模拟运算表、双变量模拟运算表等内容。

这些函数和运算都可以用来解决当变量不是唯一的一个值而是一组值时所得到的一组结果，或变量为多个，即多组值甚至多个变化因素时对结果产生的影响。我们可以直接利用 Excel 中的这些函数和方法实现数据分析，为企业管理提供准确详细的数据依据。

提示：

1. 遵循国家法律法规，合法筹集资金。

2. 合理筹集资金，并进行分析，合理使用。培养学生的节俭意识，形成成本最低的经营理念和勤俭节约的习惯思维。

3. 理解信用的财务价值，培养诚信的观念，让“企业和个人要想发展，走得长远，信誉是保证”这一社会主义核心价值观的重要内容深入人心。

案例 4　制作投资项目利润分析表

📖 案例分析

企业在投资一个或多个项目时，都要对投资项目的预期利润进行分析，通过设定成本、数量及销售价格等参数，计算出各种投资方案的利润。

Excel 中的方案管理器能够帮助我们创建和管理方案。使用方案管理器，用户能够方便地进行各种假设，为多个变量存储输入值的不同组合，进行计算比较，得出比较合适的方案。

项目案例：某企业准备投资生产三种产品，分别是：冰箱、空调、洗衣机，生产这些产品的单位固定成本是：冰箱 1100 元，空调 800 元，洗衣机 900 元。为了估算投资项目的利润，企业做了三个方案，如表 14-7 所示。

表 14-7　三个方案的数据表　　单位：元

	方案 1	方案 2	方案 3
人力成本	400	420	410
运输成本	200	220	230
冰箱产量	500	600	700
空调产量	600	400	500
洗衣机产量	400	600	500
冰箱价格	3000	2900	2800
空调价格	2500	2600	2550
洗衣机价格	2800	2700	2750

利用方案管理器计算不同方案情况下的预计总利润，项目实施完成后的效果图如图 14-34、图 14-35 所示。

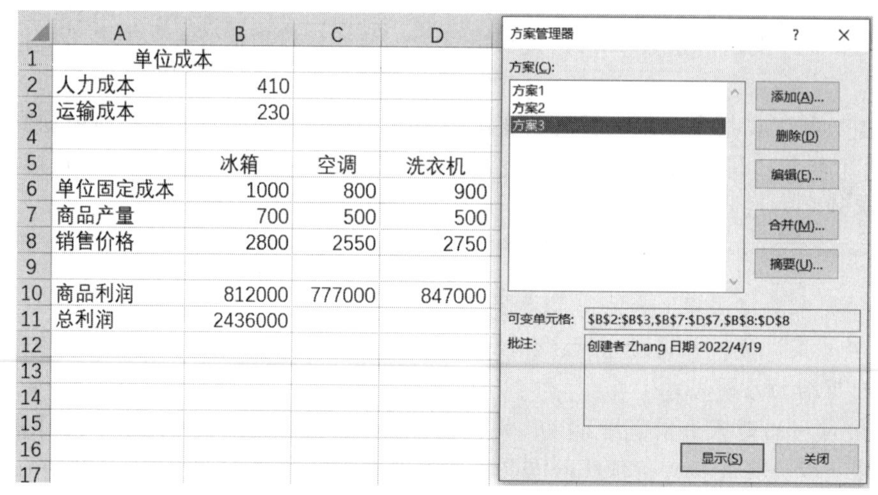

	A	B	C	D
1	单位成本			
2	人力成本	410		
3	运输成本	230		
4				
5		冰箱	空调	洗衣机
6	单位固定成本	1000	800	900
7	商品产量	700	500	500
8	销售价格	2800	2550	2750
9				
10	商品利润	812000	777000	847000
11	总利润	2436000		

图 14-34 制作投资项目利润分析方案

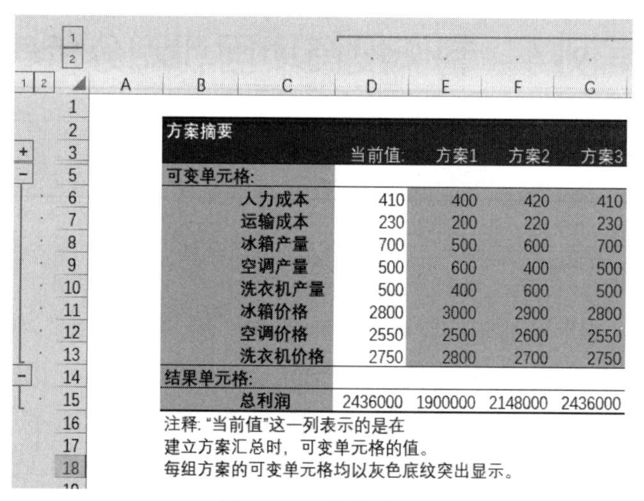

方案摘要	当前值:	方案1	方案2	方案3
可变单元格:				
人力成本	410	400	420	410
运输成本	230	200	220	230
冰箱产量	700	500	600	700
空调产量	500	600	400	500
洗衣机产量	500	400	600	500
冰箱价格	2800	3000	2900	2800
空调价格	2550	2500	2600	2550
洗衣机价格	2750	2800	2700	2750
结果单元格:				
总利润	2436000	1900000	2148000	2436000

注释:"当前值"这一列表示的是在
建立方案汇总时，可变单元格的值。
每组方案的可变单元格均以灰色底纹突出显示。

图 14-35 方案摘要

知识点（目标）

通过本案例的学习，可以学会制作投资项目利润分析表的基本方法以及相关操作技巧，使用方案管理器对投资项目利润进行分析预测。

基本知识讲解

利用 Excel 提供的方案管理器可以进行更复杂的分析，模拟为达到预算目标选择不同方式的大致结果。对于每种方式的结果都被称为一个方案，根据多个方案的对比分析，可以考查不同方案的优势，从中选择最适合公司目标的方案。

📖 操作思路及实施步骤

1. 建立投资项目利润分析模型

步骤 1：启动 Excel 2019 应用程序，新建一个空白工作簿，将工作簿保存为“投资项目利润分析.xlsx”。

步骤 2：双击 Sheet1 工作表标签，将其修改为“投资项目利润分析”，删除空白工作表 Sheet2 、Sheet3。

步骤 3：根据企业投资项目方案 1 提供的数据，建立投资项目利润分析表框架，输入基础数据表，如图 14-36 所示。

	A	B	C	D
1	单位成本			
2	人力成本	400		
3	运输成本	200		
4				
5		冰箱	空调	洗衣机
6	单位固定成本	1000	800	900
7	商品产量	500	600	400
8	销售价格	3000	2500	2800
9				
10	商品利润			
11	总利润			

图 14-36　投资项目利润分析表框架和基础数据

步骤 4：分别计算冰箱、空调、洗衣机的商品利润。每种商品的利润计算公式为“商品利润=(销售价格−单位固定成本−人力成本−运输成本）*商品产量”。

选择 B10 单元格，输入公式“=(B8−B6−$B$2−$B$3)*B7”，按 Ctrl+Enter 组合键确认公式输入，然后将 B10 单元格中的内容向右填充至 D10，完成空调及洗衣机的商品利润计算。上述公式中对 B2、B3 单元格的引用使用绝对地址是为了公式向右填充时不改变引用位置。

步骤 5：计算“总利润”。总利润等于三种商品利润之和。选择 B11 单元格，单击“公式”选项卡“函数库”功能区中的“自动求和”按钮，在单元格中插入求和函数 SUM，用鼠标选择求和区域 B10:D10 后回车。

【提示】或者在 B11 单元格中直接输入公式“=SUM(B10:D10)”，也可以输入公式“=B10+C10+D10”进行计算。

完成后的投资项目方案 1 利润分析模型如图 14-37 所示。

	A	B	C	D
1	单位成本			
2	人力成本	400		
3	运输成本	200		
4				
5		冰箱	空调	洗衣机
6	单位固定成本	1000	800	900
7	商品产量	500	600	400
8	销售价格	3000	2500	2800
9				
10	商品利润	700000	550000	650000
11	总利润	1900000		

图 14-37　投资项目利润分析模型

2. 建立投资项目利润分析方案

步骤 1：选择“数据”选项卡，单击“预测”功能区中的“模拟分析”按钮，在弹出的菜单中选择“方案管理器”命令，弹出“方案管理器”对话框，如图 14-38 所示。

步骤 2：在对话框中单击“添加”按钮，弹出“添加方案”对话框。

步骤 3：在“添加方案”对话框的“方案名”下面输入“方案 1”，单击“可变单元格”下面的文本框，用鼠标选择 B2:B3 单元格区域，再按住 Ctrl 键不放，然后用鼠标分别选择 B7:D7、B8:D8 单元格区域（或 B7:D8 区域），选择“可变单元格”参数后对话框窗口的名称自动改变为“编辑方案”对话框，如图 14-39 所示。

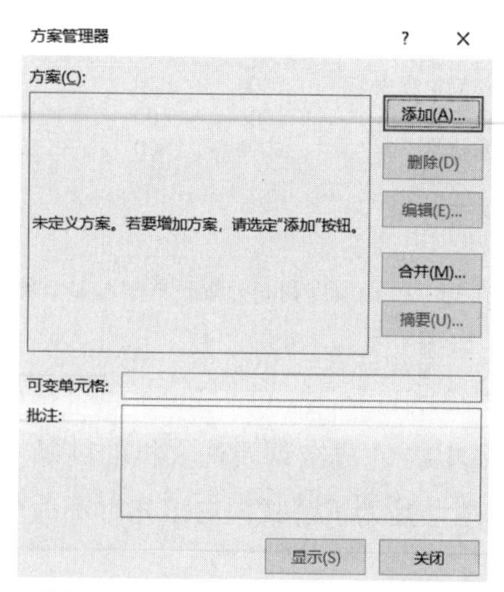

图 14-38 “方案管理器”对话框

图 14-39 “编辑方案”对话框

方案中选择的可变单元格为 B2:B3,B7:D7,B8:D8，分别表示“人力成本、运输成本，冰箱数量、空调数量、洗衣机数量，冰箱价格、空调价格、洗衣机价格”。

步骤 4：单击“确定”按钮，弹出“方案变量值”对话框，在对话框中，可变单元格的值默认使用单元格中的当前值，保持这些值不变作为方案 1 的参数值，如图 14-40 所示。

由于“方案变量值”对话框中一次只能输入 5 个可变单元格参数的值，所以当可变单元格数量超过 5 个时，需要拖曳滚动条移动对话框中的可变单元格参数，如图 14-41 所示。

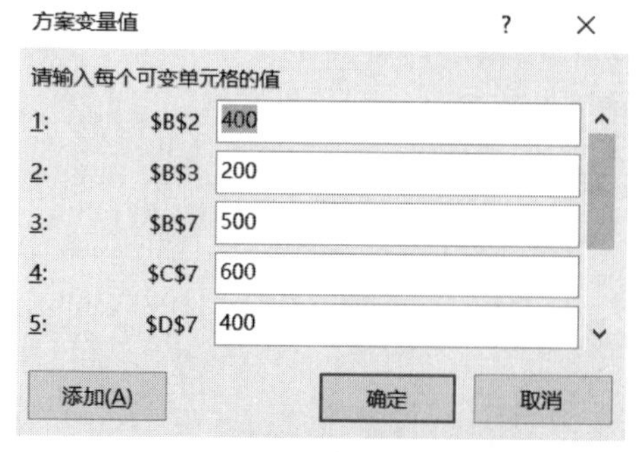

图 14-40 “方案变量值”对话框

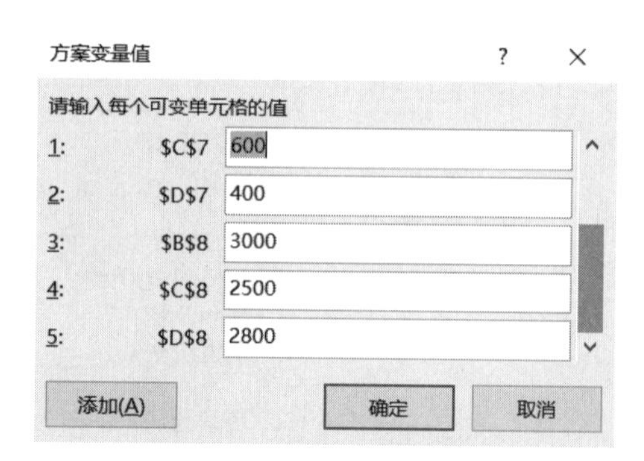

图 14-41 后面的方案变量值

步骤 5：单击“确定”按钮，返回“方案管理器”对话框，“方案”列表框中添加了一个

“方案 1”方案，如图 14-42 所示。

步骤 6：单击“添加”按钮，弹出“添加方案”对话框，在“方案名”下面输入“方案 2”，保持“可变单元格”中参数不变，如图 14-43 所示。

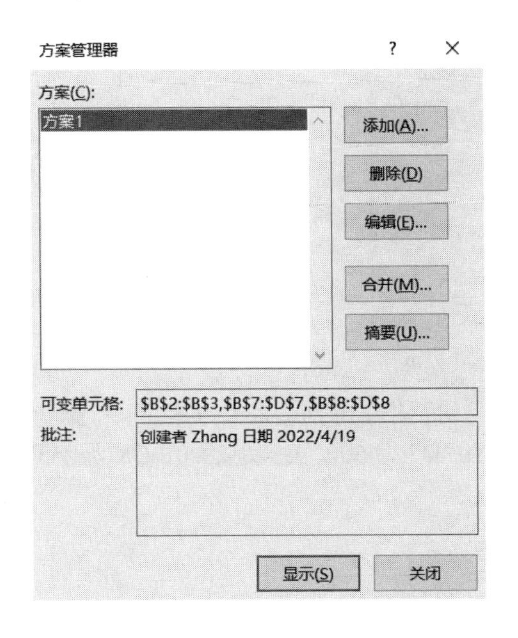

图 14-42　完成添加“方案 1”方案

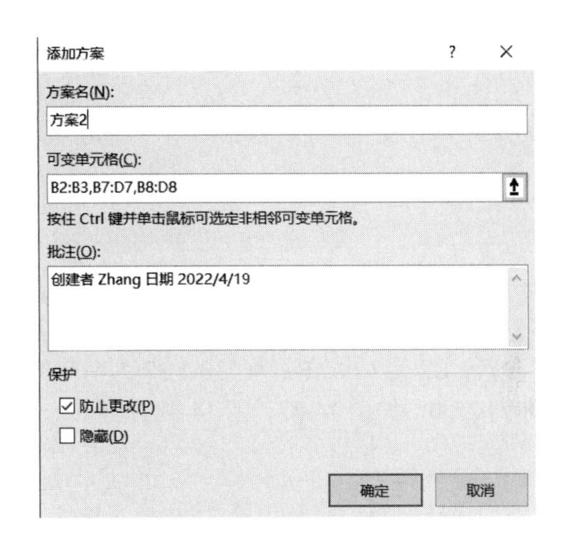

图 14-43　添加方案“方案 2”

步骤 7：单击“确定”按钮，弹出“方案变量值”对话框，分别输入“方案 2”可变单元格参数：B2 为 420、B3 为 220、B7 为 600、C7 为 400、D7 为 600、B8 为 2900、C8 为 2600、D8 为 2700，如图 14-44、图 14-45 所示。

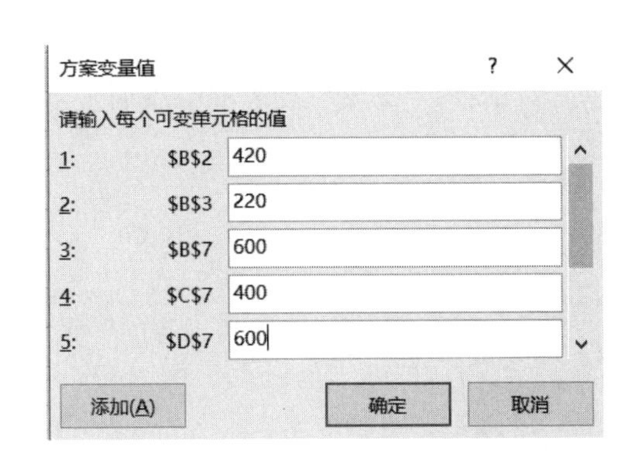

图 14-45　输入“方案 2”参数（1）

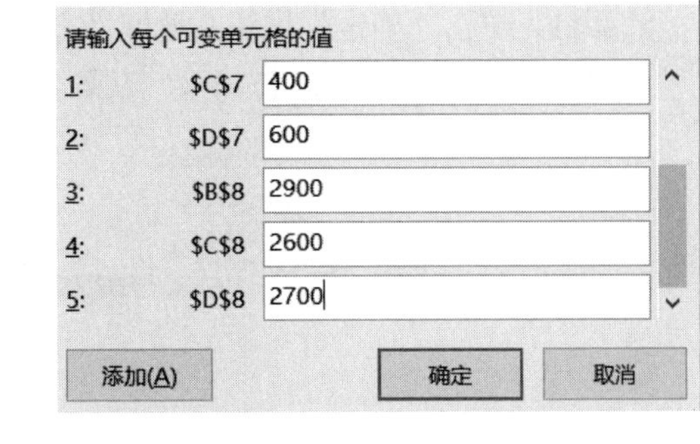

图 14-45　输入“方案 2”参数（2）

步骤 8：单击“确定”按钮，返回“方案管理器”对话框，“方案”列表框中添加了“方案 2”方案，显示“方案 1、方案 2”，如图 14-46 所示。

步骤 9：同理，单击“添加”按钮，在“方案名”下面输入“方案 3”，保持“可变单元格”中参数不变。

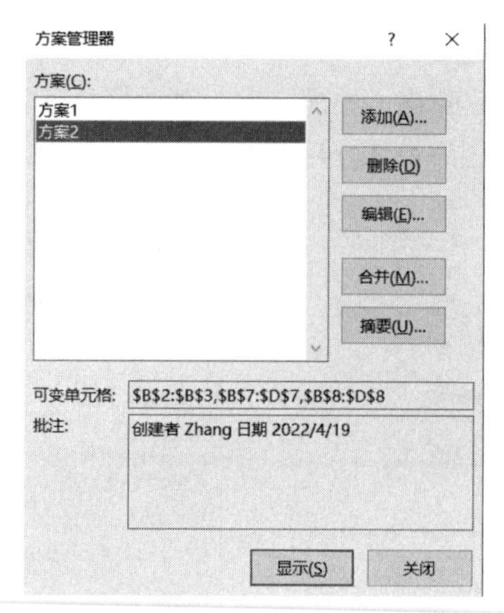

图 14-46　“方案 2”制作完成

步骤 10：单击“确定”按钮，弹出“方案变量值”对话框，分别输入“方案 3”可变单元格参数：B2 为 410、B3 为 230、B7 为 700、C7 为 500、D7 为 500、B8 为 2800、C8 为 2550、D8 为 2750，如图 14-47、图 14-48 所示。

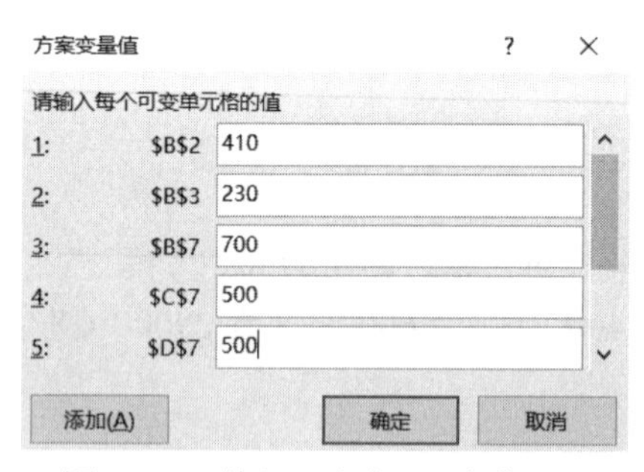

图 14-47　输入“方案 3”参数（1）

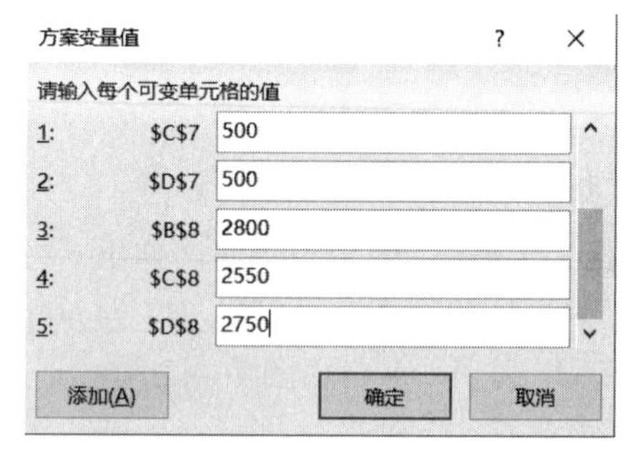

图 14-48　输入“方案 3”参数（2）

步骤 11：单击“确定”按钮，返回“方案管理器”对话框，“方案”列表框中添加了“方案 3”方案，显示“方案 1、方案 2、方案 3”，如图 14-49 所示。

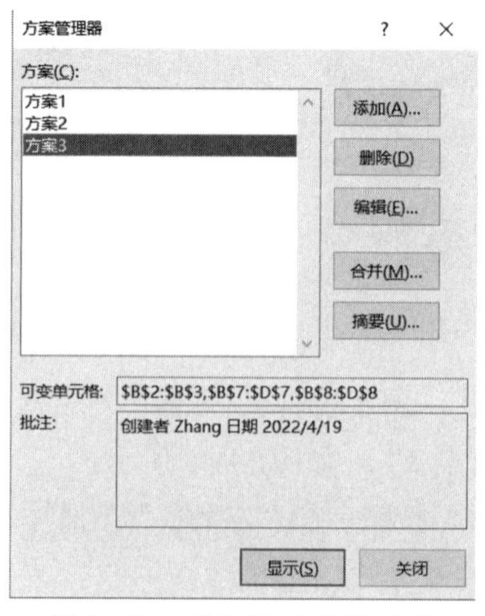

图 14-49　“方案 3”制作完成

步骤 12：在“方案管理器”对话框中选择“方案 2”，然后单击“显示”按钮，查看工作表，发现工作表中的数据已经按照“方案 2”中的参数发生了改变，并自动计算出“方案 2”的商品利润和总利润，如图 14-50 所示。

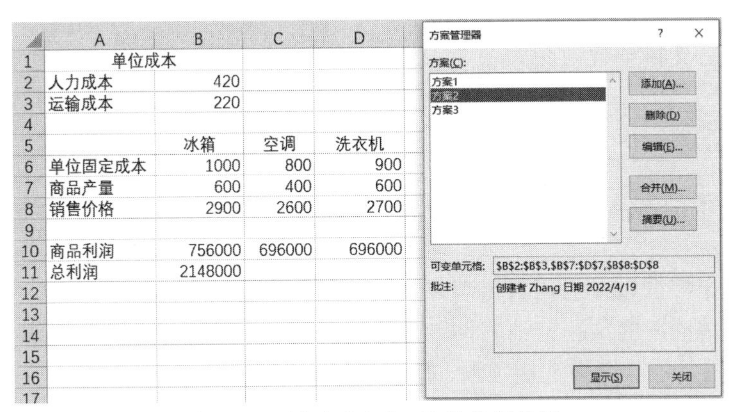

图 14-50　显示“方案 2”的分析结果

步骤 13：分别选择不同的方案，然后单击“显示”按钮，查看工作表中数据的变化。

通过显示不同的方案可以得出不同方案情况下的投资项目利润分析结果，“方案 3”的利润分析结果如图 14-34 所示。

步骤 14：如果要修改已有的方案，可以在“方案管理器”对话框中选择要修改的方案，单击“编辑”按钮，然后按照弹出的对话框修改方案。

步骤 15：如果要删除多余的或错误的方案，可以在“方案管理器”对话框中选择要删除的方案，然后单击“删除”按钮。

3. 制作方案摘要表

步骤 1：在“方案管理器”对话框中单击“摘要”按钮，弹出“方案摘要”对话框。在“报表类型”单选组中选择“方案摘要”，选择“结果单元格”下面的文本框，然后单击工作表中的 B11 单元格，如图 14-51 所示。

步骤 2：单击“确定”按钮，自动新建“方案摘要”工作表，如图 14-52 所示。

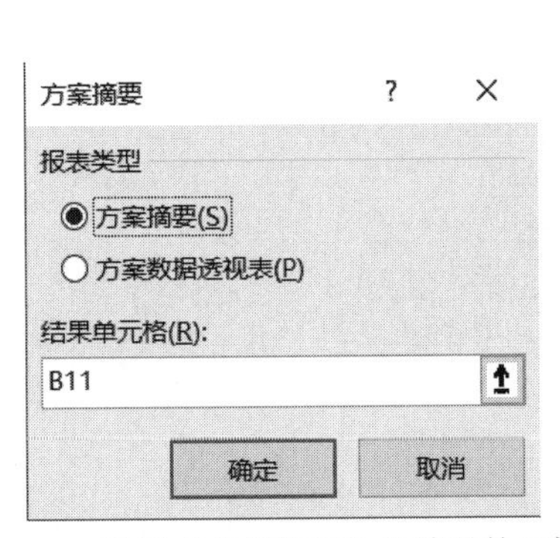

图 14-51　选择“方案摘要”及结果单元格

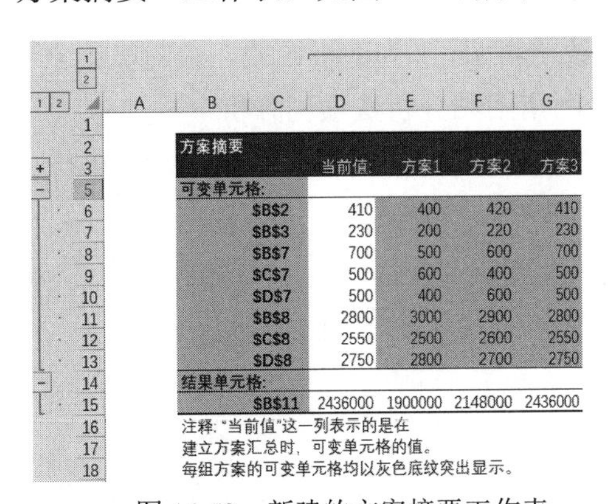

图 14-52　新建的方案摘要工作表

步骤 3：修改可变单元格及结果单元格的名称。由于自动形成的方案摘要中可变单元格及结果单元格显示的是单元格名称，看上去很不直观，为了方便查看，可以修改这些名称。将

$B$2 修改为“人力成本”，将$B$3 修改为“运输成本”，将$B$7 修改为“冰箱数量”，将$C$7 修改为“空调数量”，将$D$7 修改为“洗衣机数量”，将$B$8 修改为“冰箱价格”，将$C$8 修改为“空调价格”，将$D$8 修改为“洗衣机价格”，将$B$11 修改为“总利润”。

步骤 4：调整 C 列宽度为自适应宽度。

制作完成的方案摘要效果图如图 14-35 所示。

🕮 拓展案例

那上面案例中的产品产量如何确定呢？它和产供销财等各方面都有关系，要进行数据分析。

销售预测是指根据以往的销售情况以及使用系统内部内置或用户自定义的销售预测模型获得的对未来销售情况的预测。销售预测方法分为定性预测方法和定量预测方法。

通过 Excel 主要进行销售定量预测，有趋势分析图法及回归直线法等。下面用回归分析法介绍 Excel 在销售预测中应用。

1. 回归分析法介绍

回归分析法是研究一个随机变量（Y）对另一个（X）或一组（X_1、X_2、…、X_k）变量的相依关系的统计分析方法。

一般线性回归分析主要有以下 5 个步骤：

① 根据预测对象，确定自变量和因变量。

② 制作散点图，确定回归模型类型。

③ 估计参数，建立回归模型。

④ 检验回归模型。

⑤ 利用回归模型进行预测。

利用回归分析法进行预测时，常用的是一元线性回归分析，又称简单线性回归。

假设它们之间存在线性关系：

$$y=a+bx+\varepsilon$$

y 为因变量，x 为自变量，a 为常数项，是回归直线在纵坐标上的截距，b 为回归系数，是回归直线的斜率，ε 为随机误差，是随机因素对因变量产生的影响。

2. 利用回归分析法预测分析

某网店 1～7 月的支付商品件数、件单价、支付金额如图 14-53 所示。

	A	B	C	D
1	月份	支付商品件数	件单价（元）	支付金额（元）
2	1	310	2880	892800
3	2	410	2575	1055750
4	3	369	2400	885600
5	4	347	2121	735987
6	5	455	2036	926380
7	6	510	1888	962880
8	7	440	1999	879560

图 14-53　某网店某商品月销售统计表

将表格中的时间作为自变量，支付商品件数作为因变量，并假设它们之间存在线性关系：$y=a+bx+\varepsilon$。y 代表支付商品件数，x 代表时间，要求利用回归分析法预测下一个月（8 月）的支付商品件数。

步骤 1：打开素材文件“某网店某商品月销售统计表.xlsx”，选取 A1:B8 数据区域。

步骤 2：单击“插入”选项卡“图表”功能区中的“散点图”按钮。插入的图如图 14-54 所示。

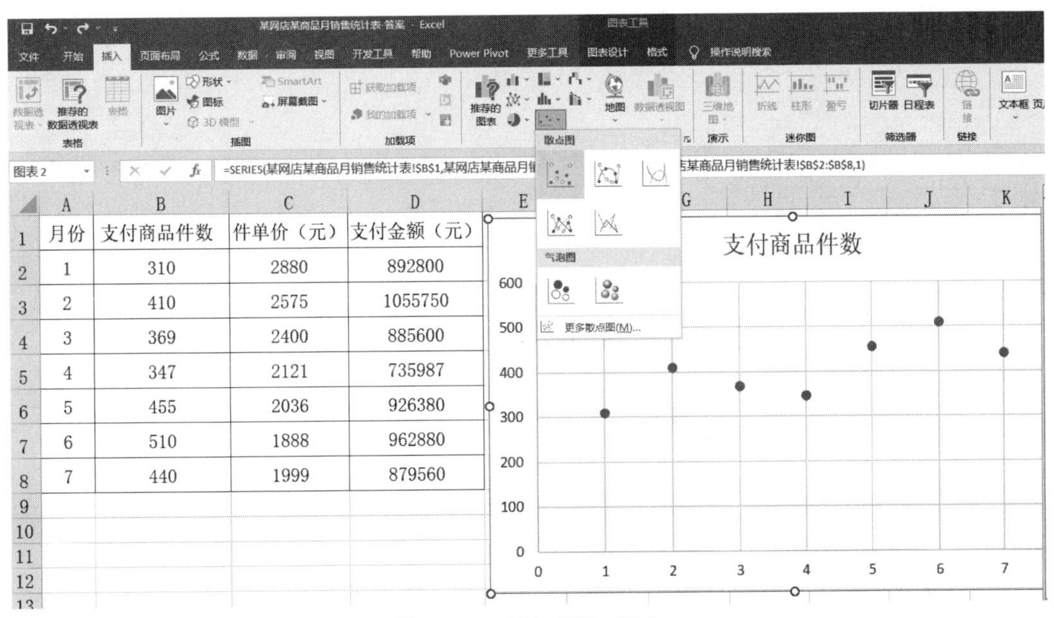

月份	支付商品件数	件单价（元）	支付金额（元）
1	310	2880	892800
2	410	2575	1055750
3	369	2400	885600
4	347	2121	735987
5	455	2036	926380
6	510	1888	962880
7	440	1999	879560

图 14-54　插入“散点图”

步骤 3：右键单击分散点，在弹出的快捷菜单中选择“添加趋势线”命令，如图 14-55 所示。

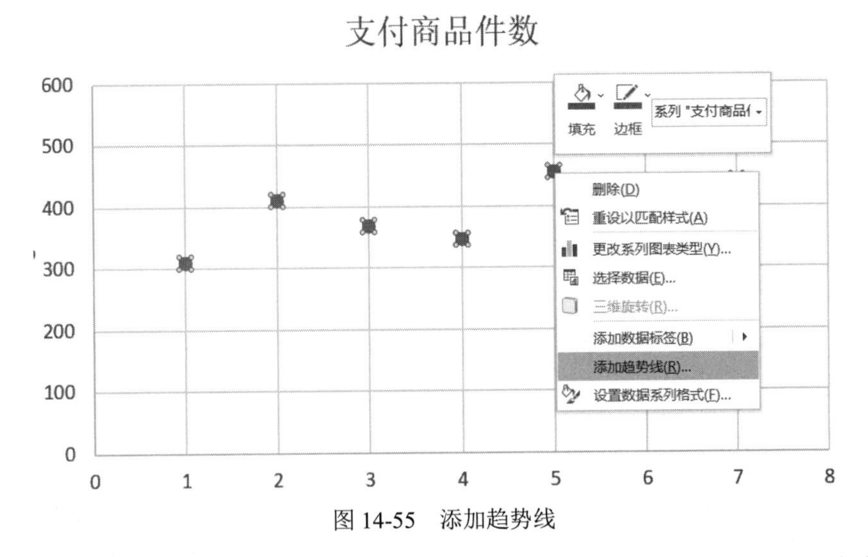

图 14-55　添加趋势线

步骤 4：在右侧“设置趋势线格式”对话框中，选择趋势线“线性”“显示公式”和“显示 R 平方值”，如图 14-56 所示（R^2 为测定系数或称拟合优度，它是相关系数的平方。）

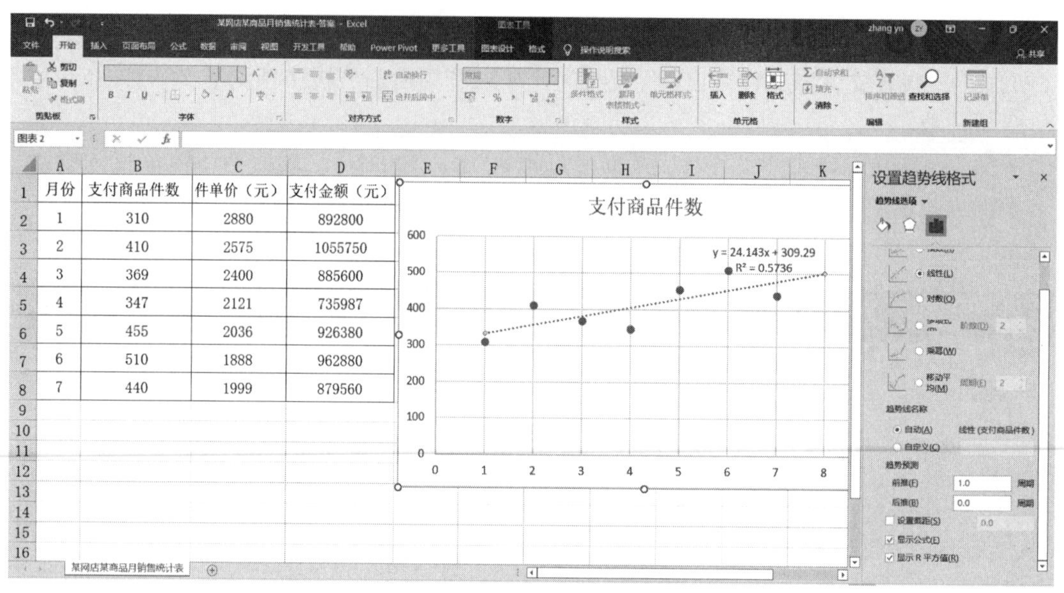

图 14-56　回归分析结果

步骤 5：从回归分析结果中，可以得到时间与支付商品件数的一元线性回归分析方程为 $y=24.143x+309.29$，其中判定 $R^2=0.5736$。

再将自变量“8”代入回归方程，得到 8 月份的支付商品件数为 502 件。

拓展：若需进一步进行数据分析，请加载“分析工具库”等相关工具，使用 Excel 的预测函数（TREND、FORECAST、GROWTH 等函数）和 Excel 分析工具，创建销售分布数据地图、销售收入预测模型等，从而揭示企业财务状况的变动趋势。

🕮 拓展训练

请根据方案管理器的计算结果，制作 Word 分析报告、PPT 演示报告。

1. 展示分析数据

进入 Word 编辑状态，生成分析报告。

2. 展示分析图表

进入 PowerPoint 编辑状态，生成展示幻灯片。

🕮 案例小结

本案例以制作投资项目利润分析表为例，详细介绍了方案管理器的使用方法，创建了投资项目利润分析工作簿，制作了投资项目利润分析、方案摘要工作表。学习了建立投资项目利润分析模型的方法，还学习了使用方案管理器工具建立投资项目利润分析方案、制作方案摘要表的方法。

在电子商务领域，商务数据往往蕴藏着巨大的商机和价值。通过对商务数据进行专业且深入的分析，可以挖掘其内在的商业价值，发现新的商机，带来更大的市场和价值，在企业的经营中可以取得更好的效益。拓展案例以商品销售的数据分析：回归分析法为例，示例 Excel

的应用。

提示：

1. 以认真审慎的态度分析财务状况，进行投资决策。

2. 努力提高综合素质，并将理论结合实际，应用计算机工具，做好投资规划、数据分析、财务管理工作。

案例 5　制作盈亏平衡分析表

案例分析

企业在投资一个项目时会考虑各种不确定因素的影响，如投资资金、项目成本、销售量、价格、项目寿命等因素的变化会影响投资方案的效果，当这些因素的变化达到某一临界值时，就会影响方案的取舍。盈亏平衡分析的目的就是要找出这种临界值，判断投资方案对不确定因素变化的承受能力，为决策提供依据。

假设企业准备投资一个项目生产某种产品，预计该产品的市场销售价格为 280 元，生产这种产品的直接人工成本为 40 元，材料费用为 13 元，其他制造费用为 15 元。这个项目所需的管理人员工资为 6 万元，资产折旧费为 3 万元，固定销售费用为 2.5 万元。试采用盈亏平衡分析法确定该项目的盈亏平衡销量。

本案例将详细介绍盈亏平衡分析表的制作过程，项目实施完成后的效果图如图 14-57、图 14-58 所示。

	A	B
1	销售单价	280
2	单位变动成本	68
3	单件产品人工成本	40
4	单件产品材料费	13
5	单件产品其它制造费	15
6	单位边际贡献	212
7		
8	固定成本	115000
9	管理人员工资	60000
10	资产折旧费	30000
11	固定销售费用	25000
12		
13	销量	542
14	变动成本	36886.82934
15	总成本	151886.8293
16	销售收入	151886.9443
17	边际贡献	115000.115
18	利润	0

图 14-57　盈亏临界点销量

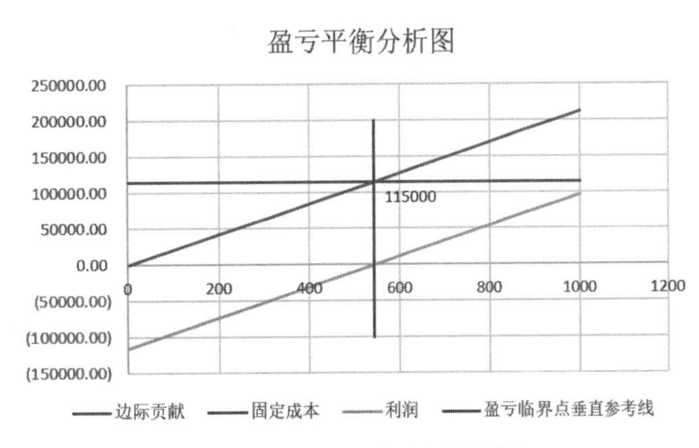

图 14-58　盈亏平衡分析效果图

知识点（目标）

通过本案例的学习，可以学会制作盈亏平衡分析表的基本方法以及相关操作技巧，在表格的制作过程中还将学习 Excel 的应用技能。

拓展案例中讲解 Excel 利润规划，拓展训练中讲解动态图表本量利分析模型。

📖 基本知识讲解

盈亏平衡分析又称损益平衡分析、保本点分析或本量利分析，是根据产品的业务量（产量或销量）、成本、利润之间的相互制约关系的一种综合分析方法，是用来预测利润、控制成本、判断经营状况的一种数学分析方法。

盈亏平衡分析可以对项目的风险情况以及项目对各个不确定性因素的承受能力进行科学判断，为投资决策提供依据。

在盈亏平衡分析中应理解以下几个重要概念。

（1）边际贡献：是管理会计中一个经常使用的十分重要的概念，它是指销售收入减去变动成本后的余额，边际贡献是运用盈亏分析原理，进行产品生产决策的一个十分重要指标。通常，边际贡献又称为“边际利润”或“贡献毛益”等。

（2）单位边际贡献：单件产品售价与单件产品的变动成本之差称为单位边际贡献。

（3）边际贡献率：单位产品的边际贡献与单件产品售价之比称为边际贡献率。

（4）边际贡献总额：单位边际贡献与销售量的乘积称为边际贡献总额。

（5）盈亏平衡点：又称零利润点、保本点、盈亏临界点、损益分歧点、收益转折点，通常是指全部销售收入等于全部成本时的产（销）量。以盈亏平衡点为界限，当销售收入高于盈亏平衡点时企业盈利，反之，企业就亏损。盈亏平衡点可以用销售量来表示，即盈亏平衡点的销售量；也可以用销售额来表示，即盈亏平衡点的销售额。

企业利润是销售收入扣除成本后的余额，销售收入是产品销售量与销售单价的乘积；产品成本包括工厂成本和销售费用在内的总成本，分为固定成本和变动成本。

一般来说企业收入可以表述为：

收入=成本+利润

如果利润为零，则有：

收入=成本=固定成本+变动成本

而项目的收入及变动成本可表示为：

收入=销售量×价格

变动成本=单位变动成本×销售量

当利润为零时则有：

销售量×价格=固定成本+单位变动成本×销售量

从而可以推导出盈亏平衡点（利润为零）的销量为：

盈亏平衡点（销售量）=固定成本/（价格−单位变动成本）

操作思路及实施步骤

1. 准备盈亏平衡分析数据模型

步骤 1：启动 Excel 2019 应用程序，新建空白工作簿。

步骤 2：将空白工作簿保存为“盈亏平衡分析.xlsx”。

步骤 3：将 Sheet1 工作表标签重命名为“盈亏平衡分析”。

步骤 4：根据项目背景中提供的数据制作盈亏平衡分析表框架，如图 14-59 所示。

	A	B
1	销售单价	280
2	单位变动成本	
3	单件产品人工成本	40
4	单件产品材料费	13
5	单件产品其它制造费	15
6	单位边际贡献	
7		
8	固定成本	
9	管理人员工资	60000
10	资产折旧费	30000
11	固定销售费用	25000
12		
13	销量	
14	变动成本	
15	总成本	
16	销售收入	
17	边际贡献	
18	利润	

图 14-59　盈亏平衡分析表框架

注：表中没有数据的单元格需要计算得到。

步骤 5：单击相应单元格，输入公式。定义公式如表 14-8 所示。

表 14-8　表格中计算内容

单元格	公式	公式说明
B2	=SUM(B3:B5)	单位变动成本=单件产品人工成本+单件产品材料费+单件产品其他制造费
B6	=B1-B2	单位边际贡献=销售单价−单位变动成本
B8	= SUM(B9:B11)	固定成本=管理人员工资+资产折旧费+固定销售费用
B14	=B13*B2	变动成本=销量*单位变动成本
B15	=B8+B14	总成本=固定成本+变动成本
B16	=B13*B1	销售收入=销量*销售单价
B17	=B16-B14	边际贡献=销售收入−变动成本
B18	=B16-B15	利润=销售收入−总成本

表中 B13 单元格不用输入数据，将在下面求解得到。输入公式后的盈亏平衡分析表如图 14-60 所示。

	A	B
1	销售单价	280
2	单位变动成本	68
3	单件产品人工成本	40
4	单件产品材料费	13
5	单件产品其它制造费	15
6	单位边际贡献	212
7		
8	固定成本	115000
9	管理人员工资	60000
10	资产折旧费	30000
11	固定销售费用	25000
12		
13	销量	0
14	变动成本	0
15	总成本	115000
16	销售收入	0
17	边际贡献	0
18	利润	-115000

图 14-60　盈亏平衡分析表

2. 使用“规划求解”工具确定盈亏临界点销量

步骤 1：加载“规划求解”工具。由于 Excel 2019 应用程序安装后默认不加载“规划求解”工具，所以，如果要使用“规划求解”功能，则需要人工加载“规划求解”工具。加载“规划求解”工具的方法如下。

① 选择“文件”选项卡下的“选项”命令，弹出“Excel 选项”对话框。

② 在“Excel 选项”对话框中选择“加载项”选项，然后单击“转到”按钮，弹出“加载项”对话框，如图 14-61 所示。

③ 在“可用加载宏”框中，选中“规划求解加载项”选项。

④ 单击“确定”按钮，系统会自动安装相关软件，软件安装完成后会在“数据”选项卡右侧出现“规划求解”按钮。单击该按钮，弹出“规划求解参数”对话框，如图 14-62 所示。

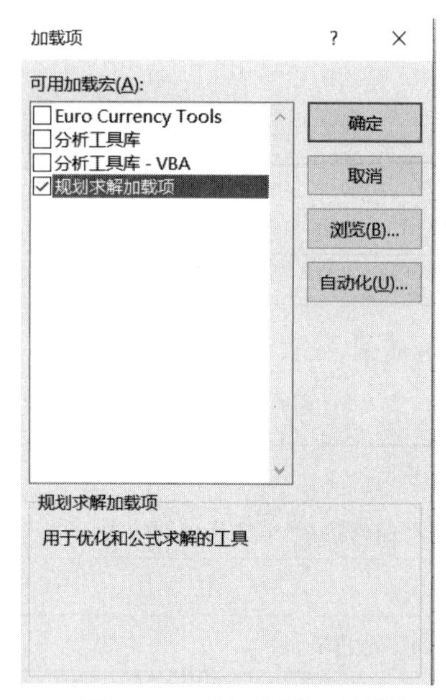

图 14-61　“加载项”对话框

图 14-62　“规划求解参数”对话框

步骤 3：在对话框中设置盈亏临界点销量时的规划求解参数。保持“设置目标”参数中引用单元格不变（$B$18 为利润），选择“目标值”，勾选“目标值”前面的单选按钮，设置目标值为 0。单击“通过更改可变单元格”下面的文本框，然后再单击 B13 单元格（销量），其他选项保持默认值不变，本例中没有约束条件，参数设置如图 14-62 所示。

步骤 4：单击“求解”按钮，弹出“规划求解结果”对话框，如图 14-63 所示。

步骤 5：单击“确定”按钮，规划求解结果如图 14-64 所示。

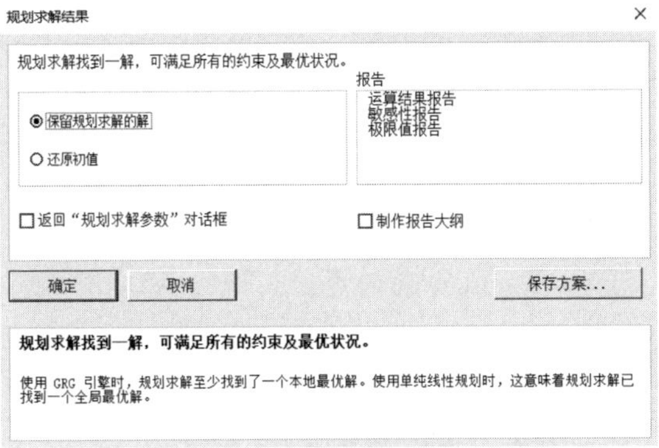

图 14-63　“规划求解结果”对话框

	A	B
1	销售单价	280
2	单位变动成本	68
3	单件产品人工成本	40
4	单件产品材料费	13
5	单件产品其它制造费	15
6	单位边际贡献	212
7		
8	固定成本	115000
9	管理人员工资	60000
10	资产折旧费	30000
11	固定销售费用	25000
12		
13	销量	542
14	变动成本	36886.82934
15	总成本	151886.8293
16	销售收入	151886.9443
17	边际贡献	115000.115
18	利润	0

图 14-64　规划求解结果

步骤 6：单击 B18 单元格，选择“开始”选项卡，单击“数字”组中的“数字格式”右侧下拉按钮，在下拉列表中选择“数字”命令，此时 B18 单元格中显示“0”。

由规划求解结果得出利润为 0 时的销量为 542。

完成盈亏临界点销量求解的最终效果如图 14-57 所示。

3. 制作盈亏平衡分析图表

下面以盈亏临界点销量 542 为基础，制作盈亏平衡分析图表。

步骤 1：分别在 D1:G1 单元格区域输入字段名“销量、边际贡献、固定成本、利润”，并设置居中对齐。

步骤 2：单击相应单元格，输入公式。定义公式如表 14-9 所示。

表 14-9　表格中计算内容

单元格	公式	公式说明
E2	=D2*$B$6	计算边际贡献
F2	=$B$8	固定成本
G2	=D2*$B$1-D2*$B$2-$B$8	利润=数量*销售单价-数量*单位变动成本-固定成本

步骤 3：再用鼠标在相应单元格向下填充数据。

步骤 4：输入“固定成本”。选择 F2 单元格，输入“107000”，或输入单元格引用公式“=$B$8”，然后向下填充。

步骤 5：计算“利润”。选择 G2 单元格，输入公式“=D2*$B$1-D2*$B$2-$B$8”并向下填充，公式的含义是“利润=数量*销售单价-数量*单件产品人工成本-固定成本”。

盈亏平衡分析图表数据输入和计算的结果如图 14-65 所示。

	A	B	C	D	E	F	G
1	销售单价	280		销量	边际贡献	固定成本	利润
2	单位变动成本	68		0	0.00	115000	-115000
3	单件产品人工成本	40		100	21200.00	115000	-93800
4	单件产品材料费	13		200	42400.00	115000	-72600
5	单件产品其它制造费	15		300	63600.00	115000	-51400
6	单位边际贡献	212		400	84800.00	115000	-30200
7				500	106000.00	115000	-9000
8	固定成本	115000		600	127200.00	115000	12200
9	管理人员工资	60000		700	148400.00	115000	33400
10	资产折旧费	30000		800	169600.00	115000	54600
11	固定销售费用	25000		900	190800.00	115000	75800
12				1000	212000.00	115000	97000

图 14-65　盈亏平衡分析图表数据输入和计算的结果

步骤 6：选择 D1:G12 单元格区域.

步骤 7：选择“插入”选项卡，单击“图表”组中的“散点图”按钮，弹出图表类型选择列表。

步骤 8：在列表中选择“带平滑线的散点图”命令，弹出盈亏平衡分析图。

步骤 9：用鼠标右击图例，在弹出的快捷菜单中选择“设置图例格式”命令，弹出“设置图例格式”对话框。

步骤 10：在“设置图例格式”对话框中选择“图例选项”选项卡，选择“图例位置”为“底部”，然后单击“关闭”按钮，设置后的效果如图 14-66 所示。

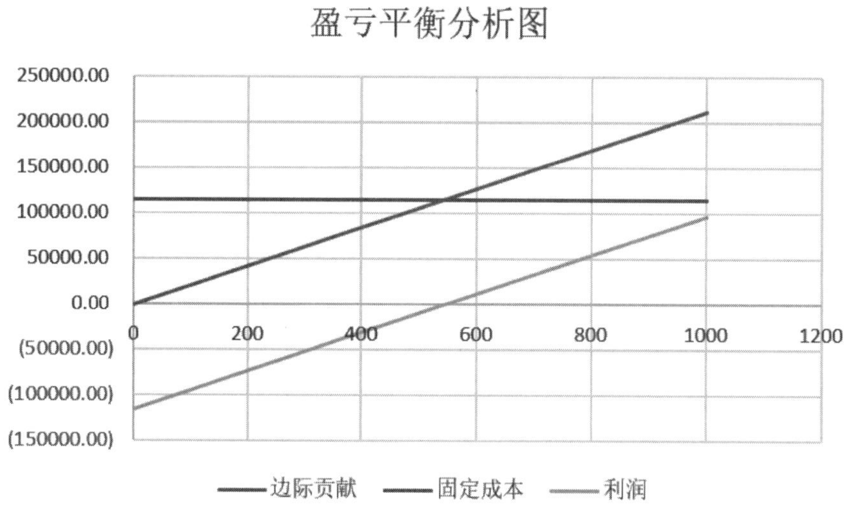

盈亏平衡分析图

—边际贡献　—固定成本　—利润

图 14-66　盈亏平衡分析图

步骤 11：在图表中添加“盈亏临界点垂直参考线”。

① 准备垂直参考线数据。

选择 A22 单元格，输入“盈亏临界点垂直参考线”。

在 A23:A26 单元格区域中输入 X 轴坐标标注点“542”，“542”为盈亏临界点销量。

在 B23:B26 单元格区域中输入 Y 轴坐标标点“200000（任意的）、11500（盈亏临界点边际贡献）、0（与 X 轴的交叉点）、−100000（任意的）”，如图 14-67 所示。

22	盈亏临界点垂直参考线	
23	542	200000
24	542	115000
25	542	0
26	542	-100000

图 14-67　垂直参考线引用数据

② 选中绘图区，选择“图表工具”中的“设计”选项卡，单击“数据”组中的“选择数据”按钮，弹出“选择数据源”对话框，如图 14-68 所示。

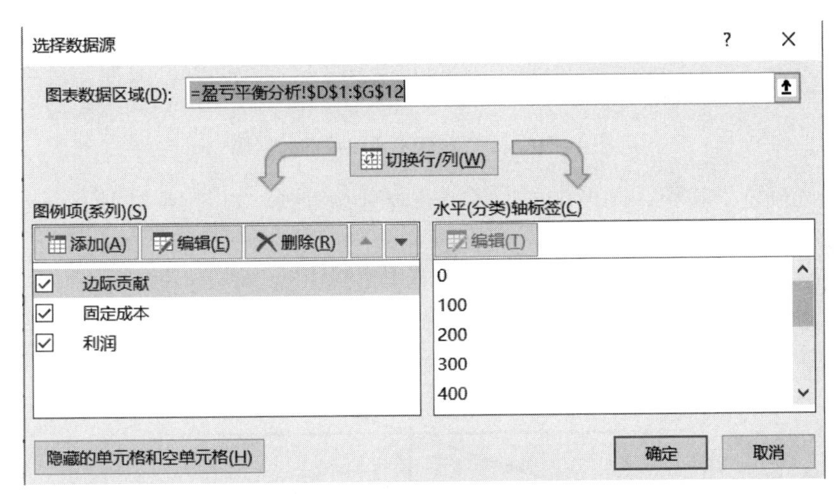

图 14-68　“选择数据源”对话框

③ 在对话框中单击“图例项(系列)”下的“添加”按钮，弹出“编辑数据系列”对话框。

④ 单击“系列名称”下的文本框，然后单击 A22 单元格；单击“X 轴系列值”下面的文本框，然后选择 A23:A26 单元格区域；单击“Y 轴系列值”下面的文本框，删除其中的内容，然后选择 B23:B26 单元格区域。参数设置结果如图 14-69 所示。

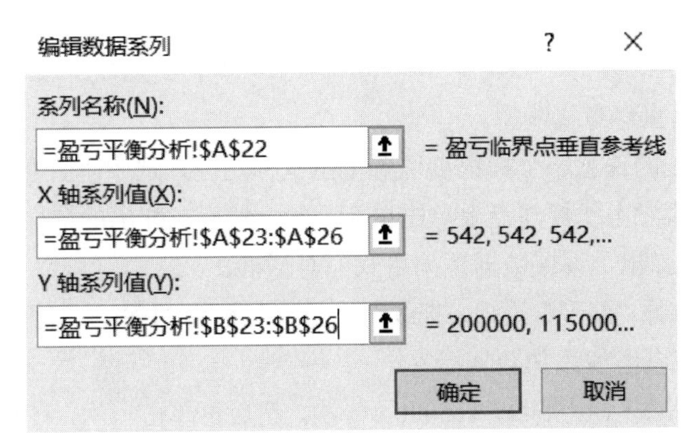

图 14-69　“编辑数据系列”对话框参数设置

⑤ 单击“确定”按钮，返回到“选择数据源”对话框，这时“图例项（系列)”中多了一项“盈亏临界点垂直参考线”，如图 14-70 所示。

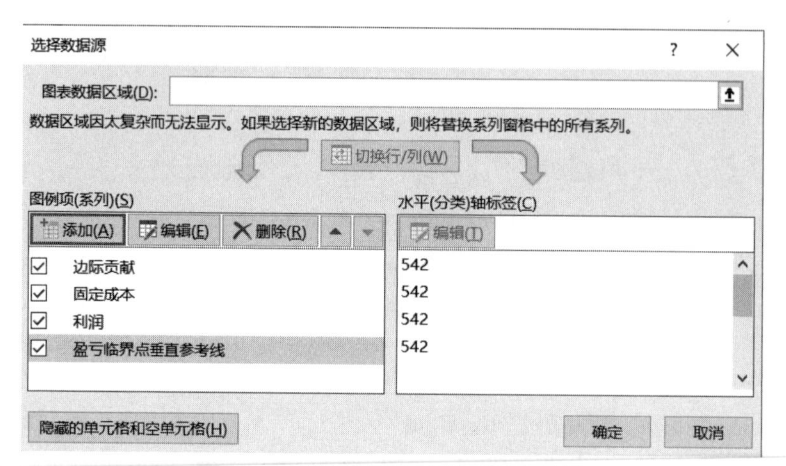

图 14-70　添加垂直参考线后的数据源

⑥ 单击“确定”按钮，图形中添加了一条垂直参考线，如图 14-71 所示。

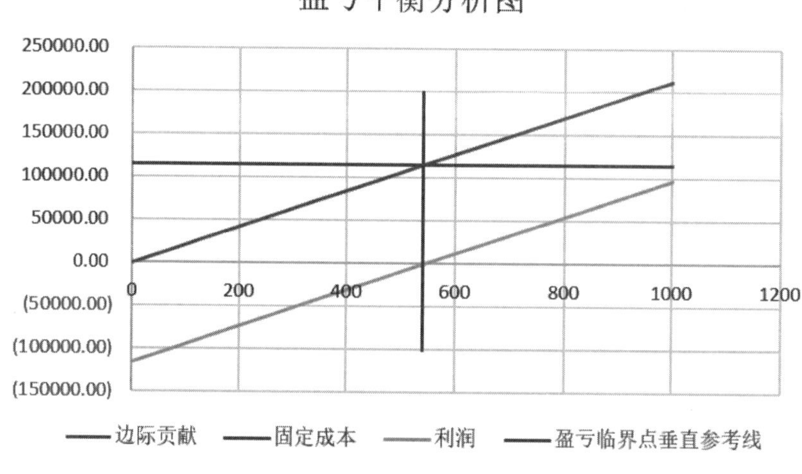

图 14-71　盈亏平衡分析图

步骤 12：调整垂直参考线线型。

① 在垂直参考线的任意一个标记点位置单击鼠标左键，选中垂直参考线。

② 在选中的垂直参考线标注点上单击鼠标右键，然后在弹出的快捷菜单中选择“设置数据系列格式”命令，弹出“设置数据系列格式”对话框。

③ 在对话框中选择“线型”选项，把线型“宽度”调为“1 磅”，然后单击“关闭”按钮。

步骤 13：给垂直参考线添加数据标签。

① 单击垂直参考线标点（542，115000）一次，然后再单击一次，在垂直参考线的任意一个标记点位置单击鼠标左键，选中该标注点。

② 在选中的标注点位置单击鼠标右键，然后在弹出的快捷菜单中选择“添加数据标签”命令，则在标注点右侧添加 *Y* 轴坐标值。

完成后的盈亏平衡分析图表，如图 14-58 所示。

📖 拓展案例

1. Excel 利润规划案例

利润规划是指企业为实现目标利润而系统、全面地调整经营活动规模和生产水平的行为。它是企业编制期间预算的基础。下面举例说明利用 Excel 进行规划求解的方法。

某公司是一家生产化工产品的公司，该公司生产和销售 A、B 两种产品。公司的生产条件如表 14-10 所示。

表 14-10　生产条件列表

A 产品和 B 产品的生产规划			
产品名称	每千克消耗的原料	每千克消耗的工时	每千克产生的毛利
A 产品	5 千克	3 小时	270 元
B 产品	4 千克	4 小时	300 元
每月原料配额：1500 千克			
每月人工工时：1000 小时			

公司若要获得最大利润，每个月应各生产多少千克的 A 产品和 B 产品。

2. 分析规划求解问题

步骤 1：假设 A 产品和 B 产品的每月生产量分别为 x 和 y 千克，总利润为 z 元，根据表 14-10 的生产条件限制，可以列出下面的数学式：

原料限制式：$5x+4y \leqslant 1500$

工时限制式：$3x+4y \leqslant 1500$

生产数量：$x \geqslant 0, y \geqslant 0$

求解目标：$\mathrm{MAX}(z)=270x+300y$　(最大利润)

步骤 2：在 Excel 中建立生产规划基础模型，如图 14-72 所示。其中计算公式与如表 14-11 所示。

	A	B	C
1	两种产品利润最大化规划		
2		A产品	B产品
3	单位材料消耗量	5	4
4	单位工时	3	4
5	单位毛利	270	300
6	应生产量	0	0
7	毛利	0	0
8			
9	每月原料配额	1500	
10	每月人工工时	1000	
11	实际原料用量	0	
12	实际生产用时	0	
13			
14	总收益	0	

图 14-72　利润规划条件

步骤 3：单击相应单元格，输入公式。定义公式如表 14-11 所示。由于这时的应生产量还是未知的，均设置为 0，因此总收益等数据都为 0。

表 14-11　表格中计算内容

单元格	公式	公式说明
B7	=B5*B6	A 产品毛利
C7	=C5*C6	B 产品毛利
B11	=B3*B6+C3*C6	实际原料用量
B12	=B4*B6+C4*C6	实际生产用时
B14	=B7+C7	总收益

3. 建立规划求解模型

步骤 1：选取工作表单元格 B14，单击“数据”选项卡下的“规划求解”按钮，打开“规划求解参数”对话框，如图 14-73 所示。在“设置目标”中输入“\$B\$14”，在“通过更改可变单元格”中输入“\$B\$6:\$C\$6”。

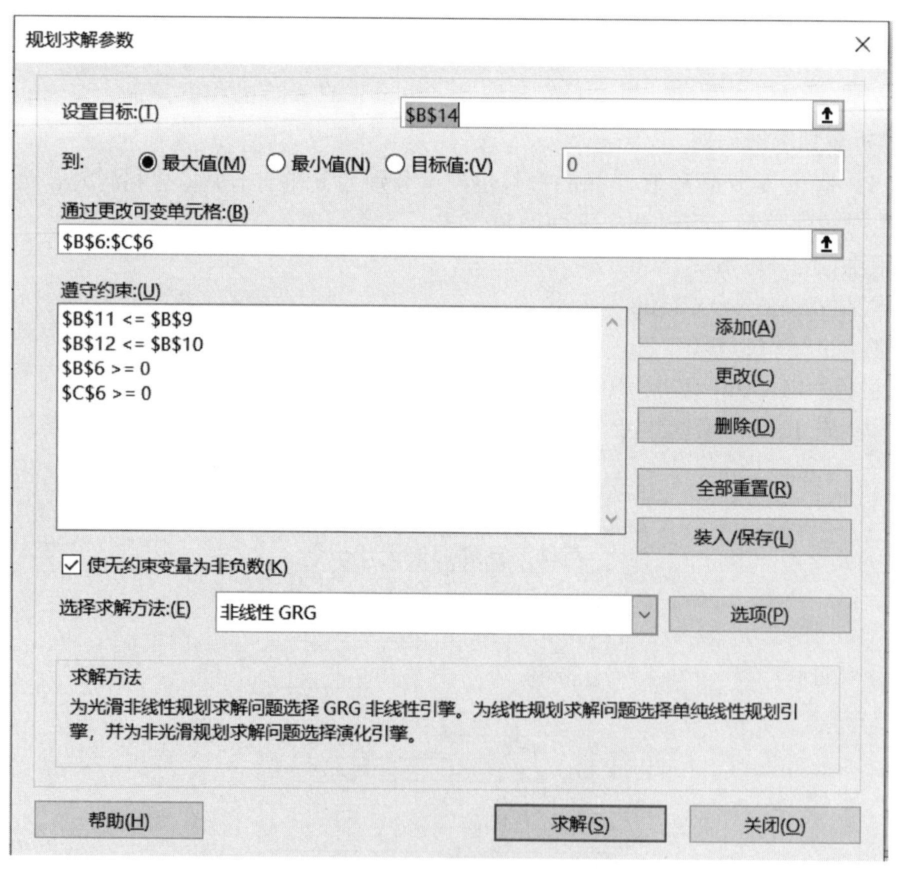

图 14-73　“规划求解参数”对话框

步骤 2：单击“添加”按钮，打开如图 14-74 所示的“添加约束”对话框，设置约束条件。每写完一个约束条件，单击“添加”按钮，即可再填写下一个约束条件，写完所有的约束条件后，单击“确定”按钮，可回到“规划求解参数”对话框。

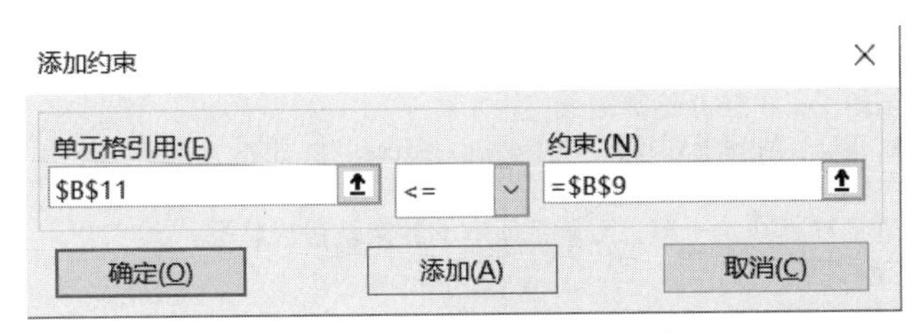

图 14-74 “添加约束”对话框

步骤 3：在“规划求解参数”对话框中选择求解方法。如果是光滑的非线性规划求解问题，则“选择求解方法”选择“非线性 GRG”（广义简约梯度）；如果是线性规划求解问题，则选择“单纯线性规划”；如果是非光滑规划问题，则选择“演进”。

步骤 4：单击“求解”按钮，即可得到计算结果，如图 14-75 所示。

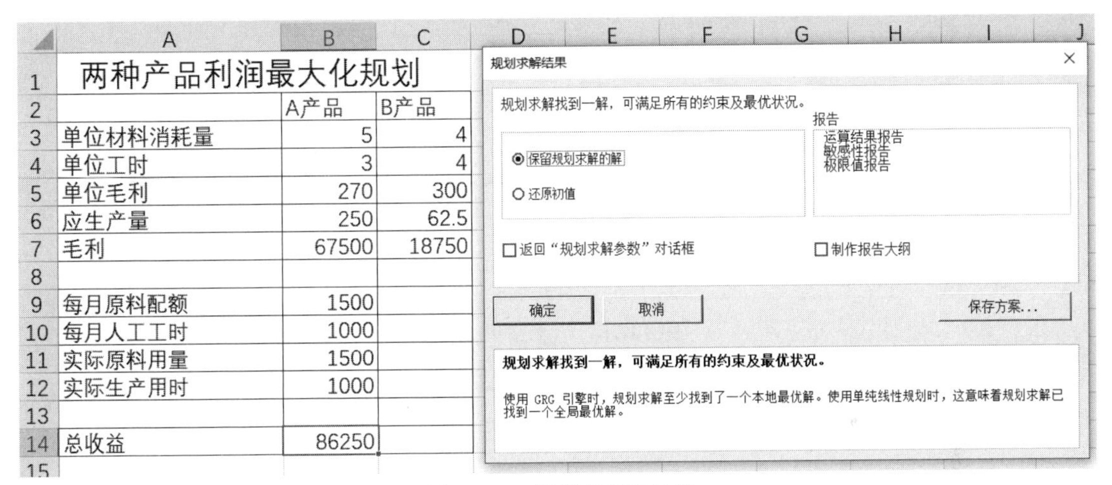

图 14-75 规划求解的结果

从计算结果可知，如果利用公司规划的生产资源，每个月生产 A 产品 250 千克，B 产品 62.5 千克，即可获得最大利润 86250 元。

提示： 变更规划求解条件，可以重新进行求解，如更改投入的原材料和人工工时；也可以更改约束条件，重新规划求解，如规定某种产品的生产量。

4. 输出规划求解报表

获得问题的最佳解答以后，可以建立求解结果的各式报告，以协助公司领导做进一步的决策分析与评估。

在上面执行“求解”后的“规划求解结果”对话框中有“制作报告大纲”复选框，如图 14-75 所示。分别单击“报告”列表下的“运算结果报告”“敏感性报告”和“极限值报告”，勾选“制作报告大纲”复选框，然后单击“确定”按钮，即可产生三种报告。这些报告单独存放在各自新生成的工作表中。

（1）运算结果报告，会列出目标单元格及其变量单元格的初值、终值及参数限制式的公式内容，如图 14-76 所示。

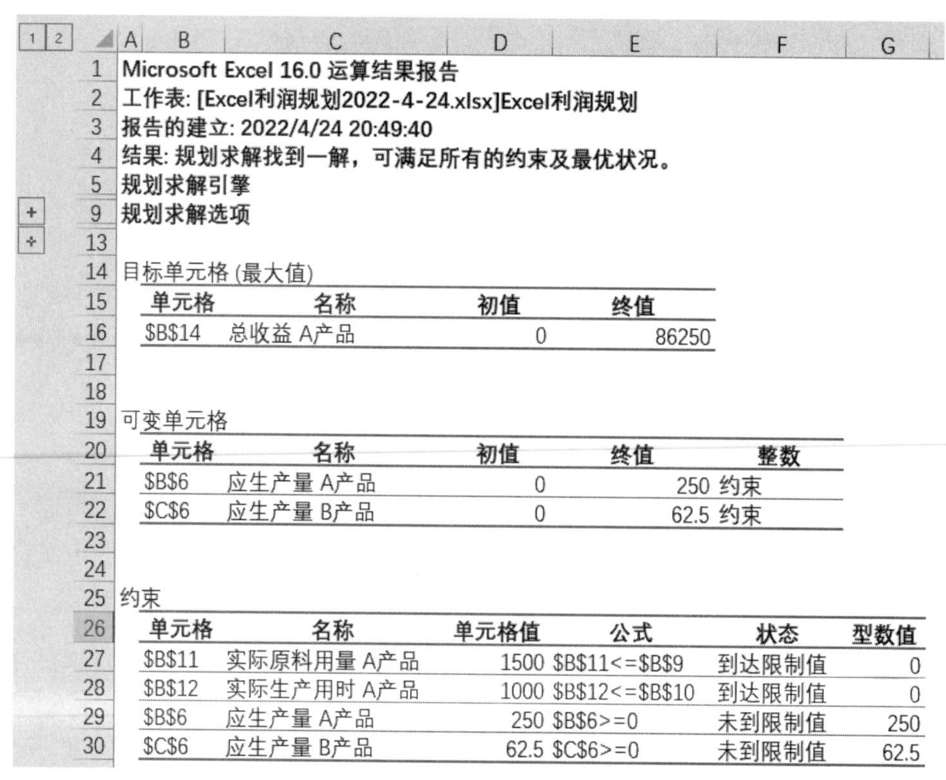

Microsoft Excel 16.0 运算结果报告
工作表: [Excel利润规划2022-4-24.xlsx]Excel利润规划
报告的建立: 2022/4/24 20:49:40
结果: 规划求解找到一解，可满足所有的约束及最优状况。
规划求解引擎
规划求解选项

目标单元格 (最大值)

单元格	名称	初值	终值
$B$14	总收益 A产品	0	86250

可变单元格

单元格	名称	初值	终值	整数
$B$6	应生产量 A产品	0	250	约束
$C$6	应生产量 B产品	0	62.5	约束

约束

单元格	名称	单元格值	公式	状态	型数值
$B$11	实际原料用量 A产品	1500	$B$11<=$B$9	到达限制值	0
$B$12	实际生产用时 A产品	1000	$B$12<=$B$10	到达限制值	0
$B$6	应生产量 A产品	250	$B$6>=0	未到限制值	250
$C$6	应生产量 B产品	62.5	$C$6>=0	未到限制值	62.5

图 14-76 运算结果报告

（2）敏感性报告，提供有关目标单元格的公式或约束中微小变化的敏感信息，如图 14-77 所示。

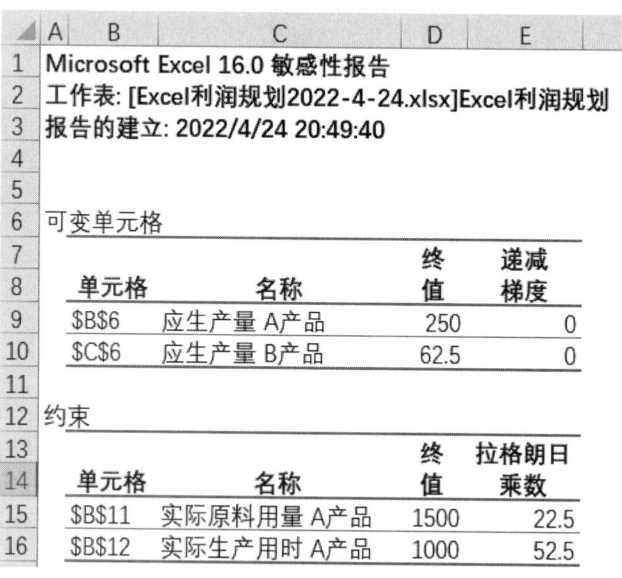

Microsoft Excel 16.0 敏感性报告
工作表: [Excel利润规划2022-4-24.xlsx]Excel利润规划
报告的建立: 2022/4/24 20:49:40

可变单元格

单元格	名称	终值	递减梯度
$B$6	应生产量 A产品	250	0
$C$6	应生产量 B产品	62.5	0

约束

单元格	名称	终值	拉格朗日乘数
$B$11	实际原料用量 A产品	1500	22.5
$B$12	实际生产用时 A产品	1000	52.5

图 14-77 敏感性报告

（3）极限值报告，列出目标单元格和变量单元格的数值、上下限，以及对应的目标值，如图 14-78 所示。

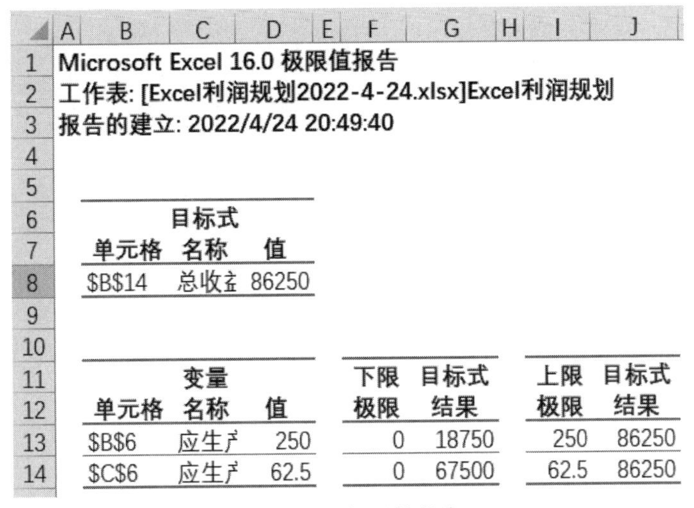

Microsoft Excel 16.0 极限值报告
工作表: [Excel利润规划2022-4-24.xlsx]Excel利润规划
报告的建立: 2022/4/24 20:49:40

目标式		
单元格	名称	值
$B$14	总收ž	86250

变量			下限	目标式	上限	目标式
单元格	名称	值	极限	结果	极限	结果
$B$6	应生产	250	0	18750	250	86250
$C$6	应生产	62.5	0	67500	62.5	86250

图 14-78　极限值报告

🕮 拓展训练

在财务管理工作中，本量利分析在财务分析中占有举足轻重的作用。通过设定固定成本、售价、数量等指标，可计算出相应的利润。动态图表本量利分析可以更加直观地分析变动情况。

1. 动态图表本量利分析

动态图表本量利分析模型中显示的结果是根据某一特定资料计算出来的，然而影响利润结果的各项因素是不断变化的，企业管理层可能就需要了解各因素变化对企业利润产生的影响。在 Excel 动态图表本量利分析模型中进行假设分析，问题就会变得非常简单。

本量利分析是对“成本—业务量—利润分析”三者关系的简称。本量利分析又称 CVP（Cost-Volume-Profit Analysis）是研究成本、产量和利润三者之间关系，是指在成本分析的基础上，通过对本、量、利三者关系的分析，建立定量化分析模型，进而揭示变动成本、固定成本、产销量、销售单价和利润等变量之间的内在规律，为企业利润预测和规划、决策和控制提供信息的一种定量分析方法。本量利分析又称保本点分析或盈亏平衡分析，是根据对产品的业务量（产量或销量）、成本、利润之间相互制约关系的综合分析，来预测利润、控制成本、判断经营状况的一种数学分析方法。

2. 创建本量利分析基本模型

银诚公司在 2022 年 1 月生产和销售了一批单一产品蓝牙闹钟，销售单价是 50 元，单位变动成本为 25 元，固定成本为 30000 元，假定销售量为 1500 件。根据以上资料，在 Excel 2019 中创建本量利分析模型。

步骤 1：在新建的表格“本量利分析基本模型”中，输入已知数据，如图 14-79 所示。

	A	B	C	D
1	基本数据			
2	单价	50.00	单位变动成本	25.00
3	销量	1,500	固定成本	30,000.00
4	计算结果			
5	销售收入	75000		
6	总成本	67500	利润	7500
7				
8	保本点	1200		

图 14-79　输入已知数据及计算

步骤 2：计算销售收入、总成本和利润。

销售收入 B5=单价 B2*销量 B3

总成本 B6=固定成本 D3+单位变动成本 D2 *销量 B3

利润 D6=销售收入 B5−总成本 B6

步骤 3：计算保本点。

保本点是指企业在达到这一点时既不盈利也不亏损，保持利润为 0，所以也称为盈亏临界点。此时边际贡献刚好等于固定成本。

选择 B8 单元格，输入计算公式“=INT(D3/(B2-D2))”，计算保本点为 1200。

3. 绘制动态图表本量利分析模型

步骤 1：复制“本量利分析基本模型”工作表，命名为“动态图表本量利分析模型”。

步骤 2：输入模拟运算表的数据，B9、C9、D9 分别引用 B6、B5、D6 的数据，A10:A16 填入销售量 0、500、1000、1500、2000、2500、3000，如图 14-80 所示。

	A	B	C	D
1	基本数据			
2	单价	50.00	单位变动成本	25.00
3	销量	1,500.00	固定成本	30,000.00
4	计算结果			
5	销售收入	75000		
6	总成本	67500	利润	7500
7	模拟运算表			
8	销售量	总成本	销售收入	利润
9		67500	75000	7500
10	0			
11	500			
12	1000			
13	1500			
14	2000			
15	2500			
16	3000			

图 14-80　输入数据

步骤 3：利用模拟运算表模拟销量的变动对收入、成本和利润的影响。

选择 A9:D16，单击“数据”选项卡，选择“预测”功能区中“模拟分析”下的“模拟运算表”命令，弹出“模拟运算表”对话框，在“输入引用列的单元格”框中，输入$B$3，如图 14-81 所示。单击“确定”按钮，不同销量条件下的总成本、销售收入、利润，如图 14-82 所示。

步骤 4：为了使动态图表本量利分析模型具有更好的效果，还需要绘制保本点指示线、利润指示线。输入如图 14-83 所示的数据。

模拟运算表　?　×
输入引用行的单元格(R):
输入引用列的单元格(C): $B$3
确定　取消

图 14-81　输入引用列的单元格

	A	B	C	D
1	基本数据			
2	单价	50.00	单位变动成本	25.00
3	销量	1,500.00	固定成本	30,000.00
4	计算结果			
5	销售收入	75000		
6	总成本	67500	利润	7500
7	模拟运算表			
8	销售量	总成本	销售收入	利润
9		67500	75000	7500
10	0	30000	0	-30000
11	500	42500	25000	-17500
12	1000	55000	50000	-5000
13	1500	67500	75000	7500
14	2000	80000	100000	20000
15	2500	92500	125000	32500
16	3000	105000	150000	45000

图 14-82　完成模拟运算表

	A	B	C	D	E
1	基本数据				
2	单价	50.00	单位变动成本	25.00	
3	销量	1,500.00	固定成本	30,000.00	
4	计算结果				
5	销售收入	75000			
6	总成本	67500	利润	7500	
7	模拟运算表				
8	销售量	总成本	销售收入	利润	
9		67500	75000	7500	
10	0	30000	0	-30000	
11	500	42500	25000	-17500	
12	1000	55000	50000	-5000	
13	1500	67500	75000	7500	
14	2000	80000	100000	20000	
15	2500	92500	125000	32500	
16	3000	105000	150000	45000	
17					
18	保本点	1200			
19					
20	保本点指示线			利润指示线	
21	1200	0		1,500.00	0
22	1200	60000		1,500.00	75000
23	1200	150000		1,500.00	67500
24				1,500.00	150000

图 14-83　绘制保本点指示线和利润指示线数据

4. 制作动态图表本量利分析图

步骤 1：选择 A8:D16，绘制“带平滑线的散点图”。

步骤 2：选择图表中任意一处，单击鼠标右键，在弹出的快捷菜单中选择“选择数据”命令，打开“选择数据源”对话框。单击“添加”按钮，打开“编辑数据系列”对话框，填入保本点指示线的数据，如图 14-84 所示，绘制了保本点指示线。

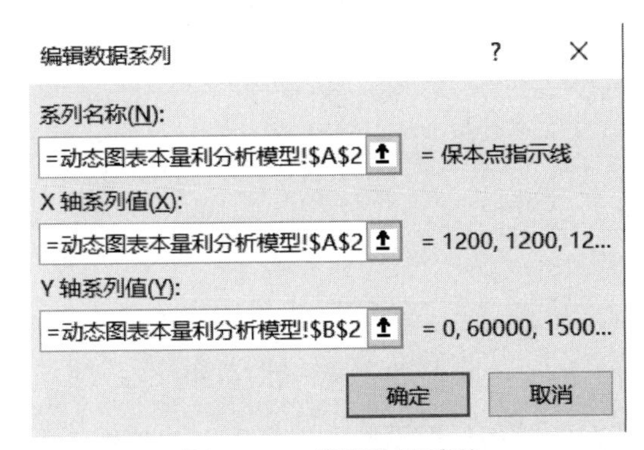

图 14-84　编辑数据系列

步骤 3：同样，绘制“利润指示线”，如图 14-85 所示。

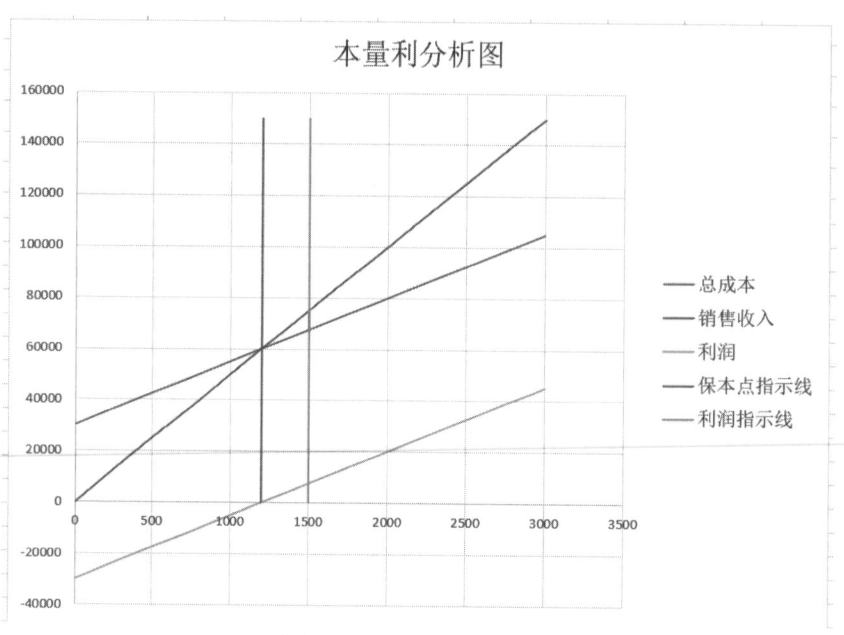

图 14-85　绘制完成后的图

步骤 4：选择图表中任意一处，单击“图表工具-设计”选项卡下“位置”组中的“移动图标”按钮，打开“移动图标”对话框，在“选择放置图表的位置”栏下选中“新工作表”单选项，单击“确定”按钮，并将“Chart1”工作表重命名为“动态图表本量利分析图”，如图 14-86 所示。

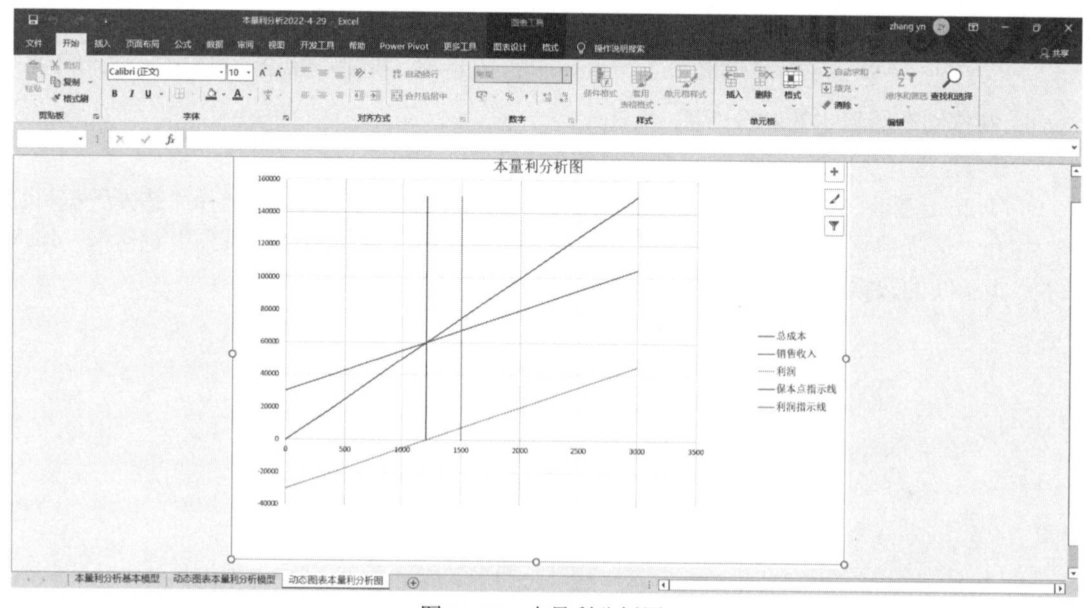

图 14-86　本量利分析图

步骤 5：改变“动态图表本量利分析模型”工作表中的单价，“动态图表本量利分析图”工作表中的盈利区和亏损区会随之发生变动。

5. 完善动态图表本量利分析模型

为了简便起见，在这里假设只考虑单价和销量两个因素，单价在 40～60 元之间变动，销量在 900～2700 之间变动，观察对利润的影响程度。

步骤 1：选择图表区域，向上移动，留出下方的空白位置，用于放置矩形框。

步骤 2：选择图表中任意一处，单击“图表工具-格式”选项卡下“插入形状”组中的“其他”按钮。在打开的列表中选择“矩形”栏下的“矩形”选项，鼠标指针将自动变成+形状，移动鼠标指针至分析图下方，绘制一个矩形框。

步骤 3：选择矩形框，单击鼠标右键，在弹出的快捷菜单中选择“编辑文字”命令，输入“销售量=”，设置字体为“16 号”，“居中”。

步骤 4：使用同样方法，绘制其他矩形框，或者复制到适当位置，然后修改相应矩形框中的文字，并根据需要填充颜色，以强化视觉效果。

步骤 5：从“动态图表本量利分析模型”工作表中引用因素（销售量和单价）和结果（利润）的数据。选择与销售量对应的数值矩形框，在公式编辑栏中输入“=”，单击“动态图表本量利分析模型”工作表标签，单击 C3 单元格，按回车键，数据显示在矩形框中，调整字体的大小和颜色。

步骤 6：使用同样方法，将单价、利润的数值显示在相应的矩形框中。

步骤 7：窗体控件功能在“开发工具”选项卡下，在“文件”选项卡中选择“选项”，打开“Excel 选项”对话框，单击“自定义功能区”选项卡，在默认的“主选项卡”下找到“开发工具”选项，选中“开发工具”复选框，如图 14-87 所示。单击“确定”按钮，返回工作表主界面后即可看到已经添加了“开发工具”选项卡。

图 14-87　添加“开发工具”

步骤 8：打开“开发工具”选项卡下“控件”组中的“插入”按钮，在打开的列表中选择“表单控件”栏下的“数值调节钮（窗体控件）”选项，鼠标指针将自动变成+形状。在“销售量”对应的数值矩形框右侧拖曳鼠标，松开后即可出现窗体控件图标，调整其大小，使其与数值矩形框高度一致。

步骤 9：选择窗体控件图标，单击鼠标右键，在弹出的快捷菜单中选择“设置控件格式”命令，打开“设置控件格式”对话框，单击“控制”选项卡，在“当前值”数值框中输入“2400”，在“最小值”数值框中输入“900”，在“最大值”数值框中输入“2700”，在“步长”数值框中输入“300”，在“单元格链接”参数框中选择“动态图表本量利分析模型”工作表中的 B3 单元格，如图 14-88 所示。

步骤 10：使用同样方法在“单价”对应的数值矩形框右侧建立窗体控件，并将其链接到“动态图表本量利分析模型”工作表中的 B2 单元格，如图 14-89 所示。

图 14-88　设置“销售量”控件格式

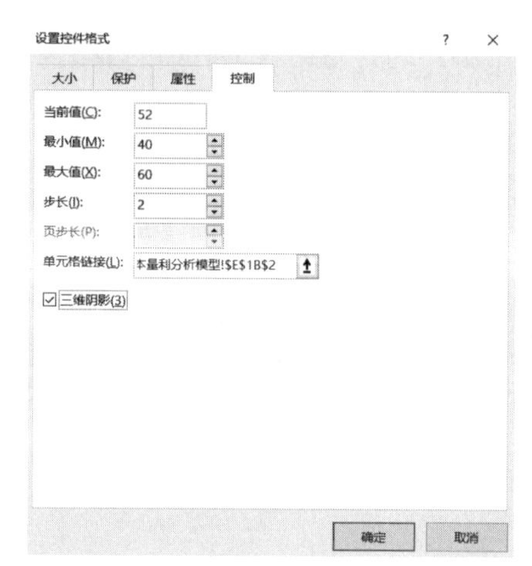

图 14-89　设置“单价”控件格式

步骤 11：创建完成后的“动态图表本量利分析图”，如图 14-90 所示。

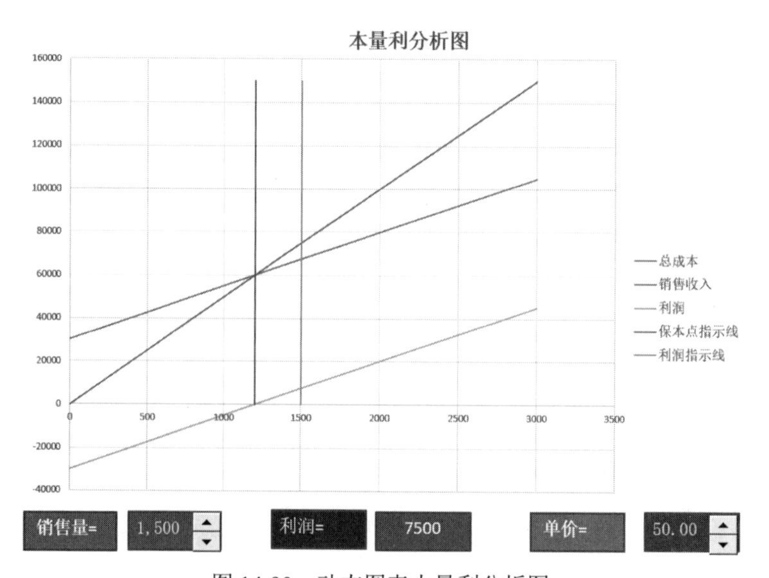

图 14-90　动态图表本量利分析图

5. 动态图表本量利分析模型的应用

上述动态图表本量利分析模型中显示的结果是根据某一特定资料计算出来的，但是影响利润结果的各项因素是不断变化的，企业管理层可能需要了解各因素变化对企业利润产生的影响。比如，当企业管理层需要了解销售量发生变化时对利润额产生的影响，则可以单击“销售量”对应的数值矩形框右侧的“窗体控件”按钮，销售量就会根据之前在“设置控件格式”对话框中的设置，按每增加或减少“100”的变化率发生变动，动态图表本量利分析模型也会随之发生动态变化，可以形象地展示销售量变化对利润的影响。

🕮 案例小结

本案例以制作盈亏平衡分析表为例，详细介绍了盈亏平衡分析表的制作方法，创建了盈亏平衡分析工作簿，制作了盈亏平衡分析工作表。通过本案例学习了建立盈亏平衡分析模型、添加规划求解工具的方法，还学习了使用规划求解工具求解盈亏平衡销量以及绘制垂直参考线的方法。

本量利分析是管理会计的重点，是企业在预测、决策、规划和控制工作中较常用且有效的方法之一。

提示：

1. 培养正确评价企业现状、预测企业未来的能力，加强风险意识。

2. 做好安全观教育。培养学生善于发现潜在的不利因素，以及应对不利因素的能力，树立坚定扭转不利局面的信心。

案例 6　财务分析与评价

🕮 案例分析

假设银诚公司某一期的相关财务数据如下所示：

1. 成本费用总额包括营业成本 440 万元，税金及附加 120 万元，管理费用 52 万元，销售费用 126.75 万元，财务费用 15 万元。

2. 营业收入 875 万元，投资收益 17 万元，营业外收支净额 21 万元，所得税费用 52.55 万元。

3. 流动资产包括货币资金 75 万元，交易性金融资产 30 万元，应收账款和应收票据 63 万元，存货 82 万元，其他流动资产 25 万元。

4. 非流动资产合计 420 万元。

5. 权益乘数（资产/所有者权益）为 1.93。

使用 Excel 帮助银诚公司设计“杜邦分析表”并计算重要的财务比率。完成后的效果图如图 14-91 所示。

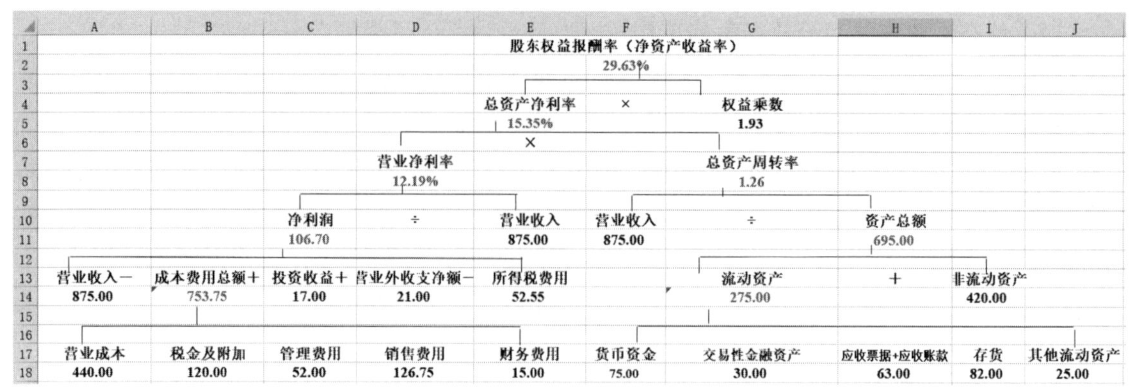

图 14-91　杜邦分析表

🕮 知识点（目标）

1. 了解财务分析的知识。
2. 使用 Excel 设计“杜邦分析表”并计算重要的财务比率。

🕮 基本知识讲解

1. 财务分析概述

财务分析，又称财务报表分析，是指在财务报表及其相关资料的基础上，通过一定的方法和手段，对财务报表提供的数据进行系统和深入的分析研究，揭示有关指标之间的关系、变动情况及其形成原因，从而向使用者提供相关和全面的信息，也就是将财务报表及相关数据转换为对特定决策有用的信息，对企业过去的财务状况和经营成果以及未来前景做出评价。通过这一评价，可以为财务决策、计划和控制提供帮助。

2. 利用 Excel 进行财务分析的步骤

财务分析是一项比较复杂的工作，应该按一定的程序进行。

（1）确定分析目标和分析范围

财务分析的目标是整个财务分析的出发点，它决定着分析范围的大小、收集资料的详细程度、分析标准和分析方法的选择等整个财务分析过程。

（2）收集、获取分析资料

收集分析资料是根据分析目标和分析范围，收集分析所需数据资料的过程。

（3）选择分析方法并建立相应的分析模型。

（4）确定分析标准并做出分析结论。

3. 常用财务报表分析的方法

（1）财务报表趋势分析

趋势分析又称动态分析或横向分析，是指不同时期财务报表之间相同项目变化的比较分析。

（2）财务报表比较分析

比较分析又称静态分析，是指同一时期财务报表中不同项目之间的比较和分析。

（3）财务比率分析

财务比率是相互联系的指标项目之间的比值，用以反映各项财务数据之间的相互关系。

（4）财务综合分析

财务状况综合分析是指对各种财务指标进行系统、综合的分析，以便对企业的财务状况做出全面合理的评价。

企业的财务状况是一个完整的系统，内部各种因素相互依存、相互作用，所以进行财务分析要了解企业财务状况内部的各项因素及其相互之间的关系，这样才能较为全面地揭示企业财务状况的全貌。

财务状况综合分析与评价的方法分为财务比率综合评分法和杜邦分析法两种。

4. 财务分析的数据来源

（1）会计核算数据源

会计核算数据源是指通过 Excel 生成的资产负债表、利润表和现金流量表等。财务分析以本企业的资产负债表、利润表和现金流量表为基础，通过提取、加工和整理会计核算数据来生成所需的数据报表，然后再对其进行加工处理，便可得到一系列的财务指标。

（2）外部数据库

利用 Microsoft Query 获取外部数据库是在 Excel 中获取外部数据库的方式之一。首先建立 Excel 与 Query 之间的通信，然后让 Query 与 ODBC 驱动程序之间进行通信，而通过 ODBC 可以与数据库通信，通过一系列的通信交换过程便可实现数据库的读取。

拓展：上市公司的财务报告通常发布于上海证券交易所、深圳证券交易所官网及一些资讯网站上，如新浪财经、东方财富网站等。这些网站为信息使用者提供了不同的查看和下载方式。最常用的形式有 PDF、XBRL、Word 等。下面以比亚迪汽车案例作为研究对象。

步骤 1：登录新浪财经网站，进入比亚迪行情分析界面。

步骤 2：在左侧导航栏中，找到“财务数据”→“资产负债表”，界面上显示比亚迪季度及年度资产负债表。滚动到下面，单击“下载全部历史数据到 Excel 中”，下载财务报表数据。

步骤 3：打开下载文件，选择要用的数据，删除不用的数据，调整列宽，可以对数据进行相关财务分析。

步骤 4：通过对比亚迪汽车发展背景介绍、财务数据的分析，以及对比亚迪汽车销量、竞争对手和内外环境的分析（PEST 分析、SWOT 分析），可以提出比亚迪汽车发展的相关的发展建议和相关的战略展望。

5. 杜邦分析法

杜邦分析法是利用各个主要财务比率之间的内在联系，建立财务比率分析的综合模型，综合地分析和评价企业财务状况与经营业绩的方法。采用杜邦分析系统图将有关分析指标按内在联系加以排列，从而直观地反映出企业的财务状况和经营成果的总体面貌。该分析法由美国杜邦公司的经理创造，因此称为杜邦体系（The Du Pont System）。

（1）杜邦分析内容

杜邦分析法是一种用来评价企业盈利能力和股东权益回报水平的方法，它利用主要的财务比率之间的关系来综合评价企业的财务状况。

杜邦分析体系如图 14-92 所示。

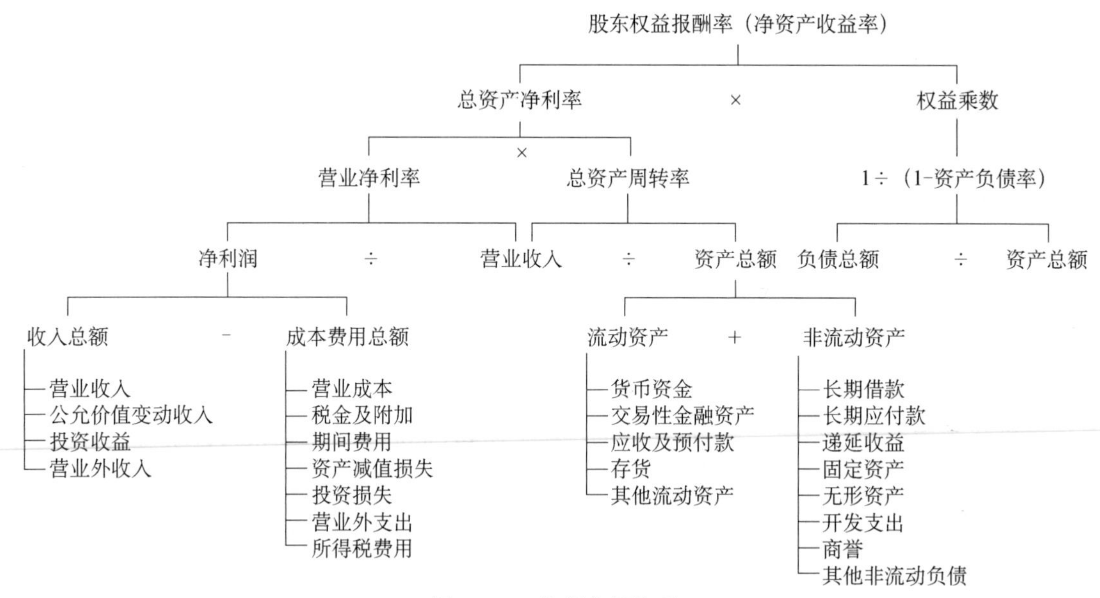

图 14-92　杜邦分析体系

杜邦分析法中主要财务指标间关系为：

所有者权益报酬率（净资产收益率）=总资产报酬率×权益乘数

总资产报酬率=营业净利率×总资产周转率

权益乘数=资产/所有者权益=1/（1−资产负债率）

（2）杜邦分析的步骤是：

① 设计并建立杜邦分析模型。

② 系统自动计算。

③ 财务分析人员根据杜邦分析模型提供的指标计算结果对企业财务状况进行分析和评价。

🕮 操作思路及实施步骤

步骤 1：启动 Excel 2019 应用程序，新建一个空白工作簿，并将其命名为“杜邦分析表”。

步骤 2：绘制“杜邦分析表基本格式”，定义项目名称，如图 14-93 所示。

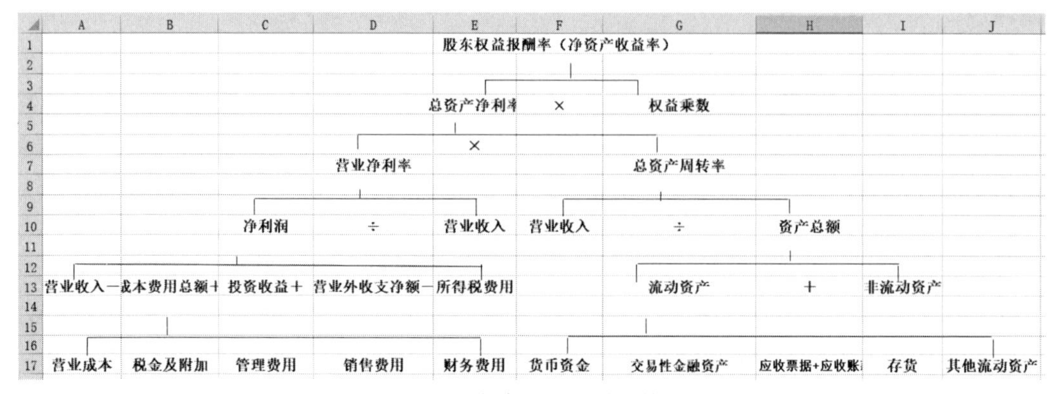

图 14-93　杜邦分析表基本格式

步骤 3：输入杜邦分析法的相关比率及数据。

步骤 4：在图中需要输入公式的单元格中输入相应的公式，如图 14-94 所示。

由此可知，如果计算净资产收益率，需要计算营业净利率、总资产周转率和权益乘数三个指标。

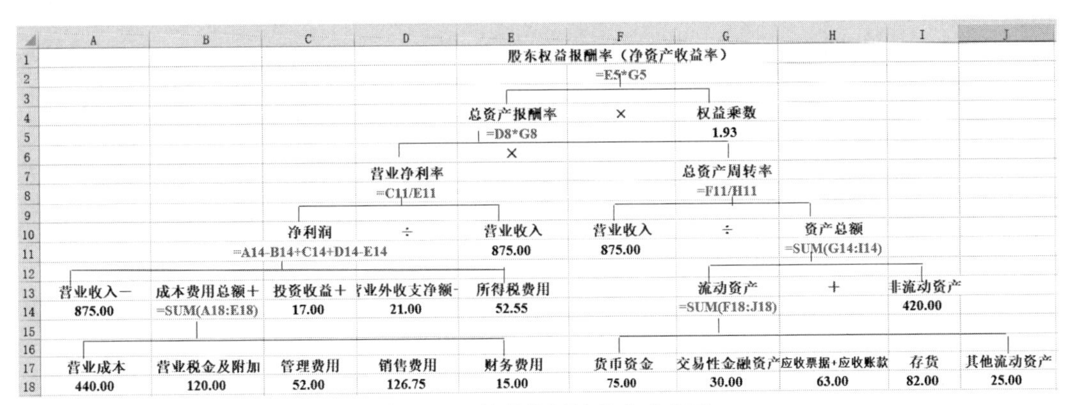

图 14-94　杜邦分析法的公式表示

已知杜邦分析法是将净资产报酬率进行分解，其分解关系式如表 14-12 所示。

表 14-12　计算公式

单元格	公式	说明
F2	= E5×G5	净资产收益率=总资产净利率×权益乘数
E5	= D8×G8	总资产净利率=营业净利率×总资产周转率
D8	= C11÷E11	营业净利率=净利润÷营业收入
G8	=F11÷H11	总资产周转率=营业收入÷资产总额
C11	=A14-B14+C14+D14-E14	净利润=营业收入－成本费用总额＋投资收益＋营业外收支净额－所得税费用
H11	=G14+I14	资产总额=流动资产+非流动资产
B14	=A18+B18+C18+D8+E8	成本费用总额=营业成本+税金及附加+管理费用+销售费用+财务费用
G14	=F18+G18+H18+I18+J18	流动资产=货币资金+交易性金融资产+资金+应收票据和应收账款+存货+其他流动资产

步骤 5：按 Enter 键显示计算结果，如图 14-91 所示。

🕮 拓展案例

根据银诚公司 2021 年 6 月的资产负债表和利润表，进行杜邦分析。

步骤 1：打开素材文件“杜邦分析表-1”工作簿。

步骤 2：根据杜邦分析表基本格式和表 14-13 所示的相关单元格要求，从利润表和资产负债表导入相关数据。

表 14-13　数据导入

单元格	公式	说明
A18	= 利润表!C5	营业成本
B18	= 利润表!C6	税金及附加
C18	= 利润表!C16	管理费用
D18	= 利润表!C13	销售费用
E18	= 利润表!C20	财务费用
F18	= 资产负债表!C5	货币资金
G18	= 资产负债表!C6	交易性金融资产
H18	= 资产负债表!C7+资产负债表!C8+资产负债表!C9+资产负债表!C10+资产负债表!C11+资产负债表!C12	应收及预付款
I18	= 资产负债表!C13	存货
J18	= 资产负债表!C18	其他流动资产
A14	= 利润表!C4	营业收入
C14	= 利润表!C22	投资收益
D14	= 利润表!C24	营业外收支净额
E14	= 利润表!C33	所得税费用
I14	= 资产负债表!C34	非流动资产
E11	= 利润表!C4	营业收入
F11	= 利润表!C4	营业收入
G5	= 资产负债表!C35/资产负债表!C34	权益乘数

步骤 3：根据表 14-12 所示公式，计算相关数据和指标，如图 14-95 所示。

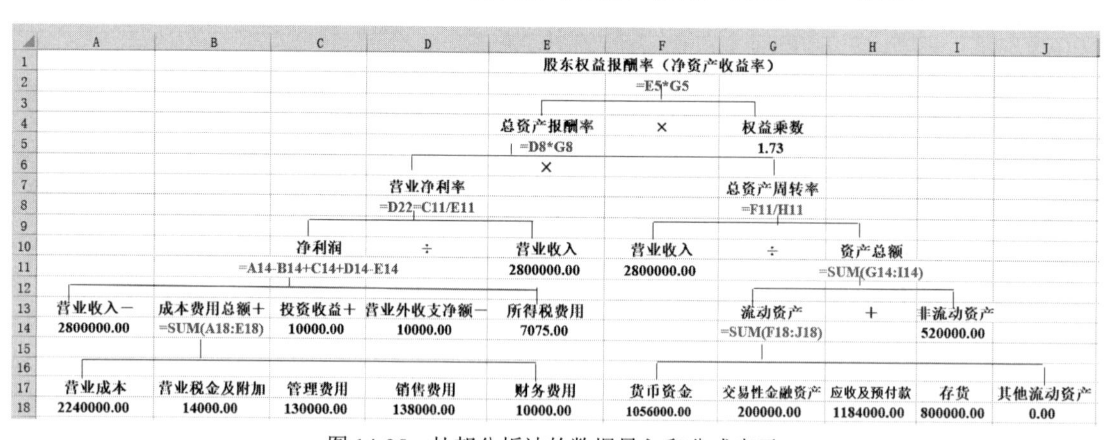

图 14-95　杜邦分析法的数据导入和公式表示

步骤 3：计算结果，如图 14-96 所示。

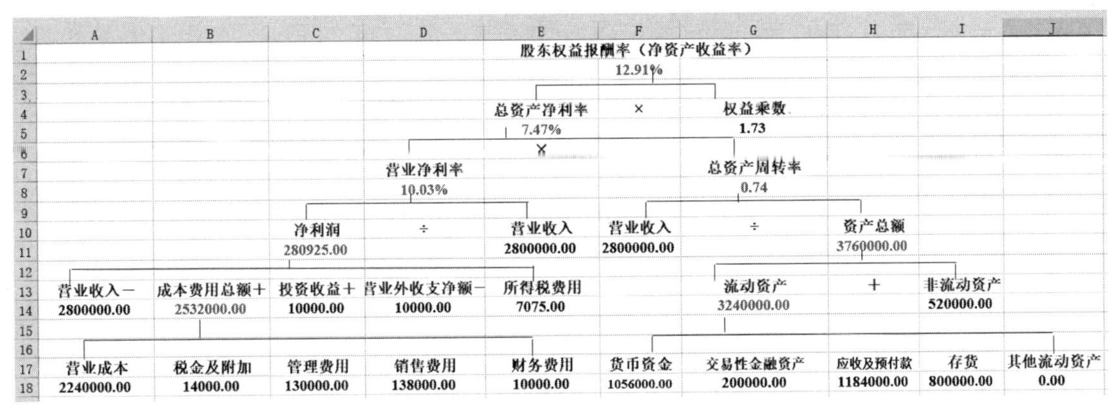

图 14-96　杜邦分析法的结果

🕮 拓展训练

财务状况综合分析就是将各项财务指标纳入到一个有机的分析系统之中，系统、全面、综合地对企业财务状况、经营状况进行解剖和分析，从而对企业经济效益做出较为准确的评价与判断。

根据财务报告，进行财务分析，制作 Word 分析报告、PPT 演示报告，用 PowerPoint 展示分析结果。

拓展：利用 PowerPoint 制作创业计划路演 PPT

路演是指通过现场演示的方法，引起目标人群的关注，使他们产生兴趣，最终达成销售，在公共场所进行演说、演示产品、推介理念，及向他人推广自己的公司、团体、产品、想法的一种方式。

路演（Road Show）最初是国际上广泛采用的证券发行推广方式，指证券发行商通过投资银行家或者支付承诺商的帮助，在初级市场上发行证券前针对机构投资者进行的推介活动。它是在投资、融资双方充分交流的条件下促进股票成功发行的重要推介、宣传手段，促进投资者与股票发行人之间的沟通和交流，以保证股票的顺利发行，并有助于提高股票潜在的价值。

创业计划书中需要附创业计划路演 PPT（包括财务分析）。其目的为向观众快速讲述自己的创业想法与创业思路，给观众留下深刻的影响。需注意路演应防止推销违例，宣传的内容要真实，推销时间应尽量缩短和集中。

请参考以前的路演文稿，设计一个项目，运用 PowerPoint 制作一份合格的路演 PPT。

补充知识： Office 组件之间可以通过资源共享和相互协作，实现文档的分享和多人调用，以提高工作效率。使用 Office 组件间的共享与协作方式进行办公，可以发挥 Office 办公软件的最大能力，请读者练习使用。

1. Word 2019 与其他组件协调应用的方法

在 Word 中不仅可以创建 Excel 工作表，而且可以调用已有的 PowerPoint 演示文稿来实现资源的共用。

（1）在 Word 中创建 Excel 工作表

在 Word 中创建 Excel 工作表不仅可以使文档的内容更加清晰、表达的意思更加完整，还可以节约时间。

单击“插入”→“表格”功能区中的“表格”按钮，在弹出的下拉列表中选择“Excel 电子表格”选项，如图 14-97 所示，可插入 Excel 工作表，如图 14-98 所示。双击工作表即可进入工作表的编辑状态。

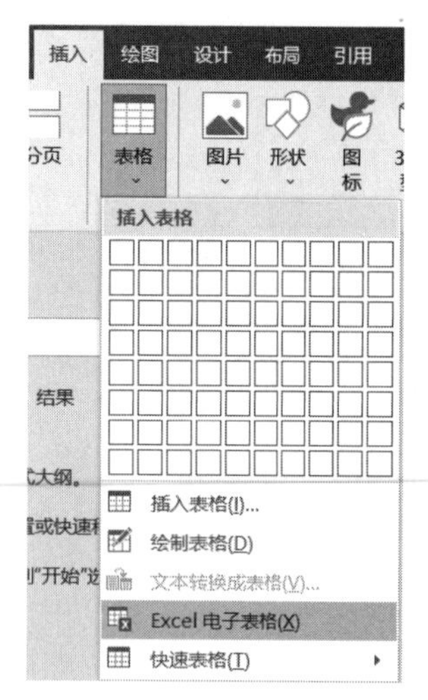

图 14-97 “Excel 电子表格”选项

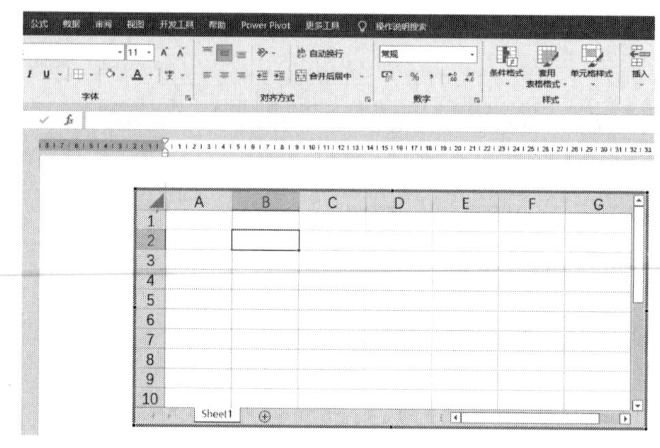

图 14-98 插入图表

单击“插入”→“插图”功能区中的“图表”按钮，可插入 Excel 图。

（2）在 Word 中调用 PowerPoint 演示文稿

单击“插入”→“文本”功能区中的“对象”按钮，如图 14-99 所示，在弹出的“对象”对话框中选择“由文件创建”选项卡，单击“浏览”按钮，可选择 PPT 文件，如图 14-100 所示，插入演示文稿。

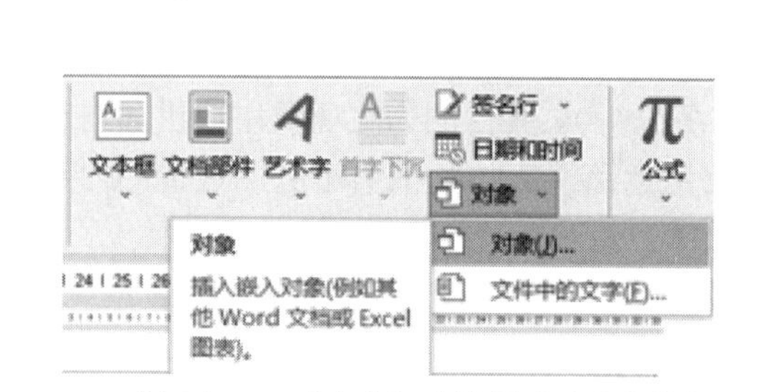

图 14-99 “文本”功能区“对象”按钮

图 14-100 “对象”对话框

2. Excel 2019 与其他组件协调应用的方法

在 Excel 工作簿可以调用 PowerPoint 演示文稿和其他文本文件数据。

（1）在 Excel 中调用 PowerPoint 演示文稿

单击“插入”→“文本”功能区中的“对象”按钮，如图 14-101 所示，在弹出的“对象”对话框中选择“由文件创建”选项卡，单击“浏览”按钮，可选择 PPT 文件，如图 14-102 所示，插入演示文稿。

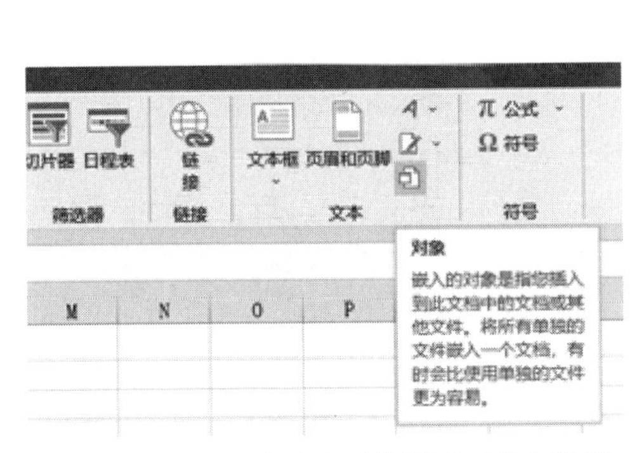

图 14-101　“文本”功能区“对象”按钮

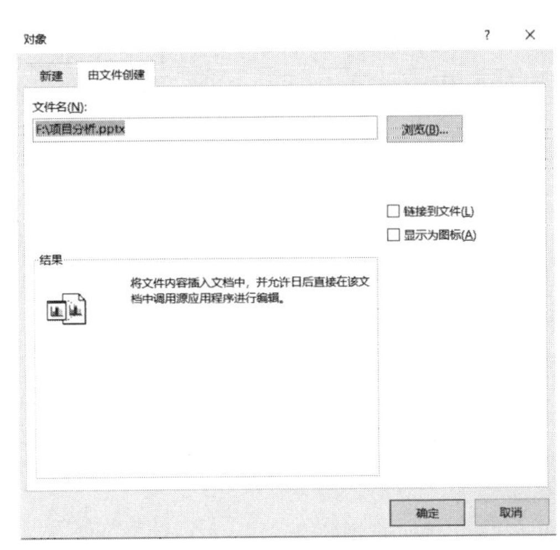

图 14-102　“对象”对话框

（2）导入来自文本文件的数据

在 Excel 中导入 Access 文件数据、网站数据、文本数据、SQL Server 数据库数据及 XML 数据等外部数据。

单击“数据”→“获取和转换数据”→“从文本/CSV”按钮，弹出“导入数据”对话框，选择需要导入的文件将其导入。

3. PowerPoint 2019 与其他组件协调应用的方法

在 PowerPoint 中不仅可以调用 Excel 等组件，还可以将 PowerPoint 演示文稿转化为 Word 文档。

（1）在 PowerPoint 中调用 Excel 工作表

单击“插入”→“文本”功能区中的“对象”按钮，在弹出的“插入对象”对话框中，单击“由文件创建”单选项，如图 14-103 所示，然后单击“浏览”按钮，在弹出“浏览”对话框中选择 Excel 文件，然后单击“确定”按钮，返回“插入对象”对话框，如图 14-104 所示，单击“确定”按钮，插入 Excel 工作表。

单击“插入”→“插图”功能区中的“图表”按钮，可插入 Excel 图。

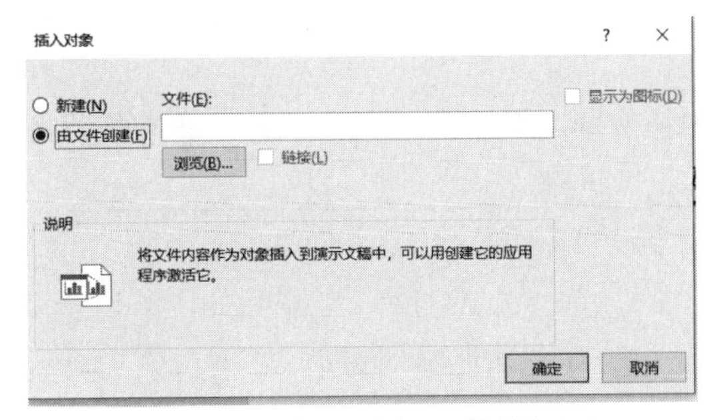

图 14-103　“插入对象”对话框（1）

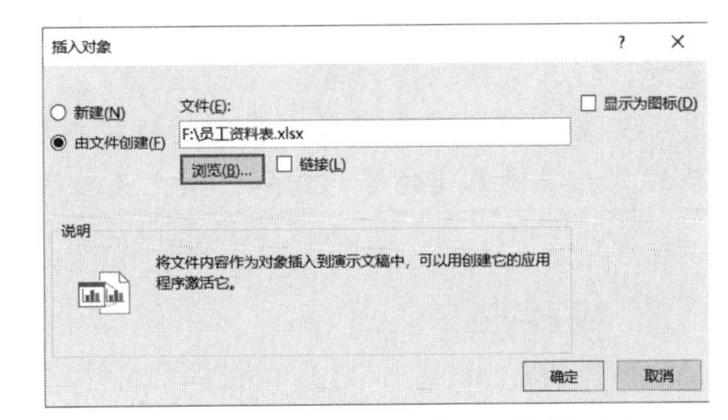

图 14-104　“插入对象”对话框（2）

（2）将 PowerPoint 转化为 Word 文档

用户可以将 PowerPoint 演示文稿转化到 Word 文档中，以方便阅读、打印和检查。

单击“文件”→“导出”选项，在右侧“导出”区域选择“创建讲义”选项，然后单击“创建讲义”按钮，如图 14-105 所示。弹出“发送到 Microsoft Word”对话框，单击“只使用大纲”单选项，如图 14-106 所示。然后单击“确定”按钮，即可将 PowerPoint 演示文稿转化到 Word 文档。

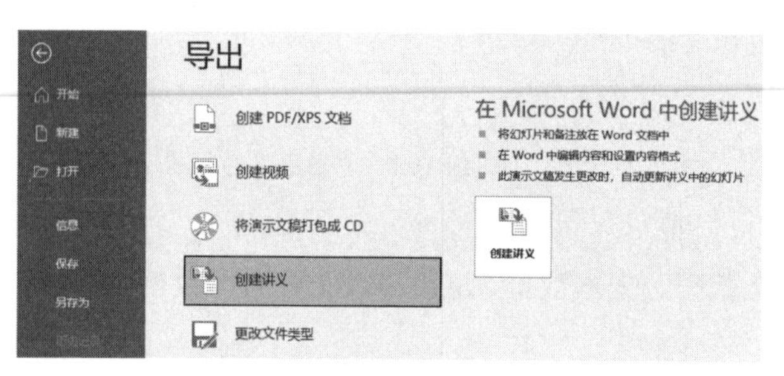

图 14-105 “导出”选项

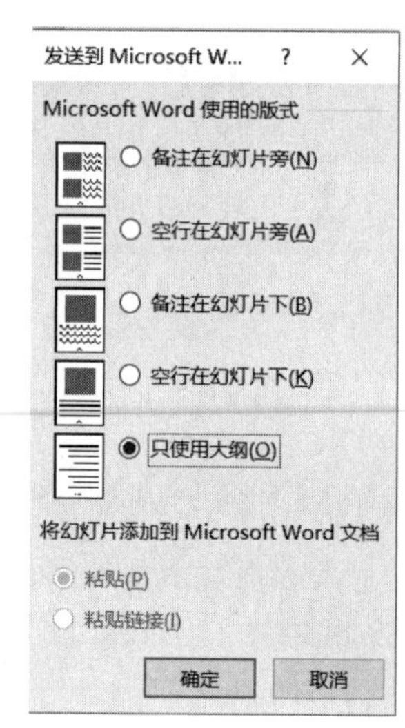

图 14-106 “发送到 Microsoft Word”对话框

案例小结

通过本案例的学习，我们了解到财务分析的各种方法，如比率分析、趋势分析、比较分析、综合分析，同时以杜邦分析法为例，讲解运用 Excel 进行财务分析的过程。利用财务分析的结果进行评价，得出财务分析结论。Excel 帮助我们建立了大量清晰、完整、逻辑分明、计算快捷的财务分析表，对财务报表使用者进行财务分析、判断、评价和决策帮助很大。

提示：

1. 培养学生在利用 Excel 等工具获取数据过程中，严格遵守客观性、可靠性和安全性的会计工作纪律。利用 Excel 编制财务报表时，坚守会计诚信、不做假账。

2. 将理论知识运用于实践，积极主动地参与企业的财务管理工作，做好会计核算，开拓创新，提升财务综合素质。

3. 以严谨的专业精神和科学的研究态度对待财务分析工作，利用数据分析经济事物的发展规律，提供真实的会计信息，树立正确的人生观、价值观。

操作题

1. 某公司想贷款 1000 万元，用于建立一个新的现代化仓库，贷款利息为每年 3%，期限为 5 年，则它每月的支付额是多少？假设有多种不同的利息、不同的贷款年限可供选择，用双模拟变量进行求解，计算出各种情况的每月支付额。进行分析的利息情况有 3%、4%、5%、6%、7%、8%，对应的贷款年限分别为 5 年、6 年、7 年、8 年、9 年、10 年。

2. 某男士购买了一套 130 平米的住宅，总价款 150 万元，可采用首付 20%、30%、40%，贷款年限 10 年、20 年、30 年的形式进行分期付款，假设 10 年以上银行贷款利率为 5.7%。

假如该男士每月最大还款能力为 7000 元，运用模拟运算表，请为该男士做一个购房分期付款决策。

3. 某企业准备投资生产一批产品，如果一批生产 8000 件，则每件产品的材料费用为 24 元，人力费用为 20 元，售价为 78 元；如果一批生产 10000 件，则每件产品的材料费用为 21 元，人力费用为 18 元，售价为 74 元；如果一批生产 12000 件，则每件产品的材料费用为 18 元，人力费用为 16 元，售价为 70 元；无论一批生产多件，其固定成本均为 80000 元。

使用方案管理器计算以上三种情况下的预计利润，并建立方案摘要。

4. 某宾馆共有客房 100 间，为了维持正常运营，全年固定成本为 100 万元，每间客房每天的变动成本为 60 元，预计客房年平均入住率为 80%，营业税为 5%，使用 Excel 中的规划求解功能求该宾馆在盈亏平衡状态（年利润为 0）情况下的客房价格。

提示：（1）首先建立 Excel 数据模型，如图 14-107 所示。

	A	B
1	客房总数	100
2	全年固定成本	1000000
3	单位可变成本	60
4	客房年平均入住率	80%
5	营业税	5%
6	全年开房天数	365
7		
8	全年可变成本	
9	全年客房开房总数	
10	价格	
11	全年总收入	
12	总成本	
13	年利润	

图 14-107　建立 Excel 数据模型

（2）进行参数计算，如表 14-14 所示。

表 14-14　计算公式

单元格	公式	说明
B8	=B1*B3*B6*B4	全年可变成本=客房总数×单位可变成本×全年开房天数×客房年平均入住率
B9	=B1*B4*B6	全年客房开房总数=客房总数×全年开房天数×客房年平均入住率
B11	=B9*B10*(1-B5)	全年总收入=全年客房开房总数×（1−营业税）
B12	=B8+B2	总成本=年可变成本×全年固定成本
B13	=B11-B12	年利润=全年总收入−总成本

价格由规划求解得到。

5. 某公司生产一种电子产品，产品单位售价为 99 元，单位变动成本为 55 元，全年固定成本为 80 000 元，企业正常的产品销售量为 2 000 件。

（1）根据以上资料，在工作表中创建本量利分析基本模型。

（2）创建动态图表本量利分析模型。

（3）假设甲产品的销售数量会在 1 000～2 600 件变动，变化率为 1 00 件，那么在不同销售量水平下，该企业的利润总额各是多少？

（4）假设甲产品的销售单价会在 99～110 元变动，变化率为 2 元，那么在不同单位售价条件下，其利润总额各是多少？

6. 根据提供的素材“财务收入支出.xls”（记账本、统计分析表、支出收入表等数据），制作一个财务收入支出为主题的数据看板，效果如图 14-108 所示。

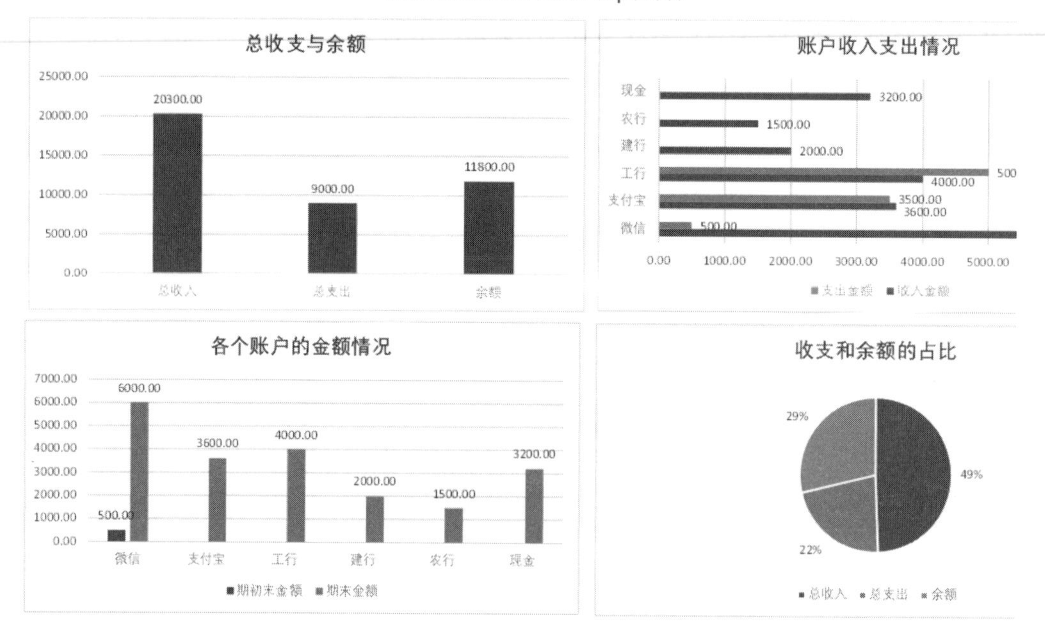

图 14-108　财务收入支出数据看板

7. 某公司拟投资新建一个工业项目，项目建设前期年限不计，项目建设期 3 年，投产当年达到设计生产能力。建设期内贷款总额为 5000 万元，年利率假设为 6%，分三次进行借贷，6 年还款。第一年贷款所需贷款的 30%，第二年贷款所需贷款的 50%，第三年贷款所需贷款的 20%，如图 14-109 所示。计算建设期间三年对应的每月应还贷款金额。

	A	B	C	D	E	F	G
1	年利率	6%					
2	贷款金额	50000000				贷款比例	
3	期限	6				第一年	30%
4	年还款期	12				第二年	50%
5	总还款期	72				第三年	20%
6		本金	利息				
7	第一年	15000000					
8	第二年	25000000					
9	第三年	10000000					
10	总和	50000000					

图 14-109　贷款利息金额计算

8. 到年底了，财务部的小张已经着手准备年终工作总结，制作 Word 文档，还要通过

PowerPoint 制作演示文稿，方便在年终会议上进行演示。

（1）打开素材“财务部年终工作总结.docx”，利用 Word 编辑加工文档。要求：

① 对内容进行加工补充，嵌入 Excel 数据图表分析，完善文档内容。

② 根据第 5 章所学知识，对文档设置字体和段落格式。

③ 完成文档的编辑和排版。

（2）依据“财务部年终工作总结”，利用 PowerPoint 制作演示文稿。要求：

① 设计演示文稿基本框架，调整幻灯片版式和内容。

② 对内容进行加工，在 PowerPoint 中插入图表分析。

③ 添加动画和切换效果，完成演示文稿的编辑和排版。

参考文献

[1] 王作鹏. Office2010 办公应用从入门到精通[M]. 北京：人民邮电出版社，2013.

[2] 谢红霞. 办公软件高级应用学习及考试指导[M]. 杭州：浙江大学出版社，2014.

[3] 吴卿. 办公软件高级应用[M]. 杭州：浙江大学出版社，2014.

[4] 李毓丽，李舟明. Office 2010 办公软件实训教程[M]. 北京：清华大学出版社，2014.

[5] 于双元，全国计算机等级考试二级教程-MS Office 高级应用[M]. 北京：高等教育出版社，2013.

[6] 尹建新. 办公自动化高级应用案例教程——office 2010[M]. 北京：电子工业出版社，2014.

[7] 邵贵平. 电子商务数据分析与应用[M]. 北京：人民邮电出版社，2018.

[8] 谢海燕，吴红梅. Office 2010 办公自动化高级应用实例教程[M]. 北京：中国水利水电出版社，2013.

[9] 王海林，张玉祥. Excel 财务管理建模与应用[M]. 北京：电子工业出版社，2020.

[10] 陈乃江. Excel 商务应用[M]. 北京：清华大学出版社，2016.

[11] 李宗民，姬昂. Excel 2016 在财务管理中的应用[M]. 北京：人民邮电出版社，2021.

[12] 刘正兵. Excel 2016 在会计与财务管理中的应用[M]. 北京：人民邮电出版社，2022.

[13] 赖利君. Office 2010 办公软件案例教程[M]. 3 版. 北京：人民邮电出版社，2016.